戦略の世界史 下

戦争・政治・ビジネス

ローレンス・フリードマン
貫井佳子＝訳

ndb
日経ビジネス人文庫

Strategy: A History
by Lawrence Freedman

Strategy : A History, First Edition was
originally published in English in 2013.
This translation is published by arrangement
with Oxford University Press.Nikkei Business Publications is solely responsible
for this translation from the original work and Oxford University Press shall
have no liability for any errors, omissions or inaccuracies or ambiguities in such
translation or for any losses caused by reliance thereon.

本書原著英語版は2013年に出版された。
本書出版はオックスフォード大学出版局との取り決めによる。
原著からの翻訳については日経BPがもっぱら責任を
負うものであり、オックスフォード大学出版局は翻訳における
いかなる誤り、脱落、不正確さ、曖昧さについて、
およびそれに関連して生じる損害について責務を負うものではない。

目次

第Ⅲ部　下からの戦略（続）

第IV部　上からの戦略

第V部　戦略の理論

上巻目次

第Ⅲ部　下からの戦略（続）

第22章

定式、神話、プロパガンダ

まったく思想の工場も
機織りの工場と似たようなものだ

――ゲーテ『ファウスト』

マックス・ウェーバーとジョン・デューイは自由主義の立場から独特なマルクス主義批判を行ったが、もっと保守的な批判はいわゆるネオ・マキャベリ主義のイタリア学派によって展開された。なかでも有名なのは、長い生涯にわたり学問と政治の分野で数多くの要職を務めたシチリア島出身のガエターノ・モスカ、研究生活の大半をイタリアですごしたドイツ人社会学者のロベルト・ミヒェルス、母国で研究を始めたがその後ジュネーブに避難したイタリア人学者のヴィルフレド・パレートである。同派の思想は、社会がしだいに公平になり、民主主義化するという期待をはっきりと正すために発展したのであり、戦略的な配慮よりも、戦略で達成できることの限界に対する強い意識を特徴としていた。社会的行動のあまり合理的ではない側面に関する説明を追求する思想であり、政治経済学から社会学へと移行する流れのなかで生まれた。これらの学者はマキャベリの後裔と呼ばれた[1]。その理由はイタリアとの関連性だけに限らなかった。政治の実践における厳しい現実を受け入れ、耳に心地よい実践者のレトリックを額面どおりに受け止めることを拒絶する、という感傷を排したアプローチを政治学で採用した手本として、マキャベリを扱った点にもあった。

中心的な命題は、常に少数が大多数を支配する構図であった。したがって重大な問題は、エリートがいかなる手段によってその地位を維持するか、そしてどのような形でそこから追われうるか、という点にあった。組織の必要性が民主主義的要求におよぼす影響について、最も意義深い実証的研究を行ったのは、マックス・ウェーバーの教え子の一人、ロベルト・ミヒェルスである。ドイツ社会民主党（ＳＰＤ）の活動的な党員だったミヒェルスは、党の目標と戦略を立てるうえでの党官僚制の重要性を認識するようになった。どれだけ「大衆の意志」[2]について論じることがあったとしても、資本主義政党が非民主主義的であるのは明白だった。その一方で社会主義政党は、自分たちが掲げる平等主義のため、民主主義の原則を試す取り組みをより熱心に行った。ミヒェルスの分析はウェーバーの官僚化理論に完璧に合致した。ただし、この急進的な教え子と異なり、ウェーバー自身はその結果として革命熱が消失することを受け入れていた。「大衆の真の意志」といった概念は「虚構にすぎないのであり、ずいぶん前からわたしのなかには存在していない」。ウェーバーはミヒェルスにこう伝えている。[3]

第一次世界大戦前のSPDに関するミヒェルスの研究は、党が成長し、選挙で成功を収めるにつれて好戦性を失っていくことを実証した。「組織が党にとって唯一の生命線となる」。党が成長しているかぎり、指導部は満足し、国家を挑発しかねない大胆な行動をとる危険に組織をさらすことを躊躇する。党がそれ自体の永続化への関心を深めると、「組織は手段から目的へと変わる」とミヒェルスは論じた。[4] 組織は多くを要求しはじめ、複雑化し、専門的な技能を求めるようになる。資金管理や党員の世話、文書作成、直接的な選挙運動などに長けた者は、すぐれた知識を獲得し、コミュニケーションの方法と内容の両方を操るようになる。組織の団結が続くかぎり、どちらかというと無能な大衆が自分たちの意志を押しつける機会は生じない。「組織について語ることは、寡頭制について語ることだ」。これがミヒェルスの「鉄則」である。

この鉄則とそこから生まれた社会主義への幻滅を示す以上に、ミヒェルスはたいした一般理論を発表しなかった。この点においては、ガエターノ・モスカのほうが重要性は大きい。モスカの研究の原点は単純明快だった。時代や場所を問わず、あらゆる政治体制には支配階級が存在する。それは「好むと好まざるとにかかわらず、多数者が管理を委ねている、影響力の強い個人からなる少数者」だ。[5] モスカは一人の個人による支配は、多数者による支配と同じくらい見込みの薄いこととみなしていた。その理由は組織の必要性にあった。多数者は本質的に無秩序であり、個人は当然のことながら組織を欠く。したがって、少数者のみが秩序を保てるのであり、主要な政治闘争はエリートのなかでしか起きえない。秀でた存在になるには、正義感や利他主義よりも、大いなる努力と野心が物を言う。とりわけ重要なのは、「洞察力、個人や大衆の心理をすばやくとらえる直観力、そして何よりも自信」である。[6] 宗教組織では聖職者が、戦時には兵士が最も栄えるというように、情勢の変化はエリートの栄枯盛衰を左右する。ある特定の勢力の重要性が低下すれば、そこから権力を得ていた者たちも同じ道をたどる。

ヴィルフレド・パレートはモスカにかなり近い立場をとった（モスカが示唆するところによれば、必ずしもまったく同じではなかった）。技師として働き、しばらく企業経営に携わったのちに、パレートはまず経済学、それから社会学の分野で名を上げた。ローザンヌ大学では新古典派の経済学者として研究を行い、一般均衡理論の祖であるレオン・ワルラスに師事した。一般均衡理論とは、ある経済の他のすべての市場が均衡状態にあれば、あらゆる特定の市場も必ず均衡状態にあることを命題とする理論である。一八八五年の著書『純粋経済学要論』で、ワルラスはこれを数学の手法で証明し、二〇世紀半ばにとりわけアメリカで熱狂的に取り上げられた経済理論の草分けとなった。

パレートは自らの名を冠した二つの理論を編み出した。一つめのパレートの法則は、全体の二〇パーセントの要素が結果の八〇パーセントを生み出すという理論である。これは、投入のごく一部がそれに不釣り合いな産出をもたらしうることを示す大まかな経験則で、この法則自体が平等の概念に異議を唱えるものとなっている。二つめは、やはり後世の経済思想に影響をおよぼしたパレート効率性という、より現実的な概念である。一九〇二年、パレートはマルクス主義を批判する著作を刊行し、経済学から社会学への移行を印象づけた。マルクスの階級闘争という概念と人間行動の分析に対する冷徹なアプローチを評価していたパレートだが、階級闘争はプロレタリアートの勝利によって克服されるという信念には同意できなかった。大衆は自分たちが大義のために戦うと信じるだろうし、指導者も同じかもしれないが、実際にはエリートは自分たちのことしか考えないだろう。集産主義社会においても、たとえば知識人対非知識人といった闘争は残る、と説いたのだ。技術者、経済学者としての経験から生まれた、パレートのとりわけ重要で影響力の大きい研究テーマの一つは社会的均衡であった。パレートは、社会は本質的に変化に抵抗するものだと論じた。内的、外的を問わず、なんらかの力によって乱れが生じると、なんらかの反動が起き、それによって状態は元に戻る傾向がある。論理的な行為が消え去ったあとも残るのは大半が非論理的行為であるのと同じように、エリートが消え去ったあとも残るのは大衆（「活力も個性も知性も欠いた無能者たち」）だ。こうした考え方にはパレートのエリート意識が反映されていた。(7)

パレートの研究の興味深い側面は、政治システムにおける戦略の役割に関する分析にある。当人はこのような表現を使っていないが、とりわけ最も重要な著作『一般社会学概論』（英訳版は『精神と社会』という題名で全四巻の形で刊行された）でパレートが用いた比較的特異な言語をわかりやすく言い換えるとこうなる。[8] パレートは戦略ではなく、「論理的行為」について論じた。論理的行為とは、本質的に手続き的合理性のことだ。つまり、達成可能な目的に適合した手段を用いて目的達成をめざす行為である。パレート特有の用語を使うと、客観的目的（達成される目的）と主観的目的（意図する目的）が一致することを意味する。この考え方は、きわめて高い論理性の基準を設定する。一方、「非論理的行為」とは、客観的目的と主観的目的が一致しない行為である。この場合、目的を欠いた行為であるか、掲げた目的がそもそも達成不可、もしくは用いている手段では達成不可であるか、のどちらかの状況にある。当然ともいえるが、パレートはこうした状況が一般的であることに気づいた。非論理的行為の例としては、呪術の実践、迷信や決まり事への依存、ユートピアへのあこがれ、個人や組織の能力あるいは特定の戦術の有効性への過信などが考えられた。

パレートは、非論理的行為の根源は「残基」（合理的な要素が取り除かれたあとに残るもの）にあると考えた。残基が行為に影響をおよぼす恒常的で本能的な要素であるのに対して、「派生」は時や場所によって変化する要素である。英語版の『精神と社会』の場合、第二巻から残基に関する分析が始まっている。第二巻での分析は非常にとりとめのない、複雑な内容となっており、残基が六種類に分類されているが、第四巻になると実質的に二種類に集約されている。これは、マキャベリがライオンとキツネをそれぞれ力と策略の象徴として論じたのに対応する。キツネ型の人間に対応するものとして、パレートは「結合の本能」を反映した第一類の残基を挙げている。これは、まったく異なる要素や出来事を結びつけようとする衝動、想像力を駆使して他者を出し抜く、難を逃れるための計略を立てる、イデオロギーを生み出す、その場しのぎの同盟を形成するといった試みを押し進めようとする衝動である。

一方、ライオン型の人間に対応するのは、「集合体の持続」を反映した第二類の残基だ。これは、既存の地位を強固にしようとする性向、永続性や安定や秩序を求める本能である。ライオン型の人間は家族、階級、民族、宗教への愛着を示し、団結、秩序、規律、資産、家族を引き寄せる。パレートはライオンを、より積極的に力を用いる姿勢と結びつけた。ライオンはより保守的で、キツネはより急進的であるかのようにみえるが、必ずしもそうとは限らない。パレートの用語においては、イデオロギーは派生であり、したがってより深い何かを合理化するものである。力（フォース）は現状を維持するために使われることもあれば、現状を覆すために使われることもある。このように、パレートは古典的な戦略の二つの極、肉体的な力によって問題を解決する力と、知力を使って問題を解決する策略を「残基」として表した。これらの特性を程度の違いとして扱わずに、相容れない独特のタイプとして分類したのだ。

エリート層は狡猾さと欺瞞によって地位を維持する、知力の高いキツネ型人間によって構成される場合が多い。一方、鈍感で想像力を欠くライオン型人間は、集団への帰属意識に縛られた大衆のなかにいる。キツネ型人間は同意を通じて支配しようとする。そして、大衆を満足させておくためのイデオロギーを考え出し、危機に際しては力を使わずに、その場しのぎの措置をとろうとする。ここにキツネ型人間の脆弱性がある。妥協を辞さない姿勢と、力を行使することへの嫌悪感は、政権を弱体化させる。どこかの時点で、その策略は機能しなくなり、もはや出し抜くことのできない強力な敵に直面する。より強い意志をもったライオン型人間が支配者になった場合、力に依存する傾向を示し、妥協には関心をもたず、妥協することよりも価値の高いものを守ると主張する。どちらのグループも自力で持ちこたえることはできないため、両方のタイプが混ざり合った政権が最も安定するだろう。実際には、どちらのグループも同じタイプの人材を採用する傾向がある。キツネ型の政権はしだいに堕落し、突然の力の行使に対して脆弱になっていく。ライオン型の政権は、キツネ型の潜入を許す公算が大きく、より緩やかな衰退の道をたどっていく。これらの点をすべて考慮して、パレートは「エリートの周流」という概念を打ち出した。エリートは常に存在するが、その構成は変化しうる。狡猾で抜け目のないキツネ型が優位に立つが、力の出番がまったくなくなるほどの優位性にはいたらない、と説いた。

政治の歴史を力の実践者と策略の実践者の相克とみなす考え方には、それなりに魅力があった。だがパレートは、自らの政治的文脈に基づいて理論の一般化を行った。民主主義者の主張に対する疑念や、利己的で腐敗した当時の政治への嫌悪感を背景に、自身の理論を裏づける歴史上の類似例を探し求める一方で、重大な変化の影響や官僚組織の重要性の増大を軽視したのである。[9] 後述するように、これはパレートの考え方が保守派に影響をおよぼす妨げとはならなかった。保守派が社会主義とマルクス主義にかかわる強固な思想を求めていたからである。

大衆と公衆

保守派はエリートが常に存在することを想定したであろうし、急進派はエリートは打倒しうると確信していたであろう。両者とも、力がほとんど行使されない状況においてエリートがいかに権力を掌握しつづけようとするか、という点に関心をいだき、それを説明するイデオロギーに目を向けた。エリートが脆弱かどうかは、大衆に対するイデオロギーの支配力しだいであった。マルクスは、階級闘争によってその力は増大すると考えていた。自意識の高まりによって、労働者階級が政治的独自性を獲得し、分析上の対象を超える存在になるとみていた。マルクスの理論にとっては残念なことに、階級構造はマルクスが思い描いていたよりも複雑な形に発展し、また労働者はまちがった考え方に固執した。社会主義者にとっての課題は、政治において真の階級意識が確立される可能性だけでなく、理論の科学的な正しさも示すことにあった。そのためには、宗教上の無意味な言葉で労働者の心を満たそうとする聖職者や、革命に頼らずに労働者のニーズに応える体制を築くことができると訴える（場合によってはより悪質な）改革者にいたるまで、誤った意識を広める者と戦わなければならない。保守的なエリート主義者にとっては、政治的安定は信念が正しいか否かという点ではなく、自分たちが大衆を満足させておくことができるか、それとも反乱につながるような感情を助長するかという点にかかっていた。

モスカは、支配階級に権力の正当性を与える「政治定式」について、一般に理解され認識されている、より広い概念と説得的に結びつけて記している。その例として考えられるのは、民族的優位性や神権や「大衆の意志」だ。政治定式は、単なる「策略やいかさま」、つまり冷笑的な支配者による故意の欺瞞であってはならない。むしろ、大衆のニーズを反映すべきものである。モスカは大衆が「物質的な力や知的な力ではなく、道徳的原理に基づいて統治される」ことを好むと考えた。定式は「真理」に合致するとは限らない。それよりも認識される必要がある。定式の信頼性に対する疑念が広がれば、社会秩序の弱体化につながるだろう。

意識に対する強い関心は、発展途上の社会心理学の分野によって高められた。とりわけ大きな影響力を発揮したのが、ギュスターヴ・ル・ボンの著書『群衆心理―人心の研究』である。本書では、軍事思想家〝ボニー〟・フラーに影響をおよぼした本として、すでに第10章で触れた。一八九五年にフランスで刊行され、すぐに世界各国で翻訳された同書もまた多くの点で、階層の解体や、「群衆の神権」が「王の神権」に取って代わることに関する、きわめて保守的なエリート主義者の嘆きを表していた。ル・ボンは、大衆が悪質な扇動家に利用されうる例として、社会主義と労働組合に敵意をいだいていた。関心を集めたのは、非合理性の原因が群衆の心理にあると分析した点である。社会思想において一段と注目が高まるテーマに関し、ル・ボンは意識的な行為にはるかに重要な影響をおよぼすのは意図的な動機ではなく、「概して遺伝の影響によって形づくられた無意識の基盤」だと説いた。個人が群衆になるとそのような影響が強まり、非合理性が幅を利かせるようになる。

さらに、群衆の一員になるという事実だけで、人間は文明の階段を何段も下ってしまう。孤立しているあいだは教養のある人物だったとしても、群衆に加わると野蛮人、つまり本能のままに動く生き物になるのだ。原始人のように、自然な感情の発露や激しさ、凶暴さ、さらには熱狂と勇敢さを身につける。そして、(孤立した一人ひとりの状態ならば、まったく影響を受けないであろう) 言葉や心象につき動かされやすくなるという点や、自身のきわめて明白な利益と周知の習性に反した行動に駆り立てられるという点でも原始人に近い傾向を示す。群衆のなかの個人とは、風にあおられるがままに舞う幾多の砂粒のなかの一粒のようなものだ。[10]

悲観的な論調で説きつつも、ル・ボンは大衆の手綱を握る可能性を提示した。大衆の見方は自分たちの利益、ことによるといかなる真剣な考えも反映してはいない。このため、同じように感化されやすく、社会主義扇動家の道理の通らない話を信じ込む可能性のある群衆は、集団心理を研究した明敏なエリートが打ち出す正反対の話についても、暗示にかかりやすいと考えられる。錯覚が重要な役割を果たす場合においては、理にかなっていることを訴えても意味はない。必要となる条件は、劇のように、抗しがたく衝撃的なイメージ、「人心を満たし、それをつかんで離さない」ような「絶対的で揺るぎない単純な」イメージである。「群衆の想像力を刺激する術」をきわめることは、「群衆を支配する術を習得することと同じだ」。こう論じるル・ボンの著作は、支配階級のエリートの必読書となった。

破壊分子側で同じ考えをもっていたのはフランス人のジョルジュ・ソレルである。地方で土木技師として働いていたソレルは、中年期に入ってから研究と著述の世界に身を転じた。その政治思想は生涯を通じて千変万化したが、合理主義と穏健派を軽視する姿勢は揺るがなかった。スチュアート・ヒューズはソレルの精神について、「二〇世紀初頭のほぼすべての新しい社会学説の風が吹きぬける十字路」のようだったと論じている。[11]その批判的な姿勢は、自らを当時、重要視されていた鋭敏な社会理論家へと変えた。[12]ソレルはマルクスを、資本主義の経済崩壊ではなくブルジョワジーのモラル崩壊を予見した者とみなす、という特異な観点から信奉した。[13]また、人間の合理性は大衆のなかで失われるというル・ボンの信念を取り入れた。これは、ソレルが大衆政治運動を信用できなかったことを表している。

自分たちの特権のために戦う覇気をもたず、敵対者と折り合いをつけたがる退廃的なエリートや臆病者、ペテン師に嫌悪感をいだいていたソレルは、こうした者たちが決定的で浄化的な暴力行為によって一掃されることを想像した。手本として思い描いたのは、敵の完敗によって終結するナポレオン式の戦闘である。ソレルの名は主に、労働組合主義者（サンディカリスト）の思想に傾倒していた時期に書いた『暴力論』によって知られている。サンディカリストの運動に惹かれた一因は、政党と無縁な点にあった。ソレルは同書で、神話に関するきわめて強力な思想を展開した。神話の内容は、分析的である必要もなければ、計画を示すものである必要もない。神話は、言葉の集合であるというだけでなく、反論や非論理性や不合理を凌駕したイメージの集合でありうる。それは「熟考された分析がなされる前に、近代社会に向けて社会主義がしかける戦争の多種多様な表現に対する膨大な感情を、直観のみによって丸ごと喚起することのできる」イメージの集合だ。

直観の重要性を強調している点には、フランスの哲学者アンリ・ベルクソンの影響が表れている。ソレルはパリでベルクソンが行っていた講義に出席していた。神話にとって真の試金石は、政治運動を前進させることができるかどうか、だけである。それは、体系的な思想の説明よりも、確信と動機にかかわっている。良い神話とは、最終的な勝利を確信させて、人々を急進的な大義のために行動へと突き動かすものだ。神話は創造よりも破壊という負の啓示を与える。ソレルはユートピア思想にとりわけ強い反感をいだいており、人は善意から行動すると主張した。その例として、初期キリスト教やジュゼッペ・マッツィーニのナショナリズムを挙げている。『暴力論』執筆当時、ソレルが思い描いていた神話とはサンディカリストによるゼネストだった。マルクス主義者による革命は信用できなくなっていた。のちにソレルはレーニンのボリシェビキやベニート・ムッソリーニのファシズムを受け入れようとした。議論の余地はあるにせよ、機能する神話を見つけ、そのイデオロギー的効果によって思想を評価することを重視したソレルの手法は、プラグマティストが思い描いたものとは異なっていたとしても、プラグマティック（実用的）とみなしえた。

アントニオ・グラムシ

ソレルの影響を受けた者のなかにアントニオ・グラムシがいる。幼少時の事故により低身長、背骨湾曲、病弱というハンディキャップを負っていたが、その並外れた知性と幅広い関心を原動力に奨学金を得て大学に進学し、やがて急進的なジャーナリストとしての地位を確立した。グラムシはトリノでソレルの後押しを受けた工場協議会運動に積極的に携わり、その後、一九二一年に社会党から分裂したイタリア共産党の創設に協力した。イタリア代表として共産主義インターナショナル（コミンテルン）に派遣されたグラムシは、モスクワに一八ヵ月滞在したあと、左翼の不和を背景とするイタリアでのファシズムの台頭を当惑の目でみつめた。当初、下院議員を務めていたために逮捕を免れたグラムシは、不戦勝に近い状態で共産党書記長に就任したが、結局は一九二六年一一月に逮捕された。そして三五歳のときにファシスト政権に二〇年の禁固刑を宣告された。釈放されるころにはすっかり健康を害していたグラムシは、一九三七年に他界した。

獄中では読書にのめり込み、そうして受けた刺激をもとに多種多様な問題について何冊ものノートに書きためた。グラムシの思想は釈放後により体系的な形でまとめられるはずだった。だが結局は、粗雑で未完成な、そして多くの場合、看守を惑わすためにわざと不明瞭に書いたノートのままで終わった。一かたまりの作品として扱われるこれらのノートは、今ではマルクス主義と非マルクス主義の理論双方に大きく寄与したとみなされている。グラムシが本当の意味で「発見」されたのは、その死からだいぶ先の第二次世界大戦後になってからであり、人道的で非独善的なマルクス主義者と評価された。グラムシは第二インターナショナルの時代から受け継がれた機械的な定式化に異議を唱え、社会主義者にとって幸福な結末をもたらすための伝統的な進歩の法則に頼らないよう訴えるとともに、経済だけでなく文化も考慮に入れた。特筆すべきは、明らかに搾取されている状態における労働者階級の従順さにグラムシが対処しようと試みた点だ。

グラムシはネオ・マキャベリ主義を意識しており、その考え方の一部に賛同していた。たとえば、さしあたって階級が存在するなかで、実際に「支配する者と支配される者、指導する者と指導される者」がいることを認めていた。そして、この「甘くみることのできない根本的な」事実をないがしろにした政治は必ず失敗すると説いた。[14] 支配者は強制よりも同意を重視するのが望ましい。同意が得られるのは、支配される側が、既存の政治秩序が自分たちの利益にかなうと確信している場合だけである。暴力ではなく思考力を通じて支配する能力を、グラムシは「ヘゲモニー」(hegemony) と名づけた。支配するという意味のギリシャ語ヘーゲスタイ (hegeisthai) を語源とするこの言葉を使ったのはグラムシが初めてではなく、根本にある考えは目新しいものではなかった。『共産党宣言』には「いつの時代も支配的な観念は支配階級の観念だった」と書かれている。レーニンは、労働組合主義がプロレタリアートのイデオロギーよりもブルジョワジーに利していると警告し、「ヘゲモニー」を指導力という元来の意味の言葉として用いた。[15] とはいえ、グラムシがその法則の源を探求したことで、主流の政治用語に属するようになるほどヘゲモニーの概念は深められたのである。

マルクス主義にとっての問題は、経済と政治が緊密な関係にあると想定しているために、経済情勢の変化が否応なしに政治意識の変化につながると考えられる点にあった。だがグラムシは、「時として、経済要因から生じる自動的な勢いは、保守的なイデオロギーの要素によって緩められたり、阻止されたり、一時的に消失させられたりさえする」と論じた。[16] わかりやすい例を挙げると、民主主義と平等は議会制によって実現可能だというブルジョワジーの主張は説得力を発揮してきた。このような考え方が続くかぎり、支配階級は強制という手段を避けることができる。ヘゲモニーの基盤を失った場合にのみ、より権威主義的な手段が必要となる。こうした手段は危機時に試みられる。大衆の怒りをそらそうとする政府が、人々の思想を操作し、黙従的な大衆を生み出す方法を見いだす必要に迫られるのだ。

グラムシは社会を政治社会と市民社会の二つの構成要素に分類した。力の領域である政治社会には、政府、司法当局、軍、警察といった国家の道具が含まれる。一方、思考の領域である市民社会には、宗教、メディア、教育関連の機関から、政治意識と社会意識の発展にかかわるクラブや政党まで、その他のあらゆるものが含まれる。このような社会において同意による統治を体現するには、支配階級は自分たちの考えを売り込まなければならない。ヘゲモニーの確立は、思考や、現実や常識に関する概念のパターンが共有されることによって実証される。これらのパターンの共有は言語や慣習や道徳規範に反映される。支配される側は、自分たちの社会が階級闘争によって分断されるのではなく、統合されうる、統合されてしかるべきだと説得されるのである。

これは、大衆の意識に壮大な概念を冷笑的に植えつける方法では実現しない。支配階級は当然のように、伝統、愛国的なシンボルや儀式、言葉づかい、そして教会や学校の権威を利用することができる。エリートの脆弱性は、それでも実情と折り合いをつけなければならない点にある。このため、ヘゲモニーに関する同意を維持する努力には、譲歩もかかわってくるといえる。譲歩を視野に入れてもまだ難題は残る。労働者階級は、自分たちを取り巻く環境を反映した世界観をもつと考えられうるからだ。グラムシは、小さな芽のようなものにすぎないかもしれないが、労働者階級が独自の世界観をもっているとみていた。そうした世界観は行動の形で表れるが、そのような事態が生じるのは、「時々、間欠的に、集団が一つの有機的な総体として動く」場合である。この世界観は「服従と知的従属のために」支配階級で生まれた世界観と共存しうる。[17] したがって、ほぼ相反する関係にある二つの理論上の意識が存在する。一つは労働者を結束させる実践的な活動を反映した意識、もう一つは言葉や教育、政治、マスメディアを通じて過去から受け継がれ、無批判に受け入れられている意識である。つまり、真の意識は覆い隠されている、あるいはそらされている。ただし機会があれば、おのずと現れる。

ヘゲモニーに関する思想は、心から信じられるものである必要はなかった。その存在により、混乱とそれにともなう思考停止を引き起こすことができれば十分といえた。共産主義者にとっての課題は、ヘゲモニーに異議を唱える活動をすること、つまり労働者が自分たちの不満の原因を認識できるようにするための概念上の道具を提供することだった。それには市民社会に関連するあらゆる分野での活動が必要とされた。この活動が完了しないかぎり、共産主義政党が実権を握るための態勢は整わない。最初に支配階級と形勢を逆転させ、自らがヘゲモニーを獲得しなければならない。グラムシはこの政党のことを、集団のために動くマキャベリ主義の君主だと表現した。「現代の君主は……実在する一人の人間、具体的な個人ではありえず、一つの有機体としてのみ存在しうる。それは社会の複合的な一要素であって、行動のなかで認識され、部分的に断定された集合的意志がすでに形をとりはじめたものである。この有機体は歴史の流れのなかですでに生まれている。政党がそれだ」[18]。だが政党が機能するのは、集合的な意志を作り上げ、誘導しようとしている対象の者たちと緊密に触れ合う状態を保った場合のみだ。独裁権力の掌握を狙う民主集中制を好まなかったグラムシは、それが大衆に「目に見える、あるいは目に見えない中央部に対する軍隊調の集団的忠誠」を求める点について、疑わしげに論じた。「道徳的な説教や感情刺激、現世のあらゆる矛盾と苦難が自動的に解消される、すばらしい時代が来るという救世主的な神話」といった手段を用いた直接的な行動がとれる日に備えて、こうした働きかけは続けられるのだと[19]。

自分の考えを説明するために、グラムシは軍事になぞらえる手法を用いた。支配階級による市民社会の知的支配は、執拗で容赦ない陣地戦によってのみ弱体化し、破壊されうる一連の塹壕や要塞とみなすことができる。これにかわる機動戦（国家に対する正面攻撃の一形態にあたる）は、長いこと革命家たちの夢であり、近年ではロシアで成功を収めた。だがレーニンは、組織化された政党と機能不全におちいった国家、弱々しい市民社会をうまく利用し、機に乗じて権力を掌握するための運動を開始することができた。グラムシは、こうした状況は例外的で特殊な「東側的」なものであり、複雑な市民社会や、まずは思考力戦を戦う道しかありえない西側諸国の構造と著しく異なっていると考えた。「政治における陣地戦とはヘゲモニーの概念である」とグラムシは説いた。ある専門家によると、これは「グラムシの戦略的議論全体を簡略化した表現」であった[20]。

グラムシは自身の分析を実践に生かすどころか、完結させる機会さえ得られなかった。とはいえ、その分析の中心には、自らの核にあるマルクス主義から生まれた葛藤があった。グラムシは、突きつめると政治を突き動かすのは経済である、階級闘争は実在し、階級意識を形成しうる、多数者である労働者階級が権力を獲得し、真の主導権を発揮して合意を形成し支配することのできる日がやがて来る、といった考えを捨てようとしなかった。一方で、その分析からは、さまざまな関係性や可能性に関するもっと流動的な組み合わせや、一貫性やまとまりのない思考パターンもうかがえる。政治を独自の傾向や感情をもつ、経済とは別の自律的な領域とみなすことは、マルクス主義者として受け入れがたかった。だが、その二つのあいだに多種多様な要素が介在する可能性を考慮することは、政治と経済には希薄なつながりしかないと認めることになる。思想が生産手段や階級の構造の変化を反映しているだけでなく、思想そのものに独自の価値があるのだとすれば、思想をめぐる闘争が土台となる階級闘争と常に結びつくと考えることに無理があるのではないか。個人が理論上、矛盾した考えをもちうるのであれば、支配階級のヘゲモニー的な思想と被支配階級の始まったばかりの反ヘゲモニー的思想の争いにとどまることはありえないのではないか。通常の混乱や混迷、階級闘争にかかわる思想の妨げとなる思想の影響についてはどうだろうか。あるいは、慎重さ、失業への不安、過去の失敗の記憶、政党指導者に対する不信などのために行動を起こさない場合もあるのではないか。[21]

グラムシが採用した軍事になぞらえる手法は、殲滅（せんめつ）戦略か消耗戦略かという形でハンス・デルブリュックが最初に導入したものと本質的に同じだった。一九一〇年にはカール・カウツキーが取り入れ、その後はレーニンが革命準備期における著作や権力を強化する過程での議論に用いた。グラムシは第一次世界大戦を考慮し、大戦初期の機動戦の失敗と、塹壕戦や要塞戦を含むその後の過酷な消耗戦を比較することで、この手法を刷新したともいえるが、基本的な要点に変わりはなかった。殲滅または打倒戦略、あるいはグラムシのいう機動戦略は、迅速で決定的な結果を約束するが、奇策や無防備な敵を必要とする。そのような戦いのなかにある国家の優位性を考慮すれば、長期的な視野で考えるに越したことはない。したがって、グラムシはヘゲモニーの支配力を得るための長期戦を主張した。国家権力が形成されるころには、社会主義がすでに実現の途上にあるだろうと考えたのだ。

これはカウツキーの処方箋とほとんど変わりのないものだった。異なっていたのは、グラムシが思想の分野に関してより大きな進歩を予想していた点と、議会制を通じた手法により懐疑的だった点だ。グラムシの思想の原点も説得力を欠くものだった。とりわけ、陣地戦をどう戦いうるかに関する考え方は、デモやボイコット、プロパガンダ、政治教育を重視することで早い段階での暴力行使を防ぐために編み出されたようだった。支配階級が支配的な立場を維持しつつも、ヘゲモニーを失う日が来ることを前提にしながら、市民社会の領域における反ヘゲモニー的活動の成功が、いかにして最終的に政治領域での権力の移行へとつながるのか、という問題は曖昧なままにされた。その時点で機動戦が回避できるとは考えがたかった。また、経済と社会の構造の多様化が進む状況において、いかにして新たなヘゲモニーが形成されるのか、というもっと大きな問題にもグラムシは取り組まなかった。

レーニン主義者が訴える独裁主義に対する攻撃を避けつつ、実質的に革命を回避する結果、必然的に他党との協定や妥協をもたらすこうした戦略は、獄外にいる者の目には穏健で寛容なものに映った。現実には、グラムシはファシストに身柄を拘束された囚人であると同時に、共産党側に思想を拘束された囚人でもあった。自分自身のなかでヘゲモニーをめぐる戦いを繰り広げていたのだ。人間の思想がその行動を左右すること、思想は必ずしも階級における必要性から生まれるものではないことを認識するたびに、グラムシは自分が慣れ親しんできた、そして意識的に、あるいは無意識のうちに異を唱えるようになった知識人や政治的伝統に挑もうとした。

グラムシの置かれた状況は過酷だった。自分の考えを実行に移す機会はまったく得られなかっただろうし、そのような試みすら封じられただろう。もし活動家として自身の考えを提起していたら、おそらく党から追放されていただろう。グラムシの著作は死後にようやく刊行されたが、当初は公表しても問題ないとイタリア共産党がみなした部分に限定された。歴史の法則が科学的な形で発現したもの、というマルクス主義に対する信頼がひとたび損なわれれば、グラムシの思想は崩壊するか、少なくとも本人の当初の目的とはまったく関係のない方向へ脱線していったであろう（実際、戦後には学術的な文化研究に刺激を与える働きをした）。

共産党はそれ自体がヘゲモニーを維持するためのプロジェクトへと変容した。党員は、たとえ一貫性がなかったり、矛盾していたり、実証されていることと相容れなかったりしているようにみえても、主流の路線を忠実に守り、躊躇や不信感のかけらもみせずに追随者に説明することを求められた。党公式のイデオロギー専門家は、指導部を支えるために必要となれば、どのような知識の歪曲も行った。そして、自分たちがイデオロギーを疑っている気配や独自の考えを示せば、苦境におちいることを知っていた。イデオロギーは街頭から政府へと広がり、イデオロギーの規範が社会全体を覆うようになった。党の路線は日常の経験によって日々試された。逸脱があれば釈明する必要に迫られ、やむをえず公式見解を変えれば混乱を招いた。すべてを説明すると主張するイデオロギーは、あらゆることに関する見解を示さなければならなかったが、場合によってはそのせいで滑稽な事態も起きかねなかった。大衆の根強い支持が得られていたとしても、疑念は必ず生じるものであった。結局、ヘゲモニーはヘゲモニーそのものに対する信頼性によっては維持できず、懐疑派や背教者、批判者、逸脱者に対する報復の脅威によってしか保つことができなかった。こうして、階級意識や政治教義、神話、ヘゲモニーに関する本来の考え方は、全体主義国家による実践が過激化するのと歩調を合わせるように、過激化していった。

おそらくル・ボンやソレルの考え方を念頭に置いていたドイツのナチスは、無慈悲で知的な劣等感をほとんどもたないエリート支配者が大衆の思想を意図的に形成できることを示す最も憂慮すべき例を具現した。集会から情報統制したラジオ放送まで、ナチスは現代式のプロパガンダをさまざまな形で行った。アドルフ・ヒトラーも、そのプロパガンダの責任者であったヨーゼフ・ゲッベルスも、自分たちが「大きな嘘」と呼ぶ手段にまで頼ったと認めることはなかったが、いかに敵がそうした嘘をつくかを力説している点をみれば、その姿勢に疑いの余地はほとんどなかった。ユダヤ人が第一次世界大戦でのドイツ敗北について、うまく責任逃れをしたと説明するにあたって、ヒトラーは「大きな嘘には一定の信憑性の要素が必ず存在する、というまったく正しい原則」に注目を向けさせた。「なぜなら国民大衆は意識的あるいは自発的にではなく、感情的な深層で堕落しやすいのが常である」。大衆は「その心の原始的な単純さ」のせいで、小さな嘘よりも大きな嘘の犠牲となりやすい。「壮大な偽りがでっち上げられるとは考えもしないだろうし、不名誉きわまる歪曲をする厚かましさを他の者がもちうるとは考えられないからだ[22]」。

ジェイムズ・バーナム

開かれた社会における左翼思想にスターリン主義がおよぼした影響は、アメリカ合衆国にみることができる。そこでは、西側の資本主義社会がマルクスの定めた道を実際にたどるのか、あるいはより永続的で自己破壊しにくい社会へと変わるのか、という疑問が生じていた。ソビエトの路線に追従していたアメリカの共産党は、一九三〇年代に極左政治を主導していた。とりわけ大恐慌の悲惨な経済状況のなかでマルクス主義になおも惹きつけられていた者たちは、正道を踏み外したスターリン主義の悪質さに愕然としながらも、隣国メキシコに亡命中のレフ・トロツキーを結束の拠り所としていた。アメリカには、世界最大のトロツキー主義者（トロツキスト）の集団が存在していた（とはいってもメンバーは約一〇〇〇人にすぎず、巨大とはいえなかった）。モスクワとは無関係にマルクス主義を信奉した主要な人物の多くはニューヨークに集結し、政治的な影響力はさておき、活気があり、あなどりがたい知識人のグループを形成した。結局は、事実上全員がマルクス主義を放棄し、その多くが反スターリン主義に突き動かされて保守派へと転じた。戦後のアメリカを代表する有力な知識人や著述家の一部は、このグループから生まれた。このような流れのなかで、現代の新保守主義運動も起きた。当初この運動を展開したのは、一九三〇年代の派閥争いのなかで培われた論争術をしばしば駆使した左翼の退役軍人たちであった。

こうした状況から登場した主要人物の一人が、ニューヨーク大学教授のジェイムズ・バーナムである。バーナムは最も先鋭なトロツキストのブレーンだったが、スターリンとヒトラーによる独ソ不可侵条約締結をトロツキーが支持したことを完全な裏切り行為とみなし、トロツキストと決別した。弁証法的唯物論の哲学的正当性をめぐる、より難解な議論も決別の一因となった。以後、反共産主義思想に染まったバーナムは、きっぱりと右翼に転じた。この方向転換の初期段階にあった一九四一年、厳格で疑似科学的な予測型のスタイルや、また権力の所在を知るために生産手段に注目する見方を踏襲して、バーナムはきわめて影響力の強い著書『管理革命』を刊行した。同書でバーナムは、プロレタリアートとは違う支配的な地位を獲得しつつある新しい階級を特定した。題名が示唆するように、同書の核となるテーマは、技術に関する指示や生産の調整を行う管理者が、いまや資本家や共産主義者にかわって支配的な地位を獲得する、というものだった。バーナムは、ナチス・ドイツの隆盛や（当時、バーナムはヨーロッパでのドイツの勝利を見込んでいた）、フランクリン・ローズベルトのニューディール政策もこうした流れの一環ととらえていた[23]。第二次世界大戦後、バーナムは、靴の行商で生計を立てていた変わり者の左翼ブルーノ・リッツィに盗用を非難されたが、これはおそらくある程度的を射ていた[24]。ただ、たとえリッツィの一九三九年の著書『世界の官僚制化』を読んでいなかったとしても、バーナムは官僚制化の流れを認識していたであろう。トロツキーはこの問題に取り組む必要性を感じた。トロツキーはこの点を根拠にソ連批判を展開し、他の良識あるマルクス主義者の誰よりも、さまざまな形態の社会において官僚階級が国家組織を支配していることを指摘するために、この問題を掘り下げた。

バーナムは次の著書『マキャベリアンズ』で、『管理革命』で行った経済分析に、より政治的な側面を加味することを試みた。その内容は明らかにモスカやソレル、ミヒェルス、パレートの理論に基づくものであった。同書は、政治において基本的な利害や本能が果たす役割や、その存在を示すために行使され、必要とあらば力と欺瞞によって維持される権力に関するマキャベリの率直な見解をあらためて説こうとしていた。バーナムは、「目に見える、あるいは見えない形での」社会権力をめぐる闘争を念頭に置き、政治目的において中立的で、個人の嗜好に左右されない客観的な政治科学の可能性を説いた。そのためには、語られる言葉をそのまま信頼してはならない。人のあらゆる言動は、その意味を評価するためにより広い社会的状況と関連づける必要がある、と論じた。バーナムは同書の大半のページをネオ・マキャベリ主義にかかわる理論の解説に費やし、支配する者と支配される者との決定的な分断を強調した。その中身は概してパレートとソレルの理論の混合物だった。パレートからは、政治的、社会的変化のなかで論理的あるいは合理的な行動が果たす小さな役割に関する考え方を取り入れた。「社会生活において、人間は意識的に設けた目標を達成するために意図した手段を講じると考えるのは、たいていの場合、まちがった思い込みである」。「環境の変化や本能、衝動、利害によって駆り立てられる」非論理的な行動のほうが、より頻繁に起きる。自らの権力と特権を維持するために、エリートは「通常、一般に受け入れられた宗教やイデオロギーや神話と相関している」政治教義に依存する、という見解にはソレルの考え方が反映されている。

バーナムは新しいエリートを「現代の大規模産業、大規模化した労働力、超国家的形態となった政治組織を統制（コントロール）できる」者と特定した。そして、このコントロールは説得力のある政治教義によって行われうると考えた。したがってエリートの合理的行動は、大衆に非科学的な神話を受け入れさせるためのものとなる。もし大衆がその神話を信じつづけることができなくなれば、社会の構造は崩れ、覆されるだろう。つまり指導者は、自身が科学的であるならば、嘘をつかなければならない、とバーナムは説いた。[25]

これは、バーナムの分析にある問題の核心であった。ナチスやスターリン主義の国家のもとでは、神話は作られ、社会統制の手段として維持されることが可能だった。どちらの場合も、根底にあるイデオロギーは指導力に根ざしていたが、強制的な手段によって維持することもできた。異を唱えた者を罰することも可能だった。西側社会では、ある種の思想が重要な役割を果たしていたが、この役割を説明するにはバーナムのものよりはるかに鋭い分析を必要とする。こうした思想が競合する思想の市場のほうがずっと広いからである。批判者たちは、アメリカの民主主義が全体主義に匹敵するかのように論じるバーナムのひねくれたアプローチや、権力とその所在に関する混乱した分析に反論した。[26] 政治教義はエリートによって構築され、大衆にそのまま伝えられうるという見方は、あまりにも単純すぎた。思考は物理的状況よりもはるかに統制しにくい。受け手が前向きだったとしても、すべての考えが考案者の意図どおりに受け止められるわけではないのだ。

専門家とプロパガンダ

ナチスがプロパガンダの術（アート）を新たな、そして憂慮すべき次元へ移行させる前に、アメリカではその理論と実践の発展が著しく進んでいた。全体主義の経験から、プロパガンダで何をなしうるかに関するかつての説を、何を招きうるかという痛みの感覚なしに読むことはきわめて難しくなっていた。自分たちが置かれた状況に関する大衆の考え方を左右することの重大さは二一世紀に入っても変わりがないため、西側において世論に関する理論がどのように発達してきたのかを考察することは重要だ。

その原点となったのはロバート・E・パークである。パークは、アルビオン・スモールの後を継いでシカゴ大学社会学部の学部長となったジョン・デューイのかつての教え子だった。一九〇四年、パークは留学先でドイツ語の博士論文「大衆と公衆」を発表した。[27] この論文では、群衆に加わった個人がいかに個性を失い、集団心理を身につけるかという点に関するル・ボンの迫真の描写と、ル・ボンを時代遅れと考えていたやはりフランス人の社会学者ガブリエル・タルドの見解とを対比した。タルドは、多くの人々に模倣されることによって、一部の個人から力が生じうる仕組みに関心をいだいた。押しつけられた強制力に加えて、こうした模倣が社会に統一性をもたらす。とりわけ大きな重要性をもっていたのが印刷メディアの発達である。印刷メディアによって、地域に関係なく同時かつ同様に対話することが可能となったからだ。さまざまな考えを日用品と同じようにまとめて数百万人の元に届けることを可能にしたこの能力を、タルドは強力な武器とみなした。

タルドは一八九〇年代に起きたドレフュス事件（ユダヤ系のフランス軍大尉アルフレド・ドレフュスがドイツのスパイだったとの容疑で有罪になったことをめぐる議論）を振り返り、個人が結集しなくても総意は形成されると気づいた。ここから、公衆を「精神的な集合体であり、物理的に隔たり合った個人が、心理的なつながりだけで結合した存在」とするタルドの考え方が生まれた。[28]したがって、タルドは『現代は『群衆の時代』だと説く健筆家ル・ボン博士」に賛同できなかった。現代は「公衆あるいは公衆たちの時代である。この差はきわめて大きい」。[29]個人は一つの群衆にしか属せないが、多くの公衆の一員となることができる。群衆は興奮しやすい場合があるが、公衆においてはより冷静な意見が交わされ、群衆ほど感情的にならない、とタルドは説いた。

パークは、同質で単純で衝動的で、出来事を認識すると感情的に反応する群衆と、異質で批判的で事実に向き合い、複雑さを快く受け入れる、より称賛に値する公衆とに二分するこの考え方を発展させた。秩序だった進歩的な社会は、「異なる意見をもつ個人で構成されるからこそ、慎重さと合理的な思案に従う」公衆に依存する。[30]ひとたび公衆が批判的でなくなれば、あらゆる感情が同一の方向に揺れ動くようになり、群衆同然になってしまう。

群衆あるいは公衆が優位に立つかどうかは、メディアの役割にかかっている。いわゆる暴露ジャーナリストは、新聞を啓蒙と民主主義を媒介するものとみていた。あるジャーナリストは一八八〇年代に、「公衆の声（パブリシティ）が強力な道徳的解毒剤になる」と説いた。[31]だが、もしメディアが崇高な役割を失い、群衆に迎合すれば、公衆もそれによって引きずりおろされる可能性がある。群衆の被暗示性が抑制されるのではなく、亢進する可能性は、第一次世界大戦の経験で浮き彫りにされた。アメリカ政府が一九一七年の大戦参戦に際して設立した広報委員会（ＣＰＩ）によって、関係者はおしなべて、ありとあらゆる手段を使ってドイツ軍国主義の危険性や断固たる対応の必要性を伝えることで好戦的な世論が形成されうる、という安心感をはっきりと得た。「人はパンだけで生きるのではない。大半はキャッチフレーズで生きるのだ」という言葉で知られる進歩派ジャーナリストのジョージ・クリールを議長としたＣＰＩは、重要なメッセージを流布させるため、タウンホール・ミーティングから映画まで、あらゆるメディアを利用した。

ＣＰＩの設立を勧め、自らも活動に携わり、その成果に感銘を受けた者のなかに、ウォルター・リップマンがいた。[32]若くして才能を開花させた気高く雄弁な有力ジャーナリストのリップマンは、当時の知的潮流に敏感だった。戦前に老齢のウィリアム・ジェイムズと親交を深め、意識の発達と非合理性の源に関する精神分析活動の見識に興味をそそられた。リップマンは、大衆向け印刷メディアが陰謀の指摘と扇情的な暴露ネタ探しに終始していることに不安をいだくようになり、こうした状況が混乱をあおり、合理的な議論を不可能にすると考えた。一九二二年、リップマンは画期的な著書『世論』を刊行し、以下のように論じた。人は、自分たちと自分たちを取り巻く現実の環境のあいだに位置する「疑似環境」という「頭のなかに思い描いた世界像」を通じてしか物事を知らない。こうした世界像は行動を左右するため、これがどのように形づくられ、維持され、脅かされるかを理解することは重要である。「だが実際に行動を起こして生じた結果は、その行動を喚起した疑似環境にではなく、行動が起きた現実の環境に影響する」。その意味するところは、のちに「トーマスの公理」と呼ばれるようになったシカゴ大学の社会学者ウィリアム・I・トーマスの以下の言葉と同じであった。「もし人が状況を真実であると決めれば、その状況は結果として真実になる」[33]。

リップマンはまた、個人がいかに「固定観念（ステレオタイプ）の体系」に固執してしまうかについても言及した。それはステレオタイプの体系が「秩序正しく、おおむね一貫性のある世界像であり、われわれは自身の習慣や嗜好、能力、心地よさ、希望をそれに適応させる」からだ。このため、次のようなことが起きるとリップマンは説いた。

少しでもステレオタイプに混乱が生じると、世界の基盤を攻撃されたかのように感じる。われわれの世界に対する攻撃である。大事がかかっている場合、われわれは頭のなかで描いた世界と現実の世界のあいだに違いがあることをすぐに認めようとはしない。自分が尊重しているものに値打ちがなく、また軽蔑しているものが尊いとされる世界は神経にさわる。自分のつけた優先順位が唯一可能なものではなかったとわかれば、混乱するのだ。[34]

偏見によるステレオタイプという、ありがちで認識しやすい問題に加えて、ほとんどの人は、より規律ある方法で真実を探求する時間や意思をもたない。新聞に頼る人は、選びぬかれ、単純化された情報しか得られない。

リップマンは、進歩主義の標準的テーマに目を向け、メディアがなんらかの構図を作ることは避けられないが、偏った利害や、胡散臭い広告の後押しを受け、勝手気ままに報じるメディアの情報をもとに世界像が描かれることを危惧した。こうしたことはすべて「世論」の疑わしさを示している。人々のあいだで自然に生じる「共通意志」という概念とは裏腹に、実際の世論は創造物であり、したがって民主的な同意は作られうる。良い政府かどうかの評価は、政治プロセスへの国民参加の度合いではなく、結果の質によって下される。大衆は自分自身の利害を誰よりもよく理解しており、参加型民主主義こそコミュニティの一体感を生み出す最良の手段だと確信していたデューイと異なり、リップマンははっきりと議会制民主主義を支持していた。ただし、社会科学を含む科学が進歩の原動力になるという楽観論をもっていた点はデューイと共通していた。

リップマンは、エンジニアがこうした役割をかねてより担ってきたのに対し、社会科学者がいまだにそうしていないことを残念に思っていた。そして、それは自信の欠如のせいだと考えた。社会科学者は「一般の人々に提示する前に自分の理論を証明すること」ができない。一方で「その提言が取り入れられ、それがまちがっているとわかった場合、計り知れない影響が生じうる。当然、社会科学者のほうが責任ははるかに重くなり、信頼性もはるかに低くなる」。このため、社会科学者はすでに下された決断の説明はしても、これから下されるべき決断に影響をおよぼすことはない。リップマンによれば、「まず利害関係のない専門家が活動する者のために事実を見いだして体系化し、次に自身が把握している意思決定と体系化した事実とを比較し、そこから可能なかぎり知恵を生み出す、というのが本来とるべき順序である」。社会科学者は、「目の届かない出来事、無言の人々、これから生まれてくる人々、物事と人間の関係」といった「形のないものの後押し」を受け、「目に見えないもの」の代弁をすることで、政府に新たな特質をもたらすこともできる。のちに専門家による統治を望む意向を示唆したリップマンだが、このときに提示した処方箋では、賢明な政策を講じるために政府を指導することを専門家に促すにとどまった。また、専門家が一般の人々よりもすぐれていると論じることもなかった。専門家に求めたのは、大衆に異を唱えることではなく、標準的進歩主義の怪物、つまり、都市部の集票組織や巨大トラスト、そして情報提供の使命よりも広告料収入に突き動かされる印刷メディアに異を唱えることだった。[35]

リップマンが注目に値すると考えた専門技術の一形態は、「説得」という「自意識に働きかける技術であり、民主的政府の正規の手段」である。「それがどのような結果をもたらすのか、まだ誰も理解できていないが、合意の形成方法に関する知識があらゆる政治的前提を変えると予言しても、決して大げさではないだろう」というリップマンの言葉は、あとから振り返れば控えめだった。当時、このトピックについて書いていた他の多くの者と同じく、リップマンは説得を、やましい意味合いを必ずしも含まない「プロパガンダ」を表す言葉として使おうとしていた。プロパガンダの語源は、まだ改宗していない者に教義を伝えるためのカトリック教会の手法にある。当時の一般的な定義によれば、プロパガンダは純粋に「特定の信条や慣行を伝えるための」手段全般を意味していた。

第一次世界大戦中に、士気を高める、あるいは敵を中傷する目的で故意に嘘をつくことへの非難が生じると、この言葉はよりやましい意味合いを帯びるようになった。のちにアメリカ政治学の重鎮となったハロルド・ラスウェルは、プロパガンダ理論で名を上げた。ラスウェルの定義によると、プロパガンダは「有意なシンボルの操作によって集合的態度を管理すること」であり、公衆とエリートのあいだに避けがたい溝がある点を考慮すれば、社会に不可欠なものだ。ラスウェルは、プロパガンダの概念に否定的な意味合いが付加されたことを嘆いた。プロパガンダは道徳的なものでも不道徳なものでもなく、「手押しポンプの柄」のような存在である。個人は自身の利害をうまく判断できず、公認されたコミュニケーション手段の助けを借りなければならないため、プロパガンダが必要となる。世論を動かす専門家の存在により、かつては「暴力と脅迫によって」なしえたことが、いまや「議論と説得によって行われるべきものとなった」[36]。プロパガンダ専門家にとっての戦略上の課題は、「集合的態度が自分の目的にかなう場合は強化し、目的に反する場合は方向転換させること、そして無関心層を引きつける、あるいは最悪でも敵対的な態度をとらせないようにすること」である。

このような個人にみられる理性と感情のせめぎ合いが、いまや社会全体の特徴でもあると考えられるようになった背景には、しだいに強まるフロイトの理論の影響があった。ジークムント・フロイトは個人の心理と集団心理を分けて考えることに異議を唱えた。第一次世界大戦後、その理論は無意識と意識の弁証法から、より複雑な構造へと変化した[37]。フロイトは人格のなかの「興奮に満ち、煮え立った釜」、つまり快楽を追求しようとする、無意識で本能的、激情的、非道徳的、無秩序な側面を「エス」（イドともいう）と呼んだ。それを現実に適応させることによって管理しようとするのが、意識的、知覚的で秩序正しい自我（エゴ）である。自我は理性と分別を代表して、エスに対して「馬の圧倒的な力を制御しなければならない騎手」のような働きをする。この自我の役割は、意識的、道徳的であろうとする部分の超自我（スーパーエゴ）によって複雑化している。父親像を継承し、教師などの外部からの影響を反映した超自我は、目先の満足を追求するエスに対して、社会的に適切な行動をとるよう求める。

こうしたフロイトの考え方の影響を受けた人物の一人に、早い段階からその信奉者となったイギリス人神経外科医のウィルフレッド・トロッターがいる。一九一六年、トロッターは「群棲本能」に関する本を刊行した。これは、一九〇八年から一九〇九年にかけて執筆した論文を土台として、戦争体験を加味し、内容を膨らませたものであった。トロッターは、人間は元来、群棲的であり、このため精神的に不安定で孤独を恐れると説いた。こうした前提から、自己保存本能、栄養摂取本能、性本能に加えて、群棲本能があるという考えが導き出された。この第四の本能には、「外部から個人を支配する力」を行使し、その力が働かなければ望まないであろう行為へ人々を駆り立てる、という特徴がある。トロッターはこの本能が、個人と社会のあいだ、分別と罪悪感や罪責感の源である一般的な規範とのあいだの葛藤をもたらすと考えた。「大衆心理」という考え方と群衆心理に対する強い関心は目新しいものではなかった。だが従来の著作でそれを否定的な力、暴徒的な行動の源とみなす傾向が強かったのに対して、トロッターはより肯定的な見方を後押しした。フロイトはトロッターの見解を尊重する一方で、指導者の役割と、指導者に「愛される」グループ構成員の必要性をほとんど考慮していないと批評した。[38]

こうしたさまざまな考え方の実践面での可能性は、当時活動していたプロパガンダ専門家の例として最もふさわしい人物、エドワード・バーネイズによって実証された。フロイトの甥であるバーネイズは、感情と非合理性に関する自分の見解を説明する際に、この血縁関係を利用した。やがてＣＰＩに携わるようになると、バーネイズは一九一九年にＰＲコンサルタントとして身を立てはじめた（この肩書を用いたのはバーネイズが初めてだった）。その手法はすべて独自のものであったが、思想はリップマンとフロイトの両人から大きな影響を受けていた。政治的には進歩主義者で、自身が説く技術は社会の向上に利用可能だと考える楽観主義者だった。ただし、この楽観論はヨーゼフ・ゲッベルスの書棚にバーネイズの著書があったとわかったことで揺らいだ。バーネイズの初めての著書『世論の結晶化』は一九二三年に刊行された。これはリップマンが『世論』を出した翌年であり、バーネイズは同書の内容を大量に引用した。バーネイズは、ＰＲコンサルタントが社会科学と精神医学に根ざした重大な資質を要する立派な職業であることを証明しようとした。複雑な社会では、政府、企業、政党、慈善団体をはじめとするさまざまなグループが、支持や利益を得ようと常に闘争している。たとえこうした集団が世論を無視したいと思っても、それらがしようとしていることは公衆の利害にかかわる。いまや大企業や労働組合は「半公共のサービス」とみなされており、教育と民主主義の恩恵を享受するようになった公衆は、それらの行動に口出しして当然だと考えている、とバーネイズは説いた。そして、こうした状況のなかで、公衆に効果的に働きかける方法に関する専門家の助言が必要になっていると論じた[39]。

　こうしたバーネイズの主張はとりたてて珍しいものではなかった。特筆すべきは、ＰＲの専門家が提供しうるものを表現するのに用いた率直な言葉と、その職業が成功を収めるという推論であった。バーネイズは『世論の結晶化』で、「個々の人間に元来備わっている柔軟さ」が、

「軍が組織を統制するのと同じように」政府が「大衆の心を統制する」ことを可能にしている、と説いた。一九二八年の著書『プロパガンダ』は、「大衆のあいだで形成される習慣や見解を意図的かつ巧みに操作することは、民主主義社会における重要な要素の一つだ」という主張で始まっている。それを行う者たちが「目に見えない統治機構を構成し、わが国における真の支配力を握っている」。つまり、「われわれは多くの場合、名前も知らない人々によって統治され、思考や好みを型にはめられ、その意に沿った発想をするよう仕向けられている」。バーネイズはＰＲの専門家には倫理規定が必要だと訴え、社会全体のことを最優先に考える必要性などを挙げた。そして、このように主張した。大衆が自分たちの重大な利害に反する行動をするよう仕向けられることがあってはならない。政治指導者が何よりも重要な影響力を発揮するのは、「型にはまった考え方」を作り出すときである、と。ただし、こうしたバーネイズによる定式化は、民主主義からの隔絶感を一段と強めた。もし、リップマンも示唆していたとみられるように、世論がトップダウン式に形成されるのだとすれば、これは、民主主義において権力はボトムアップ式に築かれるべきという考え方を揺るがす。こうしたなかで、バーネイズは以下のような結論を導き出した。「集団心理のメカニズムと動機」がわかれば、「当人たちに気づかれずに、われわれの意図のままに大衆をコントロールし、統制すること」が可能なのではないか。「少なくともある程度まで、特定の範囲内で」なら、それは可能だとバーネイズは考えた。[40]

政府や慈善団体、企業のアドバイザーを務めたバーネイズは、天性の戦略家だった。特定の商品を人々に受け入れさせようと訴えかける専門家、と自身が表現する広告業者とは一線を画す立場をとった。顧客を取り巻く環境をすべて考慮したうえで助言を行う、人々にさまざまな角度から世界を見させようとする、といったバーネイズのアプローチは、より全体論的で間接的だった。のちに執筆した「合意の操作術」[41]という挑発的なタイトルの小論では、PRの戦略を明白に論じ、軍事的なたとえも用いている。バーネイズは、利用可能な予算の把握、明確な目標の設定、最新の世論調査の実施といった準備を慎重に行ったうえで、「主題」に目を向ける必要があると説いた。これは「必ず存在するが漠然とした」ものであり、公衆の意識と潜在意識に訴えかけるという点で小説の「筋書き」に似ている。そして戦い（キャンペーン）が繰り広げられる。「状況によっては、電撃戦か持久戦、その両方の組み合わせ、あるいは別の戦略が必要になる」。選挙の場合は短期戦であり、即効性のある戦略が求められるだろう。健康問題に関する人々の考え方を変えさせるには、長めの時間がかかる。戦術については、単に新聞に記事が載ったり、ラジオで取り上げられたりするように仕向けるのではなく、「ニュースを作り出す」ことを目標にしなければならない、とバーネイズは強調した。ここでいうニュースとは「ありきたりのパターンからはみ出した」ものである。ニュースになる出来事は、「実際にそれに関わった者よりも、はるかにずっと多くの人々に伝わりうる。そしてそのような出来事は、目撃者ではない人々へドラマのように鮮やかにイメージを伝える」。バーネイズがしかけた有名なキャンペーンの例には、有力な医師たちに「栄養価の高い」朝食の必要性を力説してもらい、朝食に「ベーコンと卵」を食べるよう奨励した件、カルビン・クーリッジ大統領のイメージ向上を図り、芸能界のスターたちを大統領との朝食会に招いた件がある。そして、とりわけ創意に富んだ大胆な例が、アメリカン・タバコ・カンパニーのためのキャンペーンだった。バーネイズは一九二九年の復活祭のパレードで、一〇〇人の女性参加者にタバコを吸いながら行進するよう説き伏せた。公の場での女性の喫煙というタブーを打ち破ることで、男女同権論（フェミニズム）の概念を強烈に後押ししたのだ。このキャンペーンによって、タバコは「自由の松明」となった。[42]

バーネイズは、人々の思想を形づくる仕事を引き受けることで民主主義の役割を侵害している、個人の責任ではなく大衆への影響を強めている、知的な挑戦よりも型にはまった感情的な態度に依存しているといった、あからさまな批判を招いた。こうした批判に対しては、マスメディアの時代において、テクニックを用いることは避けて通れず、いたるところにプロパガンダは存在すると主張した。人々や集団には自分たちの考えを宣伝する権利があり、そうしたなかで競争が生じるのは民主主義と資本主義の両方にとって健全な流れだ、と。バーネイズはまた、自身の職業について大げさに語り、またプロパガンダ専門家としての責務を意欲的に引き受けたことで、過剰な反応を招いた。[43]第二次世界大戦後、プロパガンダ専門家という肩書は受け入れられがたいものとなったが、政治意識がいかに形成され、どのような影響を受けうるかという論点は確立された。バーネイズの貢献は、基本的な政治イデオロギーに関する思考を形づくるためだけでなく、より具体的な論点を明確にするためにも、衝動が必要であることを実証した点にあった。一九五〇年代から一九六〇年代にかけての民族や戦争をめぐる政治闘争の流れのなかで、しだいに戦略の重点は正しい印象を生み出すことへと置かれるようになった。

共産主義とナチズムの全体主義的イデオロギーは、特権階級のエリートが考え出した政治教義に対して大衆が暗示にかけられたように従うことを実証しようとした。全国民の意識に首尾一貫した世界観を意図的に植えつけ、実体験のなかで生じる明らかな変則や矛盾や乖離についてはごまかしつつ、指示に従わせようとした。さらにその成功は、少しでも異議や疑念や党の路線からの逸脱を示した場合に待ち受ける恐ろしい結末に負うところが大きかった。だが、ひとたび威圧的な呪縛が解けると、抑え込まれていた思想は自らの力で生き残ろうともがく。信念体系というものはエリートの理論家が想定するよりも、複雑かつ多様であり、世論は操作されにくいものであることが明らかになった。バーネイズが注目したのは、もっと細部におけるより具体的な展開、壮大なイデオロギー間の対立よりも身近な領域での目立たないものであり、より具体的な行動を対象とし、行動の結果についても厳しく問われないようなものだった。言葉が行動を支配するというイデオロジストの想定とは異なり、言葉と行動とのあいだには緊密な結びつきがある。成功した政治家やキャンペーンの仕掛人は、永続的な変化を気にすることなく、束の間の勝利を得るうえでもこうした関係を理解しておく必要があることをわきまえていた。

第23章 非暴力の力

悪しき者たちが計略をめぐらすのなら、善良なる者たちは計画を立てねばならない。

――マーティン・ルーサー・キング・ジュニア

世論を動かす方法への理解が深まったことで、新たな政治戦略の機会が生まれた。倫理的な理由から、あるいは慎重さから力の行使を望まない者は、もっともらしい印象を与え、強制せずに世論を思う方向へ動かす手法に基づいた戦略を考えることが可能になった。ただし、こうした戦略の威力は、どれだけエリートを公衆と同じように動かすことができるかにかかっていた。仮に世論に変化が生じたとして、どのような仕組みがあれば、その影響は政府の政策におよぶのか。確実に注目を集めるように、良案をより魅力的な形に練り上げれば済む問題なのか。それとも、望ましい反応を得るには、それ以上になんらかの圧力をかける必要があるのか。

こうした問題に対処する機会の多くは、女性参政権運動のなかで生じた。西側の資本主義国家における民主主義の発展は、合法的に不満を解消する手段を生み出したことで、労働運動の革命熱を鈍らせたといえる。だが一方で、民主的権利を否定する者たちに不公平感をもたらした。中枢でリベラルなイデオロギーを掲げながら、周辺地域に対する抑圧が慣行化していた大英帝国は、政治的平等を求める声に最も大きく揺さぶられた国だった。反植民地運動やアイルランド統治法の成立を求める運動を含む一連の流れのなかで、とりわけ強固な意志のもとで行われ、最終的に成功を収めたのが女性の選挙権を要求する運動である。この運動の特徴は、政治システムだけでなく、伝統的なジェンダー観と人間関係の最も基本的な部分に関しても問題を提起した点にあった。女性参政権運動で採用された戦術は、女性を見下すような男性の態度に注目を集める手段としてだけでなく、政治議論を展開したり、続けたりすることができないといった、女性の特質に関する固定観念（ステレオタイプ）への真っ向からの挑戦としても、長期にわたって影響をおよぼした。さらに、女性が平等な扱いに値するだけでなく、公的な生活に特別な質をもたらすことも明らかになった。

イギリスでの運動は、一八六七年の選挙法改正で女性参政権を含めるという提案がなされたのに始まり、一九二八年の平等選挙法の成立まで続いた。この間、女性が慈善活動や市民活動に参加するようになるにつれて、その政治的権利は徐々に拡大してきた。女性に男性と同等の権利を認めることについては根強い抵抗があり、第一次世界大戦の重圧によって、ようやくそれは打ち破られた。女性参政権運動に関する考え方は多種多様だった。既存の政党と手を組もうとする者もいれば、そうした試みは無益とみなす者もいた。政治的権利という狭い枠組みでとらえる者もいれば、経済問題に取り組んだり、女性の役割に対する伝統的な男性の考えに異を唱えたりしようとする者もいた。戦略面では、請願やロビー活動、デモなどの手段に訴える合法派と、エメリン・パンクハーストとクリスタベル・パンクハーストの畏怖すべき母娘が率いる女性社会政治連合（ＷＳＰＵ）のような闘争派が存在した。そのなかでどれが最も影響力を発揮したのか、あるいはお互いの効力を弱め合ったのか、強め合ったのかという点については、なおも意見が分かれている。今では、名画を切り裂く、放火する、窓ガラスを破壊する、鉄柵に鎖で自分の体をしばりつける、刑務所内でハンガー・ストライキを行うといった直接行動に出た闘争派が最もよく知られている。だがそれは、形態や没頭の度合いの面できわめて多種多様な運動のほんの一部にすぎなかった。

闘争性が高まったのは、まず女性参政権の理念を尊重したがらなかった自由党に対して、次に労働運動のなかで女性が重視されなかったことに対して幻滅がしだいに広がり、合法的な手段は使い尽くされたという確信が強まった結果であった。だが、核となるテーマは伝統的な自由主義者の理想に根ざしていた。それは、個人に義務を課すが権利は与えない、専制的な権力の形態に対する抵抗である。このレトリックはフランス革命とその後のチャーティスト運動から引き継がれたといえる。ただし、打ち破るべき対象は階級の壁から性別の壁へと変わっていた。クリスタベル・パンクハーストはこう語った。「法制度から締め出された者は、そのなかに入るための当たり前の手段をもたず、極端な手段を試さざるをえない」。闘争派の戦術はこうした理由から正当化された。WSPUのやり方は注目を集めるのにも役立った。だが最も有利に働いたと考えられるのは、逮捕されることによって法廷闘争に持ち込み、刑事責任を問う裁判を政治議論の場に変える機会を得る方法だった。たとえば一九一二年の陪審裁判で、エメリン・パンクハーストは自身とその組織について、明晰、雄弁、有能で秩序正しく、まったく感情的でもヒステリックでもないという印象を打ち出すことに成功した。とりわけ、エメリンをはじめとする女性参政権運動家は、説得力ある政治的根拠を示して自分たちの行動を正当化する能力に長けていたため、この裁判では陪審員が情状酌量を訴える事態が生じた。

この裁判以降、WSPUのレトリックは一段と過激になった。クリスタベル・パンクハーストは、テロという手段さえ用いはじめた。「男性であれ女性であれ、政治的に排除された者は、自分たちを隷属させつづけるために専制君主が用いる物理的な力に抵抗せざるをえない」とクリスタベルは主張した。そして受動的な抵抗を否定し、積極的な抵抗のほうが「より崇高で解毒効果が強い」と訴えた。人に対する攻撃こそなかったものの、財産に対する攻撃がより頻繁に行われるようになった。こうしたやり方は、他の女性参政権運動家のあいだで、参政権よりも闘争性が論点になりつつあるという懸念を生み出した。支持者離れが進み、WSPUは地下組織化していった。最終的には第一次世界大戦の勃発が、闘争派に面目を失うことなく活動を終息させる格好の口実をもたらした。実際、女性参政権運動の非暴力主義派が反戦を打ち出したのに対して、パンクハースト母娘は戦争協力に積極的で、筋金入りの反ドイツ、反平和主義者、のちには反ボリシェビキ論者として知られるようになった。[1]

一九二〇年に目標を達成したアメリカの女性参政権運動は、はるかに闘争色の薄いものだった。アメリカでの運動は、貧困女性が子どもの面倒をみながらの低賃金労働を余儀なくされる、といった工業化によるひずみを前面に出して訴えた進歩主義運動と密接につながっていた。第一次世界大戦前の数年には、どちらかというと穏健な中心組織のやり方への不満とイギリスでの運動の影響から、より実力行使型の色彩を帯びたものの、アメリカで好まれたのはピケや決起集会、行進などで数的な力を示す手法だった。女性に（説教師を含む）役割を与えることを古くから認めてきたクエーカー教は、とりわけ女性参政権運動に大きな影響をおよぼした。クエーカー教徒は中心になって初期の運動を指導し、非暴力を訴えた。アメリカの女性参政権運動が成功したのは、大会や遊説や専従の活動家といった政治組織の基礎をしっかりと理解し、常に論点を前面に押し出すことができたからであった。[2]その一つの帰結として、平和主義が特定の倫理観の主張にとどまらず、有効な政治戦略の基盤となる可能性が広がったのである。

「平和主義者」という用語は、あらゆる暴力を放棄する者を示す言葉として一九世紀中に使われるようになった。平和主義者は当然ともいうべき課題に直面した。守勢では、いかに他者の攻撃に対処するのか、そして攻勢では、どうすれば暴力なしに変化をもたらすことができるのか。何よりも難しい問題は、不正よりも平和を重視することで、平和主義者が現状維持を余儀なくされる点だった。恵まれない者たちのために暴力を行使することを放棄すれば、そうした者たちは既存の力の階層から逃れられず、不満を口に出せないまま、あるいは愛や理性に訴えるといった現実味のない救済策に感化されるがままの状態に置かれる。これに対して、平和主義者はこう反論した。紛争が暴力的になれば、失うものが最も多いのは弱者である。そしてひとたび暴力が行使されれば、たとえ正当な理由がある場合でも、その闘争によって本当に何かが改善される見込みは薄い。一方で、非暴力の圧力を効果的な形で用いることは可能である、と。

ガンジーの影響

平和主義の絶頂期は第一次世界大戦後だった。それは主に西部戦線での大量殺戮（さつりく）により、人々のあいだで戦争は無駄で無益だという考えが形づくられたからである。また、モハンダス・ガンジーがイギリスによるインド統治に抵抗し、平和主義者が根本的な変化を求める運動を巧みに指導できることを実証したためでもあった。

ガンジーの思想は、南アフリカとインドでの自らの体験から形成された。ガンジーに影響を与えた人物の一人に、アメリカ、マサチューセッツ州コンコード出身のヘンリー・デイビッド・ソローがいた。奴隷制度反対の立場をとっていたソローは、「男や女や子どもを売買する国家に対して税金を支払うこと、つまり権威を認めること」を拒絶した。不服従の生活を六年間続けたところでソローは逮捕され、一夜を拘置所で過ごした。そして一八四九年に「個人と国家のかかわり方」と題してこの経験に関する講演を行った。ソローの戦略は、みなが自分の例にならえば奴隷制度は終焉すると主張するだけのものであり、また当時、ソローは孤立した奇人とみなされていたが、この講演（のちに『市民的不服従』という題で刊行された）は、道義的な理由から不当な法律の受容を拒否する行為の規範となった。[3] ガンジーは若い活動家だったころにソローの著書を読んでおり、のちにそれが自身の思想形成に役立ち、また同じ志をもつアメリカ人と接触するきっかけになったと述べている。[4]

トルストイとのつながりはもっと密接だった。ガンジーは自伝で、トルストイの著書『神の国は汝(なんじ)らのうちにあり』に「圧倒された」と書いている。一九〇八年、ガンジーはトルストイがインドの新聞の編集者からの求めに応じて書いた「あるヒンドゥー教徒への手紙」を翻訳し、回覧した。その内容には、とても論破できないと思える点があった。トルストイはこう記していた。驚くべきことに、「身体的な面でも知的な面でも非常に恵まれた二億人超の人々が、自分たちのことを、まったく異なる考え方をもつ小さな集団の支配下にあり、宗教道徳面で彼らにひどく劣っている、と感じている」。そうした理由からトルストイは、「インド人を奴隷化したのはイギリス人ではなく、インド人自身だ」と断言した。そして、暴力による抵抗のかわりに、「裁判や徴税、そして何よりも兵役といった政治上の暴力的行為」に加わらないことを呼びかけ、愛こそが「あらゆる悪から人間を救う唯一の道であり、あなたがたの民衆を奴隷状態から解き放つ唯一の手段である」と説いた(5)。

ガンジーとトルストイのあいだには、はっきりとした共通点があった。二人とも、自浄作用、愛、非暴力に基づいた人生を送ろうとした。また、恵まれた家庭に生まれながらも、貧困にあえぐ大衆に近づこうとした。そのきわめて禁欲的な生き方によって、二人は道徳的権威者とみなされるようになり、世界的に注目された。ガンジーは自己の完成という考え方も取り入れた。だがトルストイと異なり、それを政治的能動主義にかわるものとしてではなく、政治的能動主義の本質的なものとしてとらえた。ガンジーは賢明なことに、自身の精神性が公人として生きることの誘惑から自分を守ってくれるだけでなく、自らの政治的主張に輝きを与えてくれると考えていた。その才能は、自らの私的な生活の指針となった教えを大衆運動の基盤として用いる能力にあった。

「サティヤーグラハ」というガンジーが自ら生み出した言葉で示した哲学は、真理と愛と強さを組み合わせたものである。この哲学を受け入れた者は、暴力的な手段に依存する者に耐え、打ち勝つための勇気と自制心をもたらす内なる力をもつ。ガンジーは目的と手段は不可分であり、暴力的な手段では平和な社会は実現できないと説いた。[6] 投獄されたら敬虔な気持ちで受け入れなさい、攻撃されたら朗らかに耐えなさい、撃たれたら安らかに死になさい。ガンジーはまるで学者のような静かな声で話し、決して扇動家のような語り方はしなかった。そして鋭敏な政治的感受性を兼ね備えていた。倫理的に高尚な立場を主張するだけでなく、とりわけイギリスにとって厄介な論点を特定することによって、敵対者を守勢に立たせる才能の持ち主であった。

一九三〇年三月、ガンジーは、製塩を独占し、塩税を課すイギリスのインド支配体制の不当さを示すために、約三八〇キロメートルにおよぶ海岸線での行進（いわゆる「塩の行進」）を始めた。当初、この抗議活動は真剣に受け止められなかったが、しだいに勢いを得ていった。その結果、ガンジーは投獄され、翌年まで釈放されなかった。この運動の直接的な目標は達成できなかったが、いまやガンジーの手法は注目の的となり、当局は抗議活動に同調しようとする人々の数に留意しなければならなくなった。民衆の不満の大きさと根深さにイギリスは動揺した。芝居がかった手法を用い、道徳的に優位に立つガンジーに対して、イギリスは有無を言わさぬ対応をとることができなかった。インド担当大臣のウィリアム・ウェッジウッド・ベンは一九三一年に、女性参政権運動や、イギリスの統治に反対するアイルランドと南アフリカでの運動との類似性を以下のように述べている。「どれもみな、世間の同情を集め、同調させることを目的としている。譲歩するか、それとも抑圧者としての立場をとるか、の選択を政府に迫ろうとする。……まず故意に深刻な事態を引き起こし、世界にその不満を訴えるのだ」。かつては、譲歩か抑圧かという選択を拒絶するのがこうした抵抗に対する最善の策と考えていたウェッジウッド・ベンだが、拒絶することは不可能だった。「無視することは許されないだろう」。「はるかに単純でやりがいもある、銃を持った民衆との直接対戦」のほうが、どれほど望ましかったことか[7]。

ガンジーの運動は、イギリスをインドから追い出すにはいたらなかった。ただし、第二次世界大戦による緊張もあって、権威と地位が衰えつつある比較的小さな遠隔の国家がうまく統治するには、インド亜大陸はとにかく広すぎるということを印象づけた。インドの世論のなかには、いつまでも抑圧されたままではいられないという民族主義的なうねりもあった。ガンジーの活動は、それだけでイギリスによる統治を不可能にすることはできなかったものの、自らの政党である国民会議をイギリス統治にかわる信頼できる政府へと発展させた。より根深い他の社会的、政治的要素もあったからこそガンジーの手法が機能したという事実は、その手法そのものを否定する理由にはならない。だが、別の状況でもうまく機能したかどうかは疑問である。

世界中で残忍な行為や激変が起きていた時代のなかで、ガンジーはその質素な衣食や崇高なメッセージにより尊厳や高潔さを体現した指導者として存在感を示した。同時に正真正銘の大衆運動を生み出し、成功に導いた。ガンジーは行進、ストライキ、ボイコットといった、おなじみの弱者の戦術を採用し、それをより大がかりで崇高なナラティブの一部として組み込んだ。敵対者の善人にも手を差し伸べるという主張と和解の約束は、歩み寄りの可能性を残した。これは幅広く適用できる戦略の定式だったのか、それともインドの情勢に適した特別なものだったのか。普遍的で時を超えた価値をもつ主張に基づく道徳的権威に依存していたとはいえ、きわめて特異な状況にあったからこその成功だったのか。

非暴力は常に有効だと説けば、倫理的な問題は避けられる。厳しい選択の可能性を無視しているからである。非暴力という手法が権威と尊厳を獲得したのは、極度の苦しみを味わう一方で政治的な利益は得られない、という結果が一つの可能性として存在するからにほかならなかった。だが、成功が当然のように約束されていなければ、非暴力の主張は自分よりも強大な悪に耐え、追随者を危険にさらす、つまり無防備な危うい状態に置くことを意味する。暴力の行使からは何の利益も生じないと認めたとしても、非暴力が結果的により大きな害悪をもたらす可能性は残る。ヒトラーの台頭と第二次世界大戦は、この問題をとりわけ痛烈な形で突きつけた。非暴力は、暴力闘争の回避を望んでおり、大衆の数々の抵抗運動に閉口してもいたイギリス相手ではうまく機能したといえる。だが、自分の手法はナチスにも通用するというガンジーの信念には、ほとんど信憑性がなかった。またガンジーは、インドが独立を勝ち取る際の国民間の争いに、うまく対処することもできなかった。最善の努力を尽くしたものの、ヒンドゥー教徒とイスラム教徒のあいだに横たわる深い溝は埋められず、一九四八年に暗殺者の手によって非業の死を遂げたのだった。

非暴力の潜在力

ガンジーの影響は、人種による隔離と差別が厳しく行われていたアメリカ南部での黒人の公民権運動に表れた。非暴力の戦術が使われる可能性は戦間期にもあったが、大きな成功をもたらす運動の手法として受け入れられたのは第二次世界大戦後のことだった。

二つの運動の背景には明白な違いがあった。ガンジーは遠隔の帝国主義国家に抵抗するために、全インド国民を奮い立たせた。一方、アメリカの黒人は、国内の容赦ない大多数に立ち向かう少数者だった。その苦境は、非暴力戦略に際して直面する根本的なジレンマを浮き彫りにした。南北戦争後、南部諸州でいわゆるジム・クロウ法（黒人を風刺するミンストレル・ショーでのキャラクターの名に由来する）が施行され、黒人に露骨な暴力が振るわれることもしばしばだった。レストラン、交通機関、墓地、病院、学校を白人用と黒人用に分離する、白人と非白人の同居や結婚を禁止する、といったことを定めたこの法制度のもとで、黒人が選挙権を行使するのはきわめて難しかった。人種差別主義者のなかに善意を見いだそうとするのは無益な試みにみえ、反抗的な態度をとることは自殺行為となりえた。

黒人の政治的な前進だけでなく、経済的な前進をも阻む障壁は、一八九五年にブッカー・T・ワシントンが訴えた妥協策（いわゆる「アトランタの妥協」）の説得力を弱めた。ワシントンはアトランタ綿花博覧会における演説でこう述べた。「われわれの人種のなかでも賢明な者たちは、社会的平等を求めて扇動することがきわめて行き過ぎた愚行であると理解している」。むしろ、商業や工業の分野で働いて模範的な従業員となることで、黒人は徐々にアメリカ社会のなかで平等を手にするだろう（なぜなら、「世界の市場になんらかの貢献をした人種が、程度はどうあれ長期にわたって排斥されつづけた例はない」からだ）。そうすれば公民権は確実に得られる、と説いたのだ。当然のことながら、この妥協は黒人と白人の穏健派に温かく受け入れられた。経済力なしに政治力を手にすることは難しいという前提には、ある程度の妥当性があった。だが実際には、経済面でも政治面でもほとんど進歩はみられず、しだいに「アトランタの妥協」は隷属状態を長引かせる方策とみられるようになった。より急進的だが分析的なアプローチをとったのは、アフリカ系アメリカ人として初めてハーバード大学で博士号を取得したW・E・B・デュボイスである。デュボイスはドイツ留学中にマックス・ウェーバーの講義を受け、その後も連絡を取り合う仲となった。ウェーバーはデュボイスのことをアメリカ屈指の有能な社会学者とみなし、人種偏見に異を唱える際に反例として引き合いに出した。デュボイスは「黒人問題」に関する複数の大がかりな研究プログラムに携わり、人種間の根源的な違いではなく、政治的選択の影響を実証した。また公民権運動を展開し、ジェーン・アダムズやジョン・デューイといった白人改革主義者の支援を得て、全米有色人種地位向上協会（NAACP）を創設した。

一九二四年、デュボイスはNAACPの機関誌クライシスに、（シカゴで教育を受けた）黒人社会学者フランクリン・フレイジアによる非暴力論への批判を掲載した。フレイジアは、暴力を受けても手向かうな、という考えを嘲笑した。この直前に、反リンチ法案の通過が上院で阻止され、人種差別主義者が黒人を脅す手段として殺人を犯すのを南部の白人支配者層が容認していることが明らかになった。フレイジアの批判に対し、白人のクエーカー教徒エレン・ウィンザーはガンジーを引き合いに出し、同じような人物が「この国に現れ、悲しみと過ちを生む暴力という旧来の手法ではなく、自由に向かって一直線に突き進む、経済的正義に基づく教育という新たな手法で、人々を困窮と無知から救い出す」ことができないものかと訴えた。これに対して、フレイジアは以下のように返答した。

仮にガンジーのような人物が現れ、心のなかに憎悪の念をもたない黒人たちに、強制労働制度のもとで南部の土地を耕すことをやめなさい、子どもに教育を受けさせない州に税金を払うのをやめなさい、不当な権利剥奪やジム・クロウ法については見て見ぬふりをしなさい、と指導したらどうなるだろう。法と秩序の名において、無防備な黒人男女を対象とした未曽有の大虐殺が繰り広げられるのではないか。血の洪水を食い止めるのに十分なキリスト教的感情は、アメリカには存在しないのではないか。

数年後、ガンジーに記事を依頼し、受け取ったデュボイスは、以下のような自分自身の見解を付記してクライシス誌にこれを掲載した。「扇動、非暴力、抑圧者への協力の拒絶はガンジーのモットーとなり、それに基づいてガンジーは全インドを自由へ導こうとしている。そして今ここで、西側の有色の仲間たちにも友情の手を差し伸べている」[8]。デュボイスはガンジーの基本哲学よりも、進んで直接行動を起こし、抑圧者への屈服を拒む姿勢を重視した。ガンジーの哲学については疑念をぬぐえなかった。アメリカのほかの黒人活動家たちがガンジーの運動について語りはじめると、デュボイスは、断食、祈禱会、自己犠牲といった戦術はアメリカ人にはなじまないが、「インドでは三〇〇〇年以上の歴史があり、人々の骨の髄までしみついている」と指摘した[9]。

ガンジーはアメリカを訪れたことこそなかったが、イギリスからの独立を勝ち取るという自らの大義にとっての同国の政治的重要性や、自分の思想がアメリカ社会における分裂にかかわりをもつ可能性を理解していた[10]。アメリカ人が最初にガンジーと接触するきっかけとなったのは、とくに黒人問題に関することではなかった。背景にあったのは、旧来からの平和主義者の反戦思想と、それよりも新しい労働争議への関心だった。一九二〇年代初頭に労働争議にかかわる法律家として働いていたリチャード・グレッグは、労働組合に同情の念をいだき、雇用主が労働者を抑圧するために暴力を用いていることに愕然（がくぜん）とした。労働者が同じように暴力で反抗する危険性を懸念したグレッグは、消極的抵抗の道を探った。やがてインドに居を移すと、ガンジーと頻繁に接触するようになった。帰国後は、旧来の平和主義からの脱却を促す一連の著作を執筆した。平和主義は、戦争の問題に追われる人間の命の尊厳に関する内なる信念の表れだが、困難な道徳的選択である。それよりも、国内の紛争に非暴力という形で取り組むことによって生じる特別な力をもっと戦略的に評価すべきと訴えたのだ。グレッグは平和主義を「感情的な形容詞と不明瞭な神秘主義が醸し出す無益な空気や、混乱した思考と結びついた無駄な抗議と感傷主義から」解放しようとした。そして、伝統的な軍事戦略との対比には重きを置かず、非暴力は新手の兵器であり、人を殺さずに戦うことを可能とする戦争におけるイノベーションだと読者に説いた。[11]

グレッグは、論点を劇的にみせるために苦痛を用いる可能性にとりわけ関心をそそられた。問題にすべきは個人的な信念ではなく、行動によって敵対者の面目を潰し、傍観者の同情を誘うことができるかどうかにあった。グレッグは暴力的な攻撃に対する非暴力的抵抗について、攻撃者の道徳的なバランスを失わせる「ある種の道徳的柔術」だと表現した。この手法は心情の変化、つまり他者の苦痛にほとんど無意識のうちに共感的な反応を起こす神経系に依存する。現代では、マスメディアの存在により、こうした反応の程度と影響ははるかに大きくなっている。無防備な男女が猛攻撃を受けるという特異なドラマは、興味をそそる「ストーリー」や「驚くべきニュース」となる。悪評が立ちそうな状況は攻撃者に脅威をもたらす。グレッグはこうしたアプローチが黒人の権利獲得闘争にも有効である可能性を敏感に感じ取り、ハーバード大学の同窓生であるデュボイスに接触した。グレッグが、黒人は「苦痛に対して常に驚くべき忍耐力を発揮する寛容な人種」であり、まさに非暴力運動に適しているとみなしていた点について、デュボイスがどのように考えていたのかは、よくわかっていない。

グレッグが非暴力を戦略として機能させることができるかどうか模索していたのに対し、プロテスタントの牧師であるラインホルド・ニーバーは、それは不可能だという結論を出そうとしていた。デトロイトで牧師としてフォードの労働者たちとかかわり、その労使関係に関する経験から急進的になったという点で、ニーバーの原点はグレッグと似ていた。だがしだいに、非暴力は現状維持を支えるものと考えるようになった。非暴力の原則を否定することはできなかったが、不完全な世界でそれを用いた場合に生じる結果について懸念をいだいた。人間は本質的に善良だという楽観論にニーバーは賛同しなかった。不平等と不公正によって恩恵を受けている者が、平等と正義を当然のものとして要求する声に前向きに反応すると期待するのは浅はかなことである。完全で、ある種の抗しがたい愛をもって権力をもつ者に働きかけるのではなく、対抗勢力に向き合うべきだ。こうしたニーバーの考え方は、大きな影響力を発揮した非凡な書『道徳的人間と非道徳的社会』に記された[12]。

権力に重点を置いたニーバーは、問題を神学的な枠組みで考察するという独特の手法を使う現実主義の有力思想家として認識されるようになった。本書の本来の目的のためには、神学的な問題についてあまり深く掘り下げる必要はない。権力を拡大しようとする衝動は、人間が無限の世界のなかで自分たちの存在に意味をもたせようとするために起きる、とニーバーは考えた。こうした生来の自己愛は、人間の自己意識の性質によって強まる。人間は目先の可能性をはるかに超えるような欲望が満たされることも想像しうるため、自己の権力を拡大しようとする衝動が生じるのであり、そのような衝動が抑制されなければ、妥協するにしても闘争の準備に動くことになる。理性は協調と非暴力を指示するものの、残念ながら「人間が自己利害と同じだけはっきりと普遍的利害を理解しうるほど高い合理性を獲得できるという奇跡」は存在しない。群衆は合理的に考えることが苦手なため、集団の場合、状況はさらに悪化する。結果として、個人には効きうる愛情深い道徳規範の類いを用いて集団に対処しようとすれば、悲惨な結果をもたらしかねない。

ニーバーは、こうした人間の性質に関する悲観的な考え方と、人間社会において権力と利害が果たす役割が、不公正と不平等の犠牲者を敗北主義へと導く可能性を認識していた。だが、他者の潜在的な善意と信頼性を過大評価する無邪気で感傷的な理想主義よりも、現実主義を出発点としたほうがましだと判断した。紛争の現実を認識し、権力の問題に取り組むことを拒む者は、実際には消極的で効果のない手段を提案する傾向がある。暴力を含む各種の強制に対する不快感から、こうした者たちは正義を実現することができなくなる。ニーバーは、「直接的な結果は、究極的な結果との比較で評価しなければならない」と、マックス・ウェーバーが賛同したであろう見解を述べた。決して正当化できない手段があるという見方に対しては、目的が手段を正当化すると論じる構えをみせていた。繰り返しになるが、社会の道徳規範は個人の道徳規範と異なる。はるかに大きな利害がかかわっているからだ。個人が絶対的な存在をめざした場合、ただの無駄な試みに終わるかもしれない。だが社会が絶対性を追求すれば、「何百万人もの人間の福利を危険にさらす」。したがって、完璧な社会の追求はあきらめ、妥協を受け入れたほうがよい、とニーバーは説いた。

次の段階としてニーバーが論じたのは、暴力による強制と非暴力的な強制のあいだに確固たる違いは存在しない、という点だった。「消極的抵抗は、社会的、物理的な関係をもつ領域で行われ、他者の欲求や活動に物理的な制限を加えるかぎり、物理的強制の一形態となる」。非暴力的とみられる行動であっても、他者を傷つけうる。たとえば、ガンジーによるイギリス製綿製品の不買運動は、同国の繊維産業の労働者に打撃を与えた。ニーバーは、非暴力的抵抗そのものよりも、その実践者の独善のほうが苛立ちをもたらすという印象を打ち出した。ただし、「暴力的闘争の場合であれば両当事者のなかに必ず生まれる暴力への怒りから実践者を」守る、という潜在的な利点は評価した。また非暴力的抵抗は、平和的解決に対する関心を明示する手段となりうる。興味深いことに、ニーバーは「絶望的なまでに少数派であり、抑圧者に対抗するのに十分な力を獲得する可能性のない、抑圧された集団にとって」、非暴力は潜在的な戦略価値をもつと述べている。そして、そうした理由から「アメリカの黒人の解放」には非暴力の戦略が適しているだろう、とも論じている。

アメリカのガンジー？

一九四二年五月、シカゴのジャック・スプラット・コーヒーハウスで「アメリカ史上初の公民権を求める組織的な座り込み（シット・イン）」が行われた。二八人の集団が、少なくとも黒人の男女どちらか一人を含む小さなグループに分かれ、席に座ったのだ。少人数の店員は混乱におちいり、黒人にまったく給仕しようとしなかったり、あるいは目を合わせずに給仕したりしたが、ほかの客からも、店が電話で呼んだ警官からも、ほとんど同情は得られなかった。[13]この試みは成功した。場所が（人種関係が悪化する前の）シカゴだっただけに、のちに南部諸州で行われたものほど厳しいテストとはいえなかったが、毅然とした、それでいて礼儀正しい行動が人種差別主義者を混乱させ、差別を顕在化させる可能性を実証する出来事となった。

この行動の中心にいたのは、大学で神学の学位を取得したテキサス州出身の若いアフリカ系アメリカ人、ジェイムズ・ファーマーである。ファーマーはその後、ニューヨークに本拠を置く有力な平和主義者団体フェローシップ・オブ・リコンシリエーション（ＦＯＲ）の人種関係担当者となった。ＦＯＲは、ジェーン・アダムズやＡ・Ｊ・マスティをはじめとする数多くの主要な反戦主義者によって一九一五年に創設された。のちに積極的な労働組合主義者、社会主義者となった牧師のマスティは、一九四〇年から一九五三年にかけてＦＯＲの事務局長を務めた。[14] この間に平和主義者たちは、またもや大衆の大義を見誤っていることに気づいた。このときの敵となる害悪は、プロパガンダ的な大言壮語や、奇襲攻撃による衝撃を受けていた国にとどまらなかった。

人種間の平等の促進を専門とする別の組織の創設を強く訴えていたファーマーは、その考えを取り入れるかどうかの検討がなされる前に、シカゴで何が実現できそうか探ることを認められた。すでにシカゴ大学には、同じような考えをもつジョージ・ハウサーが率いるＦＯＲのグループがあった。ファーマーとハウサーは共同で人種平等委員会（ＣＯＲＥ、のちに人種平等会議に改名）を創設した。ＣＯＲＥはやがて親組織のＦＯＲよりも重要な存在となった。すでに第二次世界大戦によってかき乱されていたＦＯＲには、挑発的で緊張の高まりをもたらす戦術の採用を望む若い活動家たちが集まり、愛と理性から威圧へと路線を転換しつつあった。ファーマーがＦＯＲで積極的な非暴力直接行動を促す「同胞動員計画」を発表すると、反戦に向けられるべき努力と関心がそがれるという理由だけでなく、そうした抗議活動が、あからさまに暴力的ではないにしても、平和と安寧を乱すのに十分なほど挑発的で、人種差別主義者の心を正義へと動かすことはできないという理由からも反対された。ファーマーは、こうしたトルストイ的な議論を消極的な支持と受け止めた。行動しなければ、人種差別という日々行われている暴力は永遠に続く。非暴力の信条を信じてはいたが、ファーマーが重視するのは動機の純粋さではなく、有効性だった。同じ理由から、COREを生粋の平和主義者だけが参加できる組織にしようとは考えていなかった[15]。全米規模だが公然たる平和主義者の組織ではないことに複雑な感情をいだき、失望しているマスティに向かって、ファーマーはこう訴えた。「黒人の多くは平和主義者にならないだろう。黒人であるというのは、平和主義者でなくても十分につらいことだ。白人の多くも平和主義者にはならないだろう[16]」。

ジャック・スプラット・コーヒーハウスでの行動に際してファーマーが参考にしたのは、「塩の行進」でガンジーに同行したジャーナリスト、クリシュナラル・シュリダラニだった。シュリダラニの著書『暴力なき戦争』は、悪事を働く者ではなく悪事そのものに目を向け、対処すべき特定の悪事に必ず直接働きかける形で行動するよう、実践者に呼びかけるプラグマティックで実践的な手引書だった。非暴力が相手におよぼす影響に関する記述は、ほとんどがリチャード・グレッグの著書からの引用で、予期せぬ戦術がもたらす心理的混乱に重点が置かれていた。シュリダラニは一九四三年六月に開催されたCOREの創設会議に招待講演者として参加した。禁欲的で骨ばったガンジーのような風貌の人物を思い描いていたファーマーは、上等のスーツと指輪を身につけ、タバコを吸う丸々としたバラモンを見て驚いたことを著書に記している。このような様子から、シュリダラニがガンジー主義の道徳的な側面は軽視し、現代メディアがもたらす機会にこだわり、劇的な行動によって政治的メッセージを広める戦略に重きを置いたのも驚くことではなかった。シュリダラニは、大半は宗教とは無縁だったインドの運動について、アメリカの平和主義者が精神的な側面ばかりを大げさにとらえていると感じていた。サティヤーグラハの宗教的側面は「プロパガンダや宣伝のために打ち出されるものであり、ガンジー［や、その信奉者たち］のような、きわめて実直な人物が個人的な満足感を得るためのもの」だった。非暴力という手法がとられたのは、「世俗的で具体的な共同の目的」のためであり、「うまくいかなければ放棄される」可能性もあった。[17] シュリダラニは、平和主義の信頼性をかけたヒトラーとの戦いにかかわることを拒絶した件に衝撃を受け、FORとその指導力について疑念をいだくようになった。

　どうすれば非暴力の手法を黒人のために機能させることができるかを最もはっきり見通していたのは、ベイヤード・ラスティンである。一九一二年に生まれ、ペンシルベニア州のクエーカー教徒の家で育ったラスティンは、知的な面だけでなく、運動や音楽の才能にも恵まれていた。洗練された教養の持ち主で、上流階級のイギリス風の英語を好んで用いた人物だが、首尾一貫した活動家でもあり、反戦活動と人種間の平等を求める活動のあいだを行き来し、どちらの大義についても投獄されることもいとわない姿勢をみせていた。一九三〇年代後半のニューヨークの急進的で知的な熱を帯びた空気にあおられ、共産主義青年同盟に加わったが、やがて人種間平等の問題にはとくに取り組まないことに気づき、手を引いた。一九四一年になると、労働運動との縁が深い黒人活動家のA・フィリップ・ランドルフと親交を結ぶようになった。ランドルフは、戦争への早期動員が実現すれば、黒人労働者の経済的重要性が高まることに気づいていた。そこで、軍隊での人種隔離の撤廃と軍需産業の雇用における人種差別の禁止を求めて、一万人でワシントンに向けて行進することを提案した[18]。

この行進は、フランクリン・ローズベルト大統領が軍需産業における雇用差別を禁止する大統領行政命令第八八〇二号（公正雇用法）に署名したため、中止された。ただし、軍隊における差別の禁止は含まれなかった。政府にもっと多くの譲歩を求めるべきだったと考えたラスティンは、ランドルフから離れ、マスティのもとで働いた。だが実際に、ラスティンを一貫して誠実に支える庇護者となったのは、賢明な年長の公民権運動指導者ランドルフだった。二〇年後にラスティンが自ら運営することになった組織は、フィリップ・ランドルフ財団であった。ラスティンの政治、管理運営手腕に対するランドルフの支援と称賛の念は、とりわけ重要な意味をもった。それはラスティンが同性愛者であることを、道徳面、政治面双方の理由からマスティが認めていなかったからだ。当時、道理に反した性的嗜好とみなされていた同性愛は犯罪だった。一九五三年に不道徳行為によってカリフォルニア州で有罪判決を受けたことや、かつて共産主義に関与していたこともあり、ラスティンは目立たないように行動せざるをえなかった。このため、公民権運動の主要指導者の一人として認識されずにいた。その伝記には、「陰で糸を引く頭脳的な策略家、前線に立つほぼすべての黒人指導者と組織にとって、おそらく最も巧妙に戦術を操る補佐官」と描かれている。[19]

今にしてみると、ジム・クロウ法がそれほどまでに長く存続した理由は理解しがたい。メディアの時代に突入し、また反植民地主義感情が高まるなかでアメリカが世界からの忠誠を得ようと苦闘していた時期に、アメリカが公言する価値観にそぐわない状況に対する不快感は存在した。だが、旧南部連合国の凝り固まった権力構造を崩すのは容易ではなかった。そして、北部の政治家は人種差別を激しく非難していたものの、その問題に取り組むことで得られる政治的な見返りはほとんどなかった。公立学校での人種隔離は違憲であるとの判決が下され、画期的な出来事となった一九五四年の最高裁判所の裁判（いわゆる「ブラウン対教育委員会裁判」）は、黒人の気勢をあげる役割を果たす一方で、南部の白人の統合反対論を強固にし、穏健派を弱体化させた。新たな抗議行動が起きるにつれ、人種差別主義者の姿勢は強硬的になった。

中心的な黒人組織のＮＡＡＣＰは、大衆主体による組織のない北部を本拠としており、また南部の一部の州では破壊活動組織とみなされて活動を禁じられていた。だが一九五五年一一月、ＮＡＡＣＰ地方支部の書記だったローザ・パークスが、アラバマ州モンゴメリーのバス内で、白人男性に席を譲るのを拒絶し、逮捕された。これこそ、地元の活動家が待ち構えていた瞬間だった。やがてモンゴメリーの黒人たちはバスの乗車拒否（ボイコット）に動いた。これは「青天の霹靂（へきれき）ではなく」[20]、その影響は想定されていた。危機は、利用者の四分の三を占める黒人に依存していたバス会社に訪れた。バス・ボイコットには、すでにいくつかの前例があり、ルイジアナ州バトンルージュの件に代表されるように、完全統合には至らなかったものの妥協策を引き出したケースもあった。ただし、妥協策では黒人の座る位置が後方座席に限定されたままだった。モンゴメリーの場合、白人の支配者層が譲歩することを拒んだ。黒人たちはバスを使わずに通勤する手段を見いだすと、人種隔離の原則の廃止へと要求を高めた。一九五六年末に最高裁判所がバスでの人種隔離を定めた規則を違憲とする判決を下したところで、ボイコットは終了した。

直接行動による教訓を見いだそうとする者にとって、特筆すべき点は三つあった。第一に、経済面におよぼす影響は政治面におよぼす影響と同じぐらい重要な意味をもった。この点でバス・ボイコットは威圧的な行動といえた。第二に、ボイコットが長引き、国内外のメディアの注目がしだいに高まるにつれて、政治面への影響は大きくなった。第三に、結果として地域住民の反応が厳しくなればなるほど、運動への追い風は強まった。モンゴメリーのあとで行われたフロリダ州タラハシーでのバス・ボイコットは、殉死者を出さないとの決意を固めた賢明な地元警察署長と、ある程度の柔軟性を示す当局によって対処された。こうした対応は抗議活動の勢いを鈍らせる働きをし、運動の分裂を招いた。ただし、アラバマ州におけるバスでの人種隔離を違憲とした最高裁判所の判決は、フロリダ州にも同じ効果をもたらした。

のちに公民権運動の中心人物となったモンゴメリーの運動の指導者たちは、これらの教訓をその後一〇年間にわたって生かした。ボイコット運動のために創設されたモンゴメリー改善協会（ＭＩＡ）の代表者を気が進まぬまま引き受けたバプテスト派の若き牧師マーティン・ルーサー・キング・ジュニアは、最もなじみ深く、雄弁な公民権運動指導者となった。ボイコットに弾みをつけたのは女性のグループだったが、指導力と組織をもたらしたのは教会だった。教会は地元で唯一、白人社会から独立した施設であり、資金提供も運営も黒人が行っていた。教会で開かれる集会は、地方から都市部への移住者で満員だった。そこに集う人々が、運動に品行方正さと宗教的な劇場性をもたらした。

キングは指導者としての素質があり、地元の集会参加者以外の聴衆にも働きかけることのできる才能に恵まれた演説家であった。組織や戦術のあり方を理解し、進んで学ぶ姿勢をもっていた。ガンジーやソローのことを知っていたが、非暴力を一つの戦略としてじっくり考えたことはなかった[21]。神学生時代には倫理観や政治の問題に取り組み、ニーバーのキリスト教的現実主義を認識していた。そして、人の心を変える愛の力を説く者に対しては疑念をいだきつづけていた。キングは大学時代の小論に、「平和主義者は人間の罪深さ」と「ほかの人間を傷つけるのを避けるために」ある程度の「強制力」が必要であることを「認識できていない」と書いた。あとになって、当時は「人種差別の問題を解決できる唯一の方法は武力による抵抗だ」と思い込んでいたと振り返っている[22]。

モンゴメリーのバス・ボイコットを始めた時点では、キングも他のＭＩＡのメンバーも、戦略に関する考えをほとんどもっていなかった。非暴力的な行動をとっていたものの、それは最初から意図していた道ではなかった。暴力は人種差別主義者の武器であり、武力闘争になれば黒人は負けてしまう。ボイコット開始後の数週間に自分たちへの圧力が高まると、一九五六年一月末にキングの自宅に爆弾が投げ込まれたこともあって、ＭＩＡのメンバーは武器の使用も含めた自衛の方法を検討する必要性を感じた。戦術と哲学に変化が起きたのは、ガンジー主義に染まった多くの助言者たちがキングのもとへ駆けつけたからだ。最初にやって来たのはベイヤード・ラスティンだった。ラスティンは、インドや獄中での日々などから得た真実味のある貴重な実際的体験を積んでいただけでなく、自らの信念、洞察力、説得力に自信をもっていた。問題視されていた過去のせいで、到着からほとんど時間を置かずにモンゴメリーから去らなければならなかったが、その後もキングへの助言を続け、親密な関係を保った。多くの助言に後押しされて、キングはボイコット運動の重要人物として前面に立った[23]。ラスティンと入れ替わりにやって来たのは、ＦＯＲとＣＯＲＥの活動家の一人、グレン・スマイリーだ。スマイリーは、キングにリチャード・グレッグの著作を勧めた。一九五六年末、キングはとくに影響を受けた本として、ソローやガンジーの著書とともに、グレッグの『非暴力の力』を挙げている[24]。ラスティン、スマイリー、その後、親交を結んだグレッグ本人に加えて、キングに影響をおよぼしたガンジー主義者の一人はハリス・ウォフォードである。やがてジョン・Ｆ・ケネディ大統領の側近となったウォフォードも、インドに滞在し、非暴力を学んだ経験の持ち主だった。また、ラスティンがキングに紹介した元共産主義者の裕福な法律家スタンリー・レビソンは、のちにキングの腹心の友となった。

これらの人々との出会いは、非暴力を慎重な戦術ではなく、基本理念としてとらえるという効果をすぐにもたらした。ラスティンは、非暴力は無条件で実践しなければならないものであり、武装したボディガードを置くのはもちろん、たとえ自衛目的でも銃を携えることがあってはならない、と説いた。また、州の反ボイコット法に違反したとして大陪審に起訴されたMIAの指導者たちに、きちんとした身なりで満面に笑みを浮かべながら出廷するよう促し、重苦しさや脅しから解放してやることで、非暴力が戦術的な優位性をもたらしうることも実証してみせた。モンゴメリーのボイコット運動が終息するころには、キング自身がガンジーの哲学に傾倒していた。それから二年のうちに、キングは偉大な師の信奉者たちに会うために自らインドへと赴いた。「社会的に組織された大衆による行進は、絶望した少人数の手に握られた銃よりも大きな力をもっている。われわれの敵は、丸腰だが毅然とした大多数の人々よりも、武装した小集団に対処することを好むだろう」と、キングは力説した。そして、「荒れ狂う海の波が巨大な崖を粉々に砕くように、絶え間なく自分たちの権利を要求する人々の断固たる運動は、必ず古い秩序を崩壊させる」という歴史の教訓から自信を得ていた[25]。当然のように、キングの非暴力はガンジーだけでなく、「山上の垂訓」からの影響も免れなかった。非暴力の崇高さと尊厳は牧師になじむものだった。だが、それが黒人のあいだでどれだけ評価されたかは、別の問題である。黒人たちは暴力という手段に訴えてもほとんど得るものはないと理解することはできたが、人種間の平等を掲げた高尚な行動が人種差別主義者の心を動かしうる、という教えは非現実的にもみえた。しかも、投獄の可能性という個人が負うリスクは、とりわけ仕事を必要とする者や家族を養わなければならない者にとって甚大といえた。

キングにしてみれば、非暴力の戦略は完全に理にかなっていた。その支持者の多くにとっては条件つきで受け入れられるものだったが、それはガンジーの場合も同じだった。キング自身が展開する理論は、おおむね誰かの理論の焼き直しだった。実際に、伝記作家たちが博士論文を検証した際に気づいたように、キングには嘆かわしくも盗用癖があった。最も害のない例を挙げれば、当人がくつろいでいるあいだに、ほかの者たちがキングの署名を入れて発表できるようにした原稿を進んで用意していた場合もあった。ラスティンはキングの初めての政治小論の原稿を書き、自身が編集する雑誌リベレーションに掲載した。[26] この小論には、「自己憐憫を自尊心に、自己軽視を尊厳に」変えた「新しい黒人」が描かれた。バス・ボイコット運動は、黒人には図々しさや持続力がないといった、黒人自身もそれ以外の人々もいだいていた固定観念の多くを揺るがしていた。ボイコットが「呪縛を解いた」のだ。小論には、この闘争がもたらした六つの教訓が列挙された。コミュニティが一致団結できたため、指導者たちが変節せずにいられたこと。脅しや暴力にも怖気づかずにいられたこと。教会が積極果敢な姿勢になったこと。新たな自信を得たこと。白人のビジネスマンが商売上の損失を懸念するなど、経済の重要性が理解されたこと。非暴力のなかに見いだした「新しい強力な武器」によって、報復せずに暴力に対抗する運動を強化したこと。一九五六年一二月、人種隔離を違法とする最高裁判決が出たあとに開催された会合におけるスピーチでも、キングはほぼ同様の教訓について語っている。[27]

実のところ、首尾一貫した哲学を築くためにキングが労力を注いだことはなかった。ベイヤード・ラスティンとスタンリー・レビソンが直接かかわらなければ、キングの最初の著書『自由への大いなる歩み』は刊行されていなかっただろう。デイビッド・ガロウは、同書の非暴力に関する章について、恥ずべき内容だと論じている。ここでも、他者の著作から盛大に盗用するキングの傾向が垣間見られた。柱となる「非暴力への遍歴」という章は、「まとまりのない部分があり、ところどころでキングの数多くの編集アドバイザーたちの著作をごちゃまぜにして、まちがった形でまとめたもの」だった。[28] 同書のこうした欠陥にもかかわらず、キングは象徴的な人物としての道を歩みはじめた。そしてラスティンは、公民権運動にとってのキングの存在価値をほかの誰よりもよく理解していた。

どのような形であれ、キングをガンジーになぞらえることは示唆に富んでいるものの、誤解を招く恐れがあった。当時のキングは二〇代半ばにすぎず、政治的な役割に対する心構えもなければ、それを見つけようともしていなかった。時として混乱するキングの思考は、その後の私生活の乱れにもつながった。ただ、あらゆる欠点と未熟さを考慮しても、その勇気と献身と南部黒人文化に対する理解を否定することはできなかった。黒人説教者によくみられる抑揚やリズムだけでなく、アメリカの民主主義や西側の哲学における古典的な比喩をも用いたキングの雄弁さは格別で、詩的ですらあった。常に死の脅威や実際の暴力、折に触れての投獄といった明白な危険にさらされた状態は、キングが自らの大義のために堪え忍ぶ人物であることを実証していた。キングはまもなくメディアのスターとなり、その大いに人目を引く顔と非常に説得力のある声は、黒人運動の象徴となった。マックス・ウェーバーが「カリスマ」と表現した資質の持ち主だったのだ。

ラスティンはモンゴメリーの運動を振り返り、バス・ボイコットの戦略的利点についてまとめた。経済に影響をおよぼすというはっきりとした目的のあるこの運動は、直接行動の効力が出やすいものだった。統合教育といった他の目標を掲げた場合と異なり、妨げとなる「行政機構や法的駆け引き」はなかった。闘争に「毎日繰り返し献身すること」が求められたため、コミュニティの団結と自尊心が強まり、「謙虚な人々が高潔に」なり、「恐怖心が勇気に」変わった。そしてとりわけ重要なことに、「教会という、黒人文化のなかで最も安定した社会的機関」に依存していた。[29] 一九五七年初頭、ラスティンは陰の立案者として南部キリスト教指導者会議（SCLC）の創設に携わった。この名称については、一語一語に重要な意味があった。南部は「全米ではない」ことを意味していた。「キリスト教」は、南部において教会が果たす（黒人だけでなく白人にとっても）重要な役割を反映しており、ついでながら共産主義者による運動という批判を弱める効果をもたらした。「指導者会議」には、大衆参加の組織になるのを避ける意味合いがこめられていた。この名称は、全米組織であり、自分たちこそ最もすぐれた黒人の代弁者だと自負しているNAACPとの争いを避けるうえで好都合だった。NAACP理事のロイ・ウィルキンズは、キングのことを成りあがりの若造として警戒していた。一方のキングは、北部に住むウィルキンズがジム・クロウ法への法的な異議申し立てを行うことばかりに力を注ぎ、直接的な抗議活動をほとんど行っていない点について懸念を隠さなかった。それでも、キングは運動の分裂をあおることは望んでいなかった。SCLCの重大な強みは、闘争に意味をもたせ、それに従わなければならない者たちにわかるような言葉で戦略を説明する能力に長けた指導者キングに、組織的な支援を行える点にあった。のちにハリス・ウォフォードは「ラスティンは助言者として常につきまとっているようにみえ、時としてキングを、ガンジー主義の最高司令部が計画した象徴的な行動を実施する重要な操り人形とみなすかのように振舞っていた」と振り返っている[30]。

ラスティン自身は、キングが操り人形ではなく、指導者として特別な資質を有していることをわかっていた。自身も認めていたように本当の問題は、教会が本質的に、重要な官僚的手続きとは無縁な独裁体制にある点だった。集会を組織する牧師が、政治的な活動も同じように組織していた[31]。この体制はキングにとって好都合だったが、やがて不満をもたらした。キングを酷評した人物の一人に、SCLCの運営を担当していた有力な運動組織者エラ・ベイカーがいた。ベイカーは、救世主を求める衝動から、民主主義的な大衆運動の発生を阻む個人崇拝が広がりつつあることに落胆していた。[32] 大衆の基盤がなかったために活動資金の安定確保は難しく、キングの時間の大半は資金集めを目的とした地方回りに費やされていた。アダム・フェアクローは、「全国規模の大衆参加型組織ではないものを作るという決断が、結果として深刻な、ひいては致命的な障害になった」と論じている。[33]

より大きな組織であっても、非暴力直接行動の大がかりな運動を行う際には問題に直面した。ボランティアで運動に携わる者の数が限られており、その地域の人口のわずか五パーセント程度しかいなかった。仕事やなんらかの責務をかかえる者とその家族に深いかかわりを期待するのは非現実的だった。一九六〇年代初頭に起きた好戦的な運動が大きく異なっていたのは、黒人、白人を問わず非常に多くの学生が直接行動への傾斜を強めた点だ。一九六〇年にSCLCの支援を受けて創設され、一九四二年にジェイムズ・ファーマーとその仲間たちが始めたような行動に回帰して頭角を現した学生非暴力調整委員会（SNCC）の活動は、一九六〇年にノースカロライナ州グリーンズボロの小売店ウールワースのランチ・カウンターで四人の大学生が座り込みを行ったことから始まった。当時、この行動はその場で湧き上がった怒りが表面化したもので、どうやらこれが公民権運動の口火になったと考えられた。だがやがて、学生たちがもともとNAACPの青年部会に属する活動家であり、過去二年間に行われた座り込みの前例を参考にして行動を入念に計画していたことが明らかになり、この説の信憑性は

「日にさらされた干しブドウのように」しぼんでしまった。公民権運動は教会と大学のネットワークを通じて広がった。[34] 一九六一年五月、バス・ターミナルの諸施設での人種隔離の撤廃を目的とした「フリーダム・ライド（自由のための乗車）」運動が初めて行われた。ワシントンDC発の長距離バスに黒人と白人の混ざったグループが席の分け隔てなく座り、南部へ向かうという試みだった。当然のように、この戦術はキングとラスティンの直接行動の哲学にかなうものだったため、これを公民権運動の新たなステージとして受け入れることになんら問題はなかった。このころには、白人の支配者層もより巧妙な戦術をとるようになっていた。輸送機関が運動の対象にうってつけだというラスティンの考え方は正しかったかもしれないが、一九六〇年末にバス・ターミナルの諸施設における人種隔離を禁じる最高裁判所判決が出たことで、各都市はバスでの人種隔離をなくす運動に対してあまり抵抗を示さなくなっていた。長期的にみれば、もう一つの大きな推進事項である有権者登録運動が、黒人が真の政治力を獲得するうえで最良の道だった。だが、とりわけ地方の役人が、解釈しだいで有権者登録制度が黒人の有権者登録を阻む手段になりうると感じている状況では、その成果はなかなかあがらなかった。

一九六一年一二月、ジョージア州オールバニで初めての「コミュニティ全域におよぶ抗議行動」が始まった。ここへきて、ランチ・カウンターやバス・ターミナルといった特定の場所を運動の対象とするのではなく、人種差別主義者の忍耐を試すような危機を作り出すために、人種隔離が行われている地域のあらゆる分野に一斉攻撃を行うことが目的となった。この運動は大きな成功とならなかったが、そこで得られた教訓は「試行錯誤を経て、公民権運動全体のなかでもきわめて劇的なキャンペーンの柱となるところまで磨きをかけられた」[35]。新たなキャンペーンは、暴力を誘発することを目的としたかのようにはるかに挑発的で、人種差別主義者の心に互恵的な善意を生じさせようとしていた段階から、非暴力の戦略がいかに大きく変わりうるかを示した。いまや、表向きの残虐さと基本的権利の獲得という厳粛な要求との格差が強い印象をもたらしていた。ラスティンは「抗議行動は、権力構造から残虐性と抑圧を引き出すほどに有効な戦術となっている」と説いた[36]。だとすれば、より野蛮な警察署長の行動を引き出すのが理にかなうことになるが、これは一段と難しい仕事になっていた。警察側も巧妙さを増し、暴力を使わずに逮捕する訓練を行っていたからだ。だが、一九六三年春にアラバマ州バーミングハムで行われたキャンペーンでは、ユージーン・コナー（通称ブル・コナー、ブルは雄牛を意味する）という残忍な警察署長が立ちはだかった。子どもを逮捕する、高圧消火ホースで放水する、警察犬をけしかけるといった予想を超えるコナーのやり方は、デモ参加者側が明らかな被害者であることを確実に印象づけた[37]。

バーミングハム運動における戦略は、暴力を誘発することよりも、暴力が一つの症状として現れうる危機を作り出すことにあった。バーミングハムの刑務所に拘留されたキングは、地元の聖職者たちから「無分別で時をわきまえない」行動をとったという批判を受けると、自身の哲学について明白な声明を発表した。キングはこう主張した。嘆くべきはデモそのものではなく、デモのきっかけとなった状況である。非暴力直接行動の目的は交渉にあるが、それを実現するには「ずっと交渉を拒んできたコミュニティが問題を直視せざるをえなくなるように危機を作り出し、緊張を高める」ことが必要だ、と。[38] これは非暴力版の「行動によるプロパガンダ」であった。バーミングハムの場合、市の中心部に経済的な圧力をかけつづけたことに加え、地元警察の行き過ぎた動員がその実現をもたらした。この二つの要素が組み合わさって劇的な効果が生じたのだ。再びラスティンの言葉を引用すると、「南部中の実業家や商工会議所がカメラを恐れた」。[39] 混乱を長引かせることによって、バーミングハムの財界リーダーたちが、人種差別の撤廃と黒人の雇用拡大が経済的に生き延びるための代償になると認めざるをえなくなると期待された。さらにその先の目標として、ケネディ政権の政治的計算を公民権法の成立に有利な方向へと動かすことがあった。

紛争の舞台となったのは市の中心部で、当局が阻む手段を見いださなければ、抗議者であふれかねないほど狭い場所だった。オールバニの場合と異なり、バーミングハムの運動は入念に計画され、強力な地域組織を拠り所としていた。運動は一九六三年四月初めに始まった。これは、街の商店にとって重要な繁忙期である復活祭（イースター）の数週間前だった。まず、黒人たちが商店を対象とする不買運動とデモとランチ・カウンターでの座り込みを始めた。（人口六〇万人のうちの二五万人に相当する）地元のすべての黒人が不買運動に参加することができた。その効果はすぐに打撃となって表れた。街を正常な状態に戻すため、警察署長のコナーはまずオールバニでとられた戦術を流用した。座り込みとデモを禁じる裁判所の差し止め命令と、高額の保釈金賦課の組み合わせである。今回、指導部はオールバニのときのように差し止め命令に従うのではなく、背く決断をした。キングとその一番の側近だったラルフ・アバナシーは聖金曜日(グッド・フライデー：復活祭の前の金曜日)に逮捕された。これは象徴的で幸先のよいタイミングだとキングは考えた。

その後も差し止め命令を無視した大規模な運動が続けられた。五月二日には数千人の高校生の動員によってデモ参加者が増加した。やがて逮捕者は一〇〇〇人におよんだ。ここへきて当局は、刑務所が満杯になるまで逮捕者を増やすか、デモ隊が目的地に達するのを阻む努力をするかの選択を迫られた。そして、デモ隊を街の中心部に近づけないようにするために、消火ホースや警棒や警察犬を使った暴力が振るわれはじめた。だが、これらの手段でも流れは止められなかった。バーミングハムの保安官は次のように報告した。「刑務所は反乱者で満杯になり、すでに出費は年間の予算額を超えている。警官たちは絶え間ないストレスのせいで倒れる寸前で、これ以上、逮捕する気力もないが、あざけるデモ隊と、いたるところにあるニュースのカメラと、ブル・コナーを含む不安定で分裂した司令部の一貫性のない命令のあいだで、にっちもさっちもいかなくなっている」[40]。運動が最高潮に達したのは、街の中心部がデモ参加者であふれかえった五月七日のことだ。おとりのデモ隊の行進で警察の非常線を出し抜くと、本隊が通常よりも早く(警官が昼食をとっているあいだに)デモ行進を始め、残りの参加者は警察の注意が向くまで行動を差し控えた。三〇〇〇人もの人々に中心部を事実上、占拠され、警察は制御不能になったことを認めざるをえなくなった。キングは、昼食をとりに出かけたものの、かなわずに帰ってきた実業家の一人が「咳払いをしてから、『いやはや、この事態にはつくづく考えさせられた。われわれは、どうにかして解決できるようにしなければならない』と語った」と振り返っている。[41]その翌日、実業界は敗北を認めたが、政治エリートは闘争の継続を望んだ。

一九六三年六月一九日、ケネディ大統領は公民権法案を議会に提出した。これに続いて、同年八月末にはラスティンが中心になって計画したワシントン大行進が実施された。二五万人もの人々が参加し、有名なキングの「わたしには夢がある」演説で会場の盛り上がりは頂点に達した。公民権がアメリカ政治の最優先課題としての地位を確保したのだった。

当然のように、この時点で公民権運動は、政治的権利の獲得は必ずしも経済、社会状況の改善にはつながらないという事実に直面することになった。投票権は子どもの養育や家賃の支払いの役には立たなかったが、それでも新たな形態の政治活動が可能になったことで、ゆくゆくは助けになりうると考えられた。だがキングの運動は市街地での暴動の勃発を招き、黒人の満足感だけでなく、フラストレーションをも高める結果となった。キングが貧困の問題に目を向けはじめると、南部に政治的利益をもたらし、キングの名を全国に知らしめることになった手法で、はるかに厄介な問題を全国的に解決しうるのか、という疑問が生じた。

それまでキングは、はっきりとした一連の目標を設定し、焦点を絞った運動を指導してきた。自分が理解しているコミュニティと連携し、（ひとたび磨きをかけてからは）経済的な打撃によって地元の白人支配者層に圧力をかけ、警察による暴力を引き出してメディアの注目を人種差別による不平等へ向けさせるのに役立つ戦術を用いた。白人は、バスのボイコットや市街地での騒乱によって地元の産業が打撃を受けるのを目の当たりにした。過去に十分機能したやり方で運動を鎮圧しようとすれば、北部の政治家やメディアを敵に回すことになる。何もせずにいれば、黒人と新たな暫定協定を結ぶよりほかに道はなくなる。運動の戦略家にとって、黒人が厳しい仕打ちに苦しむのは思うつぼであり、好都合になりえた。黒人が抑圧に屈しないかぎり、抗議者の尊厳と警察の残忍さの対比が衝撃的なメディアの映像を生み出した。

公民権運動の場合、大義の明瞭さという点にまったく問題はなかった。人種差別主義者の主張は信用にも擁護にも値しない、自由主義的価値観に反するものだった。課題は、ほかのアメリカ人と同じ権利を獲得するには団結し、強力な地域組織を築く必要があると黒人たちを説得することにあった。この二つの要件を満たすうえでは、教会が中心的な役割を果たした。戦略においては、非暴力に徹することも求められた。これは決して、非暴力という手法を見せつけることによって人種差別主義者の心に変化が起きると期待されるからではなく、運動の品位を確実に高く保つためだった。公民権運動のなかで政治を学んだ者は、直接行動の価値を確信し、同じように力を注ぐべき大義を見いだしたが、そうした大義は公民権の場合ほど明確ではなかった。一九六〇年代の急進的な政治は尊厳と自制をともなって始まったが、やがて都市部のスラム街における暴動や正当性のない戦争への激しい反発を背景に、怒りを募らせたものへと変わっていった。

第24章 実存主義的戦略

動く機械がどうにも鼻持ちならなくなり、つくづく嫌になって、自分がその一部であることに耐えられなくなるときがある。受動的に一緒に動くことすら我慢できない。そんなときは……レバーの上に、ありとあらゆる装置の上に身を投げ出して、機械を止めなければならない。そして、その機械の操縦者や所有者にこう言ってやるのだ。おれたちを自由にしないかぎり、機械は微動だにしないと。

――マリオ・サビオ（一九六四年一二月のフリー・スピーチ運動での演説）

後期の公民権運動を支えていたのは若者たちだった。南部での経験から、これらの若者はアメリカ社会に対する批判においても、新しい政治に対する要求においても急進的になっていた。一九六〇年代前半には、学生非暴力調整委員会（ＳＮＣＣ）や民主社会を求める学生同盟

（SDS）などが創設される流れのなかで、若者による運動の組織化が進んだ。SNCCは（当初はそれほど排他的ではなかったものの）おおむね黒人活動家で構成されていた。SDSは、その名称が示すように大学を基盤としており、白人を中心としていた。いずれも当初は、アメリカ建国時に掲げられた理想と、人種による格差が存在し、核戦争への準備が進む現実との隔たりに対する怒りを原動力としていた。どちらも非暴力に徹する姿勢を打ち出す形で創設されたが、一九六〇年代末には、ともに暴力と派閥争いを内包する組織になっていた。

両者のうち、より多くの注目を集め、論評されたのはSDSだった。活発で急進的な政治勢力が恵まれない少数者のなかから生まれることは、裕福な大多数のなかから生まれる場合に比べると意外ではなかった。さらにSDSは、政治の範囲にとどまらない広義の文化的シフトの一つの表れとしてみられるようになった。成長期に大恐慌とドイツや日本との戦争を経験した世代と、どちらかというと不自由のない環境で育ったものの、受け継いだ社会的制約に苛立ちを募らせている世代のあいだには溝が存在した。こうした違いは音楽の嗜好の変化や性に対する考え方、そして娯楽的な薬物の使い方に反映された。一九六〇年代のキーワードは、反植民地闘争からの借用語である「解放」だった。この言葉は女性や同性愛者など、社会的慣習と時代遅れの法律を窮屈に感じるあらゆるグループに適用されるようになった。そういう意味で、「解放」とは日常生活における国家の役割へ異を唱えることであり、集産主義的というよりも個人主義的な感覚に基づくものだった。

したがって、集産主義的で国家の可能性と労働組合の役割の問題に熱心に取り組む正統派左翼と馬が合わなかったことにも説明がつく。左翼は豊かになった社会から取り残された存在になっていた。勝ち負けを繰り返した長きにわたる過去の闘争から変わらぬレトリックを用いているようにみえ、内部の政治においては共産主義者とトロツキスト、社会民主主義者が相変わらず内輪もめを繰り広げていた。投獄されたり、殴打されたりすることもしばしばだった南部でのフリーダム・ライドから運動に参加した若い活動家たちは、社会主義の理論的設計図について議論を交わした世代と触れ合う時間がほとんどなかった。当初、SDSはジョン・デューイが掲げる大義に基づいて創設された産業民主主義同盟（LID）の学生支部とされていたが、いまやアメリカの社会主義における親労働組合的な反共産主義派の組織となり、独自の路線を進みはじめていた。したがってSDSの活動は、現状に甘んじたリベラリズムや、アメリカの主流である社会的保守主義だけでなく、社会民主主義の伝統にも抵抗するものであった。この多少なりとも一貫性のあるイデオロギーに基づき、議会選挙を戦うために組織された大衆政党の伝統が、実際にアメリカに根づいたことは一度もなかった。むしろ新たな急進派は、あらゆる権威や組織の規律に懐疑的で、明快さを犠牲にしても信頼性を得ようとする、リバタリアン（自由意志論者）、アナーキスト（無政府主義者）、反エリート主義者的な伝統を受け継いでいた。孤立して互いにかかわらない個人が、自分の利益だけを考えて決断を下すのではなく、自分の運命を自ら決めることができるように一般の人々を引き込む方法を見いだすことが求められていた。

一九六二年、ミシガン州ポートヒューロンにある全米自動車労働者組合（UAW）の保養所で開催された会合において、その年に結成されたSDSのメンバーとLIDの社会民主主義者のあいだで衝突が起きた。ミシガン大学の学生ジャーナリストで、このとき作成されたSDSの設立声明『ポートヒューロン宣言』の主執筆者であるトム・ヘイドンは、「真面目そうな人々が、枝葉末節にこだわった敵対的で際限のない議論にあれほど没頭できること」への驚きを自著に記している。「われわれは草創期の経験から、歴史的に最も近い関係にあった人々、かつては同じように若い急進派であったリベラルや労働組織の代表者たちへの不信感と敵意を身につけた」[1]。これに対して旧来の左翼は、若い活動家たちが労働者階級にとっての大義や労働組合に無関心で、反共産主義活動にかかわりたがらないことに衝撃を受けていた。新しい急進派（ニューラディカル）は古典を徹底的に分析するどころか、理論に疑念をいだいていた。政治活動は価値観や感情そのものの表れでなければならなかった。利己主義に対する警戒心と、政治的影響のために妥協はしないという姿勢から、どのような影響が生じるかという計算よりも信念が重視された。この当時、緻密で体系的な思想は胡散臭く、いかに不明瞭で理解しにくかったとしても、自然発生的な意識の流れだけが信用できるかのように考えられていた。新左翼（ニューレフト）の初期の活動家で、のちにその研究者となったトッド・ギトリンは、いかに行動が信念を「劇的に表現する」ために起こされたものであったかを自著に記している。行動は、まるで気分を高揚させたり、落ち込ませたりする麻薬のように、「どれだけ参加者の感情をかきたてたかという尺度で評価された」。直接的な体験が最重要視されていたのであり、長期的なことを考える余地はほとんどなかった。[2]

このため、ニューラディカルはマックス・ウェーバーのパラドックスにおちいってしまった。ウェーバーは社会と政治がしだいに官僚制化していくことに落胆する一方で、機能性の論理を無視するのは無責任だと考えていた。新たに生まれたニューラディカルという政治形態は、無責任という倫理感を受け入れた。手段と目的は切っても切れない関係にある。一つでも妥協すれば、一つでも中心的な価値観を否定すれば、それは何か大切なものを失い、最終的に達成しうる成果が低減することを意味した。座り込み（シット・イン）で浮き彫りになったニューラディカルの戦術は、無意識のうちにあらゆるルールに歯向かうものだった。理論と組織の両方をはなはだしく欠いていることもしばしばで、行動主義にうつつを抜かしながらも、明確な方向性を定めていなかった。その根底にある原理は社会主義ではなく、むしろ実存主義だった。

実存主義的戦略におけるこうした実験は失敗に終わった。文化面での自由を強く求める特徴があり、その影響が実際に長く続いたことから、実存主義的戦略は政治的には苛立ちをかき立てる存在にもなったからだ。異なる選択肢による結果が求められることはなく、中心的な価値観に基づく姿勢が強調されるために、歩み寄りの調整をすることは難しく、連合は脆弱になる。階層が存在せず、どのような決断を下す際にも絶え間ない抵抗と再検討が避けられないため、組織は鈍重化、肥大化し、実践は暫定的になる。合理性を疑い、感覚を信じる活動家は、しだいに怒りを募らせた。ご都合主義と妥協による政治に対する嫌悪感から、こうした活動家は孤立し、自分たちが当初、反抗した厳格な理論と規律ある組織を基盤としたグループによる介入を受けると、無力で無防備な存在になっていった。

反抗者たち

闘争により階級の二極化が進むというマルクスの予測と異なり、生活水準の向上に特徴づけられた戦後の資本主義社会は、見たところ自己充足的だが等質な大衆社会に発展した。多くの場合、大規模な非人間的組織で働くサラリーマンが中流階級を構成し、勢いを強めた。単調な仕事の繰り返しによる日常生活は、激しい労苦とほぼ無縁だった。それでも何かが欠けているような感覚があり、不幸と貧困の拡大ではなく単調さが、物理的な欠乏ではなく精神的な空虚さが批判の対象となった。ウィリアム・ホワイトの著書『オーガニゼーション・マン』は、キャリア形成過程や消費者の嗜好、文化的感受性の標準化にみられるように、ある種の従順さによってアメリカ中流階級がある程度の均質化を遂げたことを示唆した。非は組織にではなく、組織に寄せる崇拝、「個人と社会のあいだの対立を否定する非現実的な精神」にある、とホワイトは説いた。[3] 実のところ、デイビッド・リースマンの『孤独な群衆』やC・ライト・ミルズの『ホワイト・カラー』などのアメリカ中流階級に関する著作の大半は、この階級の興隆が喜びとは無縁であったことをほのめかしている。

リースマンは以下のように論じた。幼少時に設定された人生目標にこだわる内部指向型の性格の人間は確固たる価値観を有しており、したがって、そこから逸脱した場合に罪悪感にさいなまれる傾向がある。この内部指向型の性格は他人指向型の性格へと移行していく。他人指向型の人間は周りから刺激を受け、方向づけにおいて同時代人やメディアさえ頼りにする。内部指向型と他人指向型の違いは、内在的なジャイロスコープと対外的なレーダーのどちらに従って進路を決めるかにある。『孤独な群衆』は社会学者によって書かれた著作のなかでも屈指の人気作となった。他人指向を、社会を結束させ、民主主義的感受性を促す手段とみていたそれまでの進歩主義者の考えとは対照的に、同書は、マスメディアが無批判に報じたがために、おそらくリースマン自身が意図していた以上に、社会的慣習と政治的正当性にはどこか有害な部分があるという見方を強める働きをした。[4] 社会環境への適応は中心的な価値観を否定する危険を冒す、という考え方は、エーリッヒ・フロムの『自由からの逃走』のテーマでもあった。ナチス支配下のドイツからの亡命者だったフロムは、根無し草の個人が体制順応主義や独裁主義に安全を求めることの危険性を警告した。自由とは制約がないこと以上でなければならない。

より積極的、創造的、本格的、表現的、自発的である必要があり、また一般に認められた専門家の知恵や常識による指示があまり尊重されてはならない。社会構造は、人間性のなかの威圧的な負の側面ではなく、自然でポジティブな側面を抑制するものとして示された[5]。

一九六〇年代の文化的発展の熱烈な支持者たちは、それを企業国家の体制順応主義に対抗する人間性のポジティブな側面の肯定だとみなした。一九七〇年、セオドア・ローザックは一九六〇年代を満足そうに振り返った自著で、自身が称賛する数多くの発展を「テクノクラシー」への反発だと説明した。マックス・ウェーバーの考えと同じく、テクノクラシーは企業組織の権力と、ある心理状態が組み合わさったものとして描かれた。その心理状態においては以下のことが前提となっている。

われわれ人間が必要とするものはどれも、なんらかの形式的分析の対象となる。そうした分析は、ある種の他を寄せつけない技能を有した専門家によって行われうるもので、分析結果はその専門家によって直接、経済・社会プログラム、人事管理手続き、商品、機械器具などのさまざまな要素の集積物に転換されうる。

企業組織の中枢部にいるこうした専門家たちは、人間のニーズの大半は満たされているのであり、何か問題があるとすれば、それは誤解の産物だと考えていた[6]。こうしたテクノクラシーの前提にさまざまな形で異議を唱えたのが、当時の詩や文学、社会学、政治パンフレット、デモだったとローザックは説いた。この点で、一九六〇年代の政治は、官僚制や科学的な専門知識に対する反抗であったにせよ、快楽主義的なライフスタイルを追求し、伝統的な職を軽視する動きであったにせよ、合理性に対する一般的な反抗の一端にすぎなかった。客観的な知識に基づく主張は信頼されなかった。知識は、その蓄積によって世界観を形成するものではない。むしろ、足元の現実よりも根底にある世界観を反映したものとして、常に「知識」という括弧つきの形で表されるものとみなされた。

このことは戦略にとってどのような意味をもったのだろうか。一般的には、運用環境に細心の注意を向けて先を読む必要性といった選択の可能性だけでなく、良い選択を行うための手法の有用性にも基づく戦略に異を唱えたといえる。ある意味でリベラリズムは、二〇世紀を通じて、自由な政治的表現の権利、組織を編成する能力、選択を明確化して結果まで見通すための手段としての科学的手法の尊重、といった戦略策定における最適条件を生み出しつつ発展してきたと自負することができた。いまやニューレフトは、こうしたアプローチには問題があるとみなしているようだった。選択の幅を狭め、意思決定の影響を受ける者が自分たちの問題解決に貢献することを阻む、そして組織つまり階層を重視する思考形態だと考えたのだ。

また、安穏とした多数派文化を前に戦略課題の達成はまったく見込み薄であるがゆえに、目的と手段の関連づけに気をつかうことに意味がないのも事実といえた。若い急進派の野心は合理的計画の範囲を超えていた。したがって当然のように、絶対的な目的のための戦略が生まれた。勇ましく情熱的で失敗する運命にあるが、壮大な大志と高潔な誠実さをともなう戦略である。目的は、目標の実現よりも、存在の肯定にあった。そしてこの点で、不条理と自暴自棄と失望に満ちた人間の状態について深く考察し、選択の不可避性も強調する大西洋の向こう側のフランス人実存主義者たちに共感が寄せられた。ジャン・ポール・サルトルは行動の無益さについて力説しているようにみえたかもしれないが、伝えたかったのは、絶望そのものは消極性の理由にはならないという点だった。実のところ、「自由であるべく運命づけられている」人間にとって選択は避けられない。人間は存在するための環境を選ぶのではなく、環境に反応することを余儀なくされている。勇ましい反応であれ、臆病な反応であれ、その質は人間自身が責任を負うのであり、それが結局はその人の人生を決定づけるとサルトルは説いた[7]。少なくともアメリカで、サルトルよりも大きな影響力を発揮したのはアルベール・カミュだった。政治的には、カミュは共産主義者よりもアナーキストに近く、その強硬な反ソビエトの見解はサルトルとの絶交につながった。カミュは平和主義者だったものの、一九四〇年のナチス・ドイツによるパリ占領を受けて抵抗運動に参加するようになり、やがて地下出版紙コンバの編集者となった。このころの経験から着想を得て書いたのが、一九四七年刊行の寓意的小説『ペスト』だ。アルジェリアのオランという街のほぼ全体がペストに襲われる。当初、現実を認めようとしなかった市民たちは、やがて絶望するのではなく、この疫病に打ち勝つための道を見いだし、その過程で共同体としての結束を取り戻していく。登場人物の医師ベルナール・リウーが、そこで得た哲学をこうまとめる。「私が言いたいのは、この地上には疫病が存在し、犠牲者が存在するということ、そしてできるかぎり、その疫病に加担するのを拒まなければならないということだ」[8]。カミュの影響により、たとえ圧倒的に不利な状況下での行動になるとしても、抵抗活動は人生を価値あるものにするという考え方が生まれた。結果よりも誠実であることに重要な意味があるのだから、誠実に行動するかぎり、勝ち目がないと思い悩む必要はない、と考えられるようになったのだ。

C・ライト・ミルズと権力

C・ライト・ミルズは心臓発作により、一九六二年に四〇代半ばの若さで急逝した。とりわけその強烈な個性や、自ら進んで反体制派の役割を演じた姿勢から、ミルズは存命時から今にいたるまで論争の的となってきた[9]。ミルズは典型的な内部指向型の人物であり、自らの価値観に忠実で、自身を政治集団と協力したことのまったくない一匹オオカミと表現していた。研究生活の初期に三つの思想の影響を受けたが、そのうちの二つはその後も自身の思想の要となった。最初に影響を受けたのはプラグマティズムで、これをテーマに博士論文を書いた。ミルズは知識人には公的役割があるというプラグマティズムの信念に賛同し、ウィリアム・ジェイムズの反軍国主義とジョン・デューイの参加型民主主義に親近感をいだいた。一方で、デューイの疑似科学的な枠組みと、過度に機械的な政治観、そして権力の問題と折り合いをつけて、その操作的、感情的、強制的な要素を受け入れることへの消極的な姿勢については懐疑的だった。[10] それでもミルズは、知識を権力の一形態とみなすデューイの取り組みを評価していた。デューイもミルズも自説を曲げようとしない人物だったが、デューイの文体が実用重視の冗長なものだったのとは対照的に、ミルズの文章には悪口雑言や自身の価値観を反映した表現が織り交ぜられていた。

ドイツからの亡命者でフランクフルト学派の研究者だったハンス・ガースは、ミルズが哲学から社会学に移行するのを手助けし、マックス・ウェーバーの著作へと導いた。ミルズはウェーバーから、基本的な説明的枠組みや、階級、地位、権力、文化の複雑な絡み合いに関する考え、生活のあらゆる領域における大規模な官僚制に対する危機感を譲り受けた。ミルズがマルクスの著作を真剣に読み、受け止めるようになったのは、かなりの研究年数を積んでからのことで、しだいにマルクス主義者寄りになった。晩年には活動家的知識人としての傾向も強め、キューバ革命を擁護したり、イギリスのニューレフト（共産党から離脱した学者を中心とするマルクス主義者で構成されていた）と関係を築いたりした。学生たちに対して訴えた言葉の一部は、ミルズが学生たちを惰性と保守主義の力に抵抗する覚悟をもった潜在的な変革の担い手としてすでに認識していることを示していた[11]。

ミルズの著作には、鋭い分析・研究と激しい社会批判が両存していた。一九五〇年代を通じ、異議を唱える知識人としての自身の国際的評価が強まるにつれて、その批判は辛辣さを増していった。現代のアメリカ企業社会においては、エリートが自らの地位を維持するのに暴力や強制はもはや必要ではなく、むしろ人心操作に頼ることが可能となっている。こうした権力構造に関する問題にミルズの関心は集中していた。その攻撃の対象となったのは、市民の参加率が比較的低くても民主主義は機能しうると主張する「多元主義者」と呼ばれるようになった学派だ。誰もが政治プロセスから何かしらを得るのであり、過剰な苦楽を享受するわけではないため、民主主義はどうにか効果的かつ公正に機能している、と主張する者たちである。

権力に関する議論は重要視され、一つの主張を示す著作として、ミルズの『パワー・エリート』が常に引き合いに出された。これは多くの場合、ロバート・A・ダールの『統治するのは誰か―アメリカの一都市における民主主義と権力』に対抗するものとして扱われた[12]。この議論の難しさの一端は、権力とそれを評価する方法に関する二つの異なる見解を反映していたこと、そして両方の見解が急進的な政治について繰り広げられつつあった議論にかかわっていた点にあった。昔も今も、権力は必ず政治主体の特性として語られ、軍事力や経済力という、よりわかりやすい指標によって評価されてきた。だが、いかなる場面においても、十分な軍事力や経済力が好ましい結果を保証するものではなかったことは明らかだ。必ずしも、軍事力や経済力のある者の思いどおりになるわけではない。資源の有用性については、解決すべき問題の観点から考えなければならない。すぐれた腕前のブリッジの名手も、ポーカーは得意ではないかもしれない。要するに、推定上の力と実際の力、能力と効果、つまり潜在力と行為は別物である[13]。こうした考え方の流れをくむダールは、影響をおよぼす力を重視して以下のように定義した。「そのような状況でなければBが行わないであろうことをAがBに行わせるかぎりにおいて、AはBに対して権力を有する」[14]。Aに能力があるというだけでは、権力があることにはならない。きわめて特異な関係性において、Aの意志にBが従わされているという測定可能な効果が明白になっている場合にのみ、Aは本当に権力を有していることになる。

　こうした考え方に対して、非常に重要で、その後も続く異論を唱えたのはミルズではなく、政治学者のピーター・バクラックとモートン・S・バラッツだった。二人は一九六二年に発表した論文で以下のように説いた。

> AがBに影響をおよぼす決断に関与する場合に権力が行使されるのは、いうまでもない。しかし、Aが自らにとって比較的害のない争点だけを公的な検討事項とするよう、政治プロセスの範囲を限定するために、社会的・政治的価値観と制度的慣行を形成したり、強化したりすることに精力を傾ける場合にも、権力は行使される。Aが首尾よくこれを行うかぎりにおいて、Aの一連の選好に深刻な不利益をもたらすような解決に導く争点を前面に

押し出すことは、Bにとって事実上、不可能である。[15]

この権力の二つめの顔は、潜行性ともいえる性質をもっている。それは、争点を議題から外し、Bに直接対決でAを打ち破る機会どころか、抵抗を始める機会すら与えないようにするためのコンセンサスを陰で形成することで、いかにAが権力構造において他者を支配する地位を維持するかという点にかかわっている。こうした流れの批判こそ、一九六〇年代を通じて急進派によって信奉されたものであった。ただし、著者が意図したよりもはるかに大雑把な形で「虚偽意識」の観点から論じられることもしばしばだった。ミルズは、政府は支配階級の執行委員会である、あるいは大衆意識はブルジョワジーのイデオロギーによって形成される、という単純なマルクス主義者の分析を受け入れなかった。ミルズは権力エリートについて、組織的な謀略という側面ではなく、企業幹部や「軍司令官」などの利害の官僚的な収斂という側面から論じた。一方で、抑制と均衡のシステムがもはや機能していないと主張し、特権階級がきわめて重要な資源を独占し、自分たちの欲しいものを欲しいときに手にすることが可能になるという考え方を後押しした。[16]

ミルズは学者であると同時に、「前に進み出し、ふてぶてしくも敵の胸に標的よろしく告発状をはりつける覚悟をもって」政治パンフレットの作成にも取り組んだ。[17] それでも人の心をとらえるそのレトリックは、自らの社会学の延長線上にありつづけた。主流の社会学に対する苛立ちから生まれた著書が『社会学的想像力』である。[18] 同書でミルズは、主流の社会学が二つの誤った道を進んだと冷笑した。一つは尊大な一般理論（グランド・セオリー）、もう一つは、当時の大きな問題にとって瑣末でしかないミクロレベルの研究に終始した抽象化された経験主義である。社会学の真の目的は、私的な諸問題を社会・政治構造と結びつけることにあるとミルズは主張した。一個人の失業は個人的な問題にすぎないが、人口の二〇パーセントが失業者なら、それは構造的な問題であり、社会学が取り組むべき課題だ。そうした役割を担うことで、社会学は政治学の柱の学問領域になりうる、と主張したのである。社会学的想像力は政治学的想像力を養う。「どのような研究でも、たとえそれが折に触れて間接的に携わったものであっても、仕上げる前にすべきことがある」。ミルズはこう訴えた。「その研究を、この時代、つまり二〇世紀後半の人間社会という恐るべき壮大な世界の構造、動向、形態、意味を理解するという中心的かつ永続的な責務に適合させることだ」。

ポートヒューロン宣言

トム・ヘイドンは生来の言葉の達人であり、斬新な表現で新しい雰囲気を伝える先駆者だった。ヘイドンが中心となって執筆したポートヒューロン宣言は、一九六二年六月の会合で約六〇人のグループが議論を繰り広げた末に完成した。のちにヘイドンは、参加者たちが「新たな反抗の世代に発言力をもたらす」感覚を味わっていたと振り返っている。[19] ヘイドンに影響をおよぼした人物は数多くいた。その一人は、ミシガン大学の哲学教授アーノルド・カウフマンが、あらゆる社会的機関の民主化の主唱者としてヘイドンに紹介したジョン・デューイである。アルベール・カミュからは、反逆という生き様に関する考え方を受け継いだ。C・ライト・ミルズからは、当時の権力分布に関する批判的な見方だけでなく、もっと私的な面でも影響を受けた。ヘイドンと同じく、ミルズも背教的なカトリック信者だったことがその一因だったが、家族に対するヘイドンの混乱した思いも背景にあったといえる。ミルズの著作を読み、ヘイドンはクライスラーの経理担当者だった自身の父親を思い浮かべた。「糊のきいたワイシャツを誇らしげに身につけた父。自分の経理の仕事を組合労働者より上に、真の意思決定者より下に位置づけながら、昼は帳簿に数字を記し、夜はテレビの前で酒を飲みながら誰にともなく世の中への不満をこぼしていた」。[20]

ミルズの著作を読んだことで、ヘイドンは「カミュの『ペスト』において、人々が無関心、無感動になってしまう理由」について得心した。官僚的なエリート層にとって人々が受け身でいるのは好都合であり、真の民主主義を推進すべき動機は存在しなかった。ミルズは、自由という幻想をいだきながら、より大きな権力構造に影響をおよぼすことのできない「陽気なロボット」という大衆社会の産物の登場について書いていた。「凡人の意識と現代の諸問題は、無関心というベールで隔てられているようだ。その意志は麻痺し、精神はしなびている」。こうした考え方に基づいて執筆されたポートヒューロン宣言は、学生たちの居心地の悪い立場を示す次のような表現で始まっている。「われわれは、ささやかながらも快適な環境で育ち、今は大学の寮に住み、親から受け継いだ世界を落ち着かない思いで眺めているこの世代の人間である」。執筆者たちは、大衆の代表としてではなく、以下のような少数派と自認する立場から同宣言を書いた。「われわれ世代の大多数は、今の社会と世界の一時的な均衡を、永久に機能しつづける部品であるかのようにみなしている」。学生たちは「無関心さなど、気にもとめていない[21]」。

なぜ人々は無力感を味わい、無関心におちいってしまったのかという点について、ポートヒューロン宣言はミルズ式の分析を行っている。「人々は、物事が突然、制御不能になるかもしれないと考えることを恐れている。今は自分たちにとってのカオスを覆い隠している、目に見えない枠組みのようなものを破壊しかねないため、変化そのものを恐れているのだ」。一方で、人間性に関する楽観的な思いも披露している。「われわれは、人間が限りなく貴い存在であり、自分たちがもつ理性と自由と愛の力を十分に発揮していないと考えている」。中心的な価値観が「道徳の再編」のなかで再発見されうるのだとすれば、その先の「政治の再編」の可能性も考えられる[22]。政治は目的を達成するための手段ではなく、目的そのものである。政治への参加と従事が人々とその社会のあいだに生じた溝を埋める働きをするのだ。ポートヒューロン宣言はニューレフトの責務として、以下のように訴えた。

ニューレフトは現代の複雑さを、すべての人が理解でき、身近に感じられる争点の形に変えて示さなければならない。そうすることで、無力感や無関心が形となって表れるはずであり、その結果、人々は私的な問題の政治的、社会的、経済的な原因に気づき、社会を変えるために団結する可能性がある。豊かとされる時代、道徳的自己満足と政治操作の時代において、ニューレフトは社会改革の原動力になるために、胃の痛みだけに頼るわけにはいかない。[23]

学生たちにとって目先の大義は、南部における公民権の獲得だった。この大義は学生たちの行動主義への意欲を満たし、政治の古典を学ぶことで得られるものよりも、より教訓的で有意義な経験をもたらした。だが運動には限界があった。目的は、選挙プロセスだけでなく、あらゆる機関において権利を要求することだった。要求を受け入れてもらうべき第一の場所は、自分たちが所属する機関、つまり大学であった。大学では、学生たちは従順であること、講義の内容をあれこれ言わずに受け入れること、そして退学させられないようにあらゆる規則に従うことを求められていた。だがその大学でも、しだいに新しい空気が漂うようになった。そして、カリフォルニア大学バークレー校における人種平等会議（ＣＯＲＥ）の団結権をめぐる衝突が、最初の大規模学生デモへと発展した。

ポートヒューロン宣言の起草にも深く携わった若手研究者のディック・フラックスは、進展中の運動を一つの生き様とする考え方と、変革の主体とみなす考え方との葛藤に言及した。フラックスが「実存主義的ヒューマニズム」と呼ぶ生き様に必要なのは、核となる信念に従って行動し、常に「倫理的実存に近づく」よう努めることだけである。だがそれは無責任になりうるとフラックスは考えた。「他者を変える手助けとなる可能性を放棄し、個人的な満足感を得るための生活様式を追求するという無責任、自己の救済と満足を実現するために自らが属するコミュニティの運動に多大な期待を寄せたのち、それが実現する可能性は結局のところ低いと気づいて幻滅するという無責任」におちいりかねないと。マックス・ウェーバーと同じく、フラックスは信念と責任の折り合いをつけようとした。それは「政治的に」行動することを意味した。「政治・社会システムを再構築せずに、われわれの価値観を永続的な形で実現することなどできないから」である。だが、倫理的実存からかけ離れた政治は「しだいに操作的、権力志向的で、人間の生活と心に犠牲を強いるもの」になる、言い換えれば「腐敗」する。それを防ぐ策として、フラックスは「戦略的分析」を示した。ただし、「明確で系統だった戦略へのこだわり」が人為的な制約を課し、自発性を抑制し、人々が本当に求めているものへの対応を鈍らせるのではないかという一般的な疑念も認識していた。戦略とは一部の人間に属するものであり、「戦略にのっとって行動することはエリート主義的な行為」である。だが残念ながら、戦略がなければ優先順位の意識は生まれず、方針は不明瞭になり、「効果的な社会活動をしたがる学生たちは、ほとんど手当たりしだいに行動する」だろう、とフラックスは論じた。[24]

これは解決法を明らかにしたものではなく、問題そのものの存在を示している。それまでの世代の急進派と同様に、ジレンマから抜け出すには、人々のなかに入り、自分たちはなんでもわかっていると主張することなく、協力して問題に取り組むしかなかった。そうした流れから、ヘイドンはニュージャージー州ニューアークで「経済調査と行動プロジェクト」（ERAP）に参加した。そこではエリート主義を禁じる空気は希薄だった。同地域には他の「リベラル勢力」も存在し、連合することが望ましいとも考えられた。だがヘイドンは、これらの勢力が「非常に利己的」で、「コミュニティ内で幅広い人脈を築いているものの、積極的で急進的な人員基盤をもたない」こと、そしてその計画が「貧困層の実際の生活を変えるのにほとんど役に立たない」ことに気づいた。そのような連中と「政治的バーター」を行えば、「われわれが市井の人々とのあいだで築いてきた基本的な信頼関係を壊すことになる。われわれが向き合うべき相手は底辺の人々だ」とヘイドンは考えた。[25] リベラル派の戦略は、「大衆は無関心で、単純な物質的要求がある場合か、熱狂に包まれた短い期間にしか、奮起させられない」ことを前提としていた。このため、「大衆には有能で責任感のある指導者が必要」とみなされていた。その結果、指導者は自分たちにしか組織を維持することはできないと考えている、というおなじみの不満が生じた。こうしたエリート主義に対して人々が「無関心と疑念」

を示したため、指導者は大衆を無関心と決めつけることが可能となった。一方で、ヘイドンは大衆に「従属的な思考」という厄介な性向があることも認識していた。

ヘイドンはマルクス主義者の神話における広義の大衆ではなく、少数派の底辺層のことを考えていた。(26) そして、権力者層と連合する、あるいは暫定的に手を組むという単純明快な解決策は退けた。権力者層に「福祉国家改革」を提示されるだけになるからだ。そのような改革は「その対象者である貧困層によって考案されたものではない」うえ、中流層に「何もかもうまくいっているという気楽さ」を与えてしまうため、受け入れられなかった。ヘイドンは絶えず権力の問題を考えながら、それを欲していると思われないようにすることを重視していた。したがってヘイドンにとっては、底辺層が権力を手にした場合に自分たちも他者も厚遇する、という前提が必然だった。だが底辺層は、彼らが望んでいるはずだと活動家が考えているものを実際に欲しているのだろうか。もし、無力感にさいなまれた日々と大量消費文化によって意識が変わっていたら、忘れようとしていた要求や努力について蒸し返されるのは不本意なのではないか。

当然のように、「実行可能な戦略」を探すなかでヘイドンは「不可解さ」に直面した。ヘイドンの目標は、権力の所在が個人から「トップダウン型の組織単位」へと移る「完全に民主的な革命」にあった。その組織単位からは、「操られないことこそが抵抗だと考えている」ため、誰かに操られることのない「新しい種類の人間」が出現するだろう。貧困層は自分たちの大望に基づいて行動し、「豊かで強制的な社会」の性向に逆らうことで、意思決定のあり方を変える。のちにヘイドンが認めたように、こうした分析には欠陥があった。貧困層の大望が、ヘイドンが個人的にさげすんでいた価値感をもつ中流社会の大望とは異なると見込んでいた点である。組織そのものの利害のためには動かない指導者や、運動の目標を理解し、そのために精力を傾ける一般人を見いだすことの難しさを、ヘイドンはすでに認識していた[27]。

ヘイドンが参加型民主主義への取り組みを続けようと苦心する一方で、学生非暴力調整委員会（SNCC）はそれを放棄しつつあった。一九六四年、事務局長のジェイムズ・フォーマンは、他の公民権組織と張り合う協調性のない活動家の集まりではなく、まっとうな大衆組織になるよう説いた。中央集権主義者にとって、これは活動家に個人的な争点よりも集団のニーズを優先するよう要求することを意味した。

多くの活動家にとって、これは受け入れがたかった。遠隔にある中央が現場の懸念事項に関心をもたず、権力拡張におぼれるのではないかと恐れたのだ。しかも、こうした方針はSNCCの創設理念に反していた。とはいえ、参加型民主主義は実際のところ、苛立たしく、骨の折れるものであった。大義のために時間と労力を費やせる地元の人々を見つけることは例によって難しく、また参加型という原則は意思決定機能を麻痺させる傾向があった。絶え間ない議論のなかで、主導権を握ろうとするあらゆる試みに対して民主的権利の侵害という反論がなされる結果、あえて結論を出そうとする者がいなくなってしまうためだ。フランチェスカ・

ポレッタは自著『自由とは終わりのない会議』で、「人々に決断させる」という要求が、穏健でリスク回避的であろうとし、革命よりも社会サービスを求める人々の腹立たしい性向によって行き詰まった様子について詳述している。こうした状況は、人々に自らの現実的な利害について説明させる必要性があることを確信させた。もっと根深い要因も働いていた。地元の南部の人間が往々にして、教育水準の高い北部の人間のことを、貧困層の素朴な知恵を見下すような態度をとり、地元の文化を顧みようとしない利己的な連中とみている、という問題があった。ポレッタによると、これは人種問題というよりも、階級と教育にかかわる問題であった。ただし、黒人コミュニティのまとめ役（オーガナイザー）を務める白人の責任に関する懸念も存在していた。とはいえ、一九六六年にはブラック・パワーが白人に取って代わり、SNCCの新たな指導部も、より強硬で闘争的な方針によって北部のリベラル派と一線を画そうとするようになった。(28)

英雄的なオーガナイザー

参加型民主主義の実践におけるコミュニティ組織の経験を、地域の権力構造に立ち向かうために地域のコミュニティを組織するという思想の発展に誰よりも貢献した人物の経験と比較することには価値がある。一九〇九年にシカゴで生まれたソウル・アリンスキーは、一九二六年にシカゴ大学の社会学部に学部生として入学した。当時の学部長はロバート・E・パークだった。新聞記者としてキャリアをスタートさせ、のちに社会学者に転身したパークは、あらゆる形態の都市部の暮らしに慣れ親しんでおり、のぞき趣味的ともいえる好奇心から都市生活を研究していた。親しい同僚のアーネスト・バージェスとの共著で一九二一年に刊行した『科学としての社会学入門』は、その後二〇年にわたって同分野の中心的な教科書でありつづけた。内気でパークの陰に隠れていたバージェスは、どちらかというと社会改革者であった。「社会研究は社会の害悪を解消する手段」とみなしていたが、エリート式の処方箋としてではなく、民主主義的に「社会的変化を生かす」手段として考えていた[29]。

パークとバージェスは、ダンスホールから学校、教会、一般家庭にいたるまで、シカゴを探求する実地調査に学生たちを連れ出した。シカゴは多様性に満ちた大都市で、独特な移民コミュニティが形成されていた。禁酒法時代には、アル・カポネの一味を筆頭とする組織化された犯罪集団が隆盛をきわめた。カナダに隣接したシカゴは、当然のように違法酒をアメリカに密輸する拠点となり、その取引の支配権をめぐって壮絶な競争が繰り広げられた。シカゴという都市は、「人間の善と悪が過剰なまでに」表れるため、研究対象に向いているとパークは説いた。「人間の性質と社会過程を最も手軽かつ有益に研究できる実験室あるいは臨床実習室は都市である、という見解を正当化するのは、こうした事実にほかならないのかもしれない」[30]。この学派においてきわめて重要だったのは、社会問題の原因は個人的要因ではなく、社会的要因にある、という調査に裏づけられた確信だった。バージェスはこうしたパークの考え方をさらに一歩進め、研究者の役割は「自己調査のできるコミュニティを組織すること」にあると論じた。コミュニティは独自の問題を調査し、社会問題について学習し、「社会的進歩」のために団結する心構えのある中心的な指導者集団を形成すべきだと主張したのである。

バージェスはアリンスキーに大きな影響を与える人物となった。それはとりわけ、学業成績に必ずしも反映されていない教え子アリンスキーの能力を認めていたからであった[31]。大学卒業後、アリンスキーはバージェスの支援によって、犯罪学の特別研究員（フェローシップ）の肩書を得た。そして、アル・カポネのギャング団を可能ならば内部から調査しようと決意した。やがてギャングたちの周りをうろつき、話を聞くことで接点を作った[32]。その後しばらくのあいだ、アリンスキーはイリノイ州の刑務所で犯罪学者として働いた。一九三六年には、社会として非行問題にどう対処しうるかを示すために考案されたシカゴ・エリア・プロジェクト（CAP）に参加した。犯罪行為の原因は、個人の知的な欠陥ではなく、複合的で互いに悪影響をおよぼし合う貧困と失業の問題を特徴とする近隣地域にあった。バージェスは地域を組織化するために、以下のような原則を打ち出した。プログラムは近隣地域全体を対象とし、地元住民が自主的に計画、運営する。そのためには、訓練と地元指導者の育成を重視すること、既存の近隣機関を強化すること、参加を促す道具として活動を活用することが求められる[33]。バージェスは、地元の（できれば元非行者の）オーガナイザーに、より社会的に好ましい振る舞いへつながる道を同じ地域の人々に示す手助けができる、と主張した。このアプローチは物議をかもした。これは家父長的な社会事業に直接、異を唱える行為であり、犯罪行為を容認する、そして大衆主義的な扇動家が地元住民に対し、住民を助けようとして、その利益を心から最優先に考えている者たちに逆らうようあおるのを後押しする、と非難された。

一九三八年、アリンスキーはシカゴのなかでも治安の悪いバック・オブ・ザ・ヤード地域に派遣された。アプトン・シンクレアの一九〇六年の小説『ジャングル』の舞台として、すでに悪名高い地域であった。アリンスキーはオーガナイザーとしての天賦の才能をもち、賢く、抜け目なく、生意気だった。そして、無視され、取り残された気分を味わうはめになったかもしれない人々の信頼を得る術に長けていた。ただしアリンスキーのアプローチは、CAPで容認されている水準以上に政治的だった。非行問題を足がかりとして、同地区が直面するほぼすべての問題に取り組んだだけでなく、コミュニティの組織を、主要な集団の代理人で構成する代表制に基づいて編成する手法をとった。それは、そのような者が個人としてだけでなく、集団の代表者としても影響力をもっていたからだ。アリンスキーはまた、労働組合も自身のキャンペーンに取り込み、自分自身の信念からかなり逸脱しながら、食肉加工業界を相手取った闘争にかかわった。結局、一九四〇年にはCAPを離れ、独自のコミュニティ組織化活動を始動させた。

アリンスキーは、社会科学が日常生活の現実からかけ離れているという批判をしだいに強めていった。当時、シカゴ大学の社会学部が「どのタクシー運転手も見返りなしには教えることのできない売春宿の場所を探る研究プログラムに一〇万ドルを投資する機関」と揶揄されていたことを挙げ、「社会学者に問題の解決を求めるのは、下痢に対して浣腸剤を処方するようなものだ」と非難した。[34] もちろん、パークとバージェスがシカゴ大学で教鞭をとっていた時代以降、社会学の潮流にも変化は生じていた。それでもアリンスキーが始めたころの研究には、戦間期の社会学の関心事が反映されていた。

一九四一年に刊行されたアメリカン・ジャーナル・オブ・ソシオロジー誌の論文で、アリンスキーは独自のアプローチをはっきりと打ち出した。アリンスキーは同論文で、バック・オブ・ザ・ヤード地域の屠畜場や食肉加工場で働く人々の悲惨な生活について記した。同地域は「疾病、非行、荒廃、汚物、依存の代名詞」だった。このような地域において、伝統的なコミュニティ組織はほとんど役に立たなかった。各種の問題をそれぞれ別個のものとして、また各コミュニティを「一般的な社会的文脈」から孤立したものとして考えていたからだ。むしろ、各コミュニティを広い社会的文脈のなかに位置づけて考えれば、「自助努力で状況を向上させる」能力の低さが認識されうる。アリンスキーは「有効なコミュニティ組織の土台となりうる二つの社会的勢力」を特定した。カトリック教会と労働組合である。「一つの教区の構成員である人々が、同時に地元の組合の構成員でもある」。アリンスキーは地元の組織を一つにまとめて、バック・オブ・ザ・ヤード近隣協議会（ＢＹＮＣ）を設立した。教会と組合だけでなく、地元の商工会議所や在郷軍人会、そして「主要な実業家や社交、民族、友愛、スポーツの諸団体」もメンバーの対象となった。

ＢＹＮＣを通じて、失業や疾病といった問題がすべての人々、つまり労働組合と、地元の購買力に依存する企業の双方にとって脅威であることが示された。多くの指導者たちが「お互いを、敵対的な体質にみえるグループの非人間的なシンボルとしてではなく、人間として理解するようになった」。その背景には、恩恵ではなく権利を重視する「民衆の哲学」と、権利を獲得するために「自分たちで築き、所有し、運営する」組織を頼りにする必要性があった[35]。

明らかに、これはトム・ヘイドンの哲学とまったく違っていた。アリンスキーは地元の組織を引き込むことにとりわけ尽力した。ヘイドンは、そのような行為によって一般の人々が疎外されたままになり、地域の権力構造が強化されるのを懸念した。当時、左翼の多くは、無神論の共産党を激しく敵対視するカトリック教会と連携することに疑念をいだいていた。アリンスキー独自のラディカルの定義は、ある伝記作家が記しているように、その「性向、信念、レトリック、願望」に反映されていたが[36]、「よりプラグマティックな形態をとる自身の行動」には、さほど影響をおよぼしていなかった。アリンスキーは、適切とみられる相手なら誰とでも連合を組む心構えでいた。手本としていたのは共産党の扇動家ではなく、むしろ労働運動の指導者だった。

当時はアメリカ労働運動における英雄の時代だった。その主導者は、アメリカ鉱山労働者組合（UMWA）の代表ジョン・L・ルイスである。UMWAは、エリート主義の職能労働組合を中心とした穏健なアメリカ労働総同盟（AFL）から離脱し、産業別組合会議（CIO）を結成した。ルイスは露骨な反共産主義と、中央集権国家による経済の安定化と計画経済という考えを結びつけた。労働運動が急拡大するなか、一九三七年のゼネラルモーターズ（GM）フリント工場における座り込みストライキで存分に見せつけたような、強硬で想像力に富んだ交渉スタイルによって大胆な指導力を発揮した。フリント工場ストライキのあと、他の産業は正面衝突に慎重になったが、ルイスは直接的な脅威にさらされることなく、USスチールとの交渉を成功させた。また南部の鉱山労働者組合の人種差別（より質素な生活を送る黒人労働者は白人よりも安い賃金で済む、と主張していた）に挑んだ。結成から二年以内に、CIOに加盟する組合員は三四〇万人に達した。アリンスキーは、一九三九年七月にシカゴの食品加工労働者の代理人として話をしているルイスに出会った。ルイスの娘のキャスリンは、アリンスキーが設立した工業地域財団（IAF）の役員を務めた。

ルイスはアリンスキーにとっての手本だった。自己中心的だが、対立をも楽しむ、図々しくて威勢のよい指導者だった。のちにアリンスキーは称賛の念をこめてルイスの伝記を著した。ルイスからは、相手を挑発し、あおる方法、対立を助長させてからその解消のために交渉する術（すべ）、あらゆる段階で優位に立つために権力を用いる手法を学んだ。アリンスキーは、行動を知的に正当化し、それを言葉で表現する方法に注目した。そして、CIOを公平と正義というアメリカ人の理想と関連づけることによって、支配者層を脅かすプログラムを巧みに推進するルイスの手法に感銘を受けた。「アリンスキーも同様に、自身が設立したIAFの目的をなじみ深いアメリカ政治の伝統のなかにしっかり位置づけることを狙った論理を展開した」[37]。

一九四六年に刊行されたアリンスキー初の著書『ラディカルの覚醒』（邦訳『市民運動の組織論』）は、予想外のベストセラーとなった。「工場のなかという現在の範囲にとどまらない団体交渉」という言葉に表れているように、同書を著した背景には、製造業の労働組合で非常に効果的に用いられてきた手法は都市部のコミュニティ内でも用いることができる、という基本的な考え方があった。アリンスキーが思い描いたラディカルは、「自分が口に出す言葉を信じる」好戦的な理想主義者だ。「最大の個人的価値」を共通の利益とみなし、「人間を心から全面的に信頼し」、あらゆる闘争を自分自身のものとして受け入れ、理屈をこねたり、うわべだけの議論でごまかしたりせず、「現状を明らかにするのではなく根本的な原因」に対処する。そしてアリンスキーはラディカルの目標として、ある種のユートピアを描いた。すべての個人の価値が認識され、またその可能性が実現されうる世界、政治・経済・社会すべての面において本当に自由な世界、そして戦争、不安、窮乏、意気喪失とまったく無縁になった世界である。

一方でアリンスキーは、リベラルについて、その哲学ではなく気質と姿勢の面で問題があるとして、冷笑的な見方を示した。無気力、及び腰で現状に甘え、戦う意欲を欠くリベラルは、

「マインドはラディカルだが、ハートは保守」である。争点を両面からみることにこだわり、また行動と党派性を恐れるせいで身動きがとれなくなっているのだ、と。

ラディカルとリベラルの根本的な違いは、「権力の問題」のとらえ方にある。アリンスキーによると、ラディカルは「権力を獲得し、より有効に利用することによってのみ、人々の生活は向上しうる」と理解している。リベラルが異議を申し立てるのに対して、ラディカルは反抗する[38]。コミュニティ組織について英雄的な発想をいだいていた点を考慮すると（「プログラムは人間性そのものの範囲内に限定される」）、アリンスキーがオーガナイザーに関しても英雄的な発想をもっていたことも不思議ではない。アリンスキーの伝記作家はこう記している。「アリンスキーの思い描くオーガナイザーがスーパーマンのマントをなびかせて空高く飛んでいる姿が想像できるだろう。見放された工業地域に舞い降り、真理と正義とアメリカ人らしい生活のために戦おうとする姿が」。そのようなオーガナイザーが「人間の生み出す社会的脅威に対する戦い」を主導する、とアリンスキーはとらえていた[39]。

以後、一九七二年にアリンスキーが急逝するまでの二十余年間、その信奉者たちはアメリカ各地で数多くの組織化活動に携わった。アリンスキー自身は、とりわけ二つのプロジェクトにかかわった。一つはシカゴのウッドローン地区、もう一つはニューヨークのロチェスターにおけるものであった。どちらも黒人が中心のコミュニティであり、主に雇用の改善と、黒人を単純作業要員としてしか雇用しない差別的慣行の廃絶を必要としていた。ロチェスターでは、地域最大の企業であるイーストマン・コダックがターゲットとなった。アリンスキーはどちらのプロジェクトにおいても、ある程度の成功を収めた。ただし、求められたのは、企業側を屈服させることよりも交渉だった。

死の少し前にアリンスキーは新たに『ラディカルのルール』を刊行し、自身の基本哲学を明示した。他の急進的社会運動との関係において、どのような立場をとっていたかを知るうえで重要な同書については、あらためて後述する。ここでは、その「ルール」自体を取り上げよう。

アリンスキーは同書に一一のルールを記した。その多くは、弱者の戦略の基本をなすルールである。ルール1は、相手に自分が実際よりも強いと思わせる、という孫子の戦略そのものである（「もし自分の組織が小規模であれば、数字は表に出さず、実際よりもかなり多い人数がいると誰もが思うような騒音をあげよ」）。ルール2と3は、自分の組織の人間が得意とする領域のなかにとどまる一方で、相手側のそうした領域には踏み込まず、相手の「混乱、恐怖、退却を引き起こす」よう訴えている。ルール4は、相手のルールをその意に反するような形で利用する、ルール5は、反撃することが難しく、相手を激高させる嘲り（「人間の最も強力な武器」）を使う、である。これらは、自分たちが楽しめるのが良い戦術であるというルール6、悪い戦術は自分たちが楽しめないだけでなく、長引いて持続するのが困難になるというルール7につながる。それは、良い戦略の本質が相手に圧力をかけつづけること（ルール8）にあるからだ。「戦術においては、相手へ一定の圧力をかけつづける作戦を展開することが最大の前提となる。そうすることによって、相手はこちらが有利になるような形の反応をみせる」。ルール9は、脅しが現実よりも恐怖心を呼び起こしうる、という考えだ。そしてルール10は、建設的な選択肢、「それなら、そっちはどう動く？」という問いへの答えが必要だと説く。最後にルール11はこう命じる。「ターゲットを決めて、身動きがとれないようにし、個人レベルで絞り込んで白黒はっきりさせよ。企業や官僚機構といった抽象的な存在を攻撃しようとしてはならない。責任を負う個人を特定せよ。失敗の責任を転嫁したり、広げたりしようとする試みは無視せよ」。

これらのルールは活動家のルールである。その点で、地域の権力構造や、あらゆる行動を律する原則との関係への配慮が大部分を占める戦略的思考の形態とは異なる。アリンスキーにとっては、運動とそのために設定された特定の目標がすべてだった。一連のルールは、忍耐、連合、奇策の能力、一般大衆の認識を注視する必要性など、アリンスキーが認識する戦略の基本的な必要条件を反映していた。組織内におけるコミュニティの意識と信頼感は運動とともに養われ、やがて挫折にも耐えられるほど強力になり、次から次へと争点を変えていくことができるようになるはずと考えられた。アリンスキーの熱烈な信奉者の一人だったチャールズ・シルバーマンは、自身のアプローチをゲリラ戦になぞらえ、その必要性についてこう説いた。「隊列が組まれることで、新しい軍隊の弱さが一目瞭然となる設定された場所での戦闘は避け、かわりに小規模ながらも着実な勝利を重ねるための奇襲戦術に集中する。つまり、連帯感やコミュニティの意識を生み出すことを最大の目的として、行進や家賃不払い運動などの劇的な行動に力を入れるのだ[40]」。目標は、ターゲットに圧力をかけつづけることだけではなく、コミュニティとその組織を同時進行で築いていくことにもある。アリンスキーが暴力を良からぬ選択肢と考えていたのは明らかだ。道徳的な意味合いからではない。ほぼ確実に敗北をもたらすような行動が自分の意に沿わなかったからだ。武力に訴える行為はこの部類に入るものであった。

アリンスキーの典型策として知られるようになった戦術のなかには、いたずらや挑発の感覚を反映したものもあった。そのうちの一つは、差別的な雇用方針をとっていたシカゴのある百貨店を狼狽(ろうばい)させるために用いられた。いつも買い物客で混んでいる土曜日に数千人の黒人を送り込み、当人たちはほとんど何も買わないまま、一般客のじゃまをするという計画を立て、脅しをかけたのだ。シカゴ市長に圧力をかける目的で、オハラ空港のすべてのトイレを占拠し、利用できない到着客を切羽つまった状況に追い込むという計略を企てたこともあった。最も悪名高い、ただし、おそらくは主に周りの者をおもしろがらせる目的で練られた策略は、イーストマン・コダックがスポンサーを務めるロチェスター・フィルハーモニー管弦楽団をターゲットとした「おなら（ファート・イン）」計画である。開演前に若い楽団員たちを大量のベイクド・ビーンズでもてなし、演奏中に放屁したくなる状況を生み出す、という筋書きだった。黒人に対する白人の固定観念にある程度頼っていたことはさておき、これらの戦術で注目すべきは、どれ一つとして実行にいたらなかった点である。ただし、アリンスキーはターゲットにうわさが伝わることが強制的な効果をもつと主張した。アリンスキーが戦術面でもたらしたイノベーションの一つは、株主総会で発言し、企業を追いつめる権利を得るために株主議決権を行使することで、一九六七年四月のイーストマン・コダックの株主総会で初めて実施された。総会の記録によれば、ほかの株主からの共感はほとんど得られなかった。だが企業の取締役会を当惑させ、メディアに取り上げられるかもしれない状況に追い込む道が開かれたのであった。

アリンスキーのリベラルに対する不信感と貧困層を美化する傾向は、一九六〇年代半ばにコミュニティ組織化運動に参入した若いラディカルと共通する特徴だった。だが、両者には重大な違いがあった。アリンスキーは結果を重視した。たとえ小規模であっても勝利を望み、そのためには連合を組むこともあれば、取引することもあった。自分の元来の支持者層が少数者（マイノリティ）であることを知っており、アメリカ国民の多数派（マジョリティ）が中流階級であることが明らかになるにつれて、その傾向はさらに強まった。したがってアリンスキーは、働きかけなければ傍観者で終わってしまうかもしれない人々からの支持を得る必要性を理解していた。裕福なリベラルからの資金獲得も辞さない覚悟をもち、また外部（たとえば顧客や株主や、より高位の政府当局）からの支援に依存するターゲットの脆弱性にいつも目を向けていた。戦術面で基本的に必要としていたのは、運動を持続させ、世間の目にさらしつづけるための新しい方法を見いだすことだった（この点で、アリンスキー自身の悪評は武器になりえた)。また、とりわけ部外者や専門家が携わる場合に、どの程度の組織が必要なのかということ自体が必ず問題になる点も理解していた。当初、若いラディカルたちが強力な指導者を、既存の支配者層にたやすく取って代わり、民衆を無力なままにしておきかねない者として警戒したように、支配者層は、外部の「扇動家たち」(アリンスキーは好んで自分たちのことをこう呼んでいた)は有害な存在だと指摘し、運動の非合法化を訴えていた。アリンスキーは、いまや若いラディカルたちが期待しているように、オーガナイザーは潜在的な政治意識を引き出し、不公平に対する認識のみならず、それが是正される可能性に対する認識をも生み出す役割を負うと考えるようになっていた。こうした意識を口に出し、その長期的な信頼性を保証することのできる地域の指導者を得て、コミュニティは組織の面だけでなく、意識の面でも自助自立するようになる、と。アリンスキーは、コミュニティ組織を支援する期間を三年までとし、以後は自立させるというルールを設けた(ただし晩年には、三年で自立に導けるという考え方に疑問をいだくようになっていた)[41]。

それでもアリンスキーは、資源に恵まれず、自信ももてない人々、日常生活にともなう問題でほぼ手いっぱいの人々との運動を続けた。一九六二年にジャーナリストとなるために離れるまで、一〇年にわたってアリンスキーと活動をともにしたニコラス・フォン・ホフマンは、「ルンペン・プロレタリアート」が相次ぐ非常事態と苦難に直面する様子を記している。「ガスも電気も止められて、地主に強制退去させられる。いとこは刑務所にいて、赤ん坊は容体悪化で急いで緊急救命室に運ばなければならない。子どもの一人がソーシャル・ワーカーに口答えしたために、一家への支援が打ち切られる。主人が帰宅して、母親をひどく殴る。ウィルソンは食費を盗み取り、ジャニスは妊娠し、母親は酔っぱらって職業指導相談員との約束をすっぽかす」。その結果、貧困層は「献身しつづけることで結束する組織にふさわしくない、信頼できない」とみなされる。実質的にこれは（公民権運動でも判明したように）、信頼性と能力をもちあわせた地域の指導者の候補者が少なく、活動家の基盤が小さいことを意味した。どのコミュニティでも、アリンスキーの運動に携わった人間は全体の数パーセントにすぎなかった。したがって、その手法は面倒見のよい組織と強力なリーダーシップに頼るようになった。これは、その後の自発性と参加型民主主義の潮流にそぐわないものだったが、アリンスキーは自分のやり方のほうが良い結果が得られると判断した。アリンスキーのプラグマティズムは、運動の選択にも反映されていた。フォン・ホフマンは、アリンスキーが「回避しえた敗北は絶対に許せず、精神的勝利という考え方に我慢がならなかった」と振り返っている。すべての不公平が是正できるわけではない、という考えに基づいて勝つことのできる戦いの場を選んでいたのだ。[42]

セサル・チャベス

若いころのアリンスキーは、自ら英雄的なオーガナイザーの役割を演じる覚悟でいたが、歳をとってからはそのようなイメージに関して、より慎重になった。人が権力を掌握し、それを行使するのは、たとえそれが政治のいざこざを楽しむためだとしても、ほとんどの場合、純粋な動機からの行為ではない。権力を握った者は、正道を踏み外し、ひねくれ、アリンスキー自身がまさにそうだったように自らの悪評を楽しむようになりかねない。完璧だと主張するよりも、不完全さを認識するほうが望ましい。この点で、アリンスキーは自身が支援する仕事に携わっていたセサル・チャベスのことを懸念していた。チャベスは一九五〇年代初頭からフレッド・ロスのもとで働いていた。ロスは、メキシコ系農業労働者の有権者登録と労働者権獲得を促進するために、アリンスキーが後援していたカリフォルニア州のコミュニティサービス組織（CSO）を運営していた。一〇年後、チャベスはCSOを離れ、のちに全米農業労働者組合（UFW）に発展する組織を設立した。ガンジーの信奉者で、断食や巡礼といった手法を取り入れ、非暴力を主張していたチャベスは、一九六六年春に農業労働者を引き連れてデラノから州都サクラメントまでのデモ行進を実施した。これは全国的なカリフォルニア州産ブドウの不買運動と時期を同じくして行われた。アリンスキーはその効力を疑問視していたが、不買運動は幅広い支持を集めた。この運動は五年間続き、最終的に勝利を得た。賃上げと組合組織権が法制化されたのだ。

従来型の労働組合は、白人の雇用を脅かすとみられていた移民労働者を警戒していた。農業労働者の組織化は、かつてアメリカ労働総同盟・産業別組合会議（ＡＦＬ－ＣＩＯ）[43]によって試みられたが、失敗に終わっていた。それは地域の事情を理解していない、あるいはスペイン語を話せない指導部が、入れ替わりが激しく安定しない労働力を相手にしなければならない状況にもかかわらず、旧来の労働運動で慣れ親しんだ手法に依存したためである。チャベスは、組合を地元コミュニティに根づかせることの価値に気づいた。教育面での可能性や教会との接点が得られるだけでなく、家賃不払い運動などによって戦術の幅を広げられるからだ。さらに、公民権運動の前例を生かすことも可能だった。

黒人たちはどうやって戦いに勝ったのか？　誰もが逃げ出すと予想していた状況で、ひざまずき、祈った。負けそうな局面で、敗北を勝利へと変えた。肉体と勇気という自分たちにあるものしか使わずに。……われわれ農業労働者にも同じ武器がある。この肉体と勇気だ。……農業労働者が、アラバマとミシシッピで黒人たちが示したのと同じ勇気をもち、この教訓を生かす日がくれば、その惨めな生活も終わるのだ。[44]

自身の戦略によって、チャベスはその運動の中心に位置づけられた。象徴的な瞬間は一九六八年に訪れた。行き詰まりの様相をみせる長期ストライキに人々がうんざりし、非暴力の価値が疑問視されているときのことだ。チャベスは自らの権威、それも威圧的な権威ではなく精神的な権威を取り戻し、また苦しみがもたらす力を見せつけるために断食を始めた。その忍耐力は、暴力の行使を口にする組合員への反応として示された。メキシコ系のカトリック信者たちは、こうしたチャベスを象徴的な存在として認め、自分たちのかわりに苦痛を味わっていると考えた。聖職者たちも加わり、断食は宗教的な行事に変わった。この出来事は労働者を奮い立たせる効果をもたらし、多くの者が自らその場を訪れた。

組合からの支持の拡大という強みは、このあと一段と強化された。断食は嘘だと思い込んでいた模様のブドウ栽培主が、このときの組合の戦術が裁判所の差し止め命令に違反する行為であるとして訴えた。その結果、何千人もの支持者が祈りながら見守るなか、衰弱したチャベスが出廷する、という願ってもない機会が訪れた。（ガンジーの最長記録よりも一日長い）二五日におよぶ断食を終えるにあたり、チャベスはキリスト教の儀式を行った。このときチャベスにパンを分け与えたのは、（大統領候補として名乗りを上げようとしていた）ロバート・ケネディ上院議員だった。聖職者の一人がチャベスのスピーチを代読した。

わたしは確信した。正真正銘の勇気ある行動、何よりも勇ましい行動とは、正義を求める完全に非暴力的な闘争において、他者のために自分を犠牲にすることだと。人として生きることは、他者のために苦しむことである。神の助けがあって、われわれは人として生きられるのだ。[45]

アリンスキーは信心を警戒していた。そして断食に関して、「邪魔になる」行為だとチャベスに告げた。また、支えるべき家族がいるのに、相応の苦難を避けられない低賃金での生活にチャベスがこだわっている点も感心できなかった。UFWのスタッフはみな必要最低限の賃金で働く、というチャベスのこだわりは、やがて不満の種となった。[46]

チャベスと運動をともにした人物の一人、マーシャル・ガンツは、戦略的な創造性の源泉として、最初の動機が重要だと説いている。戦略は、初めからあるものではなく、行動に力を注ぐなかで生まれ、「集中力、熱情、リスク負担、粘り強さ、学習」を喚起する。目の前の問題への強い関心は、期待や文脈に異を唱える批判的な思考を促す。[47] チャベスはそうしたきっかけを提供しただけでなく、組織について、強力なリーダーシップに依存し、そこで働く人々が決断を下すという考えをもっていた。これは実のところ、参加型民主主義のみならず、いかなる種類の民主主義からもかけ離れていた。運動を起こすことと、組織を運営することはまったく別であった。後者の役割において、チャベスは独裁的で偏屈になり、UFWを混乱におとしいれた。チャベスは精神的支柱のような人物でありつづけ、UFWの元スタッフの多くは他の社会運動で重要な役割を果たすようになった。にもかかわらず、チャベスはごますりが不十分だったスタッフを追放することで、最終的に自身が生み出した組織を壊したのだった。[48]

不完全なコミュニティ

人間の生まれながらの不完全さは、指導者だけでなく、一般大衆の言動にも表れる。おそらくアリンスキーが得た最も苦い教訓は、政治意識をもった外部のオーガナイザー側と、権力を握るよう促されるコミュニティ側の見解がおのずから一致することはない、というものだったであろう。一九四五年以降、バック・オブ・ザ・ヤード地域を再活性化するための集団的努力は、黒人を締め出すことだけに向けられた。フォン・ホフマンが述べているように、再建と再活性化が一段落した同地域は「堅牢な人種排斥の地」になった。いまや守るべきものができ、積極的な人種差別主義者ではない人々ですら、コミュニティへの黒人の流入は「スラム化、犯罪、学校の荒廃、そして不動産価値暴落の前触れ」と思い込むようになった。[49]

アリンスキーは生涯最後のインタビュー（記者に「会計士のような風貌で、港湾作業員みたいに話す」と評されている）で、こうした皮肉な状況と、想像力に欠ける「人々」の考え方について、いくぶん残念そうに語った。一九三〇年代後半にアリンスキーがバック・オブ・ザ・

ヤード地域を訪れたとき、そこはすでに「憎しみの掃きだめとなり、ポーランド系、スロバキア系、ドイツ系、黒人、メキシコ系、リトアニア系の住民がみな互いに憎しみ合っていた。さらにそれらの住民すべてがアイルランド系の住民を忌み嫌い、アイルランド系もまちがいなく同じ感情を相手にいだいていた」。アリンスキーはこうした問題について、「より良き世界への夢」が「恐れ、つまり変化への恐れ、物質的な財を失うことへの恐れ、黒人に対する恐れ」に変わりつつある状況とみなした。そして、「同地域に戻り、二五年前に自分が築いたものを打ち壊す新たな運動を組織すること」を考えていると語った。たとえ「支配者層の偏見」に同調するようになった人々が相手であっても、「堕落や貧困や絶望」から抜け出す手助けをするのは正しいことだ、とアリンスキーはなおも考えていた。それはただ、「絶望と差別と貧困のなかにいる持たざる者」は「寛容さや正義、知恵、慈悲、道徳的な純粋さといったなんらかの特性を自動的に授かるわけではない」からだ。みな、誰もがもつ弱みをかかえた普通の人々なのだから、と。

歴史は革命のリレー競走のようなものだ。ある革命家のグループが理想主義のトーチを掲げて走る。その集団がまた支配者層になると、次世代の革命家がトーチを取り上げ、それを掲げて次のレースの区間を走る。このサイクルが延々と続き、そうしたなかで、革命家が訴えた人道主義や社会正義の価値観が形になり、変化していく。そして、たとえその提唱者がつまずき、優勢な現状の維持という唯物論的退廃の前に敗れたとしても、すべての人々の心にじわじわと根づいていくのだ。

こうした感情を吐露するアリンスキーは、一九六〇年代を通じ、大学での講演者として人気を博した。アリンスキーは急進的な（だが革命的ではない）変化と権力の再分配を訴えた。そして、それが簡単に、あるいは正攻法で実現するものだと偽ることはなかった。「変化には運動がともなう。運動には摩擦がともなう。摩擦には熱がともなう。熱には議論がともなう」。だが、ニューレフトにはほとんど親近感をもたなかった。一九六四年夏、アリンスキーと、トム・ヘイドン、トッド・ギトリンらSDSの一部の主要人物が話し合う場が設けられたが、はかばかしい成果は得られなかった。アリンスキーが否定的な態度を示し、こう主張をしたからだ。リーダーシップとヒエラルキーなしに成し遂げられることはほとんどない。そして、貧困層が求めているのが、ヘイドンら中流階級の若者が否定するライフスタイルとは別のものだとみなすのは甘い考えである、と。[50] アリンスキーにとって、弱者という立場は名誉の印ではなく、克服すべき障害だった。

アリンスキーの懐疑的な姿勢は、自身が功績を称賛し、戦術のいくつかを模倣していたマーティン・ルーサー・キング・ジュニアにまで向けられた。一九六六年にキングがシカゴを訪れた際に手を組ませようとする動きはあったものの、結局、二人が顔を合わせることはなかった。アリンスキーは、キングのような有名人が自身の本拠地に入ることに抵抗と警戒の念を示した。自分のやり方が歓迎もされなければ、効果的でもないのではないかと熟考したうえで、南部での運動は行わないと決断したあとだったため、なおさらであった。たとえ相手がノーベル平和賞受賞者であっても、アリンスキーは自分が二番手になるつもりはなかった。また、この南部の説教者がシカゴの環境でうまくやれるかどうかについても疑問をいだいていた。アリンスキーは、主要な争点を劇的に示すために直接行動を用いるという面で、公民権運動の基本的なアプローチが自分のものと共通していると認めていた。ただ、公民権運動成功のカギとなったのは、南部の支配者層の愚行と国際圧力だったとアリンスキーは考えていた。「バーミングハムで警察犬と消火ホースを使ったブル・コナーのほうが、公民権運動家自身よりも公民権運動の進展に大きく貢献した[51]」。アリンスキーは適正な組織というものにずっとこだわってきたのであり、その仲間たちもキングの取り巻きとの違いを自覚していた。キングの取り巻きには「非常に有能な者もいれば、ホーホー鳴くフクロウのようにイカれた者もいた」が、キングに近づこうとして、ささいな口論に時間を費やす輩ばかりだった。指導部は決して誰もクビにせず、支出についてもまったく管理していなかった[52]。

ベイヤード・ラスティンは、シカゴでの運動についてキングと激しく言い争い、北部の貧民街の粗野で偏屈な文化や、シカゴの政治の複雑さ、とりわけリチャード・マイケル・デイリー市長の強力な政治組織について警告した。生活環境はかなり厳しいが、黒人は政治プロセスから締め出されてはいなかった。一方で、南部で展開してきた道徳劇が通用するほど、状況は単純ではなかった。ラスティンはキングに、シカゴのことを何もわかっていない、「身を滅ぼすぞ」と言いつづけた。キングは神に祈り、助言を求めると言って話し合いを打ち切った。ラスティンは激怒し、不満をぶちまけた。「このキングと神、神とキングとの対話とやら」は、深刻な戦略上の問題を解決するのに何の役にも立たないと。[53] ラスティンの不安は的中した。キングはシカゴの人々に敵意をもって迎えられ、自身の運動に弾みをつけることがまったくできなかった。総力を注ぐ争点を一つだけ選ぶことはせず、何も除外しないで、どの争点でも取り上げられるような態勢で臨んだためである。つまり、キングの運動には焦点と呼ぶべきものがなかった。ただ漠然と、スラム街の住民から失業者や学生まで、数多くの潜在的な活動参加者を引き込み、劇的な行動を起こせるような大衆運動に発展させることを目的としていた。財政難や地域の指導力の欠如、南部における妨害行為、そしてラスティンが警告していた複雑さといった要素は、どれもキングの運動が勢いづくはずがないことを物語っていた。

アリンスキーはコミュニティの組織化によってなしうることだけでなく、ボトムアップ式のアプローチの限界をも示した。闘争に勝ち、生活が改善する場合もありえた。だが、そこで得られた結果が、集団で力を合わせることで達成できると人々が思い描いていたものと異なれば、幻滅は避けられなかった。人々、とりわけ困窮する人々には、独自の優先順位と対処法があり、それが活動家のものと一致することは、ごくまれにしかなかった。しかも、支配者層を標的にする公民権運動のような道義面での明快さを備えた運動は、最初からほとんど存在しえなかった。自由社会では、人種差別廃止に反論を唱えることは不可能なため、その速度と手法しか争点になりえなかった。だが、その他の問題は分析するうえでも、倫理面でももっと複雑だった。さらに、ラスティンが強く訴えはじめていたように、公民権問題であれ、貧困の原因に対する取り組みであれ、変化を起こそうとするには中央政府からの支援が必要だった。活動家が人々の怒りを代弁し、ただ体制にぶつけたところで、当事者たちにとって概して利益のない結果にしかいたらなかったのだ。

第25章　ブラック・パワーと白人の怒り

わたしたちは幻想を食し、心を満たしてきた。
その食べ物で心は野蛮になった。
愛よりも敵意のほうが
食べごたえがあるのだ。

――ウィリアム・バトラー・イェイツ「窓辺の椋鳥の巣」

はっきりとした進歩がみられないなかでも、活動家たちが妥協を受け入れ、連合を組むことに二の足を踏んだ結果、幻滅と無関心、あるいは怒りとより過激な方針が生じた。一九六〇年代を通じた学生非暴力調整委員会（ＳＮＣＣ）の急発展は、こうした流れを象徴していた。ＳＮＣＣは設立声明で「われわれの活動目的の土台として、われわれの信念の前提として、そしてわれわれの行動様式として、非暴力という思想上の理念」を強く支持すると宣言した。非暴力の理念という制約にしばられたSNCCの活動家たちが、苛立ちを募らせ、苦痛と引き換えに何が得られるのか不安になり、自分たちの開放的で包括的な政治スタイルの限界に不満をいだくようになるにつれて、この主張にも歪みが生じはじめた。活動家たちは、たとえ民主党が人種差別主義の政治家を排除することを拒んだとしても、白人リベラル層からの支持を保つため、慎重に振る舞うよう指示されていた。こうした方針は、人種差別主義者や警察に対する疑念だけでなく、マーティン・ルーサー・キング・ジュニアのエリート主義に対する疑念をも生み出した。

すでに北部では、黒人社会の政治のより急進的な側面が表れていた。たとえば、獄中でイスラム教に改宗し、黒人のイスラム運動組織ネーション・オブ・イスラム（NOI）の最も有名でカリスマ的な人物となったマルコムXは、キングが発する愛と平和というキリスト教的なメッセージとはきわめて対照的な存在感を示した。マルコムXは黒人分離主義を唱え、白人を悪魔だと非難し、暴力の排除を拒絶した。そして自己防衛のために力を行使するのは、暴力ではなく「知性」だと主張した。マルコムXは、不満をかかえ苛立つ都市部の黒人たちに、キングが口に出せないような言葉で語りかけた。公民権運動の指導者たちは、人種間の憎悪をあおり、白人が黒人に対していだく固定観念を助長するとして、マルコムXを強く非難した。最終的に、マルコムXは心を入れ替えた。独自のやり方で黒人としての意識を強く求めつづけたものの、一九六四年にNOIを脱退し、発言も穏健化した。だが、それからまもない一九六五年二月に暗殺されたのだった。[1]

より明快なメッセージを発し、遠隔地から影響をおよぼしたのは、フランス領マルティニーク島出身のフランツ・ファノンである。ファノンの見解はフランス植民地主義に直面するなかで芽生え、精神科医として赴任したアルジェリアの地で育まれた。ファノンはその後、アルジェリア民族解放戦線（FLN）に参加した。主著『地に呪われたる者』は、白血病で死に向かいつつある一九六一年に執筆された。同書の英訳版とジャン・ポール・サルトルによる序文は、のちにファノン自身が意図していたよりも強い語調で書かれているとの議論を呼んだ。暴力は植民者が唯一認識する戦略的言語だと強調したために、植民地の状況に関するファノンの見識は単純化して伝えられた。[2] 精神科医としての一面から、ファノンは暴力について実存主義的な見方を提示したのであり、これが同書に激しさをもたらした。

ファノンは、ユダヤ人の性格が反ユダヤ主義を誘発したのではなく、むしろ「反ユダヤ主義者がユダヤ人を作り上げた」というサルトルの主張を受け継ぎ、「植民者が先住民を作り出し、今なお作りつづけている」と論じた。[3] 暴力は物理的支配だけでなく、こうした精神的支配からも逃れるための手段であった。「個人のレベルにおいては、暴力は解毒作用をもつ。先住民は劣等感から解き放たれ……自尊心を取り戻す」。「先住民は暴力のなかで、暴力を通じて自己を解放する」。サルトルは同書の序文でこう付け加えている。「先住民は植民者を武力によって追い払うことで、植民地特有の神経症をいやす。怒りを爆発させ、失っていた透明さを取り戻す。自分自身を作り出す過程で、自分を知っていくのだ」[4]。哲学者のハンナ・アーレントは、ファノンの崇拝者の大半が第一章「暴力について」までしか読んでいないのではないか、との疑念を示した。ファノンは第二章以降で、「純粋で全面的な粗暴さ」は「数週間のうちに運動を敗北へと」導く、と論じているからだ。アーレントが『地に呪われたる者』でとくに衝撃を受けたのは、サルトルがマルクス主義者を自称しながら、ネチャーエフやバクーニンの影響がより濃くみられる概念を受け入れていた点、そして「狂気じみた憤怒」や「爆発的な激高」によって成し遂げうることに興奮を示していた点であった[5]。

ファノンの怒りは、白人の権力構造に働きかけようとしても無駄だと考えはじめていた若い黒人活動家たちの共感を呼んだ。一九六五年にニューレフトについて調査したポール・ジェイコブズとソウル・ランダウは、「嫌がらせ、逮捕、殴打、南部での生活という精神的拷問によって疲弊したベテランの運動家たちが、アメリカの経済・政治システムが最大限の、往々にして巧妙な力をまざまざと見せつけるなかで、自分たちの目的を再検討しはじめていた」と論じた[6]。SNCCは理想主義を失いつつあった。マルコムXの影響を受け、独自のゲリラ戦を計画しようとしていた「将軍」たちが、「詩人」たちに取って代わった。都市部の貧民街に住む黒人の悲惨な経済状態と、圧倒的に多くの黒人が徴兵されたベトナム戦争の激化が、さらに不満を呼んだ。「ベトコンは誰もオレをニガーと呼ばなかった」と言ったのは、ボクサーのカシアス・クレイ、のちのモハメド・アリである。黒人が暴力に訴えるとの見方や市街地での暴動に白人社会が恐れをいだいたこと自体は、黒人に満足感をもたらした。
SNCC活動家の先駆者の一人で、一九六六年にその議長に就任したストークリー・カーマイケルは、ブラック・パワーの提唱者となった。ニューヨークのハーレムで育ったカーマイケルにとっては、教会で使われる言葉ではなく、街の通りで使われる言葉で話すのがより自然なことだった。新たなSNCCのスローガンについて漠然と考えはじめたのは一九六六年のことだ。同年にミシシッピ州グリーンウッドで二七回目の逮捕を経験したカーマイケルは、保釈後、群衆に向かって叫んだ。

ブラック・パワーが必要だ！　そう、ほしいのはブラック・パワーだ。恥じる必要なんかない。オレたちは踏ん張ってきた。大統領にも、連邦政府にも嘆願してきた。ただひたすら、頼みつづけてきた。だが自分たちで立ち上がり、主導権を握る時がきた。[7]

カーマイケルはこう主張した。すべての白人は、公民権運動に携わっている者であっても、「たとえ無意識のうちであれ、黒人に関する観念をもっている。そして、社会全体が白人の潜在意識をそうした方向へ向かわせてきたため、その観念から逃れることはできない」。根強い人種差別があるため、黒人が連携について語るのは無意味である。「われわれ自身が手を結べる相手はいない」からだ。おそらく、黒人が自力で声をあげ、行動することができると明らかになって初めて、また白人との連携が可能になるだろうが、その場合は対等の立場をとる必要がある。したがって、SNCCは「黒人が構成し、管理し、資金を出す」組織になる、とカーマイケルは訴えた[8]。

カーマイケルは政治学者チャールズ・V・ハミルトンとの共著で、「黒さを恥ではなく誇りと思うこと、同胞としての態度、すべての黒人がお互いにいだく共同体的責任感」を提唱した。白人のアメリカ人には、「穏やかに話したり、軽やかに歩いたり、柔らかな物腰での売り込みや言い逃れといった手法を使ったりする」余裕がある。それは白人が「社会をもっている」からだ。黒人が「自分たちへの抑圧を和らげるために、白人の手法を取り入れる」のは、ばかげている。もし、そうした道をとれば、非難を口に出さずにいるのと引き換えに、「仲間の端くれ」の地位を得ることになるだろう。

問題は基本的な前提にあるわけではなかった。民族性を土台としたアメリカの集団組織の政治においては、アイデンティティを共有することで有効な交渉上の立場を築いた例がほかに数多くあった。「ある集団が開かれた社会に参入できるようになるためには、まず結束を固めなければならない」。黒人が便宜を求めるのではなく、権力を追求するために声をあげて初めて、体制からの反応が期待できるのだ。ただしカーマイケルは、きわめて急進的な姿勢に基づく「民族意識」の共有を追求した。たとえ経済発展が目的であり、その結果、自然の流れで黒人ブルジョワジーが誕生するとしても、黒人は自分たちへの抑圧を容認し、長期化させた中流階級の価値観を取り入れてはならない、と訴えた。

大きな問題は、近年の政治的前進を支えてきた非暴力の姿勢を続けるかどうかであった。カーマイケルとハミルトンは、非暴力は受け身の印象を生み出すことで黒人の足を引っ張ってきたとの見解を示し、こう論じた。「われわれの見解を示すと、暴れ回る白人のギャング団や秘密結社の連中に、思うがままに暴力をふるえる時代は終わったと思い知らせてやる必要がある。黒人は反撃して当然であり、反撃しなければならない」。これは自己防衛を意味している。「われわれブラック・パワーを主張する者にとって、公民権獲得のために『非暴力』を貫くのが、黒人には耐えがたく、裕福な白人には不相応なアプローチであることはきわめて明らかだ[9]」。

マーティン・ルーサー・キング・ジュニアはこうした事態の展開に愕然とした。暴力の行使に異を唱えただけでなく、自分の運動で強調しようとしていた問題よりも暴力が争点になったことに苛立ちを覚えた。力の行使は「兄弟愛に満ちた社会の創造[10]」という目的のための手段であるべきで、目的そのものになってはならないとキングは主張した。死後に刊行された著書では、黒人はアメリカにおいて少数派（マイノリティ）であるため、ブラック・パワーを唱えるのは自滅的な行為だと批判し、白人との同盟を擁護した。結局のところ、どちらの人種もお互いを必要としている。黒人と白人は「結びつき合い、同じ運命の衣（ころも）を身にまとっているのだ」と[11]。

一九六七年、SNCCは白人を組織から排除し、非暴力への取り組みをやめた。新たに議長に就任したH・ラップ・ブラウンは、暴力を「チェリーパイのようにアメリカ的なもの」と表現した。のちにブラック・パワーがSNCCを壊したと認めたカーマイケルは、ブラック・パンサーの一員となった。ブラック・パンサーは一九六六年にカリフォルニア州オークランドで結成され、当初から過激で暴力的な言葉を駆使していた集団である。創始者の一人ボビー・シールはブラック・パンサーの成り立ちについて自叙伝的に記した著書で、党の声明をまとめるといった安直な方法ではなく、中国の指導者、毛沢東の『語録』を大量に仕入れて売り、そこで得た利益で武器を購入することに執着した当初の様子を描いている。[12] ブラック・パンサーにつきまとう鮮烈なイメージとレトリック、その戦闘志向は、おそらく五〇〇〇人を超えたことのない実際の党員数が生み出す以上の影響力をもたらした。

カーマイケルは独自の黒人分離主義を主張しつづけた。一九六八年の演説でカーマイケルはこう訴えた。「最大の敵は、血と肉を分けたあなたがたの兄弟ではない。最大の敵は白人と、その人種差別主義の組織だ。それが最大の敵、そう最大の敵なのだ。そして、誰か革命戦争を起こそうとするものがいても、あなたはその最大の敵のことだけ考えればよい。われわれはお互いに争い、そのうえ敵とも戦えるほど強くはないのだから」。[13] カーマイケルはブラック・パンサーとすら袂を分かった。白人との協調に自分よりも前向きだったからだ。カーマイケルはアフリカの人々に近づくには、アフリカに移住するしかないと決意し、名前もクワメ・ツレというアフリカ名に改めた。

こうした黒人のあいだでの政治的潮流に、ベイヤード・ラスティンは危機感をいだいた。かつてのSNCCの仲間が暴力と黒人分離主義に変節する様子に幻滅した。「黒人が怒り、憤怒を表すと、自動的に白人の恐怖を招くことになった。常に前者が分子、後者が分母の関係にあり……どちらかが大きくなれば、もう片方も合わせて大きくなるのは必然だったからだ」と、ラスティンはのちに振り返っている。直接行動の重視は、白人の排除と黒人のあいだでの「絶望感と無力感の増大」を招き、分裂に拍車をかけた。[14] ラスティンは、貧困と失業が人種暴動の重大な引き金になっているというキングの見方に賛同していたが、むしろそこから、労働組合の庇護のもとで黒人と白人が団結する可能性を探るようになった。大きな問題は経済面にあり、連邦政府のプログラムを必要とする。つまり「貧困との戦い」に資金を出す覚悟のある政府を支援することがきわめて重要だとラスティンは確信していた。こうした主張は、かつての仲間の大半を含む人々のあいだで、ベトナム戦争に対する抗議活動を優先すべきかどうかをめぐる新たな論争を引き起こした。ラスティンは一九六五年二月に発表した小論で、特定の勢力や挑発行為を利用しつつ、連合を組むことを提案した。「公民権運動のなかで生じた、権力は腐敗するという倫理的な足かせにとらわれて、権力の不在もまた腐敗をもたらすということをみな失念している」。自助努力だけでは不十分であり、「われわれは同盟を結ぶ必要がある」とラスティンは主張した。それは妥協することを意味していた。とりわけ労働組合や民主党との協調を望んだラスティンは、こう説いた。「この責務に尻込みする指導者は、純粋な信念ではなく、政治感覚の欠如をあらわにしている」[15]。

この時期、とりわけベトナム戦争が激化する状況において、妥協を呼びかけることには無理があった。ここでラスティンが示した道に従う者はほとんどいなかった。もはや平和主義者ではなくなり、ラスティンが先導した非暴力直接行動の戦術が適切だと確信できなくなったかつての仲間も、しだいに疎遠になっていった。ある伝記作家が呼んだように、ラスティンは「運動なき戦略家」になった。ラスティンは、黒人が独自に発言できる機会を得られる直接行動をやめるよう促す一方で、ジョンソン政権のリベラリズムと、根本的な問題を解決する能力を誇張しているとして非難された[16]。カーマイケルとハミルトンは、ラスティンが三つの神話を広めたと批判した。一つめは、黒人の利害がリベラルや労働者の利害と一致しているという神話、二つめは「政治的・経済的に安定している者と、政治的・経済的に不安定な者のあいだで実行可能な同盟が成立しうる」という神話、三つめは「政治的同盟は良心に訴えることで、道徳的、友好的、感情的なベースのもとで形成でき、あるいは維持できる」という神話だ。同盟推進派が提唱しているのは、「社会の全面的な改革」ではなく、局所的な改革だけにしか関心のないグループとの同盟だ[17]。カーマイケルとハミルトンは全般的な論調に沿う形で、同盟全般を否定するわけではない、家父長的な関係の同盟が受け入れられないのだと主張した。自立できていなければ、黒人は同盟をうまく生かすだけの力をもてないだろう[18]。したがって、貧しい黒人と貧しい白人との同盟しか許容できない、と二人は説いた。

革命のなかの革命

ベトナム戦争は一九六五年の時点では慢性的な問題の一つだったが、その二年後には最重要問題になった。このため、ラディカルがそのような悲惨な戦争を行う政権とかかわりをもつことを想定するのは不可能になった。戦地に送られる兵士は当然のように若者で、そのほとんどが徴兵された者たちであり、黒人の比率は不釣り合いなほど高かった。戦争に対する怒りは一九六八年に頂点に達し、運動の方向性そのものを変えてしまった。民主社会を求める学生同盟（ＳＤＳ）の活動家たちは、貧困層のコミュニティを根気よく育てる活動に没頭するのではなく、反戦運動に方向転換した。貧民街で暮らす人々の不満への対処というミクロレベルの取り組みから、帝国主義と戦争というマクロレベルの問題へ関心を移したのだ。数年前まではごく自然で説得力のあった非暴力の主張は、生ぬるく浮世離れした響きをもつようになった。もはや特定の争点に関する運動を展開するだけでは不十分であり、問題の根源に迫る必要が生じていた。

一九六五年当時のＳＤＳ議長はポール・ポッターだった。社会学と人類学を学んだ思慮深い知識人で、「システム」内の個人の働きよりも、システムそのものを中心的な問題としてとらえる、という考え方を編み出していた。「システム」に非があるのだとすれば、改革ではほとんど何も成し遂げられないという点で、これはラディカルな考え方だった。ポッターはベトナム戦争をあまたある問題のうちの一つとみていた。一九六五年四月、アメリカのベトナムへの介入が激化するなかで実施されたワシントンDCでの反戦デモは、予想をはるかに超える規模となり、絶好の機会をもたらした。ポッターはこの機に乗じ、アメリカの社会秩序は抑圧的な状態から抜け出すことはできないというラディカルな批判を展開し、こう主張した。「そのようなシステムに名前をつける必要がある。名づけ、描写し、分析し、理解し、変えなければならない。そのシステムを変え、制御できるようになってはじめて、今日のベトナムでの戦争や、明日の南部での殺人を生み出す力を止められるという希望が生まれるのだ[19]」。

この演説以降は「システム」こそが敵とみなされた。だが、その意味するものも構成要素も仕組みも、曖昧で不明瞭だった。社会は相互につながり合った要素で構成されている、とみなす体系的なアプローチをポッターが採用した背景には、当然のことながら自身の大学で受けた教育があったと考えられる。このアプローチは主流の社会学において、政治的・社会的変革は必ず自然と均衡状態に落ち着くという見方を後押しした。ポッターのようなラディカルにとってシステムとは、一般的な利益のために機能する複雑な社会組織が作れることを中立的に示すものではなく、しだいに深く根づき、さらに悪化していく歪みであった。アメリカはシステムっての機能を果たせなくなっており、国民は自分の利益と良心に反する行動をとるようになってしまった。その結果、集団ロボトミー手術ともいうべき「文化的大虐殺」が行われ、国民は何が起きているか理解したり、ほかの可能性を思い描いたりすることができなくなった。もしそれができれば、国民はこのシステムの制御権を取り戻し、「国民がシステムの意志に従うのではなく、システムを国民の意志に従わせる」ことが可能になるかもしれない。「システム」という表現は、権力エリートが陰で経済、社会、政治を操るための壮大だが秘密の謀略の存在をわかりやすく伝えるのに役立った。ポッターは資本主義あるいは帝国主義といった旧来のレッテルは避けたいと考えていたが、結局のところ、これらのレッテルは使い勝手がよかった。本質的にウィリアム・ジェイムズとジョン・デューイの流れをくむラディカルなプラグマティストであったポッターは、運動が一段と暴力的で対立的なものになること、そしてワシントンDCでの演説で用いた自身の言葉がそうした傾向に拍車をかけることを懸念するようになった。ポッターの後を継いでSDS議長になったカール・オグルズビーは、「的を射た声明を発表することさえできれば、それが変化をもたらす」とでもいうかのように、このシステムに名づけたり、分析したりすれば十分だという考え方に異を唱えた。言葉は行動よりも切り捨てられやすい。説得力のある言葉は無視される可能性があるが、説得力のある行動は言葉よりも無視されにくいのだ、と。[20]

トム・ヘイドンは一九六五年に北ベトナムを訪れた。この初めての海外旅行でアメリカによる爆撃の影響を目の当たりにすると、アメリカの戦争参加に反対する姿勢から、アメリカと戦う南ベトナム解放民族戦線を支持する姿勢に転じた。どこまでが真の反乱で、どこからが北ベトナムの共産主義政権によって作り出された戦いなのか、そもそも北ベトナムが推進するイデオロギーや自由とはどのような性質のものなのか、といった疑問は、南ベトナム政府の無能さとアメリカの戦術の前に、無視あるいは軽視されがちであった。北ベトナムに対して厳しすぎる姿勢をとることへの反論として、一部のアメリカ人と共産主義政権との接触のルートを確保しておくべきだという考えもあった。ヘイドンは厳しく批判することによって接触の道が閉ざされる危険性を認識していた。ストートン・リンドとの共著『向こう側』では、北ベトナムがあらゆる面で称賛に値する国だといつわるつもりはないと主張した（「ソ連の強制収容所の存在を黙認し、カミュに公然と非難されたサルトルのようになるつもりはない」）。それでも同書は全般として、自らの信念のために苦しみ、無私無欲で長引く闘争に身をささげる屈強な革命家集団に、二人の若い中流階級の活動家が畏敬の念をいだいた、という印象を残した。キューバを訪れた者たちの報告も同様だった。その裏には、現地の政治が粗野で残虐であることをうかがわせる要素もあったのだが、真の革命家精神に触れた興奮のなかで見落とされてしまっていた。

ベトナム戦争への反対のために幅広い連合を組むことが目的だったのだとすれば、こうした訪問はほとんど意味をなさなかった。大きな犠牲をともなう無益な戦争だという理由から、一九六九年には世論が反戦ムードに転じ、勢いを増していた。これは自国の敵を受け入れることとは別であり、多くの人は愛国心がないとみられることや、実際に敵を受け入れた者の無邪気さに嫌悪感をいだいていた。だが活動家たちにとって、それはどうでもよいことだった。第三世界の反帝国主義者によって歴史が動くなかで、アメリカが取り残されると思い込んでいた活動家たちは、国とその従順な国民に愛想を尽かしつつあった。せいぜい内部からこの帝国主義の大国に反抗することで革命家としての資格を得て、第三世界の人々の支援者や代弁者になるぐらいしか、自分たちにはできないと考えていた。[21]ひとたびキューバとベトナムがラディカルにとっての刺激の源として受け入れられると、マルクス・レーニン主義が真剣に顧みられるべきものとなった。左翼の古いイデオロギーに巻き返しの機運が訪れたのだ。あるラディカルの活動家は、SDSのなかの毛沢東主義の派閥が「われわれの超民主主義的アナーキストというスープに外部から加えられた規律ある成分」の一つになった、とのちに振り返っている。[22]

新たになされた分析は、アメリカの貧困層と第三世界全体を、コーポレート・パワーとリベラルの無関心という同じシステムの犠牲者として結びつけた。アメリカのラディカルは、自分たちを勝ち目のない少数派ではなく、世界的なキャンペーンの一端を担う者とみなしはじめた。「第三世界」という用語は、リベラルな資本主義国家という第一世界、社会主義国家という第二世界の両方から距離を置いたままの、経済的に未発展で政治体制も整っていない国を表す言葉として、一九五〇年代初頭にフランスで生まれた。その発想の源となったのは、長らく忘れられていた「第三身分」という平民を表す言葉である。第三身分は、一七八九年になって第一身分（聖職者）と第二身分（貴族）に対する反乱を起こした。したがって第三世界という用語は、一致団結した集団、弱者の連合体がいつの日か、既成の秩序を覆しうる、という考え方を取り込んでいた。そこには、第二次世界大戦後の植民地解放によって独立を手にした多くの国が含まれるようになっていた。帝国主義に関する争点は、衰退するヨーロッパのかつての大国がおよぼした悪影響から、露骨な反共産主義によって正当化され、貪欲な企業に突き動かされたアメリカの新植民地主義による破壊的な支配へと移った。キューバはこうした闘争の一例であり、ベトナムもまたしかりだった。今後さらに多くの対立が生じ、どこかの時点で帝国主義は対処できなくなるだろう。アメリカ国内での運動によって、できるだけ早くそれを実現させなければならない、と活動家たちは考えた。

こうした考え方を正当化したのは、一九六〇年代後半の妥協を許さないニューレフトのあいだで人気の知識人の座を、C・ライト・ミルズから受け継いだヘルベルト・マルクーゼである。マルクーゼは、共産党と距離をおいたマルクス主義者で構成され、一九三〇年代に本拠をニューヨークに移したフランクフルト社会研究所に所属していた。一九六四年に著書『一次元的人間』が刊行されるまで、マルクーゼは概してフロイトに関心をもつヘーゲル派とみなされていた。同書でマルクーゼは、政治的多元性、豊かさ、福祉国家、芸術に触れる機会といった、西側国家の美点とされるものすべてがありながら、激しい不満を感じずにはいられない理由を説いた。良いとされるものはみな、実際には人々が自分の本質を認識し、真の幸福を実現するのを妨げる社会統制の道具にすぎない。それどころか、反対勢力の観念は、のちにマルクーゼが「抑圧的寛容」と名づけたものを通じて取り込まれ、新たなリベラル全体主義を生み出す。抑圧的寛容とは、「体制に反対する勢力を融和させたうえで、労苦と支配からの解放という歴史的な展望を大義名分として、あらゆる抵抗を打破あるいは論破する」態度である。人々は本当の自由を与えられないため、自らに自由がないと批判することができない。

ラディカルの学生たちのあいだで新たな名声を得たマルクーゼは、その返礼として著書『解放論の試み』で、学生たちを西側だけでなく、世界全体を代表する変革の担い手だと称賛した。キューバやベトナムの革命は西側世界の抑圧により、頓挫するかもしれない。「第三世界の解放と発展のための前提条件は、先進工業国において整えられなければならない」。体制を破壊するには、その最も強力な連結部分を壊す必要がある。そのためには、政治的抑圧と精神的抑圧の両方に抵抗しなければならない。その抵抗は官僚制と組織ぬきに、自発的に行動する小集団によってなされる。めざすものは明らかにユートピアであり、ほかに進むべき道は試行錯誤のなかで切り開かれていく。「理解、お互いへの思いやり、悪や嘘や抑圧の遺物を見分ける本能的な意識が、反乱の真正さを証明するものとなるだろう」とマルクーゼは説いた。[23]

「ヤンキー帝国主義」への真っ向からの抵抗を象徴し、強い影響力を発揮した人物はエルネスト・〝チェ〟・ゲバラである。チェの呼び名で知られるゲバラは、アルゼンチンの中流階級の家庭に生まれ、医学を学んだが、やがてキューバのフルヘンシオ・バティスタ独裁政権打倒をめざすフィデル・カストロの運動に少佐として加わった。三〇歳の若さでカストロ政権の大臣に就任したが、その後、革命の現場に戻り、帝国主義に対抗する新戦線を開き、まずコンゴ、次にボリビアで自身のゲリラ戦理論を実行に移す決意をした。どちらの運動も成功にはいたらず、ゲバラは一九六七年にボリビアで捕えられ、即決処刑された。革命家を象徴するベレー帽を誇らしげにかぶり、髭（ひげ）に覆われた端正な顔に強い決意を宿したゲバラのポスターのイメージは、今なお偶像視されている。

一九六六年一月、ハバナで開催されたアジア・アフリカ・ラテンアメリカ人民連帯機構、通称「三大陸人民連帯機構」の創設会議にゲバラはメッセージを送り、ベトナムを戦いのなかで孤立させないよう、注意を促した。「対決の生じているすべての戦線で、間断なく断固たる攻撃」をすべきである。帝国主義は「世界的規模の体系、資本主義の最終段階なのであり、世界的な一大対決によって打倒されなければならない」。そのためには、「世界的規模の第二、第三のベトナム」を作る必要がある。アメリカは、さまざまな歓迎されない地域での戦闘を余儀なくされることで、しだいに疲弊していくだろう。ゲバラは前途は険しいと警告しつつ、こう訴えた。国柄の違いは忘れ、士気を高揚させるための「武装宣伝」を展開しなければならない。そうすれば、関連する武力闘争のあらゆる舞台において戦う準備が整うはずだ、と。[24]

その後の二年間に、ゲリラ戦に関するゲバラの指南書と、死地となったボリビアでの活動日記が刊行された（そして、ゲバラが農民の支持を得られなかったことが明らかになった）。ゲバラが示したゲリラ戦の中心となる概念は、献身的な人員で構成される小集団「フォコ（核）」だった。この小集団が、国家の内なる残忍性が露呈せざるをえないように仕向ける一方で、かわりとなりうる、より思いやりのある政府の存在を示すことによって、反乱を鼓舞する。実際には、ゲバラの考え方は第三世界よりもヨーロッパやアメリカの「一九六八年世代」に大きな影響をおよぼした。ラテンアメリカ以外の地域では、革命はまったく異なる様相を呈する傾向があり、ほとんどの場合、より効果的な毛沢東モデルに従っていた。

ゲバラの現実離れしたモデルは、キューバ革命の読み誤りに基づいていた。カストロは自身を、マルクス・レーニン主義者ではなく、リベラルであり、広範な反バティスタ連合の指導者だと見せかけていた。マルクス・レーニン主義者であることを公言したのは、権力を掌握してからのことである。カストロは、自らの非正規戦の概念に大きな影響をおよぼしたのは、スペイン内戦を描いたアーネスト・ヘミングウェイの小説『誰がために鐘は鳴る』だと主張していた。アメリカ人から共感を得ようと慎重に努めていたのである。毛沢東が一九三〇年代に、自身を穏やかで「リンカーンのような体格」の「ユーモアに富んだ」人物として印象づけるためにエドガー・スノーを利用したように、カストロはニューヨーク・タイムズの記者ハーバート・マシューズを使い、反共産主義らしき理想主義とカストロ軍の強さに関する記事を書かせた。当時、おそらくカストロ軍には四〇人程度しかいなかったのだが、「それぞれ一〇人から四〇人で構成される集団」という言葉を用いたり、ありもしない第二部隊からの架空のメッセージを側近に報告させたりして、まやかしの数字を伝えた[25]。この報道は国外から、とりわけ共感をいだいたアメリカ人からの資金提供をもたらした。都市部の主要な指導者たちが殺されるなか、農村部を拠点としていたおかげで生き延びたカストロの重要性は高まっていた。当初は都市部の部隊による闘争や中流階級の主要分子による支援も認知されていたが、革命後の政治とカストロ自身の左翼への変節によって、キューバ革命の「教訓」は意図的に歪められた[26]。カストロとゲバラは、自分たちの役割を強調し、都市部の労働者階級とその指導力の重要性を低くみせるために、キューバ革命の歴史を書き換えたのである。

一九六一年、ゲバラは自らのゲリラ戦理論の三大要素を以下のように示した。

> 人民軍が正規軍との戦いに勝てる。
>
> 革命を起こすための条件がすべて整うまで待つ必要はない。反乱によってそのような条件は作り出せる。
>
> アメリカ大陸の途上国では、農村地帯が武力闘争の本拠地となる[27]。

革命理論の核となったのは前提条件の問題である。革命期ではない時代に革命家として活動することは大きな焦燥感をもたらしうる。とはいえ、まだ目に見える形で整っていない条件が劇的な行動によって表面化しうるかのように行動することにはリスクがともない、過去の数多くの運動が徒労に終わった。不満は存在するものの、まだ焦点がはっきりしていないという場合であれば、なんらかのきっかけで大衆の怒りに発展する可能性はあるが、職業革命家がその火つけ役となるケースは少ない。むしろ、きっかけとなった出来事のあとにその出番は来る。たとえば毛沢東は、政治教育と大衆の支持を得るための行動の重要性を理解しており、ゲリラ部隊が自力で軍隊と戦えると説いたことは一度もなかった。ゲバラは、参加者がマルクス主義を理解していなければ、マルクス主義的な革命は実現しえないと主張した。これは、ゲバラが政治的背景を軽視し、あまり念頭に置いていなかったことを意味した。ゲバラはヴォー・グエン・ザップの著書『人民の戦争・人民の軍隊』に寄せた序文で、まるでザップが「フォコ」を用いて革命を始め、闘争の政治にはまったく関心を示さなかったかのように、ベトナムの経験を自身の理論に合わせる形で解釈しなおしている。[28]

フォコは前衛党のかわりとして機能し、その戦士たちは自らの軍事的な勇猛さを示しつつ、政権を挑発して残虐行為を起こさせ、世論を反発へと導くことで支持を生み出した。ゲバラは当初、政権に正当性を与え、その抵抗力を高めるための民主主義的制度の重要性を認めていた。だが一九六三年には、支配階級の独裁を象徴するものとして民主主義を否定するようになっていた。三大陸人民連帯機構へのメッセージが示すように、ゲバラのドクトリンは国際化によってさらに変容し、革命闘争は地理的境界とは無関係に実行できるのであり、実行すべきである、と説くものになった。ゲバラは大胆で勇敢な指揮官だったかもしれないが、政治的良識を欠き、自身の単純化された理論のために大きな代償を払った。有効な政治同盟を結んだことはなく、現地の強力な指導者を革命の対外的な顔とする必要性も理解していなかった。むしろ、自らの神秘的な魅力を信じ、そのような有名な戦士の存在が勇気と自信を呼び起こすかのように考えていた。[29]

それでも、ゲバラは西側のラディカルにきわめて大きな影響をおよぼした。第一に、これは決して軽視してはならないことだが、ゲバラはそうした役割にふさわしい人物にみえた。第二に、ゲバラはその只中で暮らす人々の力に頼らずに、アメリカ帝国主義を打倒するための理論を示した。第三に、そのような乏しい資源で大衆運動を構築するという難しい仕事を経験できずに焦っていた若いラディカルにとって、ゲバラの理論は、大衆の潜在的な革命力を解き放つ方法さえ見つかれば、熱烈な革命家の小集団でも変化を起こしうることを示すものとなった。ゲバラの考え方を最も効果的な形で広めたのは、フランスの若い知識人でジャーナリストのレジス・ドブレだった。ドブレは著書『革命のなかの革命』で、キューバ人が革命という概念そのものを近代化する方法を考え出した、という誤った見解を示した。[30] 実際に同書を強く後押ししたのは、ゲバラよりもカストロであった。ゲバラはボリビア滞在中にドブレが訪ねてきた際に、同書を目にしただけだった。このドブレのボリビア入国はゲバラの敗北を早めるきっかけとなった。ドブレがボリビア当局に逮捕され、ゲバラが同国にいることを認めたからだ。ゲバラは、自分の理論を単純化している、つまり「ミクロレベル」のフォコだけに目を向け、何よりも重要なことに、当然言及すべき三大陸を視野に入れた「マクロ戦略」に触れていない、としてドブレに対し批判的だった[31]。

別のラテンアメリカ人、カルロス・マリゲーラは、ゲバラ他界後の短い期間に存在感を示した。マリゲーラは年季の入ったブラジルの共産主義政治家で、ゲバラが処刑されたときには五〇歳を過ぎていた。一九六六年にはハバナで開催された三大陸人民連帯会議に出席している。一九六八年、マリゲーラは党の硬直化を理由に共産党と決別し、都市ゲリラ戦を支援すると表明した。都市部での戦闘に重点を置いたのが、ゲバラとの最も大きな違いである。マリゲーラは主としてボリビアでの失敗を理由に、ゲリラはなじみ深い地域で活動すべきだと考えた。マリゲーラにとっては都市が最もなじみ深い場所だった。一九六九年に警察に射殺されるまで、マリゲーラが率いるグループは誘拐や鉄道駅舎の占拠など、さまざまな行動を実施した。とりわけその名を知らしめる働きをしたのは、当人の死後にハバナで広まった著書『都市ゲリラ教程』である[32]。マリゲーラは「軍国主義者を攪乱し、消耗させ、士気を低下させる」作戦のあとに人民軍が形成されることを期待していたが、革命を始める手段として提唱したのは本質的にテロ行為だった。マリゲーラのグループはマスメディアの関心を引きつけるうえで、ある種の「行動によるプロパガンダ」に頼った。テロの「最もわかりやすい効果」は、「大衆を反乱の戦力へと駆り立てるほどの攻撃となりうる武力での反撃」を誘発する点にあると考えられていた。だが大抵の場合、生じたのは逆の効果であった。

暴力という幻想

一九六七年一二月、暴力の正当性をテーマとした討論会がニューヨークで開催された。パネリストのなかには、ハンナ・アーレントやノーム・チョムスキーがいた。アーレントは「暴力という幻想」に異議を唱え、暴力は権力ではなく無力の武器であり、それによって達成するはずの目標を壊しかねない手段だと警告した。これに対して、他のパネリストたちが暴力に正当性と効力があることを示す例を挙げるのは当然の流れといえた。だが、最も衝撃的な発言をしたのは聴衆の一人だった。トム・ヘイドン（「細身で青白い顔の若者で、ほどけたネクタイが発言中、だらしなく揺れていた」とニューヨーク・タイムズ紙は報じた）が、キューバでは「政治基盤」を築くために小集団が用いた暴力が「驚くべき成功を収めた」と主張したのである。ヘイドンは、貧民街の人々が「敷布団や衣類や、冬場の酒の配給を得るために用いるのは、建設的で啓発的な形態の暴力だ」と訴え、民主主義的な手続きの不備を非難した。

言葉や理論ではなく行動で、ベトナム戦争とアメリカの人種差別に終止符を打てるとはっきり示せるようにならないかぎり、その時が来るまで待てない人々が暴力を行使するのを糾弾することはできないのではないか。

これに対してアーレントは「暴力を用いた政府への抵抗は、アメリカにおいては絶対に正しくないことだ」と反論した[33]。その後一年にわたり、アーレントは暴力に関する見解をさらに発展させ、暴力はパワー（権力）を破壊することはできるが、創り出すことはできないと主張するようになった[34]。

ラテンアメリカのゲリラをまねようとするアメリカのラディカルの試みは悲惨だった。ブラック・パンサーはキューバに訓練所まで設立し、アメリカの山岳寄りの地域にフォコを配備する計画も立てていた。当時の指導者だったエルドリッジ・クリーバーがのちに振り返ったように、この計画は「農村地帯に難なく出入りできる機動力のある小隊を設け、その土地で生活して、報われない努力をする数千の兵士たちと手を組む」というものだった[35]。クリーバーは、あとから考えると「非常にばかばかしい」計画だったとつけ加えている。最も本格的に模倣を試みたのは、SDSの一派であるウェザーマンだった。

この集団の活動は、一九六八年四月にニューヨークのコロンビア大学で起きた紛争に端を発していた。同大学による黒人居住地域の土地の買い取りや、兵器研究に携わる教授陣に不満をいだいた学生たちが校舎を占拠した事件である。これは同大学だけで起きた出来事ではなかった。当時、世界中で大学紛争やベトナム戦争反対を訴えるデモが繰り広げられていた。同年五月には、パリ市街の暴動によってフランス第五共和政が崩壊寸前まで追い込まれた。とりわけリベラルをやりきれない気持ちにさせたのは、四月のマーティン・ルーサー・キング・ジュニアの暗殺と、大統領選での勝機が高まりはじめた矢先の六月に起きたロバート・ケネディの暗殺だった。二人の暗殺は、非暴力直接行動の指導者や、選挙政治による変革を追求していた者たちを蚊帳の外に追いやった。ケネディと親交のあったトム・ヘイドンは[36]、これ以降、民主政治に希望を見いだせなくなった。ヘイドンは「二つ、三つ、数多くのコロンビアを」と題した小論を書いた。三大陸人民連帯機構にゲバラが寄せたメッセージを受けて、ある大学の壁に落書きされたスローガンを題名としたのである。この小論でも、ヘイドンは従来の独自の考えにまだ固執していた。

学生の抗議活動は、単に黒人の抗議活動から派生したものではない。操作と経歴重視と出世主義の中流階級世界に対するれっきとした抵抗に根ざしている。学生たちは、社会の根本的な体制に異を唱えているのだ。

だが、その現状分析は激しさを増していた。大学が帝国主義につながっているとして、ヘイドンはバリケードによる封鎖、警察の攻撃には校舎の破壊で応じるという脅迫、兵器研究に携わる教授の研究室の襲撃などの手段に言及した。「警察では対処しきれないであろう規模の危機がすぐそこに迫っている」と。[37]

さらに過激だったのは、コロンビア大学紛争の指導者の一人だったマーク・ラッドである。一九五〇年代後半に熟慮を経て徐々に急進的になっていったヘイドンと異なり、ラッドは突如、急進化した。そうした背景から、ラッドの政治分析は繊細さを欠き、その政治はより怒りに満ちていた。のちにラッドは自身のことを、「チェ・ゲバラの狂信的信者の一人」として「戦争を終わらせ、革命を起こすには暴力が必要だという信念をもつにいたった」と率直に振り返っている。そして、「支配階級が平和裏に権力を引き渡すことは絶対にない」という演説の決まり文句と、「権力は銃口から生まれる」という毛沢東の有名な格言を繰り返し口にした、とも述べている。すでにブラック・パンサーがアメリカ国内で革命戦争を始めていたこともあり、「やがて軍が内部分裂を起こし、その離反者たちで構成される（そして当然のことながら、われわれが指揮をとる）革命軍ができる」という「英雄物語の幻想」が生まれたのだった。[38]

先進的な革命理論を大学に持ち込む毛沢東主義者に直面したラッドのグループは、キューバとコロンビア大学の例を組み合わせて土台とした独自の革命理論で対抗しなければならないと考えた。そこでめざしたのが、「ゲバラとカストロがキューバでゲリラ戦争を始め、キューバ共産党の保守主義を否定したように、他の左翼の漸進的アプローチを否定する」都市ゲリラであった。「われわれのバイブルはレジス・ドブレの『革命のなかの革命』だった」。この一派から、大学の外に出て、来るべき武力闘争のために若者の集団を組織することを目的としたウェザー・アンダーグラウンド（当初の呼称はウェザーマン）が形成された。組織名は、ボブ・ディランの曲の歌詞（「風向きを知るのに予報官〔ウェザーマン〕はいらない」）を由来としていた。初期のSDSにあった実験的感覚と開放性は失われ、旧態依然のマルクス主義者との派閥争いが繰り広げられた。都市ゲリラであろうとする試みには、茶番と悲劇がつきものだった。メンバーが三〇〇人を超えたことはなく、主要人物もやがて自分たちが扱う爆発物の犠牲になったり、逃亡したり、投獄されたりした。ブラック・パンサーも同じような道をたどり、一段と暴力的になっていった。ラッドはのちに、自分と仲間たちが「革命的な都市ゲリラ戦争の幻想にとらわれて、何百もの大学支部と、強固な国家意識と、計り知れない潜在成長力をもったアメリカ最大のラディカル組織を沈没させる」道を選んでしまったことを嘆いている。[39] コロンビア大学の社会学者ダニエル・ベルはそのような成り行きを見越し、こう論じた。「ならず者的な戦術は、一致団結した社会運動の象徴ではなく、怨恨と無力によって薄汚れたロマン主義の最後の悪あがきになるだけだ」。そして、SDSは「その組織のあり方のせいで崩壊する」と予見した。「混乱に乗じて存続しているが、無秩序な衝動を、広範におよぶ社会的変化をもたらすのに不可欠な、体系的で責任ある行動へと転換させる能力を欠いている」。[40]

シカゴ再び

一九六〇年代は、アメリカン・ドリームと南部の人種隔離という厳しい現実の格差を浮き彫りにする革新的な形態の抗議活動によって幕を開けた。活動の参加者たちは、尊厳に満ち、自制のきいた明快なアメリカの理想主義を具現化した。一九六〇年代を通じて、抗議活動の背景は劇的に変化した。南部における政治的前進は、都市部の貧民街の経済的絶望と、無意味で正当性を欠くと広く認識されている残忍な戦争に動員される恐れのなかで起きた。運動の政治的な柱がレーニン主義の前衛党やゲバラのフォコに似たものへと変わりはじめると、周縁では、はるかに個人主義的、自由主義的で寛大な文化が根づきだし、アメリカ人の生活様式に挑発的で永続的な疑問を投げかけた。誰もが同じ人口動態の潮流のなかで泳いでいたが、反体制文化（カウンターカルチャー）とラディカルな政治が歩調を合わせて発展したことの論理的な理由は、ベトナム戦争以外に見いだせなかった。ベトナム戦争がこの二つを結びつけたのだ。

一九六七年には、（多くの場合、ドラッグでハイになった）穏やかで快楽主義の「ヒッピー」が「フラワーパワー」の体現者として登場し、「愛と平和」を呼びかけた。正式な指導者というべき人物はいなかったが、その主唱者はビート詩人のアレン・ギンズバーグだった。両親は共産主義者だったが、むしろそのせいでギンズバーグは政治活動に背を向けていた。名声を得つつあった一九五〇年代にギンズバーグが最も重視していたのは、「反逆や社会的抗議」ではなく「意識のあり方の探求」だった[41]。だが、一九六三年にサイゴンを訪問したことで政治色を強め、強硬なベトナム戦争反対主義者になった[42]。ギンズバーグは、時として自分の主張がばかげているとわかっているかのように振る舞う遊び心ももっていたが、詩と仏教のお経には意識に働きかける力がある、という信念に偽りはなかった。概念や実践の面で必ずしも明瞭ではなかったギンズバーグの思想は、言葉の力によるものだった。

一九六六年、全米学生協会の集会で詩を読んだギンズバーグは、最後に「わたしは戦争の終結を宣言する！」と叫んだ。のちにギンズバーグは、「自分の言葉と歴史上の出来事を一致させる」ことが目的だったと説明している。つまり「戦争の終結」を宣言することで、「声明のように堅固で絶対的な言霊（ことだま）を生み出し、わたしの意志、意識的な意志力によって主張を実現させる。その言霊が、国防総省やジョンソン大統領が発した言葉の言霊に相反し、対抗し、最終的に打ち勝つだろう」と考えたという。ポストモダン的ともいえる観点から、ギンズバーグは戦争をしかけた者たちの「ブラック・マントラ」を相手に、自らの言葉の力を試したのである。それは「議論のかわりに呪文を用いた」政治批判だった[43]。こうしたテーマはフォーク歌手のフィル・オクスに引き継がれた。オクスは一九六七年一一月にニューヨークで行われたデモで、三〇〇〇人の若者たちと通りを行進しながら、「宣言しよう、戦争は終わりだ」と大声で歌った。この運動のなかから、ヒッピーの政治的一派を示す「イッピー」という概念が生まれた。

イッピーの草分けとなったのはアビー・ホフマンとジェリー・ルービンである。どちらも一九六〇年代初めからラディカルの抵抗運動に携わっていた。ルービンはカリフォルニア大学バークレー校でのフリー・スピーチ運動にかかわり、戦争反対の討論会（ティーチ・イン）を組織する専従活動家になっていた。想像力に富んだ戦術家として名声を築いていたが、左翼にも受けがよかった。二人は、一般的な形態の抗議活動の効果がなくなりつつあり、メディアの注目を集め、メッセージを広く伝えるためには新手の見せ物が必要だと判断した。ルービンは一九六六年に、活動家は「プロパガンダとコミュニケーションの専門家」になるべきだと説き、漫画本から大道芸まで、ありとあらゆる分野を足場として、自身が異を唱える体制に抵抗する手段をカウンターカルチャーに見いだした。ギンズバーグのマントラがイッピーの心をとらえたのは、このためだ。ホフマンとルービンは、一九六八年八月のシカゴ民主党大会で行う予定の抗議活動について計画する際に、ありきたりのデモを超える何かがしたいと考えた。そこで思いついたのが、カウンターカルチャーのイベント「生の祭典」を行い、大会を現実離れしたユーモアとアナーキズムの混じり合ったサーカスに変えようとすることだった。同年一月に発表したイッピーの声明は、この祭典を心待ちにする内容になっていた。「公園で愛しあおう。朗読をし、歌い、笑い、新聞を刷り、まさぐりあい、大会を冷やかし、今この時代における自由なアメリカ（フリー・アメリカ）の誕生を祝おう[44]」。

戦争が泥沼化するなか、リンドン・ジョンソンは次期大統領選に再出馬しないことを決定していた。そしてロバート・ケネディが暗殺され、反戦派の上院議員ユージーン・マッカーシーが実質的に大統領選から撤退すると、ジョンソンが後継者として選んだ副大統領のヒューバート・ハンフリーが、民主党の大統領候補に指名された。ジョンソンの撤退は抗議活動を中止する理由にならなかった。運動に携わるさまざまな派閥が「飛んで火に入る夏の虫」のようにシカゴに集結した。SDSには新手の強硬派が生まれ、ラディカルな平和主義者はなおも非暴力直接行動に取り組んでいた。そしてイッピーは、水道水へのLSD混入、大会会場での発煙筒使用、さまざまな度合いの挑発的性行為などの計画を打ち出し、当局を愚弄した。大会全般の雰囲気は平和的というよりも暴力的だった。アメリカの政界でも屈指の集票組織を築き、長らくシカゴに君臨してきたリチャード・マイケル・デイリー市長には、警官をデモ参加者にぶつけるタイミングに関する定石があった。デイリーは、用心に用心を重ねた民主党大会の編成に反対する者すべてに苦難を与える覚悟を決めていた。警察はなんの制約も受けずに行動するよう命令されていた。なかにはスパイ活動を行っている者もいた。警察側も参加者側もおとり要員を配備し、ともに対決を意識していた。

トム・ヘイドンはデモの許可を申請するなど、シカゴでの活動の準備において中心的な役割を果たしていた。ほかの活動家たちと話をする際のヘイドンの言葉づかいは、しだいに荒っぽくなっていた。ヘイドンにとっては、今こそが存在感を見せつけ、ホロコーストを否定する「善良なドイツ人」とは違うと主張できる瞬間だった。悲惨な戦争に反対する姿勢をみせながら、実存主義者として、自ら個人的な代償を支払う覚悟でいた。弱者は警察の残忍行為の罪なき犠牲者と装うことで得をする、という固定観念が、こうした覚悟を強固にしていた。対立が激化すれば、戦争続行によるアメリカ国内でのコストは増大する。そうなれば、たとえ「右翼の眠れる犬」を起こすことになるとしても、費用対効果の観点から、支配者層は南ベトナムをあきらめるよりほかなくなるだろう、とヘイドンは判断した。[45] ジェリー・ルービンも、運動の拡大には抑圧が必要だという理論を持ち込み、こう意気込んだ。抑圧は「抗議デモを戦争に変える。参加者を英雄に、個人の寄せ集めをコミュニティに変える」。そして「傍観者、中立的な観察者、理論家を排除する。誰もが、どちらの側につくか決めざるをえなくなるのだ」と。[46]

こうした論調にアレン・ギンズバーグは警戒感をいだいた。のちに当人が話しているように、ギンズバーグは「反乱」の詩人であったためしはなかった。それは、「より愚かになることでより賢く、怒ることでより平和的に」なろうとすることを意味していた。むしろギンズバーグの目的は意識の変容にあった。[47] だがシカゴでは、ギンズバーグが望む「自己認識の学び舎」や「精神性の講義」ではなく、「黙示録の血染めの光景」が展開される見通しだった。[48] ギンズバーグはシカゴへ赴き、一編の詩を書いた（「忘れないでくれ、無力な民は／武装した警官に頼むのだ／自分たちの自由を守ってくれと／そのために革命家が／結託しているというのに」）。のちにギンズバーグは、イッピーの代表という立場に限らず、「われわれの政治生活全般にもかかわる」、「宗教的な実験者」としてシカゴを訪れたと説明している。警察が音楽祭の終了を決定した際には、警戒を促した。心を落ち着かせる効果を自ら体現するため、暴力や興奮状態にさらされたデモ参加者に「オーム（聖音）」を唱えるよう訴えた。「一〇人がオームを唱えれば、一〇〇人の心を落ち着かせることができる。一〇〇人がオームを唱えれば、一〇〇〇人の代謝を制御できる。一〇〇〇人の体がオームによって振動すれば、制服を着て、あるいは裸でおびえる人々であふれたシカゴの中心街全体を静めることができる」。デモでは、ギンズバーグが七時間にわたり、オームを唱えるよう人々を休みなく指導しつづける場面もみられた。このとき、そしてその他の反戦パフォーマンスでギンズバーグがめざしたのは、思想を伝えることや原理を訴えることではなく、「ただそこに存在している状態をもたらす」ことであった。

ここでも、国家の真のおぞましさを暴く行為が人々の国への反抗心を生み出す、という考えが働いていた。一般の人々がどのような状況で国を支持しうるか、という点は顧みられなかった。自分たちの数の少なさに失望したラディカルは、支持を拡大する手段として警察の残忍行為を利用しようとした。その一部始終に注目していた世界中のメディアは、警棒で殴られて血を流すデモ参加者、という格好の光景をとらえた[49]。戦術面で強硬派は成功を収めたが、運動自体は失敗に終わった。一九六〇年代を通じて急進化が進んだことは、犠牲によって注目を集める、良心に訴える、価値観の共有を主張するといった手法を用いる政治の限界を示していた。初期の威厳ある非暴力という概念では、「直立姿勢、静かな移動、きちんとした服装が暗黙の決まりごとだった」が、いまや「大声、脅迫、汚い言葉、やじ、ゴミ投棄、激しい怒りの発散、そして強まる暴力化傾向」が特徴となっていた[50]。

シカゴでの騒乱についてマルクス主義者が行った分析のなかには、それが主として労働者階級の警察と中流階級のデモ参加者との衝突だったとするものがあった。恵まれた生活を送ってきながら、そうした生活をもたらしてきた体制にいまや反抗し、伝統的な価値観を支持する人々をあざ笑い、責任から逃れ、誇りに思うべき愛国的なシンボル（とりわけ国旗）に異議申し立てをするようになった者たちに、労働者階級の怒りが向けられたというのだ。無秩序と退廃への恐怖心から、労働者階級の政治姿勢は変わりはじめていた。ソウル・アリンスキーは、左翼の暴力と過激主義が必然的に右翼の台頭をもたらすことを恐れた。そこで、新世代の革命家たちに「人間の政治には、場面や時代を問わず作用する行動の中心的概念があること」を再認識させるために『ラディカルのルール』を書き、「体制に対する実用的な攻撃」の必要性を説いた。そして一般の労働者をさげすんだり、無視したりすることの危険性を的確に警告した。「労働者と意志の疎通ができなければ、そしてわれわれと連携することを促さなければ、彼らは右翼に流れてしまう」。新世代のラディカルに責任の倫理を訴えながら、アリンスキーやベイヤード・ラスティンは、根強い貧困や不平等、暴力に対する試みで失敗した年寄りが若者のエネルギーをねたんでいる、とみられるにちがいないという認識ももっていた。一方で、自分たちが戦って救おうとしている者たちは、多数派（マジョリティ）になる能力を欠いているからこそ弱者なのだということ、その弱者を組織化するのは、妥協とまちがいなく連携が必要となる骨折り仕事であることもわかっていた。日々、生きるための戦いで精いっぱいの人々に、曖昧なスローガンでしか説明できない、より大がかりで危険な闘争への参加を期待することのむなしさを知っていたのだ。

アメリカは一九七三年になってようやくベトナムから撤退した。徴兵制の廃止により、アメリカの政治面での役割はかつてほど有害なものではなくなった。ニューレフトの若い活動家たちも変わった。以前より柔和になった者もいれば、活動に見切りをつけた者もいた。引き続き残ったのは日常生活に関する批判で、これは音楽やファッション、そしてある程度だが薬物の娯楽的使用という形で表れただけでなく、エリート主義とヒエラルキーへの不信感、官僚制への警戒心にもつながった。[51]そして個人の価値を重視する風潮のなかで、自己決定や解放といった反植民地主義的な言葉が、さげすまれ、抑圧されていると感じてきた同性愛者や女性などのグループのために用いられるようになった。

女性の解放（ウーマンリブ）

男女同権論（フェミニズム）は目新しい理念ではなく、学生運動が盛んになる前から重要な書籍が出ていた。だが「女性の解放（ウーマンリブ）」は、人は自ら運命をコントロールし、自身の価値を主張する、という考えに重点を置いた運動から自然に発生した。女性参政権運動の時代に生まれたグループはすでに消滅していた。平等の権利を求める動きは、あったとしても労働運動を通じて推進される傾向が強かった。女性への追い風をもたらしたのは、一九六一年にケネディ大統領がエレノア・ローズベルトを委員長として設置した女性の地位委員会である。同委員会は一九六三年に、女性の権利と機会に対する制約について詳述した報告書をまとめた。一九六四年の公民権法制定にあたっては、当初の法案にはなかった「性」による差別禁止が追加された。人種差別主義者の下院議員が半ば冗談で行った提案が、保守派とフェミニストとの奇妙な連合によって推進されたのである。雇用機会均等委員会はこれを冗談とみなし、特に新たな措置はとらなかった。この拒絶反応を受けて、一九六六年には全米女性機構（NOW）が創設され、ベティ・フリーダンが会長に就任した。フリーダンの著書『女らしさの神話』（邦題『新しい女性の創造』）は、職場での慣行と家事労働を当然視される状況の両面で疎外感を覚える世代の女性に発言権をもたらした[52]。女性はアメリカの労働力として不可欠な要素になりつつあり（一九七〇年代初頭には全体の四〇パーセントに達していた）、しだいに二流の報酬や労働条件を受け入れようとしなくなっていた。フリーダンは広報担当として有能な人物であり、どちらかというと小規模な組織のトップである立場を利用して、自身や仲間の考え方に対するメディアの関心を引き寄せた。この運動には最初から明確な指導者が存在していたのだ。

NOWとはまったく違うところで、ニューレフトの一員として活動するなかで挫折を経験した数多くの若い女性により、ウーマンリブ運動の別のうねりが生じていた。これらの女性たちは、主として男性からなる指導部が抑圧を非難しながら女性メンバーには従属的な役割と性的な行為を求める、という矛盾に気づかずにはいられなかった。ストークリー・カーマイケルは一九六四年にこう発言した。「SNCCでの女性の役割は寝ることだけだ」。メアリー・キングとケイシー・ヘイドン（トム・ヘイドンの最初の妻）は画期的な著作となった小論で、公民権運動に携わる女性がその地位に「喜びも満足も」感じておらず、自分の才能と経験を生かせていないと述べた。どちらかというと暫定的に書き留めたメモにみえるこの著作で、二人は「客観的にみて、一般的なアメリカ人の思想から性カースト制と同じくらいかけ離れた考え方に基づき、新しい運動を始められる可能性は皆無に思える」と説いた。このため二人は、引き続き戦争、貧困、人種の問題に関する運動を行うつもりだった。それでも、自分たちが提起する問題に「国が対処どころか、目を向けることもできない」という事実そのものが、「女性が社会で同じ人間としての役割を果たすうえでの障害が、人々が直面する最も基本的な問題である」ことを意味している、と指摘するのも忘れなかった。[53]

とはいえ、男性活動家の尊大な態度は、やがて無視することができないほどひどくなった。男性活動家の女性を見下す態度が強まれば強まるほど、女性の怒りは増大した。一九六七年には、女性の団体が男女同権問題をよりはっきりとした形で打ち出しはじめ、一九六八年に独自の全米規模の会議を開催した。NOWの場合と異なり、この女性たちの集団には抗議活動と草の根組織の経験が豊富にあった。[54] 一九六九年、キャロル・ハニッシュは、ウーマンリブ運動での女性の立場に関する報告書を著し、女性たちが相互支援のために集まる際に、まるで病気の治療法を探すかのように「セラピー」という形式をとることへの不満を述べた。重要なのは、個人的な問題は政治的な問題だと理解することであり、個人的な問題は集団行動によってしか解決できない、とハニッシュは説いた。[55] この考え方が実存主義的戦略として機能したのは、法的な変更を求める場合を除き、指導者や組織には依存せず、平等と価値に関する根本的な原則を繰り返し主張することに頼ったからだ。それも多くの場合、運動がどこをめざすのか、どこにたどりつけるのかに関する議論を行わずに、多種多様なライフスタイルの選択肢を考慮しながら行ったのである。ひとたび表面化すると、フェミニストの主だった不満はわかりやすく、無視しがたいものとしてとらえられた。家父長制度や、結婚や母性に関する価値観の押しつけをよりラディカルに非難することに尻込みする者もいたかもしれないが、これらの点は二の次とし、中絶、性的暴行への無関心、同一賃金を得る権利といった自分たちにとって重要な問題に重点を置くやり方もあった。[56]

公民権運動によって開けた世界に飛び込む女性が増えるにつれて、同性愛者（ゲイ）もそれにならうようになった。同性愛者は、自分たちがアメリカのなかで黒人に次いで大きなマイノリティのグループだと主張した。その多くは、性的嗜好のせいで汚名を着せられずにすむよう、純粋に社会的地位を欲していた。当時はまだ、同性愛が常軌を逸した精神疾患であり、治療で改善しうるものとみなされていた。一九六〇年代を通じて、同意した成人同士が私生活で何をしようと政府や雇用主には無関係だと訴え、こうした社会ののけ者としての立場に終止符を打つための活動が展開された。カウンターカルチャーの影響を受けて、主流の社会的地位に対する関心は、「同性愛者の解放」と性の完全な自由を求める声に押しやられるようになっていた。一九六九年七月には、ニューヨーク市グリニッチ・ビレッジのゲイ・バー「ストーンウォール・イン」における警察の強制捜査が同性愛者の怒りを呼び、暴動へと発展した。より保守的な同性愛者のグループは不安をいだいたが、この出来事はラディカルの活動家たちがゲイの権利を重要な大義の一つとして受け入れるのを後押しした。[57]

ある意味で、ベトナム戦争反対の運動もこれに似ていた。アメリカ国旗はもちろん、召集令状を燃やすといった、より過激な行為は万人の共感を得るにはいたらなかったかもしれないが、反戦デモの規模を徐々に大きくしていくためには注目を集める必要があった。最初に反戦運動の先頭に立ったのはSDSの活動家たちだったが、だからといってSDSがその後も運動の条件を決める権利を手にしたわけではなかった。世論や第一線の評論家に支えられ、反戦運動が広範におよぶ支持を得るようになると、政府が無視することのできない政治的な影響力が生じた。こうした運動には、大衆の一人ひとりの決断から新しい生活様式や文化形態、政治的表現が生まれるというトルストイ流の性格があった。

個人が政治意識を高めるように促し、多くの個人にかかわる問題を劇的に際立たせようとする方法では、より広範におよぶ政治意識の向上を実現することはできなかった。権力とは貴重な資源を不平等に配分するものだという先入観があるため、誰かが不公平な扱いを受けるという懸念を生んだ。だから権力は追求すべきものではなかった。むしろ、権力に関心がありそうな様子は疑念を呼んだ。指導者らしき人物を前面に出さず、堅苦しい官僚制に頼らないよう設計された組織形態こそが望ましかった。そのような組織は、教養があり、雄弁で献身的で精力的な若者たちが同じ大義のもとで意思疎通している状況においては機能した。だが、活力が低下する、大義が陳腐化する、難しい選択を迫られる、長期にわたって新たな戦略を実施する必要が生じる、倦怠感、疲労感、混乱などの感覚に見舞われるといった状況になると、すぐに行き詰まった。

一方で、激しい怒りや強い不満といった感情は、暴言や大げさな身ぶり手ぶりなどの衝動的な行動につながりかねなかった。ＳＤＳとＳＮＣＣがたどった運命は、慎重な討議を怠り、指導部に対する不信感が募ると組織は崩壊する、という警告として受け止めることができた。それでも、これらの組織はある遺産を残した。組織とその決定の透明性を高めるために、上層からだけでなく下層からも権力について考えようとする意欲は、より緩やかなヒエラルキーや、より開かれた組織構造への要求を生み出すといった形で、政府や企業における官僚制に持続的な影響をもたらした。一九七〇年代から八〇年代にかけては、非暴力の直接行動よりも、極左グループによる無益なテロがメディアで大きく取り上げられた。それでも一九八九年の東ヨーロッパでの出来事や、二〇一一年初頭の「アラブの春」（の少なくとも当初の運動）には、一九六〇年代初頭の公民権運動で用いられたテクニックの模倣がみられた。この二つを関連づけたのは、長年にわたる平和主義者として知られるジーン・シャープだ。Ａ・Ｊ・マスティと活動をともにし、初期の座り込み（シット・イン）の一部にも参加したシャープは、トーマス・シェリングの支援も受け、現代非暴力理論の第一人者となった。シェリングは全三巻からなるシャープの主著『非暴力行動の政治学』で序文を書いている。[58] 同書でシャープは、ガンジーが革新的な役割を果たした点を強調し、リチャード・グレッグの柔術の概念を取り上げている。だが、同書の一番の特徴は、国民を政府の善意や判断、支援に依存するものとみなすのではなく、政府を「国民の善意や判断、支援」に依存するものとみなすという考え方を示した点にある。だとすれば、服従は自発的なものであり、同意は撤回することができる。シャープはデモや請願から不買運動、ストライキ、反乱にいたるまで、同意の撤回を実現しうる多種多様な非暴力行動のリストを作成した[59]。イランからベネズエラまで、二〇〇〇年代の独裁政権はシャープを危険な扇動者とみなし、そうしたなかで、その思想はアラブの町中へ届いた[60]。これらの国での経験は、非暴力の潜在力と限界の両方を浮き彫りにした。不服従に我慢がならず、容赦ない暴力を用いようとする政権には、その敵対者をも暴力の使用へと向かわせる傾向が強くみられた。

一九六〇年代の運動には、ひらめきや想像力を促す側面があり、これが当初の勢いをもたらした。初期の不買運動やシット・インやデモの可能性に期待を寄せ、短期間で結果が出ると考えていた者は、おそらく運動をあきらめるはめになっただろう。経験の重みは逆風となった。運動と価値観に生命を吹き込んだ大義は、たとえ不利な状況にあっても正しいことを行う、という考え方から生じた。ひとたび活性化すると、社会的変化よりも政治的変化を必要とする運動は、その影響を視野に入れた、より用意周到で系統だったものであるべきという圧力にさらされた。初期のSDSにおいてトム・ヘイデンの同志の一人だったトッド・ギトリンは、大学の社会学者となり、運動の回顧録の執筆も手がけた。ギトリンは非生産的な暴力論がおよぼす影響と、それが右翼の議題にうまく取り込まれた結果、ニューレフトが理想主義的どころか、見境のない破壊的な集団とみなされてしまったことに気づいていた。こうした認識は嘆きに満ちたSDSのさまざまな回顧録に共通するテーマとなった。ソウル・アリンスキーが『ラディカルのルール』を書いた年齢に近づくと、ギトリンは『若い活動家への手紙』を執筆し、自分たちの世代が犯した過ちが繰り返されないよう、助言を行った。同書では、まずマックス・ウエーバーの思想に言及し、その後あらためて、自分が若いころに「職業としての政治」を不愉快で「感化されようもない」書物だと感じたことを打ち明けている。責任の倫理に関するウェーバーの主張に対しては、当時の自分なら「ラディカルな行動がまさに状況を変化させ、不可能だったことがいくらか可能になる場合もありうる」と反論していただろうと述べている。「結論を言おう。状況から逃れることはできない。理想や情熱が、大いなる誤算と共存するというのはなんと当惑させられることか！」そして、現代の問題に取り組むために市民的不服従の運動を考えている活動家に対し、「将来を見据えた戦略的な」運動にすべきだと呼びかけている。その運動によって、「世界を自由自在に作り変えられると期待」すべきではないし、「そうした期待をただ表明する」ことも避けるべきだ。運動は論拠を示して行わなければならず、「歴史の流れのなかで起こすのであって、外から歴史の扉をたたいてはならない」。そしてチャンスをうまくとらえ、「(たとえ潜在的なものであっても)大衆の確信と感情」をつかもうとしなければならない、と。[61]

第26章　フレーム、パラダイム、ディスクール、ナラティブ

私は予言者ではない。私の仕事はもともと壁だったところに窓を作ることだ。
――ミシェル・フーコー（伝聞）

教育水準の高い中流階級によって押し進められた反体制文化（カウンターカルチャー）の思想は、社会的選択だけでなく、政治上、ビジネス上の行為や一般人の知的生活にも多大な影響をおよぼした。こうした思想はアメリカ政治の左側へのシフトを促したわけではないが（むしろ次章でわかるように、そのような状況には程遠かった）、壮大な構想に関する議論のあり方に大きなインパクトをもたらした。ここで得られた重大な見識は、世界を理解するには心理的な構成概念が必要なのであり、われわれはそれぞれ独自の見方でしか現実をとらえられない、というものだったが、それは目新しい洞察ではなかった。また、他者の心理的構成概念を形づ

くることのできる者がその態度や行動に影響をおよぼすことができる、という考え方も新しいものではなかった。これはウォルター・リップマンの世論の理論や、エドワード・バーネイズが唱える「合意の操作術」という手法の本質であった。リップマンとバーネイズは、健全な公共政策という名目で賢明な人々が行う場合、これは良性なものになりうると主張した。だが、ナチスや共産主義の全体主義国が行った国家によるメディア操作が、プロパガンダがきわめて陰湿な手段となりうる効果を示したために、こうした手法を楽観的にとらえる見方は弱まってしまった。

全体主義に対してリベラルは、人知にはそもそも限界があるとしても、さまざまな可能性を広げるために心を開き、経験や実験を共有するのが最善の道だと反論した。人間にとって最大の希望は、単一の考え方（たとえそれが善意に基づき吟味されたものであっても）の押しつけにではなく、多様性と多数性、つまり思想の市場にある。自由民主主義は、真理の探究において最高の質をもつ、自由で多様で論争的なメディアによって保証されうる、と。こうした主張はメディア（そして、それ以上に学術界）に、その報道や分析において可能なかぎり客観性を追求する責任を負わせるものであった。寛容で開かれた社会という概念を唱える哲学者の模範となったのは、ナチスから逃れるためにイギリスに移住したオーストリア出身のカール・ポパーである。ポパーは、あらゆる科学的な試みにおいて、厳格な経験主義が必要だと訴えた。すべての命題について反証可能かどうかを試すことで、蓄積され、試練を経てきた人間の知識

（それは個人の誤った構成概念が生み出される土台となる）という富から豊かさを得られるのだ。[1]

ニューレフトが投げかけたのは、西側の自由民主主義に存在するとみられている多元性と多様性は幻想なのではないか、という疑問だった。異を唱えるに値する命題を軽視する一方で、その他の視点や主張は無視する。これはマルクス主義者の定石であり、一九五〇年代にますます注目を集めていたアントニオ・グラムシのヘゲモニーの概念の核だった。左翼に関する議論は、フランクフルト学派の遺産を受け継いだヘルベルト・マルクーゼなどの影響も受けた。ニューヨークのニュー・スクール・フォー・ソーシャル・リサーチ（現在のニュースクール大学）に集まった亡命理論家たちは、知識が社会的相互作用を通じて培われ、維持されていく仕組みを解き、「現実の社会的構成」という概念を導入した。[2]とりわけ存在感を強めていたのがフランス出身の理論家、それも実存主義者よりも、ポスト構造主義者やポストモダニストだった。

主流の社会科学の実地調査と実験的観察は、高次元のヨーロッパの理論まではおよばなかったかもしれないが、認知の限界と解釈的構成概念の重要性をきちんと裏づけた。政治上の問題は、解釈的構成概念を外部から操作することが可能かどうかという点にあった。研究が示唆するところによれば、それは常に行われているものの、なんらかの形で組織化されたエリートの陰謀の一端とは限らない。むしろ、そうした操作は問題が政治的議題として取り上げられたり、除外されたりする過程で行われる。そして、そのような問題提起がまずなされることで、その後の議論の条件が設定される。

ウィリアム・ジェイムズは、すでに一八六九年の段階でこの問題に取り組んでいた。ジェイムズは、われわれが知っていることは現実なのかどうかと問うのではなく、「どのような状況において、われわれは物事を真実だと考えるのか」という疑問を投げかけた。この問いに対し、社会学者のアービング・ゴフマンは以下のような答えを示した。「われわれは現実と折り合いをつけ、これを管理し、理解し、適切な認識と行動のレパートリーを選ぶために、現実を枠組み化（フレーミング）する」。ゴフマンは、個人が自分たちを取り巻く世界と自らの経験を理解しようとしていること、そしてそのために知識を分類する解釈図式、いわゆる「一次的枠組み」を必要としていることについて考察した。[3] ある問題に対する見方が数多く存在しうる場合、フレーミングとは最も自然と思われる特定の見方一つに絞ることを意味する。これは、ある状況におけるたしかな特徴を浮き彫りにし、推定される原因と起こりうる結果を強調し、影響をおよぼしている価値観と規範を示すことで実現できる。

世界中が見ているぞ

とりわけテレビが政治事情の主要な情報源として新聞やラジオに取って代わってから、メディアは一般のコンセンサスを作り出し、維持するうえで、必然的に中心的な役割を果たすものとなっていた。メディアが決して良いとはいえない役割を果たす可能性については、知識におよぼすメディアの社会的影響が一九三〇年代に問題視されたのを受けて、一九四〇年代にロバート・キング・マートンが考察していた。マートンはハロルド・ラスウェルが唱えるプロパガンダ効果に懐疑的で、「プロパガンダの対象者」についてほとんど明らかになっていない点を懸念していたが、一方でユダヤ人として、ナチスの台頭に危機感を募らせてもいた。一九四一年にコロンビア大学で職を得ると、心理学の教育を受け、当時、同大学の応用社会調査研究所を主宰していたポール・ラザースフェルドと徹底した共同研究を始めた。マートンは、実証研究には理論がともなわなければならないという強い信念をもっており、ラザースフェルドとの研究でもこれを曲げなかった。[4]

二人は初期の研究で、友人や家族とのコミュニケーションと比べて、マスコミは限定的な影響力しかもたない、との見方を示した。マスコミはコミュニケーションを交わすというよりも押しつける傾向が強かった。一九四八年に発表した共同論文では、メディアが「社会行動」、つまり人種関係の改善や労働組合への共感といった進歩的な目標におよぼす影響の問題に取り組んだ。そして、改革者が人々を賃金奴隷の状態と絶え間ない労苦から解放するために奮闘したあげくの果てに、大衆は増えた余暇を、瑣末さと浅薄さを特徴とするメディアの産物に没頭することに費やしてしまっている、という高尚な批判を提示した。

二人は、メディアが社会規範から逸脱している個人のことを明るみに出す、大衆を無感動になるよう仕向け、現実の政治に二次的な形でしか触れない状態に導く麻酔薬的作用をする、同調を促す、といった機能によって、社会規範の強制という政治的影響力を発揮すると論じた。

「批判的な評価のための材料をほとんど」提供しないやり方によって、「商業スポンサーに依存するマスメディアは、純粋に批判的な見解が説得力をもつ形で広がることのないよう、間接的ながらも効果的に抑制している」。申し訳程度に取り上げられる少数派の進歩的な見解も、メディア所有者の経済的な利益に反するものであれば、テレビやラジオの報道内容から外される。「笛吹きにカネを払う者が曲を注文するのが当然」なのだ。それでは、メディアがより進歩的な方向に大衆の姿勢を動かし、形づくることができる状況はあるのか。そのようなことは起こりうるが、メディア自体が一貫性をもつこと、そして（根本的な価値観を変えようとするのではなく）既存の見方を望ましい方向に誘導できるようにすることが求められる。ただし、そうした条件が整っていても、対面式の直接的な接触によって運動を補完する必要がある、と二人は説いた。[5]

一九七〇年代初頭には、問題の重要性に関する大衆の評価とアジェンダ設定のプロセスのあいだに関係がある、つまり、どれだけ取り上げられるか、紙面やニュース速報など、どのような形で報じられるかによって、注目される問題とほとんど注目されない問題との差ができる、という見方が定着しはじめていた。[6]メディアに登場しない「トピックやイベントは、ほとんどの場合、われわれの個人的なアジェンダや、われわれの生活空間にはまったく現れてこない」というのは自明の理であった。[7] 一部の問題は報道機関のアジェンダを反映していたが、多くの場合、アジェンダを設定する絶好の立場にあったのは政府だった。

このように、メディアはその他の問題を排除し、人々に特定の問題について考えるよう促すことが可能だったが、その力によって人々の思想を左右できたのだろうか。ラディカルの活動家から社会学者へ転身するにあたり、トッド・ギトリンは自身が認識していた民主社会を求める学生同盟（ＳＤＳ）の性格や方向性と、一般に描かれるようになったイメージとの乖離について熟考した。これまで述べてきたように、ある主張への共感を得る一つの方法は、その主張を掲げてデモを行っている最中に警官に殴られる姿をみせること、というのが一般的な想定であった。シカゴでは、警官が活動家たちに襲いかかる際に、まるで国際的に激しい非難を受けるだろうと警告するかのように、活動家たちが「世界中が見ているぞ」と連呼した。だが一九六〇年代前半の公民権運動の場合と異なり、政治的な効果は、よくいっても曖昧だった。多くの報道機関が非難の対象としたのは、警察ではなくデモ参加者だった。

ギトリンは、人々が真実だと考えているような形でメディアが現実を報じるわけではないことを示そうとした。「わたしは高潔で合理主義者的な、ポスト六〇年代という偏見に、なおもとりつかれていた」。のちにギトリンはこう振り返っている。「有害な思想に対する嫌悪感から始まった偏見は、ある種の回顧的な楽観主義へと発展した。それは、もし違う考え方や印象が広がっていたなら、思慮深い人々は運動を白い目でみるのではなく、共感を寄せてくれていただろうし、その場合、運動はその後何年、いや何十年にもわたり、より健全な政治情勢を生み出すことになっただろう、という見方だった」[8]。ギトリンは著書『世界中が見ているぞ』で、まったく報道されなければ運動は起きていなかったも同然だったという理由から、メディアの重要性を認めている。だが、そのメディアの重要性により、報道がどのように受け止められるかが決め手となる状況が生じたのだった。

ギトリンは、上方からの説得と下方からの同意を組み合わせて既成の秩序に関する一般の認識を形成する、というグラムシのヘゲモニー論を意識していた。運動の歴史とそれがどのように報道されたかをたどることで、現代のマスメディアという観点から、グラムシの理論をある意味、書き換えたのだ。ギトリンはゴフマンのフレームの概念を引き合いに出し、何をどのように報じるかというメディアの選択がいかになされるのかを説明した。「メディア・フレームとは、認知と解釈と表示、および選択と強調と排除に関する一貫したパターンである」。それは言説（ディスクール）を組織化する一つの方法である。そして、言説はなんらかの形で組織化する必要がある。実在する世界を完璧に報じることは不可能なのだから、とギトリンは論じた。

多くのものが実在する。あらゆる瞬間において、世界は出来事で満ちている。ある出来事一つをとっても、目に見えるこまごまとした無数の事物から成り立っている。フレームとは、何が存在し、何が起こり、何が重要なのかといった点に関する複数の些細な暗黙の理論からなる選択、強調、表示の原則である。(9)

ギトリンにとっての問題は、いかにメディアが、SDSのことを折に触れて無視したり、矮小化して報じたり、過小評価したり、さげすんだりすることで、またメンバー間の不和を強調したり、提起された問題への取り組みにではなく破壊的な行動に注目したりすることで弱体化させたのか、という点にあった。そこでギトリンは、どのような状況においてラディカルがヘゲモニーに対抗する余地ができるのか、熟考した。エリート層が現状を把握できない場合には、彼らは状況が自分たちの利害にかなうものなのかわからないだろう。カギとなる要素はラディカルの団結ではなく、支配者層の団結である。また、抗議活動によって自分たちの価値観や規範が脅かされていると感じていた一般の人々の反応も影響した。問題は支配者層の見方やメディアの方法論にとどまらない領域におよんでいたのである。

トーマス・クーン

経験的根拠が乏しいにもかかわらず、政治的な影響力をもちうる緩やかな観念体系があるという考え方を表したのは、ジョン・ケネス・ガルブレイスの「通念（conventional wisdom）」という概念である。この言葉は一般的な考えを意味する語としてかねてより使われていたが、ガルブレイスは一九五八年の著書で「常に受け入れられる性質をもっているために尊重されている観念」を示すものとして用いた。真理とみなされるものは多くの場合、妥当性だけでなく、便宜や自尊心、親しみやすさを反映している、とガルブレイスは伝えた。最もわかりやすい例を挙げれば、商工会議所で実業家がその経済力のために悪く言われることはまずありえない。だが、同じようなことは「社会科学の学術の最上部」でもみられる。ちょっとした異説は尊重されうるが、そうした異説をめぐって活発な議論を交わすことで「枠組みそのものに対する異論は、非科学的あるいは偏狭だと思わせないような形で的外れなものとして排除することができる」。通念には、次から次へと生じる新たな考え方が安定性と継続性を脅かすようなことが起きないよう防ぐ役割がある、とガルブレイスは認めていた。だが、「劇的な変化を強いられるまで状況への順応」を避けるのは危険である。通念にとっての敵とは「観念ではなく」、「事象の進行」による陳腐化だとガルブレイスは説いた。[10]

ガルブレイスは通念に否定的な意味合いをもたせた。通念よりも中立的で、人気も得た用語は「パラダイム」だった。トーマス・クーンは一九六〇年代にとりわけ大きな影響力を発揮した著書で、権力構造は深く根づいた思想構造に左右されるという考え方を強調しながらも、エリート層が直面する不確実性と事象の進行が組み合わさることによって生じうるダイナミズムについて説いた。その著書『科学革命の構造』は、政治とは無関係に、実験的な手法と実証の蓄積によって前進するとみなされる分野について論じた書である。クーンは、科学的な取り組みのなかで客観的な現実が漸進的に明らかになるのではなく、実際にはパラダイムの転換が繰り返されるのだと説いた。「パラダイム」とは、ある科学者共同体のなかにあまりにも深く根づいてしまった場合に、経験上の問題となるだけでなく、政治上の問題となりうる一連の観念を意味した。科学者共同体が支配的なパラダイムのなかで研究している場合、それは「通常科学」である。その中核となる教訓が学生たちに教えられ、その枠組みに従い、その結論を正当化する研究が奨励され、称賛される。やがて、観察によって説明のつかない変則事例らしきものが見つかると、異論が生じる。こうした変則事例が積み重なり、いつしか圧倒的な影響力を発揮する。科学者が知っていると思っていたすべてのことが見直され、それまでのあらゆる仮定と情報が再考され、往々にして守旧派からの激しい抵抗を受ける局面を、クーンは「科学革命」と表現した。やがて新しいパラダイムが古いパラダイムに取って代わる。この典型例として挙げられるのは、惑星が地球の周りを公転しているという従前の仮定を、実際にはそれらが太陽を周回する軌道上にあると示すことで覆したコペルニクス革命である。

クーンが主張したのは、たとえ合理性や実験が重視される領域でも、信念は根底において非合理的な要素に影響されうるということだった。これは、既存の統治機構のなかでは折り合いをつけられないラディカルと古い秩序の擁護者との対立にかかわるという点で、非常に政治的な側面をもっていた。広く認められた政治戦略が革命期に機能しないように、広く受け入れられた科学的な手法と推論も革命に際しては意味をなさない。重大な節目に違いをもたらすのは、個性の力や、科学界における革命集団や強制的な圧力といった、科学的手法とは無関係の要素である。新しいパラダイムはやがて集団的な同意という体裁を獲得し、それによってエリートの周流（第22章参照）をもたらし、新たな変則事例の累積というプロセスがまた始まるまで通常科学として機能しつづける。[11] 革命の進み方は、マルクスよりもパレートのエリート論に近い。

一九六〇年代の学生運動期に、恐ろしくも自身がパラダイムを知的抑圧の道具と特定した革命家とみなされていることを知ったクーンは、自らの見解の根底に保守主義がある点を強調した。学生たちに「パラダイムについて教えていただき感謝しています。いまやわれわれはパラダイムが何たるかを知っており、それなしにやっていけます」と言われたクーンは、自分が「ひどく誤解されている」と感じ、「ほとんどの人がわたしの本から得たつもりになっていること」に嫌悪感をいだいた。[12] パラダイムが常に有害で誤解を招きやすいものだと伝えるつもりはなかった。パラダイムという言葉は、無秩序で混沌としているようにみえる状態のものに意味をもたらした。「少なくとも、選択や評価や批判を可能とする理論的、方法論的な信念が絡み合ったなんらかの暗黙の体系」ぬきで科学的な探究は行えない。[13] またクーンは、科学的政治だけがパラダイムの確立や転換を実現しうると説いたわけでもなかった。通常科学の危機は、常に新たな発見を追い求めようとし、既存の前提を再確認するだけの研究に耐えられなくなることで起きる。ただし、クーンは「どのような場合でも、一つのパラダイムを拒否する決断は、同時に別のパラダイムを受け入れる決断でもある。そして、その決断につながる判断をするうえでは、それぞれのパラダイムを自然と比較することだけでなく、パラダイム同士を比較することも必要となる」と主張した。[14]

クーンは数多くの批判、とりわけ歴史を単純化しすぎているという批判を呼んだ。クーンが描いたようなプロセスが実現したケースはたしかにあったが、理論は「通常科学」の期間中にも著しく変化するものであり、古いパラダイムの信奉者ですら新たな飛躍的進歩に気持ちを高ぶらせる場合もありえた。また、クーンは科学研究の世界という非常に狭い領域に重点を起き、科学者が活動するより広い社会状況や、強まりつつある専門家主義や官僚化の影響に十分な関心を寄せていない、と指摘する声もあった。クーンは『科学革命の構造』の刊行後、とりわけ一九七〇年の改訂に際して自らの考えを磨きあげ、発展させた。その後は科学哲学のより難解な側面に知的なエネルギーを重点的に振り向けるようになったため、クーンの主張におけるラディカルな色彩は薄まっていった。

だが、クーンが自身の見解にどのような意味をもたせようとしたかにかかわらず、そのころにはすでにクーンの生み出した用語が、他のさまざまな学問分野の研究者にかなり流用されつつあった。一九八七年には、クーンの『科学革命の構造』が一九七六年から八三年にかけて、芸術、人文科学の分野において二〇世紀の著作のなかで最も多く引用された作品だと発表された。[15]「パラダイム・シフト」は、本格的な科学革命とは似ても似つかない状況でも使われる陳腐な表現になった。クーンが示したモデル、少なくとも単純化されたモデルは、相対主義者への贈り物のようにみなされた。社会哲学をはじめ、あらゆる概念の統合において問題となるのは、目に見える現実との関係性ではなく、その背後にある政治権力だ、と示唆していたからである。強い影響をおよぼした例として挙げられるのはシェルドン・ウォリンだ。ウォリンは、政治科学が自然科学と同じ方法論的道筋をたどっていると訴える「行動主義者」的な風潮の客観性に反駁する際に、クーンの言葉を引用した。そのうえで、「ある程度までは、どれがより真性のパラダイムなのかではなく、どのパラダイムが押しつけられるかが重要な問題となる」と説いた。[16]

反証によって揺らぐ可能性はあるが、明確で公式の科学理論を表す方法としてのパラダイムは、不明瞭、非公式で、多くの場合、乱雑で矛盾がある偏見や先入観が束になったものを、まるで深く根づき、首尾一貫し、厳格に検証され、重要な点については事実照合にも耐えられるものとして扱われることを認める言葉として使われるようになった。信念の体系を強力なパラダイムとして分類し、個人や集団をそれにはめ込む風潮は、どの程度まで個人や集団が特定の面においてパラダイムから逸脱したり、文化的に特有の方法でパラダイムを解釈したり、政治情勢にパラダイムを合わせたり、パラダイムから行動に関するまったく異なる推論を引き出したりする可能性があるのかを、正しく評価できずに終わる場合が多かった。真理とみなされているものが政治的操作や科学的な試みの結果でありうるのだとすれば、さまざまな話題が政治問題化する可能性が生じるはずだった。

ここで、インテリジェント・デザイン（知的設計）という奇妙な理論の例を取り上げたい。一九九六年、カリフォルニア州に本拠を置く科学・文化刷新センター（Center for the Renewal of Science and Culture）が、「肯定的な科学的代替理論によって、唯物論とその破壊的な道徳的、文化的および政治的な遺産」を退けるという目標を設定した。そのための戦略が一九九九年までに策定され、「ウェッジ（くさび）プロジェクト」と名づけられた。[17]同プロジェクトは、唯物論的科学を「巨木」にたとえ、その太い幹も一番弱い点を狙えば、小さなくさびによって倒すことができると訴えた。「くさびの尖端部」となるのは反進化論を説いた数多くの本であり、その筆頭は一九九一年に刊行されたフィリップ・ジョンソンの『裁かれるダーウィン』だった。進化論に替わる理論とされたのがインテリジェント・デザイン（ＩＤ）だ。ＩＤ論者は、進化論の無作為性では世界を説明することは不可能であり、一貫性のある設計が必要とされたはずだと主張し、進化論に異議を唱えた。ただし、聖書に出てくる神こそがその知的設計者だと述べるにはいたっていない。ＩＤ論者はクーンの理論を用い、進化生物学は、故意に異論を排し、論文審査付き専門誌への掲載を拒絶するエリート科学者たちに支持された一つの支配的なパラダイムにすぎない、と訴えた。探究心のある若い科学者が反動的な概念を追求することを社会的圧力が阻んでいるのだ、と。[18]

ウェッジ・プロジェクトは以下のように計画された。くさびは、ＩＤが「キリスト教や有神論的信念に調和した科学」だと宣伝することで大きくなる。次になすべきは「広報と世論形成」である。これは、ＩＤの理念の背後にあるキリスト教的見解に訴えることをとくに重視し、学校やメディアに広く働きかけて行う。大きな挑戦となるのは、学術会議での直接対決や、（可能な法的支援も行ったうえでの）学校での理論導入を試みる「文化的対決と刷新」という第三フェーズだ。その後は社会科学と人文科学の分野にも働きかける。長期的な目標は、ＩＤを「科学における支配的な見方」とするだけでなく、「倫理学、政治学、神学、哲学といった人文科学」にも広げ、「美術の世界にもその影響を見いだす」ことである。

ＩＤ論者はフレーミングの重要性にも気づいていた。フィリップ・ジョンソンはこう呼びかけている。「『聖書か科学か』という二分法の論争を引き起こしたくなければ、聖書と創世記を議論の争点から外すべきだ」。必要なのは、宗教とは関係のない学会で取り上げられるようにし、異なる宗教観をもつ人々を一体化させることだ。創造説を訴えることを避ける実際的な理由の一つは、IDを科学として教えることを禁じた判決にあった。論争は学校の教科書をめぐって繰り広げられた。ID論者は同論を学校で教えることを主に要求し、教育委員会のメンバーの座を得ようとした。だが、教科書掲載に適したものとして受け入れられることが難しいとわかると、要求を引き下げ、ほかに説得力ある理論が別の選択肢として存在する場合においては、とりわけ、進化論はその正当性をめぐって論争を呼んでいる理論であることを教えられるべきだ、と訴えるようになった。最終的には、二〇〇五年一二月のキッツミラー対ドーバー学区裁判で、IDは創造論とはっきり区別できず、科学のカリキュラムに組み込むのにふさわしくないとの理由から、ID論者に不利な判決が下された[19]。

この裁判で「パラダイム」というパラダイムの問題が明らかになった。進化論もIDも完全に首尾一貫した世界観を示す理論ではなかった。進化生物学者のあいだでは見解の大きな相違がみられたものの、進化論は研究者を実り多い方向へ導きつづける有力な理論として認められている、との考えから危機感はなかった。実際には、クーン流にいえば、広義のパラダイムである支配的な専門母型のなかに、異論の対象となる、さらに数多くの典型的なパラダイムが存在していた。一方、IDも変則的な実験的証拠を自論の根拠としていたわけではない。IDという パラダイムは科学的精査に耐えるものではなかった。デザインという観点からみると、世界は、明らかな不完全性や珍奇性に富んでおり、必ずしもインテリジェントとはいえない。創造論ですら、統一された理論ではなく、どの程度聖書の言葉に忠実に従っているかしだいでさまざまだった。たとえば、聖書には「世界の四隅」という表現があり、地球は実際には平坦なのだと主張する極端な直解主義者もいた。また、太陽が太陽系の中心にあるというガリレオの説になおも反論する者もいた。もっとよく知られていたのは「若い地球説」だ。聖書に書かれているとおりに、世界は六〇〇〇～一万年前に六日間で創造された、その後の死と腐敗はアダムとイブが犯した原罪のせいである、ノアの洪水は世界の地質の多くに大きな影響をおよぼした可能性がある、と唱える説である。これに対して「古い地球説」を唱える者は、世界を創造したのは神だと信じながらも、それがはるか昔に起きたことを認めていた。聖書上の「一日」が実際にはきわめて長い期間を意味すると考えれば、世界創造に関する聖書の記述は意味をなすと説く声もあった。さらに、化石の記録は正しいかもしれないが、新生物の登場は進化という偶然よりも神の意図的な行為の結果だと主張する者もいた[20]。創造論者はキリスト教徒（あるいはイスラム教徒）だったが、キリスト教徒（そしてイスラム教徒）のなかには、進化論に異存のない者もたくさんいた。物質世界に関しては、神によって創造されたＤＮＡが自然に進化の道をたどったと説明できるが、精神世界と人間の魂については、やはり宗教に果たすべき役割があるという考え方である。

このように、自らの意志のもとに作られ、名づけられたパラダイムのなかでさえも、さまざまに異なり、相反する見解が存在していた。進化生物学者の場合も同様だったが、少なくとも論争に対処し、その解決をも可能とする科学的手法を心得ていた。カーンが考えていたように、科学者共同体は門番の役割をする者と独断論者を内包する一方で、多元的でもありえたため、進化論は（ほかに適当な表現がないため、こう言うのだが）進化を遂げた。IDは「自然主義者」としての科学的方法論をとらなかったために、パラダイムの転換を引き起こす根拠を確立できなかった。ID論者の唯一の希望は、そのパラダイムを学校のカリキュラムに組み込み、可能であれば進化論をそこから外せるほどの有力で発言力の強い支持者層を築くことにあった。これは、一つの共同体のなかではなく、二つの異なる共同体のあいだでの闘争であって、クーンが想定していたような闘争とはまったく違っていた。

ミシェル・フーコー

一九六〇年代を通じて思想を発展させ、その後のイデオロギーと権力の問題への取り組み方に影響をおよぼした別の人物に、フランスの社会哲学者ミシェル・フーコーがいる。私人としての立場と哲学者としての立場の相互作用が並外れて強い思想家で、精神医学と性の両方の歴史に取り組んだ背景には、同性愛や抑うつ症による自身の苦しみがあった。若くしてフランス共産党に入党したのち、マルクス主義から距離を置く姿勢をみせていたフーコーだが、やがて学生による大学占拠や左翼教員の採用を後押しする「六八年精神」の熱心な支持者となった。それから毛沢東の文化大革命やイランのホメイニ革命に熱狂しては幻滅することを繰り返した。性に関する六部作を執筆中の一九八四年、フーコーは五七歳でエイズ関連の病気により道半ばで他界した。他の多くの重要な思想家と同様に、その生涯を通じて著作の傾向は著しく移り変わった。当人はいかなるレッテルも受け入れようとしなかったが、やがて主要なポストモダニストの一人とみなされるのが常になった。フーコーの言葉が何を意味していたのか解釈するのは、きわめて逆説的な試みとなりうる。議論の余地はあるものの、何かを「実際に意味した」ことなど一度もないとフーコー自身が述べているからだ。当人の経歴は別として、その抽象的な文章は難解で読みにくく、フーコーの思想を単純化した形で(いや、どのような形であれ)伝えようとする試みは困難をともなった。それでもそのアプローチは、戦略の研究や、ある意味、その実践をも含む現代の社会思想に多大な影響をおよぼした。

フーコーとクーンのあいだには、明らかな類似点があった。二人とも、真理に関する主張がどの程度偶発的で権力構造に左右されるか、という点に関心を寄せた。クーンがパラダイム論を展開したのに対して、フーコーは「エピステーメー」という概念を唱えた。フーコーはこれを、「真偽を分けることではなく、科学的とみなしうるものと、みなしえないものとを分けること」を可能とする装置と表現した。[21] 少なくとも若いころのフーコーの思想においては、エピステーメーはいかなる場合でも独特、支配的、排他的で、ほかとは共存しえないものであった。「あらゆる知の成立条件を規定するエピステーメーは常にただ一つしか」存在しない、と。[22] クーンは社会科学のより大きな多元性と、異なる学派がお互いの根拠に異を唱える、より広義の文化を常に前提としていた。自然科学の場合と異なり、社会科学は同一の問題解決アプローチを共有していなかった。さらにクーンが説くパラダイムは、科学研究を強く意識した意図的な枠組みであった。一方、フーコーのエピステーメーは無意識的でありえたし、多くの場合、無意識のうちに、思想の条件をその影響がおよぶ者にはみえない形で設定するものであった。クーンは経験的観察の重要性と、程度の差はあれ、競合するパラダイムを評価できる客観テストが存在しうることを認識していた。これに対して、フーコーはそのような可能性は認めず、常に「真理をめぐる戦い」が繰り広げられていると考えていた。それは、絶対的な真理を発見するための戦いではなく、すべての主体が自分なりの真理として行為の範囲を確立するための戦いであった。

そのように考えたのは、あらゆる形態の思想が権力の問題と表裏一体の関係にあったからだ。フーコーは権力体系の歴史的な流れを示した。封建社会において、権力は統治権にかかわるものだった。大まかな支配機構は存在したが、細部への配慮はほとんどなかった。ブルジョワ社会の到来とともに訪れた次の時代の偉大な発明は、「規律による支配」を可能にしたメカニズムである。これは刑務所、学校、精神科病院、工場など、どこにいようと個人の活動を統制する監視と投獄という手法を用いたものだった。したがって、フランス革命によって生まれた国民軍の編成に関してフーコーが興味をいだいたのは、個人の寄せ集めを動員可能な軍隊に変えるために行われた訓練であった。そうした観点から、フーコーは身体の概念化とは新たな形態の権力を反映したものだと示すことができた。

一八世紀後半には、兵士は作りあげられるものになっていた。形をなさない土、不適格な身体から、必要とされる機械を構築することが可能になったのだ。姿勢は徐々に矯正され、計画に基づく拘束が緩やかに身体各部へといきわたり、それらを支配し、いつでも暗黙のうちに習慣の自動機械に変われるよう、手なずける。つまり、「農民の物腰を捨て」さり、「兵士の立ち居振る舞い」を身につけたものができあがるのだ。

これは、市民社会に持ち込まれ、同じような支配形態をもたらした「規律的権力」の原型であった。

こうした支配は、ある種の自己規律を構成する行動様式を刷り込むため、暴力を必要としなかった。[23]このようにして権力と知識は同一のものとなる。フーコーはそれを「権力／知」とひとくくりにして表し、以下のように説いた。そうした権力は所有したり、行使したりするものではないが、きわめて個人的で内密な部分を含む生活のあらゆる領域における重要な特質である。それは集中するよりも拡散し、強制的であると同時にとりとめがなく、不変ではなく不安定である。本当の「真理」など存在しないため、それを抑制したり、排除したりすることはできない。真理に関する考察は、実際には権力に関する考察、つまり誰が何を支配するのかということ、そして支配とそれが引き起こす抵抗の諸形態に関する考察である。

したがって、権力に対するフーコーのアプローチは、物質的な制約を重視せず、明白な同意の永続性を問いただすものであった。他者の思想に影響をおよぼすのはディスクール（言説）であり、そうしてできた特定の世界観から行動は生まれる。「真理の体制」は真偽を分ける基準と、それを識別しうる手続きを定める。こうした基準や手続きは日々のディスクールのなかに組み込まれていき、それによって一定の事柄が常識とされたり、特異なこととみなされたりするようになる。このようにして現実観は根づき、認識されないままに権力構造を強化し、必ずしも強制せずに協調的な行動様式を確立しうる。フーコーは、戦略が権力と表裏一体の関係にあると考えていた。公然たる闘争において「勝利を得るための手段」という一般的な意味での戦略についても論じたが、その概念ははるかに広義におよんでいた。戦略とは「権力を効果的に行使、あるいは維持するために発動される手段の総体」である、と。

フーコーの思想は人文科学に多大な影響をおよぼすようになり、その有用性は今なお激しい議論の的となっている。戦略思想に与えた影響も重大だった。第一に、権力の普遍性に関するフーコーの見方は、あらゆる社会的関係を闘争の舞台へと変え、国家というマクロレベルだけでなく、社会的実存というミクロレベルにも影響をおよぼした可能性がある。第二に、フーコーは果てしのない闘争という継続性の観念を示した。対立が起き、どちらかが勝利を収め、安定期が訪れる。だが、その一連の流れがまた繰り返されうる。つまり、抵抗とその後の逆戻りが起きる可能性は絶えず存在する。どちらかの勝利により、「安定した機構」が「敵対的な反応がとめどなく起きる状態に取って代わり」うるが、その機構がしっかりと根づくのは相手が無力化した場合に限られる。その場合、「長期にわたる敵対者間の対立により、ある程度、当然視され、確立された戦略的状況」という「支配」が生じうる。だが、特定のディスクールの力によって支えられ、安定しているようにみえる時期でも、そのディスクールが広まった結果、闘争が始まる可能性がある。

実際には、権力関係と闘争のための戦略のあいだで、果てしない結合と果てしない反転がせめぎ合っている。権力関係はいつでも敵対者間の対立に発展しうる。同様に、社会における敵対者の関係は、いつでも権力の機構の発動をもたらしうる。[24]

フーコーはクラウゼヴィッツの言葉を逆転させ、政治は継続された戦争であると表現した。[25]戦争は「あらゆる権力関係と権力機関の揺るぎない基礎となっている恒常的な社会関係」だ。つまり社会関係は戦争秩序であり、そこでは「中立の主体など存在せず」、「誰もが不可避的に誰かの敵である」。ある陣営への帰属は、「真理を解読し、秩序と平和を取り戻した世界にわれわれが生きている、という（敵対者によって）信じ込まされた幻想や誤解を非難するのが可能になる」ことを意味する。したがって、権力のディスクールが社会全体に広がるのと同じように、逃避や転覆、論争といった形での抵抗も広がりうる。こうした点から、知識に関する主張は真理をめぐる闘争において武器となる。フーコーは対立する「諸々の知」について記している。それは、諸々の知が「敵対者の手中にあるものであり、権力の諸効果を内包しているから」だ[26]。

定着し、議論の余地がないようにみえるものを探ることでディスクールを分析すれば、その偶発性と権力構造との関係を明らかにすることが可能になる。こうした分析は、隷属化された者たちに活路を与え、解放へ導く効果をもたらしえた。これはとくに新しい考え方ではなく、ニューレフトを取り巻く知的な潮流におけるテーマの一つだった。まだ目に見えてはいないが、隷属化された者たちがひとたび自らの置かれた状況を理解すれば表面化しかねない、静かな戦争が社会のいたるところで進行している、という概念もあった。ただフーコーは、時代遅れと感じていたらしい階級闘争と革命政治の問題ではなく、「女性、囚人、徴兵兵士、入院患者、同性愛者」による「特定の権力に対する固有の闘争」に重点を置いた点で違っていた[27]。「六八年精神」がまだ色あせていない一九七六年に講義を行った際、フーコーは過去一〇年の西側社会でみられた「散在する非連続的な攻撃」への感銘を示した。「しだいに自主的、分権的でアナーキー的な性格を帯びる当代の政治闘争の形態」は、フーコーの手法にかなっていた。フーコーは「反精神医学運動」について、「精神科の病院に関する社会的・政治的批判の場をもたらす手助けをして」きたと述べた。囚人に発言権を与える運動に携わるようになったのもこのころで、「資格を剝奪された者たちとその知の脱隷属化と解放」に取り組んだ。今も衰えないフーコーの影響力の原点の一つは、社会の周縁にいる個人、多くの場合、自分自身と社会の安全のために施設に入れられている個人の窮状は権力関係の一端であり、その権力関係は決して正当性を問うことができないものではなく、また、問えないと考えるべきでもない、という認識にあった。

フーコーの理論は、物理的な抵抗に頼らず、「諸々の権力メカニズムの特殊性を分析し、さまざまなつながりや広がりを見いだし、一つの戦略的な知を徐々に築いていく」ことによって、既存の権力構造を弱体化することを可能にした。[28] ただし、少なくともフーコー派の研究が示すところでは、ディスクールを分析する言語が、隷属化された集団に光を当てると同時に、これを曖昧にしたために、実際上の手助けにはほとんどならなかったといえた。[29] しかも、こうした分析は権力関係を理解するうえで役立つ一方で、作用主（エージェンシー）と構造、個人の意図、そして暴力の役割といった問題をないがしろにしているという難点を明らかにした。フーコーは権力、さらには戦略に関する概念にあまりにも多くの含意をもたせたために、そうした概念の正確な意味がわからなくなるという危険性が生じた。文書であれ行動様式であれ、あらゆるものが戦略とみなされうるようになれば、用語はその意味を失い、何も考慮に値しなくなる。強制力の軽視は、隷属化された集団にとって理にかなっていたのだろう。解放に導くディスクールを追求するほうが安全であった。だが結局のところ、暴力はなおも闘争の裁定者となりえたのであった。

ナラティブ

思想をめぐる戦いに不可欠な手段を表す言葉となったのは、「ディスクール」ではなく「ナラティブ」だった。政治運動や政党が真剣に考えるに値するものである理由を説明し、その中心的なメッセージを伝えるナラティブは、一九九〇年代にあらゆる政治的プロジェクトの必要条件となった。こうした考え方は別の一連の思想に根ざしていた。それは一九六〇年代後半のフランスでのラディカルな知識人による騒乱にさかのぼることができる。そこで、概念は文字で示される複雑なものから、基本的で、あらゆる社会的相互作用の中心に位置するものへと変わった。人間の行動の明白な側面を顧み、また脳の働きについて理解することによって、こうした流れに弾みがついた。

一九六〇年代後半にいたるまで、ナラティブはなおも主として文学理論のなかに位置づけられ、人物が（意識の流れや人物間のなんらかの相互作用についてではなく）出来事について語る形式を特徴とする作品を示していた[30]。より広義の理論へと発展した背景には、フランスのポスト構造主義者の影響があった。ポスト構造主義者は意味の概念を著者の意図を反映したものとしてとらえることを否定し、読み手の置かれた状況によってテクスト（文章）はさまざまな意味を持ちうると説いた。読むたびに、新たな意味が生じる可能性があるというのだ。このグループの重要人物の一人は、ミシェル・フーコーともかかわりがあった文学理論家のロラン・バルトである。バルトはナラティブの概念を前面に押し出し、その範囲を文字からなる純粋なテクストにとどめず、あらゆるコミュニケーションの形態へと広げた。一九六六年の著作では、「話し言葉や書き言葉といった分節言語、静止画あるいは動画、身振り、これらすべてが秩序正しく混じりあったもの」などの「数えきれないほどの形態のナラティブ」があると説いた。「ナラティブは神話、伝説、寓話、おとぎ話、短編小説、叙事詩、歴史、悲劇、現代悲劇……、喜劇、パントマイム、絵画……、ステンドグラスの窓、映画、漫画、三面記事、会話のなかに含まれ」、「あらゆる時代、場所、社会に存在する」。「ナラティブの存在しない場所やナラティブと無縁な民族はありえず、あらゆる階級、あらゆる人間集団がそれぞれのナラティブをもっている。そして、それらのナラティブは多くの場合、文化的背景の異なる人々や、相反する人々にさえも鑑賞されている。良い文学であるどうかはほとんど無関係だ。人生と同じように、ナラティブは国境を越え、歴史を越え、文化を越えて存在するのである」。「ナラティブは無限に」存在するだけでなく、歴史、心理学、社会学、民族学、美学などの多くの分野の視点から考察しうる。バルトは演繹的な理論によって、共通する構造を特定することができると考えていた。[31]一九六七年には、このグループの別のメンバーであるツベタン・トドロフが、ナラティブの構成要素を分類し、それらの関係について考えるという「ナラトロジー（物語論）」を展開した。ナラトロジーによれば、登場人物と一連の出来事が、骨格を形成し、（なぜそのとき、その出来事が起きたのかという）因果関係を説明するプロット・ライン（筋書き）によって結びつけられ、語られるのがストーリーである。ディスクールは、ストーリーの表現、つまりストーリーが最終的に受け手にどう伝わるかを決めるものである。

一九七〇代後半には、社会理論の領域で「ナラティブ・ターン（物語論的転回）」が論じられるようになった。一九七九年にシカゴ大学で開催されたナラティブに関するシンポジウムでは、「知的な興奮と発見に満ちた空気、他の重要な人間の創造物の研究と同じく、ナラティブの研究もまた現代において飛躍的に前進したという共通の感情」が生じた、と関係者が振り返っている。ナラティブの研究は「もはや文学の専門家や民俗学者が、心理学や言語学から用語を借用して済ませる分野ではなく、人間科学、自然科学のすべての領域に有益な洞察をもたらす源泉になっている」と。[32]その後、人々が語るストーリーの分析は人々がどのように人生を生きるのかについて重要な洞察をもたらすという考え方に触発され、一九八〇年代を通じて社会科学が「ナラティブに関する理論化の波」に巻き込まれていくようになる様が報告されている。[33]

しばしばナラティブはストーリーと置き換え可能であり、ストーリーは極端に単純化することができると説明された。あらゆるものが一つのストーリーとみなされうるという主張は、人間の基本的なコミュニケーションにおけるストーリーの重要性を反映していた。マーク・ターナーは、単純なストーリーによって、こまごまとした情報に一貫性のある流れをもたせなければ、人生は混沌と化すと説いた。赤ん坊ですら、容器、液体、口、味のつながりを「飲む」という題名になるであろうストーリーに発展させる。部分的な情報しかなくても、こうした単純なストーリーは次に何が起きるのか、あるいはその前に何があったのかという想像を促す。ナラティブを思い描くことは、説明する能力と予測する能力の両方に欠かせない要素だとターナーは論じた。[34]ウィリアム・カルビンは、人間の計画する能力とナラティブの構築のあいだに密接な関係があると述べている。「ある程度において、われわれは心のなかで自分に語りかけ、次に起こりうることをもとにナラティブを作り、それから統語法（シンタックス）のような組み合わせのルールを用いて、そのシナリオが実現しそうにないか、実現しうるか、おそらく実現するかを評価する」。[35]

このようにして、人間が人生や関係性にどのような意味をもたせ、世界をどのように理解しているかを説明できる概念が生まれた。それは認知に関する理論や文化論とうまく調和した。そしてナラティブ・ターンによって、実際には知っていることに関する自信の不確かさや、同じ出来事について多種多様な解釈ができるという考え方の魅力、またアイデンティティを構築する際の選択肢への認識を捉えることができた。こうした流れは、外的実在は完全に把握することが可能、という概念に異を唱える一方で、人間の想像力と共感の重要性を強調した。

やがてナラティブは専門的な研究者の関心の的にとどまらず、広く用いられる概念となった。ナラティブは心理学者の療法や、陪審員の心を動かそうとする弁護士の手法、賠償請求者が賠償を要求する際の必要手段として使われるようになった。そのうちに、自分本位にナラティブを用いる方法が、あらゆる種類の政治的当事者へ広がった。最初に関心を寄せたとみられるのは、主としてラディカルのグループと、物的資源の不足に関する補償を要求する人々であった。ナラティブは弱者が強者に対抗することを可能とする新たな方法だった。必要なのは腕力ではなく、より説得力のあるストーリーだ。ナラティブを用いた戦いは、暴力による戦いよりも好ましいとされた。最終的には、どのような派に属するものであろうと、あらゆる政治的プロジェクトが独自のナラティブを求めるようになった。

ナラティブには、支持者を集め、誘導する手段や、結束を維持し、反対派を抑え込む手段、戦略を策定し広める手段として、数多くの機能がありえた。必ずしもとくに意図されたものではなかったが、その役割は、女性や同性愛者、その他の社会から取り残されたグループによる権利要求運動といったカウンターカルチャーから生まれた運動のなかに見いだすことができた。ナラティブを利用すること、つまり被害者、さげすまれている者、反抗者としてのストーリーを用いて、同じような境遇にある人々に、より大きな運動のなかに属していると意識させ、力を与えるというやり方の有効性は、フーコー派式の分析によって裏づけられていた。

こうしたナラティブは、文化に深く根づいたストーリーに異を唱え、その信憑性と公平性への疑問を投げかけた。たとえば、すでに一九五〇年代には、勇敢なカウボーイが野蛮なインディアンに立ち向かうという典型的な西部劇にアメリカ先住民が抗議の声をあげはじめていた。イタリア系アメリカ人は、マフィア映画によって強く印象づけられた自分たちのイメージに対し、不満を示した。公民権運動は、アメリカン・ドリームという耳に心地よい言葉と黒人の実体験との落差を拠り所にしていた。黒人歌手のポール・ロブスンは、ミュージカル『ショウボート』の名曲「オールマン・リバー」の「オレはもうくたくたで、がんばるのもうんざりだ。生きるのも嫌だし、死ぬのもこわい」という歌詞を、「オレは泣かずにずっとがんばる。絶対に戦いつづける。そうしなけりゃ死んじまう」にわざと変えて歌った[36]。この場合、根強い抑圧感に対し、どれだけのことができるかが問題だった。一九六〇年代後半に展開された運動の多くは、個人の苛立ちの感情を政治行動に結びつけることができるかどうか、はっきりしないままに始められた。こうしたなかで自叙伝的なストーリーは、もともと接点のなかった個人が経験の共有を通じて共通の利害を見いだす手助けとなりえた。一九七二年、女性運動のための雑誌ミズ（*Ms*）が創刊された。第一号に掲載されたジェーン・オライリーの記事には、ある女性のグループがほかの女性の話を聞いて瞬間的に得た気づきについて書かれていた。これは「クリック」（カチッという音）、つまり「女性の頭のなかにある現実のパズルを完成させる、ちょっとした真実の断片」に気づく瞬間、「わたしたちの目を輝かせ、革命が始まったことを意味する瞬間」であった。まもなく「クリック」は「フェミニストの専門用語」となり、一見陳腐な言葉に含まれる、より深い意味に関する共通理解を示す表現となった。[37]

過去に軽視されたり、のけ者にされたりしていたような人たちの視点から世相を描いたナラティブは、小説や映画、さらにはコメディドラマといった、通常の文芸作品として取り扱われるようになった。そこでは黒人や同性愛者が肯定的な観点から描かれ、女性はより自己主張が強いものとして扱われ、男性の自己主張の強さや鈍感さは往々にして冷笑の対象とされた。とりわけテレビでは、進歩主義的なテーマのものでも、無難で毒のない人物しか登場しないよう不適切な部分を削るといったストーリー展開のコントロールが行われる場合もあった。「解放された」女性や、「異性愛者（ストレート）」のなかで生活している同性愛の男性（ゲイ）を表す、一つだけの定番ナラティブは存在しなかった。それよりも、たとえば一九六七年の映画『招かれざる客』でシドニー・ポワチエが演じた理想主義の医師のように、高潔さが服を着たような弱者を描き、白人の偏見というテーマに取り組むほうが容易だった。黒人の経験や白人社会との邂逅（かいこう）の複雑な全貌を描くことが可能になるまでには、しばらく時間がかかった。この種の変化は、ほとんどが政治的な方向づけやコントロールによって起きたものではなかった。ただし、政治指導者は変化の方向性に関する自身の見解を明らかにする必要に迫られた。このように変化は、あるパラダイムあるいはナラティブが別のものに取って代わられる、といった単純な形では進まなかった。ナラティブが多方面に寄与し、その累積的な効果が生じることで、講論の題材は変わっていったが、これは決して意図的な戦略の産物ではなかった。

情報時代に可能となった新しい政治形態を先頭に立って探求していたデイビッド・ロンフェルトとジョン・アキーラによれば、ストーリーは「一体感と帰属意識」を表現し、「大義の感覚や目的意識や使命感」を伝えることができる。こうした機能は、分散した集団が団結し、独自の戦略を推進するのを後押しする。ストーリーを通じて、人々は自分に求められている行動や、読み取るべきメッセージを知るのだ[38]。運動のなかで、活動家を熱狂させる感動的なストーリーや、公認された規範を強化するための模範的な話、軽はずみな行動や合意した路線から逸脱することの危険性を説く訓話が語られる場合もあった。支持を広げるうえでは、最も重要なメッセージを明らかにし、敵対者の主張を覆す目的でストーリーを用いることも可能だった。これは戦略に関する内部での議論が、ナラティブをめぐる議論という形を取りうることをも意味していた。戦略面での逸脱に神経をとがらせる者が、過去の運動がどのように展開され、どれだけうまくいったかという回想をもとに、警告を発することもあった。

最大の壁は、もともと支持者ではない人々を動かそうとする際に訪れた。ナラティブの概念が政治の主流に取り込まれると、政治集団がその目的や価値観、現在の問題との関係など、自分たちの存在を認識してもらうための基本用語を定める手段として、壮大なナラティブを語るようになった。こうしたナラティブが設定されると、メディアを理解し、日々のニュースの話題に影響をおよぼし、出来事をフレーミング（枠組み化）する専門家「スピンドクター」によって個々のエピソードが「紡ぎ出され」えた。[39]（直近のデータが反対の状況を示しているにもかかわらず）経済は非常に好調である、高官候補者の後ろ暗い過去の話は本当ではない、などと大衆に信じ込ませるには、いかにしてニュースを発表する時間を決め、主要なジャーナリストに説明するか、といったメディアの手法やスケジュールに精通している必要があった。そのようなナラティブは必ずしも分析的ではなく、実証や経験に基づいていない場合には、感情に訴える手法や、疑わしい比喩、あやしげな歴史的類推に頼ることも可能だった。成果をもたらすナラティブとは、他の出来事との関連性を絶ちながら特定の出来事を結びつけ、良いニュースと悪いニュースを区別し、誰が勝者で誰が敗者なのかを説明するものであった。

フレーミングするのがパラダイムであろうとディスクールであろうと（さらにいえば、プロパガンダや意識、ヘゲモニー、信念体系、イメージ、構成概念、心理状態であろうと）、こうした概念は、権力闘争とは根本的に、広く受け入れられる世界観を形成するための戦いである、という見方を後押しする効果をもたらした。過去には同じような考え方が、社会主義者をパンフレットや講演という手段を用いた政治教育キャンペーンの展開へと向かわせた。だがメディア時代に突入し、意見や真理を説明し、広める機会は多種多様になった。フレーミングの重要性を本能的に理解していたエドワード・バーネイズが開拓したテクニックは、いまやさらに大きな影響力を発揮することが確実だった。イメージや思想をめぐる闘争は、ラディカルとそれに抵抗する者とのあいだではなく、主流の政治活動家のあいだで展開されるようになった。そして、その闘争から最初に追い風を得たのは左翼ではなく、右翼であった。

第27章 人種、宗教、選挙

わかるだろう？　ニュースピークのそもそもの目的は、思考の幅を狭めることにあるのだと。

——ジョージ・オーウェル『一九八四年』

二〇〇四年一一月のアメリカ大統領選挙で上院議員のジョン・ケリーがジョージ・W・ブッシュ（子ブッシュ）に敗れたあと、勝てたはずであり、勝たなければならなかったと考えた民主党は、早々に行った事後分析でナラティブの欠如を強く訴えた。ケリー陣営の世論調査専門家スタンリー・グリーンバーグは、共和党には「有権者の心を動かす『ナラティブ』」があったとの見解を示した。やはり陣営の一員であったロバート・シュラムはこう嘆いた。「われわれにも『ナラティブ』はあったが、結局はうまく伝わらなかったのだろう」。民主党の参謀長ジェイムズ・カービルはもっとも辛辣だった。「向こうが『テヘランのテロリストとハリウッドの同性愛者から国民を守る』と訴えたのに対し、われわれは『大気浄化、学校の改善、ヘルスケアの拡充に取り組む』と言った。要するに、共和党には『ナラティブ』が、ストーリーがあったが、民主党には長ったらしいリストしかなかった」。政治の世界における言葉の変遷を鋭い目でみつめてきたコラムニストのウィリアム・サファイアは、それは新たな民主党のナラティブを作ったと言っているようなものだ、というジム・フェランの見方を伝えた。ナラティブ研究の雑誌の編集者であるフェランはこう述べている。「つまり、ケリーが負けた理由を説く一貫した『ナラティブ』を示すために、選挙戦での出来事を抜粋している。その一貫した『ナラティブ』とは、ケリーには一貫した『ナラティブ』がなかったというものだ」。そして、もしケリーが勝っていたなら、一貫したナラティブが勝因だったと祝福されていただろう、と付け加えている[1]。

政治的メッセージを明確にするために、共和党がかねてから言葉の使い方に留意してきたのは事実であった。この点で重要な出来事となったのは、一九九四年の中間選挙で共和党が下院多数党となるために、下院議員のニュート・ギングリッチとコンサルタントのフランク・ランツが手を組んだことである。この選挙戦の目玉は「アメリカとの契約」だった。ランツによると、計画は拘束力が不十分な響きがする、約束は破られる、公約は実現しない、綱領、宣誓、誓約はそれぞれ政治色、法律色、宗教色が強すぎるという理由で、契約という言葉が選ばれた。また、無党派層が先入観にとらわれない柔軟な姿勢を保つよう後押しするために、「共和党の」という形容詞は除外された。[2] 実際の文書を作成するにあたっては、個人の責任、家族の結束の強化、減税（「アメリカン・ドリーム復活」）などを盛り込むのに多大な労力が費やされた。一九九五年、ギングリッチとランツは共和党の新人下院議員のために「言葉―支配のための重要なしくみ」と題したメモをまとめ、自分たちのことを語る場合には「機会、真実、モラル、勇気、改革、繁栄」といった言葉を用い、敵対者を描写する際には「危機、破壊的、病んでいる、痛ましい、嘘、リベラル、裏切る」といった言葉を使うよう促した。[3]

二〇〇四年の大統領選挙の前にも、言語学者のジョージ・レイコフを筆頭に言語を専門とする民主党員が、民主党を守勢に立たせるために争点をフレーミングする共和党の巧みな手法（「相続税」を「死亡税」と言い換えるといったやり方）を気にかけ、注意するよう呼びかけていた。ひとたび敵の用いる言葉を土俵として戦いが繰り広げられるようになると、民主党はあまりにも多くの点で劣勢を強いられた。レイコフによれば、アメリカ国民が新たな視点から争点をとらえるようにするために、こうしたフレームを変えてしまうことが大きな課題だった。「新たなフレームの提示は社会変革である」。[4] 選挙後、レイコフは自分の主張を徹底的に押し進め、哲学上の大きな論争は隠喩（メタファー）をめぐる議論であり、事実がおよぼす影響はそれを理解する土台となっているフレームに左右される、と訴えた。[5] 臨床心理学者で熱心な民主党員であるドリュー・ウェステンは、民主党に有権者の感情に訴えることを学ぶよう促す本を執筆し、自らの不満を表明した。ビル・クリントンの熱烈な支持を得た同書は、二〇〇八年の大統領選挙戦を通じ、民主党陣営が精読する指南書になったとみられる。

ウェステンは、以下のような問題を指摘した。民主党は、選挙戦は争点をめぐる戦いであり、有権者の理性と良心に訴えることが可能だと信じたがっている。だが残念ながら、人間は理性的な生き物とはいいがたい。むしろ、感情をぐっと引き寄せるメッセージに反応し、世界を見るだけでなく感覚でとらえる傾向がある。「ほとんどの場合、われわれの心を支配するためのこうした戦いは意識の外で起こるため、われわれは自らの心理劇の盲目の傍観者となり、頭蓋の壁に映しだされたイメージにとらわれてしまう」。共和党はこの点を理解し、自分たちが愛国心や神とともにあるというナラティブを展開した。一方、民主党は優柔不断でつかみどころがなく、犯罪への姿勢は甘く、自国の敵に対しても弱腰で、まるで一九三〇年代の問題になおも直面しているかのように、アメリカの労働者のために戦うというレトリックに固執していた。有権者に支持を訴える際には、共和党が誹謗中傷を用いた手段もいとわないのに対して、民主党はそうした誹謗中傷は不適切で、有権者を興ざめさせるものだと退けることで、そのような攻撃をかわせるとでもいうかのように振る舞いつづけた。

状況を改善するために、民主党は争点を自分たちにとって有利な形でフレーミングし、有権者に同党の候補者が有権者の利益と価値観を理解していると納得させる方法を見つけ、同党とその主義主張を感情に訴えるような形で定義づけることによって、攻勢に転じる術（すべ）を学ぶ必要があった。これは、一貫性のある壮大なナラティブを構築することを意味していた。そしてそれは、政策方針を用いて主義主張を説明するものであり、その逆ではない。そのようなナラティブは単純明快で一貫性があり、親しみやすく、推論や想像力による飛躍にあまり頼らずに済むものでなければならない。人々に理解され、繰り返し話題にのぼるようになる可能性を秘めているべきである。「明確な道義性があり、鮮烈で記憶に残りやすく、感動的でなければならない。そして、頭に思い浮かべやすく、記憶への浸透度と感情におよぼす衝撃を極大化するような中心的な要素が必要となる」。小さな弱点を認識し、敵の誹謗中傷への「予防接種をする」機会が得られそうな場合に最も望ましいのは、見解が完全に形成される前に、まず行動を起こすことだ。ウェステンが最も訴えたかったのは、選挙が「基本的に争点をめぐる勝負ではなく、有権者の価値観や感情をめぐる勝負なのであり、有権者が候補者や政党について概してどのように考え、感じているのかをかぎとる直観も重要な要素となる」という点だった。[6]

ウェステンやレイコフの提言が示す言葉やイメージの力に対する絶大な信頼は、感情をコントロールする知性と専門的なメディア技能を十分に用いさえすれば、きわめてリベラルな綱領でも有権者の大多数に受け入れられうる、という考え方を後押しした。それは、世論は移ろいやすく操作可能であり、競合相手のナラティブの質によってどんな方向にも傾くといった、世論に関する相当暗い見方を反映していた。心理学者のスティーブン・ピンカーは、メタファーはその語源や当初の意味、フレームの役割などをあまり意識せずに用いられる場合が多いのであり、こうしたアプローチはメタファーの重要性を誇張している、と注意を促した。すぐれたメタファーやフレームほど有権者の脳に刻み込まれうるという考え方には、理性をないがしろにし、相反する信条を風刺し、敵を過小評価する危険性がある、と[7]。言葉の使い方に関して独自の指針を示したランツは、争点をフレーミングすることの重要性を認識していたものの、もっと基本的なコミュニケーションのルールに重点を置いていた。ランツは単純明快さと簡潔さに狙いを定め、短い単語と短い文章、一貫性、イメージ、響き、感触、そして向上心や目新しさを感じさせる言葉を重視した。一連のルールの最後のほうでは、「前後関係を示し、関連性を説明する」ことの重要性を指摘している。また、信憑性は哲学と同じぐらい重要だとも述べている。一方、レイコフは、「言葉だけでは奇跡は起きない。何をどうフレーミングするのかという点と同程度以上に、実際の政策が肝要である」と明言している[8]。

マスコミの影響力に関する研究からは、予期されていなかった方向へ世論を動かすのは簡単だという説の裏づけはほとんど得られなかった。党の支持者には効果があったかもしれないが、ターゲットとする受け手の大半は注意散漫で、重要なメッセージも多くの人には届かなかった。相変わらず人々は、自分がほとんど興味をもたない争点には無関心で、自身の見解に反する見方に抵抗を示した。そして、そのような見方を意図的に回避し、突きつけられた場合には説得力がなく、まちがいだらけだとみなした。関連する研究は、重要な発見として、個人の影響力はマスコミの影響力よりも大きいという説を伝えている。「政治的な説得力は状況に左右される。キャンペーンに反対する声が小さいとき、抵抗が弱まっているとき、信頼できる情報筋が単純明快で決定的な合図を発しているとき、過去の出来事が注意深い市民の頭をよぎるときに、説得力は高まりやすい」[9]。

新しい政治(ニュー・ポリティクス)

言葉の政治的利用という問題は、一九六〇年代の「新しい政治(ニュー・ポリティクス)」から生まれた。一九六八年の出来事は、結果的にアメリカの左翼よりも右翼に追い風をもたらした。その一因は、大学や都市中心部での騒動が、その後、共和党が利用することのできる激しい否定的反応を引き起こしたからだ。そして共和党は、その四〇年後にも同じことをしようとした。ノーマン・メイラーは、一九六八年のある出来事について記している。記者会見場に予定より四〇分遅れで現れた公民権運動家を待つあいだ、メイラーは「黒人とその権利にうんざりしている、という非常に不愉快な感情」に見舞われた[10]。そして、「この自分が、そうした感情をかすかにでも覚えたのだとすれば、アメリカ全体では計り知れないほど巨大な激情のうねりが解き放たれるに違いない」と考えるにいたった。「反動」はすで起こりつつあり、矛先は黒人だけでなく、非愛国的なラディカルや、薬物を愛好するヒッピー、抗議活動をする学生たちにも向けられた。こうした風潮から恩恵を受けた人物の一人は、同年の選挙で大統領の座を共和党に取り戻したリチャード・ニクソンだった。新しい政治が生まれつつあるのだとすれば、それは、ありのままの大衆感情の発露を阻むバリアとしてプロの政治家を拒むのではなく、投票率を最大化する方法として、よりプロフェッショナルな政治形態を構築することにかかっていた。選挙政治に絶望感をいだくニューレフトの姿勢は、ニューライトに攻め込む余地を与えていた。

成功する政治家には必ず選挙対策参謀がいた。たいていは候補者の側近で、大衆のムードを読み取る力と、敵対者を中傷する際にも良心の呵責(かしゃく)をほとんど覚えない冷徹な性格の持ち主であった。一九六〇年代後半には、その役割ははるかに専門的になりつつあった。世論調査や宣伝手法、戦術分析のさまざまな進歩も同時に起きていた。マスメディアによって開かれた世論形成の可能性は、新聞やラジオにテレビが加わったことで新たな段階に達した。膨大な数の潜在的投票者にメッセージを広める能力は、そうしたメッセージを特定の有権者層の関心や考え方に合う形で発する可能性と一体であった。一九三〇年代にジョージ・ギャラップが開拓した人口サンプル抽出式の洗練された世論調査手法は、世論の流れをとらえ、際立った争点を特定することを可能にした。

一九三三年、小説『ジャングル』の著者で、カリフォルニア州知事選に出馬しようとしていた社会主義者ジャーナリスト、アプトン・シンクレアは、『カリフォルニア州知事のわたしは、いかにして貧困を終わらせたか』という短編を書いた。ベストセラーとなった同書は、未来から過去を振り返った物語という体裁をとっていた。シンクレアは、「自分が思い描く歴史を実話にする」という、ある歴史家の一風変わった試みだと主張した。当時のカリフォルニア州は共和党の単独支配状態にあったが、失業率は二九パーセントに達していた。シンクレアは協同組合型の工場や農場、そして増税によって貧困を終わらせるという公約のもと、民主党からの出馬を決意した。シンクレアが思い描いていた歴史の第一段階は実現した。知事候補者として指名を受け、アメリカ全土に大きな興奮をもたらしたのだ。ただ残念なことに、シンクレアの著書に描かれたシナリオが実現する可能性は、カリフォルニア州の共和党に警戒感をいだかせてしまった。「シンクレア主義に反対するカリフォルニア同盟」の広報担当だったクレム・ウィテカーとレオーネ・バクスターは、この脅威を食い止めるために単純な手法を採用した。シンクレアのありとあらゆる著述を徹底的に調べ上げ、文脈とかかわりなく、また小説の登場人物のせりふであってもかまわずに、致命的な発言の数々（たとえば、結婚が神聖なものだとは思えない、という小説のなかの手紙の一文）を洗い出したのだ。こうした中傷攻撃はロサンゼルス・タイムズの紙面上で定期的に行われた。知事選後にシンクレアが書いた続編ノンフィクションの題名は、『知事候補のわたしは、いかにしてやられたか』であった。

ウィテカーとバクスターは、高額でサービスを提供する世界初の政治コンサルティング会社キャンペーンズ・インクを経営していた。同社は、地方の党幹部による州政治支配を断ち切るために進歩主義者たちが始めていた改革に乗じた。こうした改革は政党による候補者の支援を妨げたため、候補者はより直接的な形で有権者に働きかける必要に迫られた。ウィテカーとバクスターは、最初の二〇年間にかかわった七五件の選挙戦のうち、七〇件で勝利を収めたと主張している。同社は共和党の仕事しかしなかったが、これは第一世代のコンサルティング会社のほとんどにも当てはまることだった。同社は最初はカリフォルニア州で、やがてアメリカ全土で医療制度改革に反対するキャンペーンも手がけ、公的健康保険制度を「社会主義化された医療」という怪物に仕立てあげるのに一役買った。ウィテカーとバクスターは、出来合いの論説や特集記事に見せかけたプレス・リリースを地方紙に配信する、争点よりも人物にスポットライトを当てる、常に攻撃的な姿勢をとる(「防御的なキャンペーンを展開しても勝てはしない」)、敵に真剣に向き合い、その出方を予想する、キャンペーンのテーマは必ず単純明快にする、といった今なお使われている世論を動かすテクニックを開発した。巧妙さは悪であり、繰り返しは善であった。バクスターによれば、「受け手の思考に頼る言葉はよくない。思考を弱らせるだけだ」[11]。キャンペーンズのサービスは高額だったが、顧客は大企業と企業寄りの共和党だった。二〇世紀初頭、オハイオ州の共和党上院議員で選挙対策の達人だったマーク・ハンナはこう述べた。「アメリカの政治において非常に重要なものは三つある。カネと、カネと、もう一つが何かは忘れた」。時代とともに資金集めの重要性が高まり、コンサルティング会社に求められる新たな仕事となった[12]。

一九六八年以降、大統領候補指名プロセスの一環として大多数の州で取り入れられた予備選挙の重要性が増すと、党内実力者たちの力は弱まった。アメリカでは政治システムが複雑であるうえに、あらゆるレベルの数多くの公職の選挙が定期的に行われるため、たしかな選挙活動実績をもつコンサルティング会社には豊富な仕事がもたらされた。二〇一一年の出版物に記された推計値によれば、きわめて地位の低いものも含めると、アメリカには選挙を必要とする公職のポストが五〇万超も存在し、四年ごとのサイクルで約一〇〇万回の選挙が行われている。[13]ジェイムズ・サーバーが二〇〇〇年の著作で、選挙コンサルタントについて「アメリカや他の多くの国で選挙プロセスの中心にいる」と表現した一因はここにある。[14]一九七〇年の時点でも、選挙戦は候補者間ではなく、「候補者の代理を務めるキャンペーン業界の巨人」のあいだで行われる、と説く声があった。[15]

したがって、ジャーナリストのジェイムズ・ペリーが一九六八年に『新しい政治』を執筆した際に論点としたのは、いかに抗議活動やデモ、市民的不服従、コミュニティ組織化運動が旧来のエリート層を揺るがしうるかではなく、いかに世論調査とマーケティングが高度化しつつあるかであった。ペリーはコンピューター利用の可能性にまで着目した。[16]ただし、こうしたテクニックも、成功を保証するものではないという点で、ニューレフトの奮闘と大差なかった。ペリーの著作の大半は、一九六八年の共和党大統領候補指名争いにおいて、穏健派のジョージ・ロムニーが世論調査やマーケティングをどれだけ巧みに利用したかを説くのに費やされていた。だが同書が刊行されたころには、ロムニーのキャンペーンは破綻していた。有権者とのつながりを築くのに失敗したうえ、かつて自分がベトナム戦争を支持したのは国防総省に「洗脳」されたからだ、という取り返しのつかない主張を行い、事態を悪化させたのだった。

テレビの重要性は、すでにその前の二回の選挙で浮き彫りになっていた。テレビ中継された一九六〇年の大統領候補討論会で、ジョン・F・ケネディがニクソンより優位に立ったのは有名な話だ。一九六四年には、タカ派のバリー・ゴールドウォーターに対抗する民主党が展開したスポットCMにより、中傷（ネガティブ）広告の可能性が明白になった。このCMは以下のような内容だった。ヒナギクの花びらを数えながらちぎる幼女の映像に、ミサイルのカウントダウンの音声が重なる。ゼロの瞬間に原子爆弾の爆発シーンが映し出され、そこに平和を訴えるリンドン・ジョンソン大統領の声が流れる。これは選挙戦に用いられるテクニックの転換点とみなされるようになった。このCMは無鉄砲な人物というゴールドウォーターの定着したイメージにつけ込み、感情に訴える作りになっていた。それでいて、なんの事実にも、ゴールドウォーターの名前にも触れていなかった。[17]

一九六〇年の自身の体験から、ニクソンはテレビに対してきわめて懐疑的な態度をとっていたが、テレビ・プロデューサーのロジャー・エイルズに都合よく使える利器だと説得された。ニクソンのテレビ利用に関する取り組みは、エイルズの友人でジャーナリストのジョー・マクギニスの著書に記されている。『大統領の売り込み』という題名は、印象の良くない人物でも政治商品として売り物にできるという考え方をとらえていた。のちに重視されるようになるネガティブ広告とは対照的に、この段階での目的は前向きであり、発言とは異なるニクソンのイメージを作り出すことを狙いとしていた。マクギニスは以下のように書いている。

ニクソンはいつもながらの退屈な話をするだろうが、誰もそれを聞く必要はなくなる。言葉は耳に心地よくて気の休まる、ただのBGMになる。ニクソンこそ、有能さ、伝統に対する尊敬の念、穏やかさ、アメリカ人がどの他国民よりもすぐれているという信念、ほかの連中がいくら問題がたくさんあるとわめいても、世界最高のビル群、最強の軍隊、最大規模の工場、世界一かわいらしい子どもたちと世界一美しい夕陽に恵まれたこの国にとっては取るに足らないという信念を象徴する人物だ。そんな印象をどうにかして作り出すために、次々に映し出される写真は厳選される。いやむしろ、そうした写真と結びつけることで、リチャード・ニクソンはこれらの権化となりうるのだ。[18]

同書が発するメッセージに、エイルズはおそらくニクソンよりも満足したであろう。メディア・キャンペーンの目的は、ニクソンが一般に思われているよりも好ましく、政治の中道に位置する安全な人物だと見せつけることだった。この点で、実際のキャンペーンはどちらかというと「古い政治（オールド・ポリティクス）」に即した形になった。この一九六八年の大統領候補指名争いは、共和党の代議員の大半が予備選挙ではなく党員集会で選ばれた最後の選挙戦だった。このためニクソンは、支持者層の幅広さを示すやり方ではなく、党の部内者への対応という伝統的な手法に従うことができた。基本戦略として、中核的な支持者が大多数に達していない候補者にとっての定石が採用された。つまり中道に歩み寄り、もともとあった右翼のイメージを和らげようとしたのである。たとえ熱狂的になる者はほとんどいないとしても、最大限の支持者を引き込むために、どのような立場をとるべきかが慎重に検討された。ニクソンのかつてのスピーチライターは、その「中道主義」が基本的に「有権者の真ん中に引かれた線に沿って、実用主義的に折り合いをつけること」だったと述べている。目的は「最も攻撃性の低い中間点」を見いだすことにあった。ニクソンの関心は、「壮大なテーマ」よりも「逃げ道を残しうる微調整」に向けられていた[19]。そして巧妙な売り込みが行われたにもかかわらず、このキャンペーンに対する当人の慎重な姿勢のせいで、当初は圧倒的だった支持率が低下し、予想外の僅差での勝利によってニクソンは大統領に就任したのだった。

新たな保守多数党

一九六八年の大統領選挙戦でニクソン陣営にいた政治評論家のケビン・フィリップスは、一九六〇年代の混乱で生じていた真の好機を見逃すという失敗をニクソンがしたと考えた。若い法律家で民族誌学に関心をもっていたフィリップスは、一九六七年に『多数党に転じつつある共和党』という題名の本を執筆していた。一九六八年の大統領選に際し、その内容の妥当性を見きわめようと出版社が刊行を見合わせたため、実際に世に出たのは一九六九年になってからだった。同書は一四三の図表と四七の地図を含む分析的な長編だが、根底にあるメッセージは以下のように単純明快であった。アメリカはリベラルな既得権益層、いまや高齢で世事に疎く、「大多数の国民のニーズや関心に目が向かない特権的なエリート」に支配されてきた（こうした見方は、もちろんニューレフトと同様であった）。そのエリートが「言動の不一致」を生み出し、「人種的マイノリティや若者をあからさまな抵抗へと突き動かすのを後押しした」。

フィリップスは、人種要因の政治的重要性の高まりが共和党にとっての好機になると考えた。それは、たとえ民主党が新たな黒人有権者を引きつけたとしても、共和党には白人層を動かすことができるからだ。民族的な違いは乗り越えられるというニューレフトの理想主義や旧来の進歩主義者の期待とは裏腹に、フィリップスはそれぞれのアイデンティティは強固で揺るぎないと主張した。ユダヤ人や黒人は民主党を支持しているかもしれないが、ポーランド人、ドイツ人、イタリア人などのカトリック系のマイノリティは反リベラルで団結している。これらの移民コミュニティは、かつて民主党を北部のプロテスタント系共和党既得権益層に対する防御勢力とみていたが、今ではその子の世代が民主党を敵視していた。フィリップスは、ニューヨークでカトリック系の労働者階級が右傾化していることを数字と地域別の地図で示し、家賃補助や機会均等、地域社会活動といった都市リベラルの取り組みに反対姿勢を示すのが共和党にとって無難だと説いた。そして、こうした取り組みが都市部から郊外への白人人口の移動を促し、これが一因となって、衰退しつつある北部から南部や西部の「サンベルト地帯」へ、というより広範囲におよぶ人口移動が起きていると論じた。フィリップスは、こうした構図の変化が不可避だったと訴えたかったのではない。重要なのは、共和党がこの機に乗じる必要があったという点だ。一九六八年の大統領選でリチャード・ニクソンが僅差での勝利に終わったのは、共和党が自分の考えに従わず、ニクソンが実際よりも穏健な人物であるかのように見せかけたからだ、とフィリップスは説いたのである。

このような主張は、フィリップスが「アメリカの有権者の救いようのない卑劣さ」に「不気味な満足感」を覚えており、自分の研究成果を認めようとしない「感傷家（センチメンタリスト）」を「あからさまに見下している」という反感を買った。[20] 人々の相違点を政治に利用できるという事実は、多くの者にとって受け入れがたいものだった。こうした声に対しては、フィリップスはずっと前からのアメリカ政治の特徴を明示しただけだ、と反論することができた。フランクリン・ローズベルトのニューディール連合が機能したのは、ローズベルトが人種差別主義者と黒人、労働組合反対派と労働組合支持派、熱烈な改革派と腐敗した党の集票組織を一つの連合体にまとめる術（すべ）を見いだしたからにほかならなかった。大恐慌時に異なる民族集団を取り込むことができたのは、共通する経済的利害があったからだ。だが、都市部の政治のなかにいて、それがもはや当てはまらないと考える者はほとんどいなかった。[21]
　フィリップスの主張に対しては、多くの共和党員が抵抗する道を共和党政治が歩まなければならないという点で説得力を欠く、との批判も寄せられた。[22]一九六八年の選挙戦でニクソンが使える南部戦略には限界があった。前アラバマ州知事のジョージ・ウォレスが人種差別主義的な綱領を掲げて第三党の候補者として出馬し、最終的に南部五州で勝利を収めた。新たな政治構図に対してニクソンがおおむね賛同することは、共和党のリベラル派の人物を副大統領候補とするのを退けることを意味していた。候補者指名争いで振るわなかったニューヨーク州知事のネルソン・ロックフェラーについては、副大統領候補として考慮しなくてよいとニクソンは考えた。かわりに選んだのが、知名度のあまり高くないメリーランド州知事のスピロ・アグニューだった。かつて穏健派だったものの右傾化していたアグニューは、副大統領に就任すると、「煮え切らない態度の小心者（pusillanimous pussyfooters）」や「おしゃべりな否定主義の成金（nattering nabobs of negativism）」といった印象的な頭韻表現でリベラルのエリート層を攻撃し、有名になった。
　一九七〇年、民主党の穏健な世論調査専門家であるリチャード・スキャモンとベン・ワッテンバーグの二人が、より慎重な姿勢でフィリップスの主張を繰り返した。当時、共和党はまだ多数党になっていなかった。だが民主党が、犯罪や同党の寛容さに関して元来の支持者層がいだく不安を認識しなければ、共和党は多数党になりうると二人は警告した。[23]若い活動家たちが中道的な有権者を警戒させる争点を前面に押し出すなど、民主党はむしろ左傾化しており、党のかつての既得権益層は弱体化していた。一九七二年にはリベラルで反戦派のジョージ・マクガバンが民主党の大統領候補に指名されたが、ニクソンに惨敗を喫した。ニクソン政権はその後、スキャンダルで揺れ動いた。まず副大統領のアグニューが汚職事件のために辞任した。次にニクソンが、一九七二年の選挙戦中の関係者による盗聴とそのもみ消し工作を理由に弾劾の危機にさらされ、辞任を表明した。思いがけず副大統領から大統領に昇格したジェラルド・フォードと、その指名で副大統領に就任したネルソン・ロックフェラーは、いずれも一九七二年の大統領候補指名争いには出馬していなかった。フォードは一九七六年の大統領選で敗北した。その後、保守的なテーマに猛烈な勢いで取り組んだのがロナルド・レーガンであった。

ロナルド・レーガン

ハリウッドの俳優としての経歴を終えたあと、ロナルド・レーガンは右翼の演説家として政治の世界で名を上げた。一九五四年には、ゼネラル・エレクトリック（GE）の公式スポークスマンとして採用された。レーガンはアメリカ全土のGEの工場を訪ねては、従業員を相手に自由企業の美点を称賛し、大きな政府と共産主義の危険性を警告した。テレビ映りの良さと、おおらかで親しみやすい人物像は、政治に尻込みしかねない人々とのつながりを築くのに役立った。また、レーガンはフィクションの世界と自分が住んでいる現実の世界とを行き来する能力をもち、たとえ現実離れした主張でも信憑性のあるものとして語ることができた。ある伝記作家は、レーガンの頭のなかには「物語の世界、英雄的な行動によって現実を変えることができる空想世界」が広がっており、その世界と現実世界が混然一体となっていたと表現している。レーガンの言葉には、常に偽りのない響きがあった。それは、たとえ事実に即していなくても、当人が本当だと信じて話していたからである。感情と事実が相容れない場合には感情が優先された。「レーガンは誠意をもって語られる物語の力を信じていた」[24]。

一九六六年にカリフォルニア州知事選挙に出馬した際には、自分の知名度の高さに有権者が嫌悪感をいだくのを避けるため、中道寄りの立場をとるという常套手段を採用した。経験不足の右翼という攻撃には反応せず、抑えめの語調で演説し、穏健派として知られる人物もメンバーに入れた後援会を各地で組織した。当時のキャンペーンを手がけたコンサルタントの一人は、以下の点で合意したうえで経験不足という攻撃に対処した、とのちに振り返っている。「レーガンはプロの政治家ではなく、市民政治家だ。われわれが守勢に立たされるのは当然である。経験は必要ではない。市民政治家は、あらゆる争点について答えをすべて知っていることを求められてはいない」。こうした状況のなかで、長年同州の知事を務めてきた対抗馬のパット・ブラウンも、プロの政治家であるという理由で守勢に立たされることになった。プロの政治家か否かという問題は、その後のアメリカの多くの選挙において一つのテーマとなった。文章を暗記し、すばらしい演説を行うのが得意な俳優にすぎないという批判に、レーガン陣営は演説後に質疑応答の時間を設けるやり方で対処した。コンサルタントはカリフォルニア大学バークレー校での騒乱を計算に入れるつもりはなかったものの、それが自分たちの追い風になることには気づいていた。(25)

州知事に選ばれてからのレーガンは、保守派の大統領候補になりうる人物とみなされた。一九六八年の共和党大統領候補指名争いにとりあえず出馬した経験はあったものの、大統領職への本格的な準備を始めたのは一九七四年に州知事の二期目の任期を終えてからだった。レーガンは世間の注目を自分に引きつけておくための手段として、また自分のメッセージに磨きをかけ、受け手から良好な反応が得られる言葉やテーマを特定するための手段として、全国の新聞に配信されるコラムと全国ネットのラジオを利用した。このころには、アメリカ国民のうち、自分を保守とみなす者（三八パーセント）がリベラルとみなす者（一五パーセント）の倍以上に達していた。ただし、最も多いのは依然として中道派（四三パーセント）だった。(26)一九七六年の大統領候補指名争いでレーガンはジェラルド・フォード相手に善戦し、一九八〇年の大統領選での勝利に向けて大きな前進を遂げた。その道のりにおいては、一九七〇年代後半の経済・国際危機への対処で苦戦し、大統領として厳しい任期を過ごした民主党のジミー・カーターにも助けられた。レーガンは、民主党とかかわりの深い社会保守主義と、財政赤字や大きな政府に反対する、共和党とかかわりの深い経済保守主義の違いを指摘するメッセージを発するようになった。そして、「かつて、この二つの保守主義をはっきりと分けていた線は消えつつある」と主張した。レーガンは、「このアメリカ保守主義の二つの流れを、ただ単に一時的で不安定な連合を組むためではなく、新しい永続的な多数派を築くために融合させる」ことを思い描いていた。[27] さらに、これら二つの伝統の融合は実現可能なだけでなく、豊かな未来につながると訴えようとした。こうした形でレーガンは、アメリカをあらゆる面で向上させ、より強く豊かな国にするという伝統的な政治家の公約を掲げ、カーター政権がもたらした陰鬱さとはきわめて対照的なまばゆいほどの楽観論を示した。共和党の大統領候補としてカーターと討論した際、レーガンは本流の政治家らしく振る舞おうとし、四年前に比べて暮らしは良くなったかという鋭い質問を国民に対して発することで勝利を決定づけた。

　レーガンは、多数党としての新たな共和党の実現に必要不可欠な諸グループからの支持を強固にするため、二つの領域でメッセージを伝えることの重要性を示した。一つは南部の有権者で、カーター支持から引き離すために独自のアピールをする必要があった。レーガンは、あからさまな人種差別的態度ととられないように注意しながら、一九六〇年代に三人の公民権運動家が殺害されたことで悪名高いミシシッピ州フィラデルフィアで選挙運動を開始した。そこで、人種差別主義者として知られる人物の横に立ち、自分は「州の権限」を信じると強調した。これは、黒人の前進を阻むことを明らかに意味する言葉であった。もう一つ、レーガンが徹底的に売り込みをかけた層は宗教右派だった。

欠かさず礼拝に行く人物とはみなされていなかったレーガンだが、一九八〇年の共和党大統領候補指名受諾演説では、自然発生的に出たかのような言葉（実際には周到に準備していた）を最後に口にした。もともと予定していなかった言葉を付け加えるかどうか迷っていたのだが、と前置きしてから、こう問いかけたのだ。「この国、この自由の島が、自由な空気を吸いたいと切望する世界中の人々の避難所となったのは神の摂理にほかならない。このことを疑う余地があるでしょうか」。周到な計算のもと、レーガンは自らの選挙戦を宗教的聖戦へと変えたのだった。そして、静かな祈りの時をもつよう呼びかけ、その後、決まり文句となった「アメリカに神の祝福があらんことを」という言葉で演説を終えた。こうして新たな宗教政治が生まれた。その一因は、レーガンがこの演説で実行した策略にアメリカ人の三分の二が好反応を示したことにあった。さらに重要な要因として、正しいメッセージを送ることができれば、しだいに存在感を強めているキリスト教福音派からの支持が得られると、レーガン自身が実行前から認識していた点が挙げられる。

カーターは非常に信心深い人物として知られ、自らの信仰について繰り返し語っていたが、大統領在職中に特定の宗教的なアジェンダに取り組んだとは決していえなかった。中絶の権利を認める画期的な出来事となった一九七三年一月の最高裁判所のロー対ウェイド判決は、福音派とカトリック教徒を駆り立てた。個人の問題は政治の問題だというラディカルの主張は、いまや保守派にも受け入れられていた。保守派は、薬物や犯罪、性に対する寛容さといった、自分たちが道徳の著しい荒廃とみなす風潮を覆すために、政治に目を向けた。南部バプテスト派の伝道師で自身のテレビ番組ももっていたジェリー・ファルエルは、一九七九年に『アメリカは救われうる』と題した説教書を刊行し、こう訴えた。人を俗人と聖人に分け隔てることはできない。だから、「大企業の役員や弁護士や実業家など、明日のアメリカにおいて重要な人物になれる」ように神に仕える人間を育てる必要がある。「この国を変えるには、神の民を正しい方向へと導かなければならない。それも今すぐにだ」。めざしたのは、中絶反対、公立学校での祈りの時間の推進、性やジェンダーに関する伝統的な概念の重視、といった取り組みによって道徳的な多数派を築くことだった。「すべてのキリスト教原理主義者が誰に投票すべきかを理解し、いっせいに実行に移せば、誰でも望みどおりに当選させることができる」。ファルエルは政治的な宗教組織「モラル・マジョリティ」を創設し、同組織が支持できるすばらしい綱領をレーガンが打ち出すのなら、三〇〇万〜四〇〇万の票を投じると約束した。モラル・マジョリティの指導者の一人、ポール・ウェイリッチは、この組織を「この国の現在の権力構造を覆すために運動しているラディカル」だと表現した。[28] レーガンは演説と、「胎児を守る」ための憲法改正を提案する構えをみせることで、うまく成果をあげた。約束された票を稼いだのである。

リー・アトウォーター

新しい保守多数派が一九八〇年代を通じて存続することを確実にした人物として知られるようになったのは、リー・アトウォーターである。アトウォーターは一九七〇年代に南部の共和党政治活動家として名を上げたあと、一九八四年のレーガン、一九八八年のブッシュの大統領選における立役者となった。その後は共和党全国委員会の委員長を務めたが、脳腫瘍を患い、一九九一年に四〇歳の若さで急逝した。

アトウォーターは興味深い人物だった。魅力的でカリスマ性をもつ一方、人を操るのが巧みな曲者（くせもの）で、その考えに賛同する者と同じくらい、露骨に敵視する者もいた。その実存主義と気取らないライフスタイルは、同世代のラディカルの学生たちと変わらないようにみえた。また、黒人文化のソウル・ミュージックを好み、自ら演奏する一面もあった。アトウォーターにとって、反抗的、反体制的とは共和主義に傾くことを意味していた。のちにこう振り返っている。「若い民主党員はみな三つぞろいのスーツで葉巻を吸いながら走り回って仕事をしていた。だからわたしは言った。『なんてこった、オレは共和党を支持するぞ』と」。さらにこう付け加えている。これは「一九七〇年代初頭の世情に対する反応でもあった。アメリカの若者の心をつかんだという左翼の言い分を、わたしは不快に思った。少なくとも、わたしの心はつかんでいなかった」。南部で共和党支持の姿勢をとるのは反乱者であることを意味した。争点について語っても南部では勝てない。だから、人物重視で戦わなければならなかった。「ほかの候補者を悪者に仕立てる必要があった」。アトウォーターは自らを「個人攻撃や卑劣な手段、マイナス面の強調といった対人論法型の戦略と戦術を用いるのに長けた、マキャベリ的な政治戦士」として売り込んだ[29]。

別の観点からみても、アトウォーターが台頭したタイミングには重要な意味があった。アトウォーターが政治の世界に入ったのは、プロの戦略家にとってのチャンスが広がりつつある時期だった。数多くの選挙が存在し、常に選挙戦が繰り広げられているアメリカの政治構造は、票を引き出す仕組みを理解し、それを現代のコミュニケーションの可能性やキャンペーンの才能と結びつける者に好機をもたらした。アトウォーターは、人種や犯罪に関連した「くさびとなる」争点を巧みに扱う、ネガティブ・キャンペーンの達人として評判を得た。この評判は、一九八八年の大統領選で民主党候補者のマイケル・デュカキスを容赦ないやり方で退けたことによって決定的になった。外部から取り立てられた身であるアトウォーターは、自分が何か一つでも失敗をすればすぐに仕事を失う立場にいると認識しながら、注目の的であることを楽しみ、常に顧客や自分自身をネタにした話をしていた。またメディアのニーズを把握し、うまくあおった。テレビ時代の申し子らしく、周到に計画した行為や痛烈な広告がその後何日にもわたって話題となり、候補者に対する有権者の見方を一変させる可能性があることを理解していた。

アトウォーターは戦略の研究にも熱心で、マキャベリを繰り返し読み、クラウゼヴィッツの『戦争論』を常に手元に置いておこうとしていたといわれている。とりわけ愛読していたのは孫子で、少なくとも二〇回は読んだと自ら述べている。アトウォーターの告別式では、『兵法』からの引用文が読み上げられた。一九八八年には、こう語っている。「成功のための処方箋はたくさんある。そこには、集中、戦術面での柔軟性、戦略と戦術の違い、集中的な指揮系統といった概念が含まれる」[30]。アトウォーターはリンドン・ジョンソンを政治術の達人とみなし、その政治家としての隆盛を描いたロバート・キャロ著の伝記を一種のバイブルとしていた[31]。また、南北戦争における戦闘も研究し、総力戦の容赦ない論理を最もよく理解していたのは北軍の将軍ウィリアム・シャーマンだと考えていた。

スポーツで興味があるのはプロレスだけだった。プロレスでは、それがまがいものの戦いだとわかっているなかで、汚い技や手を使うことも想定しながら二人の屈強な男が取っ組み合う。ここから、孫子に魅了されていた理由がうかがえる。アトウォーターは、とりわけ敵が想像力を欠いた戦い方をしている場合に、ずる賢さが実りをもたらしうる世界で仕事をしていた。敵を徹底的に研究する（「敵を知る」）ことを重視していたため、弱点に狙いを定められた。同じように、自陣の候補者の脆弱性を認識することも、防御の面で重要だった。一九八八年にブッシュの共和党大統領候補指名争いを支える際にも、対抗馬ロバート・ドール上院議員の短気な性格につけ込んで苛立たせる（「敵の将を怒らせ、攪乱する」）作戦をとった。そして民主党大統領候補デュカキスとの本戦では、その地元マサチューセッツ州で相手の得意とする環境問題を取り上げて攻撃し、敵を狼狽させた。デュカキスは、安全だと思っていた分野に労力を注ぐことを余儀なくされた（「敵の思いもよらないところに急進する」）[32]。

アメリカの選挙キャンペーンでは、伝統的なイデオロギー的要素や党の規律の重要性が薄れるにつれて、候補者個人の資質が重視されるようになった。選挙戦略は、一度かぎりの天王山の決戦用の戦略に似たものとなった。選挙はゼロサム・ゲームで、一方が勝てば、もう一方は負ける。したがって、競争は激しさを増した。有権者の規模を考えれば、個別に接触するのは不可能であるため、キャンペーンはマスメディアを通じて行わなければならなくなった。それは政策とともに人間性を競う戦いである。アトウォーターは、あらゆる状況に独自の論理を当てはめ、起こりうるすべての事態をより大きなナラティブに溶け込ませる形で説明することのできる、情報操作（スピン）の達人とみなされていた。スピンによって、罪のない候補者が不当なまでにおとしめられる場合もあれば、後ろ暗いところのある政党がまったくとがめられずに済む場合もある。何が偽りで何が真実なのか、わからなくすることも可能だ。また、偶然の成り行きを意図的だったかのように、あるいは計画どおりの出来事を偶然であるかのように見せかけることもできる。アトウォーターは死を目前にして聖書について語り、自分が攻撃した者たちに対して謝罪の言葉を述べたが、それについても、心からの行為だったのか、それとも自分の印象を良くするための最後の手段だったのかという疑問は残った。弟子の一人であるメアリー・マタリンは、アトウォーターは個人的に無礼を働いた人々に謝りたいと考えていたが、それは自分の政治手法に関して「死の床で改心する行為」ではなかったと述べている。[33]

アトウォーターはメディアに熱心に働きかけ、独自のストーリーを描きたいと切望する個々の記者を手玉にとった。そのテクニックは、選挙運動家時代の経験から磨き上げられた。記者たちが「これは重要情報だという思い」を強くし、また「自分が認められている、信用されているると感じるのを後押しする」ために、プレス・リリースは送信せずに必ず手渡しした。渡すのは締め切りの一時間前だった。必ずしもチェックの時間がとれない状況で、記者たちがその「ニュース」を当日の記事に仕上げられるようにするためだ。プレス・リリースが一枚を超えることはほとんどなく、見出しも二五語以内と、一目で読める形式にしてあった。アトウォーターはこう説いている。「だいたいの記者は、ほかの人間同様に怠け者だ。それに締め切り前でかなり追いつめられていて、たくさん書き直す必要のない資料を埋め草に使おうとする」。[34] メディアのスクープも、「その時点での一面的な見方に突っ込む」ことしかできない。マタリンはアトウォーターの才能が「メディアの脈動」を把握している点にあったと表現している。[35]

こうしたテクニックや才能は、アメリカの政治と社会に関する鋭い分析に裏打ちされていた。一九八〇年代初頭、アトウォーターは一九四七年一一月にクラーク・クリフォードがハリー・トルーマンに向けて書いた「一九四八年の政治」というメモを目にした。そこでは翌年の大統領選挙の候補者名、さらにはトルーマンが勝利することが正確に予測されていた。クリフォードは選挙人団の状況から、通常は勝利の必須条件である東部の重要州でトルーマンが負ける可能性はあるものの、「堅固な南部（ソリッド・サウス）」と一九四四年の大統領選で民主党が票を得た西部諸州を押さえれば勝てると読んでいた。アトウォーターはこれを参考にして、一九八三年三月に「一九八四年の南部」と題したメモを作成し、同じような手法でレーガンは再選可能だと説いた。「南部の人々は本能的な直観の面ではなおも民主党支持で」あり、「その必要性があると感じた場合にしか共和党に票を投じない」だろう、とアトウォーターは考えた。だが、一九八〇年の大統領選でレーガンが南部の人々に同地域出身のジミー・カーターに票を入れないよう説得できていた点にも気づいていた。アトウォーターはカギを握る浮動票層を特定し、「大衆迎合主義者（ポピュリスト）」と呼んだ。このグループは共和党支持の「既得権益層（カントリー・クラバー）」寄りにも、民主党支持の黒人寄りにもなりえた。[36]翌年、アトウォーターは別のメモで、南部が勝利のカギとなることを強調し、「リベラルな（全国の）民主党支持者と伝統的な南部の民主党支持者のあいだに亀裂を生じさせる」よう訴えた。

ポピュリズムに関してアトウォーターが興味をいだいたのは、保守主義とは異なり、それがイデオロギーというよりも、概して否定的な姿勢が積み重なったものである点だった。「ポピュリストは反大きな政府、反大企業、反大規模労働組合で、メディアにも金持ちにも貧乏人にも敵意をいだいている」。こうした否定的な姿勢は、その票を動かすのが難しいことを意味している。「いざ動くとなれば、リベラルつまり民主党の理念を支持する確率と、保守つまり共和党の理念を支持する確率は五分五分だろう」[37]。アトウォーターはポピュリストに加えて、リバタリアン（自由意志論者）にも言及している。このグループがリベラルや保守と同じぐらい重要だと考えていたからだ。アトウォーターはリバタリアンの思想と、やがて有権者の六〇パーセントを構成することになるベビーブーマー（一九四六～一九六四年生まれの世代）を関連づけた。テレビ時代に生まれたベビーブーマーは、価値観とライフスタイルへの関心から「自己実現」と「内向き志向」を追求する。このため、経済面だけでなく、私生活の面でも政府の介入に反対する。これらすべての点から、アトウォーターはどのような姿勢が優勢的なのかを探った。姿勢は見解よりも深く根づいたものであり、知性だけでなく感情も反映するとみていたからだ。こうして以前よりも流動的な政治的背景のなかで、有権者の姿勢に向き合う難しいキャンペーンを展開することになった。そのためには、「聞き手に考えさせるのではなく、（多くの場合、嫌悪感を）感じさせる具体例、理不尽な毒舌、わかりやすい物語を追求する」ことが理にかなっていた。

一九八八年の大統領選に出馬したジョージ・H・W・ブッシュは、選挙を自身よりもマイケル・デュカキスに的を絞ったものにする必要があった。ブッシュの恵まれた経歴と、レーガン政権時代のいくつかの汚点にかかわっていたことは、自身に不利に働くと見込まれていた。当初の世論調査ではデュカキスが優位に立っていた。だが、ウィリー・ホートンという人物の存在がブッシュ陣営を救った。ホートンは殺人を犯してマサチューセッツ州で服役中だったが、一週間の一時帰休制度の期間中に逃亡し、レイプ事件を起こした。これは、同制度を支持していたデュカキスの州知事在職中に起きた事件であった。民主党大統領候補の指名を争っていたアル・ゴアは討論会で、デュカキスが「有罪判決を受けた犯罪者に週末の帰宅許可」を出したと言及した。ゴアの攻撃はその一言で終わったが、アトウォーターのチームはこの問題に着目して調査し、それがデュカキスに大きな打撃を与えうると考えた。「ウィリー・ホートンにはスター性がある。恐怖を引き起こすため、ウィリーをもう一度、政治的に一時帰休させよう。リベラリズムと大物黒人レイプ犯のすばらしき融合だ」[38]。ロナルド・レーガンもカリフォルニア州で同じような制度を実施していたし、マサチューセッツ州で同制度が導入されたのは、デュカキスの前任である共和党出身の知事の時代であった。デュカキス自身も、同制度を廃止しようとはしなかったが、第一級殺人犯には適用しないという案には賛同していた。それでもこの騒動は、デュカキスが常習的にレイプ犯や殺人犯を解放し、罪を犯させてしまう弱腰のリベラルである、というストーリーに仕立て上げられた。ホートンを題材にしたメインの広告は、ブッシュ陣営のキャンペーンの公式手段ではなかったが、共和党支持者は情け容赦なく、そのメッセージに乗じた（イリノイ州の共和党委員会は「マサチューセッツ州の殺人犯、レイプ犯、麻薬密売人、児童性的虐待者はみなマイケル・デュカキスを支持している」と訴え、メリーランド州の共和党委員会は、寄付金を募る手紙でデュカキスと恐ろしい表情のホートンの写真を並べ、「これが一九八八年選挙に向けた家族主義の陣営か？」と記した）。ホートンは犯罪と（より無意識的ながら）人種問題を争点として扱うために利用された。デュカキスは本戦の討論会で、自分の妻がレイプされて殺されたらどうするかという質問に対し、死刑には反対だと改めて主張したことにより、犯罪に無関心というイメージを一段と強めてしまった。広告が流れはじめたころには、すでにブッシュがリードを奪っていたが、デュカキスはのちにその質問にうまく対応できなかったことが「私の政治生命における最大の過ち」だったと振り返っている。[39]

ブッシュ陣営は宗教という切り札も効果的に使った。南部の福音派による共和党推進の動きは続いていた。同派にとって、カーターは支持の対象になりえたが、一九八四年の大統領選でレーガンに対抗したウォルター・モンデールやデュカキスは違った。ブッシュも福音派にはみえなかったが、ある討論会で最も大きな影響を受けた思想家は誰かと問われた際に、機を見るに敏な対応をした。「キリストだ。そのおかげでわたしは改心した」と答えたのである。福音派の伝道師ビリー・グラハムは「すばらしい答えだ」と評した。その後、ブッシュはお決まりのように、神との親密ともいえる関係について真剣な顔で語り、必要としていた支持を獲得した。[40]とはいえ、一九八八年にデュカキスがブッシュに敗れた原因はこれだけではなかった。民主党デュカキスは精彩を欠くキャンペーンを展開し、支持率の低下に自ら拍車をかけた。民主党は、中傷的な個人攻撃を軽蔑しつつも黙殺し、それ以上の対応をするのは不名誉だといわんばかりに放置した。この失敗は、一九九二年のビル・クリントンの大統領選で教訓として生かされた。

永続的（パーマネント）キャンペーン

民主党は独自の形で政治戦略に貢献した。共和党の場合よりも重要といえる貢献の一つは、アトウォーターに先立って、選挙は絶え間なく続く活動のなかの一時点にすぎないと認識したことだ。集中的なキャンペーンの期間は選挙で終わるといえるが、それだけで候補者が統治の仕事という、あらゆる労力を費やして果たすべき名目上の目的を達成することはできない。キャンペーンの時期を前後両方向に伸ばしたのはジミー・カーターだった。カーターの選挙対策参謀だったハミルトン・ジョーダンは、知名度を得るためにできるだけ早くキャンペーンを始めるよう助言した。知名度を上げるには、早くから資金集めを行い、序盤の州予備選挙に絡めるようにする必要があった。ジャーナリストのアーサー・ハドリーは、一つの大統領選の終結から次の大統領選の最初の州予備選挙までの期間、つまり次の候補者と見込まれる者がとりわけ資金集めによって準備を進めなければならない期間を「目に見えない予備選挙」と表現した。同じ理由から、この期間は「マネー予備選挙」とも呼ばれている。

目に見えない予備選挙が「永続的（パーマネント）キャンペーン」へと発展したのは当然の流れだった。パーマネント・キャンペーンとは、パトリック・カデル（カーター陣営の世論調査専門家）が一九七六年一二月に書いたメモで初めて取り入れた概念である。この共和党政権から民主党政権への移行期に、カデルはこう説いた。「あまりにも多くの善人が、体裁よりも中身を前面に押し出そうとして敗れてきた。何が起きているのか、大衆が理解するのに必要な目に見えるシグナルのようなものを発することを忘れたためだ」。カデルいわく、「大衆の支持のもとで統治するには、継続的な政治キャンペーンが必要である」。こうした概念は、のちにビル・クリントンのアドバイザーとなるシドニー・ブルメンタールによって確立された。[41] パーマネント・キャンペーンが必要不可欠となった要因には、日々のニュースのサイクルが早まった点と、出てきたマイナス材料に即座に対応できなかった場合のコストの大きさが明らかになった点があった。日々のナラティブが、政策形成や統治の仕事と少なくとも同程度、おそらくはそれ以上に重要な意味をもつという感覚が、短期志向を極限まで強めたのだ。

一九九二年、ウィリー・ホートンのエピソードと、過去二回の大統領選における民主党大統領候補ウォルター・モンデールとマイケル・デュカキスのあっけない敗北からクリントン陣営が得た教訓は、敵陣営のいかなるネガティブ・キャンペーンにも機敏かつ積極的に反撃する必要があるということだった。予備選挙中にクリントンの不倫スキャンダルが報じられるやいなや、陣営はそこから注目をそらす策を講じることができた。選挙対策参謀のジェイムズ・カービルは、ヒラリー・クリントンにこう説いた。選挙戦に必要なのは「焦点だ。軍事作戦のようにしなければならない。わたしは地図やサインや、切迫感を伝えるのに必要なあらゆるものを提示したい。色分けされた大きな電子地図などがほしいほどだ」。それを聞いてヒラリーは、「作戦指令室（ウォー・ルーム）」が必要なのだと納得した。大統領選挙と戦争には、敵対する二つの陣営によって争われ、どちらか一方しか勝者にはなれない、という共通点があった。カービルは「物事を分析的、打算的な目で見て、自分の感情をそこに持ち込まないように」しようと努めたものの、実際には「全然うまくいかなかった」。「結局は敵を憎み、メディアを憎み、こちらの候補者を当選させようとする取り組みにまったくなびかない者すべてを憎んだ。キャンペーンにかかわっていない者、それを毎日の仕事にしていない者、一日に一八時間働かない者はみな、味方に思えなかった」。同様の心の動きとして、こうも述べている。「しかも、わたしはほとんどずっと、自陣の候補者に惚れこんでいた」。そして、また戦争にたとえた表現を用い、攻勢に出るほうがはるかに満足感が得られると説いている。「こちらの候補者はこんなに素晴らしい、とあおる感傷的な広告をなんとか作りあげるよりも、敵を切りつけるほうが」はるかに「精神的なやりがいがある」と。[42] カービルは二〇一二年に、早い段階からのネガティブ・キャンペーンを勧める古代ローマ時代の選挙戦の手引き（「ことあるごとに、敵が自ら引き起こした犯罪やセックス・スキャンダルや政治腐敗をやり玉に挙げよ」）について、熱烈に支持するコメントを寄せている。[43]

一九九二年の選挙戦のもう一人の立役者ポール・ベガラと共同執筆した著書で、カービルは自分の哲学をメディアの要求と結びつけて説いている。カービルは同書でまず、ロジャー・エイルズが示したという以下の見解を紹介している。もし、ある政治家が癌の治療法について発表するためにメディアを集めたところでオーケストラ・ピットに転落したら、「政治家がオーケストラ・ピットに転落」という見出しで報じられるだろう。メディアはスキャンダルと失態と世論調査と攻撃にしか関心を示さないため、アジェンダをコントロールしたければ、攻勢に出るよりほかない[44]。攻撃の準備は、実行の機会を見計らいながら徐々に進めることも可能である。だがタイミングがきわめて重要であることに変わりはなく、しだいにニュースのサイクルが早まり、直近の話題が完全に広まる前にメディアが新たな話題を欲するようになっている点と、どのような話題であっても、ほんの短い時間でしか報道されない点の両方を考慮しなければならない。全国ネットのニュースで各大統領候補の発言がひとまとまりで報じられる時間は、一九六八年に平均四二・三秒だったが、二〇〇〇年には同七・八秒まで縮小している。

こうしたなかで、スピードの重要性が強調されるようになり、さらに正確性、機敏さ、柔軟性が重視されるようになった。「分析麻痺」（分析に時間をかけすぎて身動きがとれなくなること）におちいる余裕もなければ、「第一印象を作り直す機会」もない。最初にメディアに取り上げられたときの印象がその後もついてまわるため、初めてニュースに登場する機会がその後の機会よりも重要となる。ひとたび評価が下され、その影響を受ける状況になったなら、二の足を踏んではならない。躊躇は致命的だ。討論をフレーミングするには、最も伝えたいメッセージを単純明快にし、しつこく繰り返さなければならない。意思伝達に必要なのは記憶に残るストーリーだ。「事実は伝わるが、ストーリーは売れる」。カービルのチームはメディアに継続的に働きかけ、討論会後に伝えたいメッセージがきちんと伝わっているか、そしてブッシュ陣営によるネガティブ・キャンペーンを見落としていないか、確認した。デュカキス敗北の教訓から、クリントンへのあらゆる攻撃に素早く対処するための即応チームが結成された。一九九二年にブッシュが大統領候補指名受諾演説を行っている最中にも、同チームはその内容に逐一反論し、メディアに伝えていた。候補者同士の討論会が開催されるころには、ブッシュの政治姿勢と大統領としての経歴に関する情報が蓄積され、相手が実際に話す前にその主張に異を唱える「事前反論」を行うほどになっていた。[45]お互いに認識し合っていたかどうかは定かでないが、敵の情勢判断を混乱させようとするカービルの手法はジョン・ボイドのOODAループ理論にかなっていた。「ウォー・ルーム」そのものだったチームの最後の会議でカービルが着ていたTシャツには、「スピードがブッシュを殺した」というスローガンが書かれていた。

アメリカの政治のあらゆるレベルでネガティブ・キャンペーンが一貫して支配的な手法となっている背景には、それがとりわけ接戦で、資金が大きな制約とならない状況において効きめをもつ、という候補者とキャンペーン戦略家の確信があった。[46]効きめがあるのは、人々がポジティブな情報よりもネガティブな情報に注目しがちだからだ。その一因は、ネガティブな情報が（この人物は自分の身の安全と生活水準を託すに値するのか、という）リスクに関する問題意識を呼び起こす点にある。候補者の美点をほめそやすポジティブなメッセージは、強い反応を引き起こしにくい。ネガティブなメッセージも、露骨な「中傷」や、現状の懸案事項と無関係にみえるものなど、度を超して攻撃的な場合はあまり効力をもたない。若いころに羽目を外したことや過去の不倫騒動は、それが明るみに出たせいで当該候補者が無能な、あるいは腹黒い人物にみえる場合でなければ、無関係とみなされる傾向が強い[47]。したがって、反論は相手の主張を否定するためだけでなく、標的にされた候補者がなんのリスクももたらさないことを示すためにも重要である。さらに、どんなメッセージについてもいえることだが、受け手には多種多様な人々がいる。全国的なキャンペーンにつきものの問題は、支持母体には熱烈に受け入れられうる主張が、穏健な見解を排除しかねないという点だ。

一九九二年の選挙戦がもたらした重要な教訓の一つにこれがあった。クリントンは一二年におよんだレーガン・ブッシュ政権時代を純粋に振り返り、厳しい経済情勢と変化の必要性に焦点を絞ることができた。同時に南部出身者として、アトウォーターが設定したポピュリスト的な役割を演じることも可能だった。つまり、宗教的なテーマをうまく取り入れながら、「新たな契約」や「神のもとで一つとなった国家」といった言葉を、よりリベラル風にひねりをきかせて用いたのだ。この点においては、ブッシュが宗教色の薄い中道派を警戒させることなく、引き続き宗教右派の支持を得られると確信していたことがプラスに働いた[48]。

一九八八年の大統領選では宗教を効果的に利用できたブッシュだが、今回はそれほどうまくいかなかった。その一因は、モラル・マジョリティから継続的な後押しを受けてきた影響で、共和党が政治的というよりも社会的とみなされる問題に関して、少数派の立場をとる格好になってしまった点にあった。福音派とそれに歩調を合わせたカトリック教徒は、妊娠中絶と奴隷制を同等とみなし、自分たちを奴隷制廃止論者になぞらえた。また、同性婚に反対するだけでなく、同性愛も非難した。ポール・ウェイリッチは、「同性愛の権利を擁護する者は、具体的に示された聖書の教義に犯していることになる」と訴えた。[49] それから公立学校で祈りの時間をもつことを禁じ、合法的な中絶を認めたうえ、同性愛にも寛容な最高裁判所を標的にした。また、憲法修正を要求し、これに消極的な最高裁判事の指名に反対する一方で、共和党に男女平等憲法修正への取り組みから手を引くよう促した。一九九二年の共和党大会では、超宗派的組織「キリスト教連合」が「神と国家」集会を主催し、ジェリー・ファルエルが会場の特等席に座った。そして、共和党の綱領や大会中の数多くの演説には宗教的な言葉がふんだんに盛り込まれた。さらにブッシュは指名受諾後の演説で、民主党が綱領に「G、O、D」の三文字を入れていないと批判した。

こうした動きは裏目に出た。共和党大会後にブッシュの支持率が「反発」することはなかった。世論調査の数字は、民主党は反宗教的だとほのめかして不和を生じさせる試みや、ブッシュを支持するキリスト教徒の姿勢にみられる極端さに対する不安を映し出していた。キリスト教連合の創設者パット・ロバートソンはこう説いた。「フェミニストが訴えているのは男女平等の権利ではない。フェミニズムは女性に夫を見捨て、子どもを殺し、魔術を行い、資本主義を破壊し、同性愛者になるよう促す、社会主義者的で反家族的な政治運動だ」[50]。宗教右派とのつながりはブッシュ陣営に悪影響をおよぼした。ブッシュは自ら主流の社会的価値観から外れ、主要な争点である経済問題を避けて通ろうとしたのである。

共和党は、アメリカ社会に起こりつつある変化の重要性を見落とそうとしていた。一九八八年に続いて一九九二年の大統領選でも副大統領候補となったダン・クエールは、共和党を伝統的な価値観の政党と断定しようとしていた。一九八八年の演説では「われわれと他党とのあいだにある溝は文化の分断を示している」と発言した。そして一九九二年の党大会では家族の重要性を訴えようとして、テレビドラマ『マーフィー・ブラウン』でキャンディス・バーゲンが演じる主人公を引き合いに出した。このころ、ドラマのなかでは主人公がシングル・マザーになる決意をしていた。クエールは「一人で子を産むことにより、父親の重要性」をないがしろにする、との不満をもらした。これは、離婚の増加、性に対する寛容さ、犯罪、全般的なモラルの低下などとともに、アメリカの家庭が直面する問題を物語っていると。この発言はすぐに攻撃の矢面にさらされた。はたして中絶手術を受けるという展開だったら、主人公はより良いモデルとみなされただろうか。アメリカの有権者のなかで大きな比率を占めるシングル・マザーや働く女性、離婚経験者を批判したのも軽率だった。一九九〇年には、アメリカで理想的な核家族の形態をとっている世帯は全体の約四分の一にすぎなかった。労働人口のうち、一八歳未満の子どもを有する女性の比率は一九五五年には二七パーセントだったが、一九九二年には七六・二パーセントに達していた。共和党の中絶反対の姿勢にも往々にして不愉快な思いをしていた女性たちは、やがてクリントン支持に鞍替えした(51)。

一九九〇年代のビル・クリントンの成功を考慮すると、二〇〇八年にその妻ヒラリーが民主党大統領候補の指名争いで、バラク・オバマとの熾烈な戦いで敗れたのは予想外の展開であった。オバマはアフリカ系の血をひくリベラル派、という不利とみられる立場のいわばアウトサイダーだった。「初の女性大統領」か「初のアフリカ系大統領」か。どちらにも、当選すれば「史上初」という要素があった。また別の観点からみると、激しい指名争いの背景には、上院議員出身で元弁護士という両候補者の共通点があった。クリントンのほうがかなり年長で経験もより豊富であり、さらに元ファーストレディという身分から党の既得権益層出身といえた。オバマは反体制派で、全国的な知名度を得てから日が浅く、また悪評高いイラク戦争に早くから異を唱えていた。だがそれ以外の点では、さほど大きな政策上の違いはなかった。オバマは、その話術で成功したといいたくなるほどの生まれながらの雄弁家であった。また、アメリカの最高職位に就くという志のために数多くの障害を克服してきたことで、アメリカン・ドリームを象徴していた。

オバマは弁舌面だけでなく（討論会の多くではクリントンに打ち負かされていた）、キャンペーンの基本構成の面でもすぐれていた。まだ支持率がさほど伸びていない二〇〇七年七月の時点で、明確な戦略を打ち出していた。オバマ陣営は「序盤の州予備選での勢い増大」にかける「典型的な反体制派キャンペーン」を展開することにした。資金集め競争においては、すでに献金者数と調達金額で勝っていた。戦略責任者のデイビッド・アクセルロッドは、全国的なキャンペーンを行うのではなく、勝利を「次々と積み重ねる」ことを目的として序盤戦の諸州にしっかり重点を置く、と説いた。注目すべきは、筋書きになんの目新しさもなかった点だ。革新派の候補者は、ほとんどの場合、草の根レベルのエネルギーとメディアが生み出す勢いを融合させようとして失敗に終わっていた。[52]

クリントンに勝利したオバマのキャンペーンについて、選挙対策参謀のデイビッド・プラフは、「ビジョンと争点と経歴」を融合させた明確なメッセージを打ち出し、「勝利に必要な票差を得るための一番の近道」を特定したことが違いを生み出した、と振り返っている。戦略を変えないことが戦略の一環であり、優柔不断さや後悔は禁物だった。核となるスローガンを堅持し、数多くの党員集会や予備選が開催されるなかで選択されたアプローチに従い、時間と資源を厳密に配分した。プラフは、「政治的独自性をあれこれと探し求め」たりはしないというオバマの発言と、かつてジョージ・W・ブッシュの選挙対策参謀を務めた人物の「七つの異なる戦略よりも、不備があってもたった一つの戦略をとるほうがよい」という言葉を引き合いに出した。カギとなったのは情報技術の活用、とりわけインターネットを通じて顕著な存在感を築いたことだった。二〇〇七年初頭の段階では、一万人分に満たないメールアドレスしか手元になかったが、二〇〇八年六月には五〇〇〇万人を超えるアドレスのリストができていた。そのうち約四〇パーセントを占めていたのがボランティアと献金者だった。呼び込む必要のある人々はすでにソーシャル・ネットワーキングとインターネットに没頭していたため、キャンペーンに関与させることが容易になっていた。オバマ陣営はデジタル通信手段だけに頼らず、旧来のメディアやダイレクトメール、口コミも活用した。

その根底にある原則はいたって単純だった。このあわただしく、分断された世界で生きる人々は、自分たちの注目を求めるおびただしい声にさらされている。このような状況で人々にメッセージを届けるには、人一倍の努力が必要であり、あらゆる場所で存在を示さなければならない。そして、さまざまなメディアを通じて人々に繰り返しメッセージを伝える場合、そのメッセージには絶対に一貫性をもたせなければならない[53]。

より広い意味での人口動態の変化も、オバマ陣営にとって追い風となった。アメリカ社会は人種的、文化的に一段と多様化しつつあり、共和党は、かつては支配的な立場にあったが今では守勢に立つ中流階級の白人男性エリートの党とみなされる恐れがあった。アメリカ二大政党の根本的な勢力図は再び変わろうとしていた。一九六〇年代に予示された文化的な変化に対する反応は、過去三〇年にわたり共和党に恩恵をもたらしてきた。そして今、新たな変化の波が姿を現しつつあった。

やや残念なタイミングではあったが、二〇〇二年に刊行されたある本は、民主党が多数党に返り咲くと予見していた。これは、専門的職能をもつ上流ホワイトカラー、働く女性、黒人、アジア系アメリカ人、ヒスパニックといった民主党に票を投じる傾向が非常に強い層の人口が増えている、という実態に基づく主張だった。[54] だが問題はこうした潮流にではなく、フレーミングの仕方にあった。二〇〇一年九月以降は国家安全保障が争点となり、ジョージ・W・ブッシュは多数党を形成するため、最高司令官としての地位を利用することに尽力した。だが、その後のイラク情勢の影響で、中間選挙の二〇〇六年にはそのやり方が通用しなくなりはじめた。そして二〇〇八年には、進行中の経済危機が大統領選の終盤にきわめて危険な状態におよび、共和党がその責任を問われたことで、まったく機能しなくなった。

したがって、アメリカの政界勢力図の新たな変動は決して自動的に起きたものではなかった。勢力図を変えるには、人口動態や社会経済情勢の変化と、説得力と信憑性を兼ね備えたメッセージを結びつける能力が必要だった。こうしたなかで、共和党は引き続き白人有権者、とりわけ農村部出身で高等教育を受けていない層を主要なターゲットとしたために、問題に直面した。一九七〇年代から一九八〇年代にかけて機能したテーマは、しだいに新たな有権者に嫌気を起こさせるものになっていた。その一方で、共和党の活動家、とりわけティーパーティ

（茶会）運動に携わる者たちを引き続き突き動かした。その主たる動機は、自分たちが脅かされていると感じている生活様式や価値観を守ることにあった。

二〇〇八年の民主党大統領候補指名争いにおける二人の候補者の戦いは、一九六〇年代以降に生じた姿勢の変化を物語っていた。二人ともシカゴにゆかりのある人物だった。シカゴはクリントンの故郷であり、オバマにとっては大学卒業後に移り住み、政治家の仕事を身につけた場所だった。シカゴはソウル・アリンスキーという別の接点ももたらした。[55] かつてラディカルの学生だったクリントンは、ウェルズリー大学在学中の一九六九年にアリンスキーの理論をテーマにした卒業論文を書いた。論文のなかでクリントンは、アリンスキーを「類いまれなる人物、成功したラディカル」と表現している。[56] クリントンと会ったアリンスキーは、自分のもとで働かないかと勧誘したほどであった。ウェザーマンの元メンバー、ビル・エイヤーズとの関係を選挙戦中に非難されたオバマは、アリンスキーがシカゴで確立したコミュニティ組織化運動に一九八〇年代半ばに携わっていた。二〇〇八年にオバマの大統領候補指名が確実になると、共和党の数多くの対立候補がアリンスキーとの関係を持ち出してオバマの信用を落とそうとした。オバマのことを、民主政治より直接行動を優先したマルクス主義の扇動者アリンスキーのレプリカと表現したのだ。オバマの台頭は、黒人の政治的前進はシステムを動かすことによって実現する可能性が濃厚だというベイヤード・ラスティンの信念の正しさを裏づけたとみることもできた。どちらの見方も、信条の論理よりも責任の論理がまさったことを示していた。

マックス・ウェーバーが責任の倫理を唱えたのは、災難が起きるリスクも辞さずに非現実的な目標を追求する者たちに歯止めをかけるためだった。もしウェーバーが存命していたなら、全体主義が生まれつつあるという不吉な裏づけを見いだしていただろう。これは、権力を掌握するために前衛党を結成した左翼、右翼双方の革命的ユートピア主義者の勝利を意味する。このうち成功を収めたほんの一握りの者たち（レーニン、ヒトラー、毛沢東、カストロ）は、英雄的な戦略家として崇拝されるようになった。状況や敵の失策に自分が助けられてきたことに気づかない凡人が見落とした機会をとらえ、それに乗じたことで、これらの人物はその先見の明、理論の理解力、決断力、献身を称賛された。西側の自由民主主義者は、こうしたモデルを拒絶した。法治主義と個人崇拝否定を唱えることで、全体主義とは反対の立場を明確に打ち出したのである。

専制権力の限界から引き出せる必然的命題は、政治戦略で実現可能と期待できることにも限界があるということだ。憲法や任期は遵守されねばならず、いい加減な理由をつけて敵を排除したり、メディアを沈黙させたりすれば、反発を招く。こうしたなかで、一党支配（一つの集団による他の集団の支配）だけでなく、紛争の決定的な解決の可能性も低下した。その結果、恒常的で決着のつかない、控えめな政治闘争が繰り広げられるようになった。たとえその余地が限られていたとしても、戦略は常に必要とされた。一つの選挙が終われば、すぐに次の選挙の準備を始めなければならない。議案はその企図した影響や抵抗、撤回の可能性にさらされる。社会運動は対抗運動とともに、集団内部の分裂を生み出す。これらの要因は、素人、玄人を問わず多くの戦略家を多忙にすることはありえても、決定的な勝利にはほとんどつながらなかった。ごくまれに、政治的努力と社会的、経済的変化が組み合わさった場合に、新たな考え方が制度化され、変容をもたらす政策が実施された。あるいは、新たに成立した憲法の条項が、かつては議論の種であったことが忘れ去られるほどに浸透することもありえた。これは、たとえば公民権運動や福祉国家の登場に際して起きたことである。だが通常、政治的能力はもっと緩慢にしか向上せず、そこには苛立ちがつきものであった。すべてのキャンペーンに勝ち目があるわけではない。資源の制約から実現可能なことには限りがあり、説得力のあるナラティブにも一時的な効果しかない。連合は崩れやすく、行き過ぎた公約は身動きがとれなくなる危険性をもたらす。練りに練った理念や法律が誤った形で受け止められたり、選び抜いた候補者が愚かな過ちを犯したりする可能性もある。状況が厳しくなれば、争点よりも個人、それもたいていは中傷攻撃に的を絞る誘惑にかられるのが常である。このような流れは、おそらく進歩的なプラグマティズム主唱者の念頭にはなかっただろう。プラグマティズムは社会的分断を超越する手段を提示すると期待されていたからだ。一方、政治は時として無責任で、その実践の面では良識から大きく外れてみえることすらあった。別の意味で、それは最終目標を実現するための論理を避ける論理といえる。厄介で、腹立たしく、絶え間のない政治活動は、責任の倫理という論理には限界があることを反映していたのだ。

第Ⅳ部　上からの戦略

第28章 マネジメント階級の台頭

今すでに視界に入りつつある、広範囲におよぶ官僚化と合理化の行く末を想像してほしい。いまや大規模製造業の民間企業だけでなく、近代的な手法で運営されているすべての営利企業において、合理的な計算があらゆる段階で如実に行われている。こうして個々の労働者は、その仕事ぶりを数値化され、機械の歯車の小さな一つの歯になっている。労働者もそれを自覚し、より大きな歯になることに心を奪われている。

——マックス・ウェーバー、一九〇九年

第Ⅲ部では、下層からの戦略、つまり権力をもたない者が、人々の代表になろうとし、その人々のために権力を獲得しようとする方法について論じた。第Ⅳ部では、権威ある決定を行う立場にあるという意味ですでに権力をもっているが、その権力をもって何をすべきか考えなければならない者の戦略について述べる。主として実業界が論考の対象になるが、その議論の大半は、公的機関を含むあらゆる大規模組織の上層部にいる者たちにも当てはまる。以後、管理者（マネジャー）と呼ぶこのグループは、将官などの他のどのグループよりも多くの戦略的助言を受けてきた。戦略という概念がきわめて普遍的になったのは、組織のトップ、そしてその下の部署に対して助言が行われてきた結果といえる。

戦略が必要となった背景には複雑な関係性があった。たとえば、大企業の幹部は、とりわけ所有者、各部署の責任者、供給業者、競合相手、政府、顧客に同時に対処しなければならない。それぞれの関係は協力と対立が入り交じり、多くの場合、パートナーシップ、（対内面での）平等な同僚関係、（対外面での）熾烈な競争関係などの型にはまった表現ではとらえきれないものになりがちだ。垂直方向に広がる組織の階層を管理することの難しさは、水平方向に存在する競合相手や規制機関を相手にする場合とはまったく違っており、その結果、異なる種類の戦略書が生み出された。こうした戦略書が伝える助言はおおむね一般的で、特定のシナリオに合わせたものではない場合が多いため、広い意味での関係性、つまり特定のキャンペーンをしかける方法よりも、内外の事業環境と徐々に折り合いをつけていく方法について論じるものだった。また、他者の力に対処する方法よりも、管理上の慣行や利用可能なテクノロジーの変化がおよぼす影響を取り上げた。関係性、活動、構造の多様性は、経営戦略が軍事戦略や政治戦略の場合よりも、理論と取り組み合うべきものであることを意味していた。そして、社会科学とのあいだで強いつながりが築かれたものの、それは満足のいくものではなかった。ゲーム理論を中心とする経済学や、組織論を中心とする社会学との相互作用からは、社会科学の可能性と限界の両方が明らかになった。

そこで第Ⅳ部では、第Ⅲ部でパラダイムとナラティブの概念から始めた現代社会理論の問題点に関する考察をさらに進める。管理者の台頭は官僚化の論理と合理主義だけでなく、社会科学の興隆も具現化した。社会科学は、数々の激変と対立をともなう現代工業化社会を省察し、研究する学問として発達したのち、その社会がかかえる諸問題への対応策を提示するようになった。だが専門化が進み、専門家による分析と発表という形式が主流となった結果、その研究には非常に大きな価値があると期待をもってくれる可能性のあった人々とは無縁な学問になってしまった。理論と行動のあいだに相互関係を築くのは、簡単なことではなかった。

管理者（マネジャー）

「管理する（manage）」という動詞の起源は、一三世紀後半のイタリア語にさかのぼる。語源となった「マネッジャーレ（Maneggiare）」は、ラテン語で「手」を意味する「マヌス（manus）」から派生した言葉で、馬を操る能力を表していた。一六世紀までそのような意味で使われていたが、やがて戦争から結婚、小説の構想、個人の資産管理まで、あらゆる事柄の遂行を示す言葉へと変わった。運営（administration）よりは広い意味を示すが、全面的な支配（control）まではおよばない。ただし、説得的あるいは操作的な技能だけでなく、強制的な技能、つまり個人、組織、あるいは状況から、何もしなかった場合に得られるであろう水準を超えるものを引き出す能力を必要とする。全面的な支配よりは弱いという意味合いは重要だった。管理とは、完全にはコントロールすることのできない状況に対処し、取り組むことを意味した。

マネジメントという職業は、財産や事業などに関する複雑な事態に対処するうえで、管理的、監視的技能を発揮するために雇われた者を指した。こうした理由から、管理者はその役割として戦略までは期待されていないといえた。最終的な権限、ひいては戦略は、所有者の手中に残された。これは事業の統治において標準的な形態でありつづけた。管理者は、株主に任命され、予算の承認や重大な決定の責任を負う取締役会への報告を行う。だが、管理する組織が複雑になればなるほど、管理者への依存度は高まり、組織図がどのような体制を示していようと、やがて実質的な権力は問題点を実際に理解している者に帰属するようになった。常勤の管理者は、自分が望む方向へ取締役会の決定を確実に導くように問題をフレーミングする術をすぐに習得することができた。

事業会社が巨大企業に成長すると、管理者は実質的な責任者のようになり、名目上、自分たちを監督する立場にある取締役の候補者に、自らが望む人材を指名するようになった。それでも、管理者はまだ支配にかかわるところまではいっていなかった。管理者は、事業をうまく切り盛りできなかった場合に解雇されうる、そして実際に解雇されることも少なくない従業員だった。その成功は、自分よりも下の階層にいる者たちを最大限に生かす能力にかかっていた。だが、（比較対象として妥当である）軍隊の指揮命令系統とは異なり、連携させるべき機能がより広範囲におよび、絶対的な服従に頼ることも難しいと考えられた。

マネジメントが現代企業の運営に不可欠で、重要性を増しつつある新しい職業だという概念は、ビジネス・スクールが設立されるなかで認知された。第一号となったのは、一八八一年にペンシルベニア州で創設されたウォートン・スクールである。ただし、ここでは複雑な事業プロセスだけでなく、言うことをきかない可能性のある従業員も管理の対象とされていた。「労働問題」は重大な関心事項だったのである。ウォートン・スクール創設者のジョセフ・ウォートンは、「現代産業において、個人であるリーダーや雇用主のもと、莫大な資本と大量の労働者を取りまとめ、労働者のあいだで規律を維持する必要性」とともに、「ストライキの特性とその防止」について同校が教えることを望んだ。[1] それから四半世紀が過ぎ、一九〇八年にハーバード・ビジネス・スクールが開校した。きっかけとなったのは、当初、工学分野において「応用科学」を推進する目的でハーバード大学に贈られた寄付金である。やがて同大学が経営学専門の大学院設立という道を選ぶとすぐに、多くの人が職業訓練とみなしたその教育内容と、私利私欲とは無縁の学問という同大学の本来の目的とのあいだで葛藤が生じた。この問題の解決法を探し求めていた初代学院長のエドウィン・ゲイは、フレデリック・ウィンズロー・テイラーの思想に出会った。テイラー自身は大学教育の価値について、控えめにいっても懐疑的だった。テイラーは教授陣に加わることは辞退したが、同校で定期的に講義を行った。そして、もっと重要なことに、その哲学は初期のカリキュラムに浸透した。

テイラー主義

製鉄業界で機械工として働きはじめたテイラーは、どうすれば労働力をもっと効率的に使うことができるかという問題に取り組むようになった。そして、「明確に定められた法則を拠り所とする正当な科学」である管理方式を思いついたと主張した。テイラーの理論の魅力は、実務重視の傾向があり、不必要な学識を身につけることに懐疑的な企業風土と、技術一辺倒を軽んじるきらいがある学術風土を融合させる方法を提示した点にあった。一九〇〇年に創設されたダートマス大学タック経営大学院のハーロウ・パーソン学院長は、テイラー主義を「論理的で整合性があるため、教えることが可能な唯一のマネジメントの体系」と評した。パーソンは一九一一年に科学的管理法に関する最初の国際会議を開催した。[2] 新しい管理者にとって、これは重大な進歩だった。自分たちの専門性と専門家としての意識が、いまや正当な条件によって認知され、学術的な体面を獲得しうるものとなったからだ。

テイラーの手法の原点は、組織を構成する各要素の職務には、入念な分析と測定によって見いだされる「唯一最善の作業方法」があるはずだという信念であった。分析と測定を行い、その結果に基づいて行動する者が新たな職を得る。ここでテイラーは、計画と実施をきわめて厳格に区別した。計画する者は非常に賢くなければならないが、実施する者は頭が悪くてもかまわない。実施者は「十分な教育を受けていない、あるいは思考力が足りない」といった理由から「この科学の原理を理解」できないため、常に教養のある者の指導を受ける必要があるだろう、とテイラーは述べている[3]。つまり労働者は、より要領よく働けなければならないが、賢い人材である必要はなかった。

労働者を思考力のない機械として扱えるようになればなるほど、個人の考えという複雑な要素がなくなるために、最適な実績を引き出す最良の方法を見積もることがより可能になる。テイラーの説が見かけ上、科学とされた一因は、明確化された作業（タスク）を特定の道具を使って最も能率的に遂行する方法を確立するうえで、数値化と数学が用いられた点にあった。労働作業は構成要素別に分解され、単純労働者が遂行できるような形に標準化される。「時間・動作」研究では、作業を完了させるのに必要な時間を設定できるように、ストップウォッチを使って各要素にかかる時間を計る。ひとたび作業の科学的根拠が実証できれば、どのように作業を行うべきかという議論は生じなくなる。したがって、この手法は「労働問題」の解決における進歩をも示すことになる。テイラーは労働者について、能力どおりに働かない生来の「怠け者」だと書いている。管理者は、ほかにどうすればよいのかわからないため、労働者を怠けるがままにしていた。仕事は経験則で評価し、労働者が「自主性」を発揮することを当てにしていた。テイラーによれば、自主性とはただ単に従来の非能率的な働き方を続けることであった。また、能率が上がらなければ、管理者は賃金以外の手段で労働者に報いる必要が生じるが、明らかにテイラーは、賃金が何よりも大きな動機づけになると考えていた。

自身が製鉄業界で実現したという能率改善に関するテイラーの主張は誇張されていた。テイラーが自分の手柄にしていた説の多くは、他者の受け売りといえた。実際の功績が限定的だったという見方が確立されたのは、テイラーの死後かなり経過してから、そしてその草分け的な研究が何世代にもわたる経営学専攻の学生たちに伝えられてからのことであった。テイラーの理論の土台となっているのは、ベスレヘム・スチール（同社の株式の二五パーセントはジョセフ・ウォートンが保有していた）のシュミットという労働者の話である。シュミットは決して頭は良くないが、より高い賃金を得るためにさらに精を出して働く覚悟のある模範的な労働者で、従来の四倍の量の銑鉄を貨車に運ぶという目標を達成した者として描かれている。チャールズ・レッジとアマデオ・ペローニは、テイラーの研究に欠陥があることを発見し、この「足が粘土でできた」偶像が「台座の上に持ち上げられる」もっと前に精査されなかったことへの遺憾の意を示した。[(4)] その後、ジル・ハフとマーガレット・ホワイトがテイラーを擁護する立場から以下のように訴えた。テイラーの目的は新しいアプローチを唱えることにあった。その主張と根拠の不一致はさほど大きくなく、その結果は他者の研究でもきちんと再現されている。実験例として示された話は粉飾されていたに違いないが、それでも産業能率に関する自論を伝えるうえで説得力のある方法だったといえる。こうした話はテイラーの戦略の一環であり、研究報告というよりも意志伝達の手口であった。したがってテイラーは、「その話術に対する審美眼」と、その原理が、いかにして労働者を選定し、とりわけ標準化された手順を身につけるよう訓練するか、といった問題に取り組む後世の理論家の土台として機能してきたとの認識をもって評価する必要がある。話が粉飾されていようと、「きわめて基本的なプロセスであっても、雇用主と従業員双方に利益をもたらす形で著しく改善することは可能である」という根本的な教訓に変わりはない、と。[5]

テイラーが自身の思想を体系的かつ首尾一貫した形でまとめたのはたしかである。そうすることで、『科学的管理法』という影響力の強いベストセラーを生み出し、実業界のリーダーたちに講義を行う初めてのマネジメントの「導師（グル）」となりえた。一九一五年に他界すると、その墓碑には「科学的管理法の父」と記された。ヘンリー・ガントやフランク・ギルブレス／リリアン・ギルブレス夫妻といった信奉者たちは、その後もテイラーの思想を発展させ、広めた。[6]そして万人の利益のため、科学によって風習や迷信を払拭するという「攻撃的な合理性」を推進した。[7]これは、労働者と管理者の双方に、テイラーがいうところの「精神革命」を求めることを意味していた。現在の利潤の配分について議論するのではなく、相互の利益のために利潤の規模を拡大するように協力すべきである。ここに、テイラー主義の別の魅力を引き出すカギがあった。テイラーは、管理者と労働者をお互いに大きく歩み寄らせた。これは「能率技師」という新たな階層の出現によって可能となったことだ。約三〇年後、テイラーのやり残した仕事を引き継ぎつつあったピーター・ドラッカーは、科学的管理法について以下のように述べた。

科学的管理法は、おそらく『ザ・フェデラリスト』以来、アメリカが西洋思想に対して成し遂げた最大にして不朽の貢献だろう。産業社会が存続するかぎり、人の仕事は体系的に研究、分析することが可能であり、その各構成要素に働きかけることによって改善できる、という見識を二度と失ってはならない。[8]

こうした哲学は当時の風潮に合っていた。テイラーは自著の冒頭で、能率を単なる企業にとっての目標ではなく、国全体の大きな目標とするよう説いた。家庭から教会、大学、政府機関の管理にいたるまで、あらゆる社会活動に自分の唱える原理が適用できると期待していたのだ。

この原理が「科学」であるとして、テイラーの説の地位を向上させたのは、のちにアメリカ最高裁判所の判事となった進歩主義の法律家ルイス・ブランダイスである。ブランダイスは一九一〇年の裁判で鉄道会社の運賃引き上げに反対する立場をとり、値上げではなく、新しい技術（ここで「科学的管理法」という表現が用いられた）の導入によって鉄道会社が収益率を改善できることを示そうとした。こうした主張は同裁判にとどまらず、広く影響をおよぼした。ブランダイスは科学的管理法を、より広い社会における「普遍的な心構え」と結びつけた。スケジュールをあらかじめ定めた計画、明確な指示、継続的な監視は大きな見返りをもたらす。「ミスは修正するのではなく、防ぐ。遅延や事故という大いなる無駄は回避する。当て推量ではなく計算をし、見解を述べるのではなく実証する[9]」。テイラーを合理主義者の夢に応える存在とみなした進歩主義運動家は、ブランダイスだけではなかった。調査報道のジャーナリスト、イーダ・ターベルは、「真の協力とより公正な人間関係」に貢献した、当代きっての創造性あふれる天才の一人、とテイラーを称えた[10]。科学は産業社会を分裂させかねない激しい対立を回避する道、部門間で利害が衝突する混乱のなかで公益を推進する道を示した。

進歩主義者がとりわけテイラーに関心をいだいたのは、いまや経済成長には不可欠だが、自由主義経済と民主主義理論を脅かす巨大な組織に当惑していたからだ。これまでは法的な手段に訴え、大企業に身の程を思い知らせようとしていた。科学的管理法は、管理面で問題を解決できる可能性を感じさせた。政策を評価し、一握りの人間の利己心ではなく大多数のニーズにかなうように社会を再編するための中立的で客観的な基準を示しうるのは直観ではなく科学だ、という進歩主義者の信念に、「能率」という考え方は合っていた。ブランダイスは労働組合に、この考え方を取り入れ、自分たちを雇用している会社の経営に積極的にかかわるチャンスを生かすよう促した。だが労働組合はテイラー主義に激しく抵抗し、進歩主義者の失望と戸惑いをも招いた。組合は資本と労働の境界線をなくすことにまったく関心を寄せなかった。また根本において、科学的管理法は協調にかかわる手法ではなく、厳格な階層（ヒエラルキー）に基づく集中管理法だと受け止めた。主要業務に関する見識を身につけた管理者は、作業現場における労働者の権限を狭め、横柄な態度で労働者を非人間的に扱うだろう、と。組合はテイラーの手法を、見合った報酬を与えずに労働者からより多くを搾取しうる手段とみなした。

労働運動のなかで生じたテイラー主義への敵意は、ソビエト連邦でテイラー主義が取り入れられたことの重大性をいっそう際立たせた。レーニンはロシア革命前にテイラー主義について学び、少なくとも資本主義下で採用されるかぎり、その手法は搾取的だと評していた。生産性が四倍増になっても、それに見合った賃金の上昇にはつながらないだろう、と。だが、その概念に対する興味が尽きることはなく、ひとたび権力を掌握し、絶望的な経済状況に直面すると、テイラー主義について徹底的に研究するよう促した。そして一九一八年には、この「資本主義の最新の成果」を社会主義者の目的のために採用すべきだと勧告した。「ロシアに新しいテイラー・システムの研究と教育を導入し、体系的な実験と応用に取り組まなければならない」。レーニンは、これがブルジョワジーの専門家を活用することを意味しており、労働組合の激しい反発を招くだろうと認識していた。だが、いまや「労働者委員」が管理者の「一挙手一投足」を監視できるため、そうはならない、とレーニンは訴えた。[11] これを真の社会主義からの新政権の逸脱を示す一例とみなす、いわゆる左翼共産主義者の反発とは裏腹に、レーニンの主張を熱烈に支持したのは、軍事人民委員に任命されたレフ・トロツキーだった。

レーニンとトロツキーは、見識あるエリートとその従順な支持者たちに依存するシステムに、ほとんど抵抗を感じなかった。トロツキーにとって、このシステムは「生産に携わる人間の力を賢く費やすこと」だった。ソ連では、テイラーとその信奉者たちによる研究が出版物となり、適用され、数多くの理論家がアドバイザーとして同国に招かれた。こうした切迫感は、激しい内戦が続き、インフラが混乱状態にある国をなんとかしなければならないという状況から生じた。規律と生産性が必要不可欠だったのだ。ボリシェビキは同じ理由から、重要な実務知識をもった帝政時代の行政官や技師、将校の復帰を歓迎した。この制度体系には、労働者への出来高払いと専門家への賞与が含まれていた。そして社会主義社会ではもはや必要ではないとの理由から、労働組合は廃止された。

こうした一連の取り組みは、短期的には実際に生産性の向上とインフラの整備を後押しした。中長期的には、中央集権的計画と労働者への事細かな指示に基づいたソ連の産業組織体系の枠組みを築くうえで役立った。報酬への期待よりも懲罰への恐れから、できるかぎり指示に従うほかに、労働者の選択の余地はほとんどなかった。労組の廃止や産業の軍事化などを盛り込み、一九二〇年代に発展したシステムは「強制力をもったテイラー主義」と呼ばれてきた[12]。ソ連で起きたあらゆることの責任をテイラー主義に負わせようというわけではない。当時の状況において、レーニンとトロツキー（そしてその後のスターリン）がソ連の労働力を厳しく統制しようとした理由はいくつもあった。こうしたやり方は、自分たちのイデオロギー的傾向や権威主義的指導力になじむものだった。またテイラー主義をその信奉者たちが意図したように適用したわけではなかった（彼らも声高に主張することはあまりなかった）。だが、このソ連で生まれた奇怪な科学的管理法、つまり計画面と実施面で整合性がなく、中央から訓練された労働者への指示に依存し、「唯一最善の作業方法」に固執しつづけた手法は、最終的に当然ともいえる結末をもたらしたことで、このアプローチの限界を明らかにした。

メアリー・パーカー・フォレット

ある意味、抵抗勢力が壊滅したソ連でテイラー主義を推進することは、アメリカの場合よりもはるかに容易になっていた。一方、アメリカでは依然として抵抗運動が活発で、労働争議も頻発していた。このため、労働者からより高い効率性を引き出すだけでなく、広義の「労働問題」に対処するためのビジネス戦略が求められるようになった。このころの経営理論家は、よりすぐれたマネジメントによって調和を促す方法を説いた。

ビジネスよりも社会福祉事業と教育の分野において目を見張る経歴をもつメアリー・パーカー・フォレットは、社会科学者であると同時に哲学者でもあった。フォレットはジェーン・アダムズと同様に「社会派男女同権論者（ソーシャル・フェミニスト）」の道を歩んでいた。そこには、伝統的な役割に加えて、「都市の家政（公衆衛生：シティ・ハウスキーピング）」を女性が担うべきという考え方があった。アダムズは、公衆衛生が劣悪な状況にあるのは、その領域の仕事に慣れ親しみ、適した女性たちに協力を呼びかけてこなかったからだと主張していた。フォレットはアダムズのあとを追い、地域福祉事業と進歩主義政治の世界に入った。そしてアダムズと同じく、地域社会の統合化ではなく分裂を促しているとして、エリート対大衆、資本家対労働者という一般化した対立構図に異議を唱えた。一部の人間がほかの者よりもすぐれている、という露骨なエリート主義者の考えは、フォレットの目に不調和と軋轢の素と映った。フォレットはとりわけ大衆という言葉を嫌い、「暗示と模倣による類似性の広がり」に影響されやすい「群衆としての人々」というギュスターヴ・ル・ボンの不健全な考え方を問題視した。

フォレットの目的は、コミュニティを統一体としてまとめる手段を見いだすことにあった。[13] フォレットは、傲慢な「支配的権力（power-over）」という意味での権力（「物事を生起させる能力」）の概念に異議を唱えた。このような形で権力が行使されると、支配される者は怒りをかかえたまま、従来の立場を変えることに二の足を踏むようになる。そして機会が訪れるたびに、その立場を改めて思い知らされる。それよりもましなのは「共同的権力（power-with）」である。（エリート層のものに限らず）あらゆるエネルギーが結集され、共通の目標をめざし、同じ方向へ注がれることになるからだ。このように人間性を信頼するフォレットは、個々人の見解が発展し、統合されて集団になる、という観点から民主主義をとらえるようになった。どのような集団においても、さまざまな考えが互いに入り交じり、修正し、補完しあい、新たな形になり、共通の問題に向けられるなかで、いろいろなことが起きる。露骨な利益の主張は妨げられ、先入観には異議が唱えられる。その結果、フォレットが重要な目標とする統合が起きる。そこには個人も社会も存在せず、「ただ集団と、集団の構成単位である社会的個人だけが存在する」。このような状況においては、意思決定への参加と、共通責任と共有の意識の形成により、渋々ながらではない肯定的な同意が成立する。フォレットは、管理者と労働組合のあいだでの交渉による合意といった、かつて敵対的な関係にあった主体の協調を追求していたわけではなかった。そのような協調は本質的に創造性を欠いているからだ。求めていたのは、それよりもはるかに価値のある統合的な結果だった。このように（そしてジョン・デューイが説いたように）、フォレットにとっての民主主義とは、達成すべきものであるとともに、個人の介入の相互作用を特徴とするプロセスでもあった。権限は特定の個人ではなく、すべての者に、問題をフレーミングされたとおりに受け入れ、これに対処することを求める「状況の法則」によって生じる。こうしたフォレットのアプローチは、個人がコントロールしがたい状況を生み出す、むしろ反戦略的なものであった。

民主主義理論における、より大きな問題に取り組むようになるにつれて、フォレットは見解を深めていったが、集団のプロセスを重要視する姿勢と、対立を破壊的な要素ではなく、創造的な要素に変えようとする固い意志から、自然と組織の研究に足を踏み入れることになった。一九二六年以降は産業組織に対し、各企業をより広い社会的背景のなかの存在としてみる必要性を訴えるようになった。そして、マネジメントやイノベーションに対してもっとボトムアップ式のアプローチをとる必要があると説きながら、どれだけ権限の委譲に依存しているか見直し、組織内で築かれた社会的な結びつきを生かすよう促した。[14]今では、マイクロマネジメント(「親分風」)を非難し、よりフラットな管理構造と参加型アプローチを支持するフォレットが時代を先取りしていたようにみえる。フォレットは、いかに社会的相互作用が全体の業況に寄与するかを説きながら、産業組織のよりインフォーマルな側面の重要性を訴えた。一方で、管理者の役割の拡大と、技術的な専門性や豊富な知識を備えた者に権限が与えられることの利点を認め、テイラー主義に直接、異議を唱えたりはしなかった。こうした権限はヒエラルキーを排除するにはいたらなかったが、少なくとも社会的地位に基づいたものでも、自由裁量で行使されるものでもなかった。この権限の問題にはやはり同意が必要だったのであり、このことは「人々を通じて物事を成就させる術」というフォレットのマネジメントの定義に反映されていた。[15]

当時フォレットは、ボストンでの管理者と組合の関係や人事管理策の構築に関する実務経験を有していたにもかかわらず、マネジメント理論家としてよりも、社会哲学者として影響力を発揮していた。その使命感は、一九一八年の著書『新しい国家―民主的政治の解決としての集団組織論』のタイトルからうかがい知ることができる。同書でフォレットは、「われわれの政治生活は停滞し、資本家と労働者は事実上、戦闘状態にあり、ヨーロッパ諸国は互いにいがみ合っている。それは、われわれが共生する術をまだ身につけていないからだ」と述べている。[16]ただしフォレットが提示した解決法は、条件がすでに整っている場合、共有する問題に協力して対処する意欲がもともとある場合にしか効力を発揮しなかった。しかもそれは、立場の違いは棚上げし、違う形で権力関係について考えるよう命じることと大差なかった。フォレットの手法は、人々に戦略的に考えることではなく、集団のために考えることを求めた。これはもちろん、だいぶあとになって「集団思考」は個人の誤った前提を強化し合うと論じられたように、統合的な結果が賢明あるいは適切であることを意味していたわけではなかった。[17]さらにいえば、集団の代表としてより高次の集団が互いに顔を合わせる場合、より高次での統合をめざすにあたり、低次の集団の見解は無視することになるのか。各集団がそれぞれ独自の状況の法則に従った場合、どこかの時点で集団ごとの状況の違いが問題となり、難しい交渉か、さもなければ激しい争いによって解決すべき対立がやはり生じるのではないか。集団の力学に関するフォレットの鋭い見解は、組織が自己利益を明らかにすることの利点を示したが、戦略が最も必要となる対立の問題については、なんの解決策ももたらさなかった。

人間関係学派

フォレットは、もう一つのマネジメント理論家のグループとも一致している点があった。そのグループとは、いわゆる人間関係学派であり、フォレットは関連づけられることも多く、ほぼまちがいなく自身も影響を受けていた。同学派の理論家は、より辛辣な哲学をもち、フォレットよりも明らかにエリート主義学派に属していたが、組織を機能させるうえでの社会的ネットワークの重要性も強調していた。主要人物の一人はオーストラリア出身のエルトン・メイヨーだった。メイヨーは一九二六年にハーバード・ビジネス・スクールでの職をなんとか得たあと、シカゴ郊外にあるウェスタン・エレクトリックのホーソン工場で行われた史上初の企業慣行に関する社会学的研究で名を知られるようになった。ハーバードで職を得たいきさつやホーソン研究について論じる前に、メイヨーがどのような思想の持ち主だったのか、触れておくべきだろう。

メイヨーは、自分が西洋文明や個人主義や民主主義の支持者だと表明したことはなかった。

メイヨーによれば、民主主義は有権者の感情と非合理性を利用していて、合理性の余地はほとんどなく、階級闘争を促し、「最高の技能」をもつ者による統治よりも「集団をなす凡庸者」を好むものであった。フォレットを引きつけた職場での民主主義という概念を、メイヨーは忌み嫌った。事業にかかわる問題を何も把握していない人々に、支配権を渡すことになるからだ。心理学の理論に通じたメイヨーは、感情や非合理性がどれだけ動機づけになるのか、という点を無視した経済学では、人的要因をとらえることはできないとの確信を強めた。心理学の理論は、根本的な問題とされているものには手をつけずに対立に対処する方法をも示唆していた。メイヨーは、こう説いた。ラディカルの運動や労働争議は純粋な不満に対する反応ではなく、「制御不能な精神状態でくすぶっていた火」が表面化したものである。扇動家が本質的に神経症で、「激しい怒りと凶暴な破壊欲にとりつかれ、陰謀的な妄想におちいりやすい」人物なのだとすれば、民主主義的なプロセスはほとんど役に立たない。むしろ事態を悪化させる。そのせいで、社会は二つの敵対する陣営に分裂し、労働者たちは不満の本当の根源に気づかないまま、「なけなしの知力と意志をすべて注ぎ、現実離れした夢」を追うようになった。メイヨーが提示した解決法は、労働者階級の物質的な条件を改善することではなく、状況認識力の喪失や人格の崩壊、価値観の無秩序化といった形で表れている民主主義の精神病理学的傾向に対処することだった。[18]

ハーバード・ビジネス・スクールの学院長ウォーレス・ドナムが同校の教授陣入りを持ちか

けたころには、メイヨーの思想はよく知られていた。ドナムはハーバード・ロー・スクールで学んだ銀行家だった。一九一九年に学院長に任命され、一九四〇年代初頭まで留任した。ドナムは産業界との結びつきを深めながら、同校の学術水準を高めることを自らの責務と考えていた。こうした条件は資金調達のために不可欠だったが、ドナムはそれだけでなく、ハーバード大学がラディカルや社会主義者の隠れ家になっているという評判とも戦わなければならなかった。結局、メイヨーの報酬は大学ではなく、産業界から直接支払われることになった。ドナムがメイヨーに引きつけられたのは、その基本的な見解が自分と共通しており、またメイヨーが心理学の専門家と自称していたからだった。ビジネス・スクールに心理学という不釣り合いな組み合わせについては、一九二七年にドナムがハーバード大学の学長に書いた手紙で説明されている。「心理学を含む産業生理学の科学的研究を行う以外に、産業界における労働問題の重要な性質を弱める明るい望みはまったくもてない」。エレン・オコーナーはこう論じている。「メイヨーの研究は、経営幹部の懸念のまさに核心をついていた。それは、非合理的で扇動されやすい労働者の心を落ち着かせる方法や、そのために管理者や経営幹部が受ける訓練のカリキュラムを策定する方法にかかわることだった」。メイヨーは一九三三年の著作でその要点を強調した。問題は「有能な管理のエリート」がいないことではなく、エリートが「社会的組織と統制にかかわる生物学的、社会的事実」を理解していないことにある、と。ドナムはこうしたエリートの養成がビジネス・スクールにとって必須の課題だと考えた[19]。

一般労働者の作業面での効率化を説くテイラーの理論を補完するかのように、メイヨーは労働者の心理面での回復を訴えた。テイラーと同じくメイヨーも、これが実現可能だと気づくにいたった成り行きを伝えるストーリーをもっていた。それは、ウェスタン・エレクトリックのホーソン工場における労働者の小集団を対象とした実験の意味を熟考しているときに突然得たひらめきに基づいていた。メイヨーが加わるだいぶ前に始まっていたこの研究は、照明の改善といった物理的な条件の変化で生産性が大きく変動するかどうかを調べるために計画された。この点で、同研究において最も重要な段階は、六人の女性のグループによる継電器組立作業にかかわる実験だった。ここでは、休憩時間と労働時間の影響を解明することが目的だった。最終的に、個人ではなくグループとして評価を行い、生産性が上がった場合にはグループ全体にボーナスを支給することになった。二年半におよぶ実験のなかで生産性は三〇パーセント向上し、仕事に対する満足感の増大という結果も得られた。

このような結果になった理由は、はっきりしなかった。その後メイヨーが、「大いなる解明」にいたり、研究者たちが労働者に実際に興味を示したことこそが変化をもたらしたのだとわかった、と報告したことでようやく明らかになった。メイヨーが大まかに下した結論は、物理的条件よりも心理的条件のほうが重要であり、労働者は自分が属する集団の力学と非公式的な社会的ネットワークに影響される、というものだった。動機づけとなるのは自己利益よりも、評価と身の保証を求める気持ちである。メイヨーはこうした見方から、管理者は職場で部下と良好な関係を築こうとすべきであり、満足度の高い労働者は生産性を向上させるだろう、と進言した。テイラーの場合と同じく、実験にまつわる話はメイヨー自身の先入観によって解釈され、粉飾された。ここでも複雑に絡み合った事実に意味をもたせるために、単純明快な説明が施された。あとから考えれば、生産性の向上の理由として最も適切なのは、（不況下にあり、労働組合も組織されていない工場という状況においての）報奨金と、個々の労働者の姿勢の組み合わせといえた。実験に意欲的ではなかった女性労働者二人が外れ、意欲的な女性二人が新たに加わったことが転換点となった。[20] メイヨーが下した結論自体は、突拍子もないものではなかった。労働者をより円満で柔和な人間としてみるよう管理者に促すフォレットの理論となじんでいたし、管理慣行の改善を後押ししたと広く認められたからだ。

組織の非公式的な側面と職場の社会的条件に関心を向けた、いわゆる人間関係学派は、このようにして誕生した。メイヨーは産業社会学史に名を刻んだが、ホーソン実験がなければ今では忘れられた存在になっていただろう。精神医学を修めたなどと自身の経歴を誇張したメイヨーは、研究仲間からは気取り屋の怠け者で、教えることに関心をもたず、ごくまれにしか自著を出さない人物とみなされていた。これまで述べてきたように、その根本にあるのは、対立が事実上の「社会病」であり、想定される分裂の当事者たちが健全に協力することをその治療法とみなす、きわめて保守的な哲学だった。[21] その哲学によれば、労働者が自分たちの目的のために協力し合うのは不健全なことだった。メイヨーは、政治が問題を悪化させるとみて、権力の問題についてあまり考えようとしなかった。このため、解決策を講じるのは、自分たちの専門的能力に見合った社会能力を身につけるよう訓練されるはずのエリート管理者の責任とされた。

　ホーソン研究では、いわゆる肯定的な反応が、真に賢明な管理者にではなく、偶然にも賢明であった研究者に向けられた。一九三〇年代半ば、メイヨーはニュージャージー・ベルの社長だったチェスター・バーナードに出会った。バーナードは理知的で熱心な読書家であり、産業界と管理実務の領域で苦い経験をしていた。一九三八年にはハーバード大学で講演を行うようになり、その講演録は今日、影響力の大きいマネジメント思想書とみなされている『経営者の役割』にまとめられた。バーナードはハーバード大学の重要人物でメイヨーの同僚でもあった生理学者のローレンス・ヘンダーソンと、ひときわ強い絆を紡いだ。それは二人とも、著名なエリート主義者であるイタリアの社会学者ヴィルフレド・パレートに関心をいだいていたからだ。

　一九二〇年代半ばにパレートのことを知ったヘンダーソンは、一九三〇年代にハーバード大学内に「パレート・サークル」と呼ばれるようになるグループを結成し、伝道師のような役割を果たした。パレートの社会的均衡という概念は、ヘンダーソンの科学的な心の琴線に触れ、その保守的な性向にも合致した。「杭打ち機の音を少し弱くしたような」話し方をするヘンダーソンは、その話術でサークルを支配したが、メンバーのなかには、タルコット・パーソンズやジョージ・ホーマンスなど、当時の社会学者のなかでもとりわけ強い影響力をもった人々がいた。[22] 同サークルは、マルクス主義に代わるものを探し求め、社会を概して自動修正が働く、独立したシステムとみなす根本的な姿勢に惹かれた保守的な学者たちのとっての隠れ家でもあった。フランス語の原著でパレートを読んでいただけでなく、その思想を実社会に適用しようとしていたバーナードに、ヘンダーソンは感銘を受けた。

バーナードからは、たしかにパレートの影響がうかがえる。それは、人間の決断と行動における非論理的な要素や、選択がいかに状況の論理によって形成されるかという点、そして「エリートの周流」の概念を重視していたことから明らかだった。組織を、ある種の均衡を求める人体にも似た社会体系とみなすバーナードの考え方は、パレートの思想を反映していた。均衡を得るには、組織は有効性と能率の両方を実現しなければならない。多くの組織がこの両方を実現できなかったために立ち行かなくなっている、とバーナードは強調した。バーナードのいう能率とは組織を構成する個人を満足させる能力であり、有効性とは目標を達成する能力であった。管理者は組織としての目標を設定し、それを達成する方法を決定しなければならない。しかも、すべての構成員をかかわらせるやり方、とりわけ直接的で身近な形のコミュニケーション手法を通じて目標を達成する必要がある。バーナードは尊敬と協働の重要性を強く訴えた。そして（メイヨーと同様に）尊敬は物質的な報奨よりも重要であり、協働は対立するイデオロギーや政治行動の形態によって脅かされている、と示唆した。どちらの面でも、労働者は自分たちの利益に関して誤った考えにおちいりがちであり、そこに管理者が演じる特殊な指導者的役割がある、と説いた。[23]

管理者は技術的、社会的な技能を発揮するだけでなく、適切な価値観に支えられた協働的な組織を作るために積極的に動かなければならない。さもなければ、組織は潰れる。[24]したがって、適切な動機と認識を「植えつける」ために、人々に「教育と宣伝活動を行う」ことが重要である。管理者は道徳規範を守るだけでなく、他者の高い士気を引き出すような道徳規範を作る必要がある。だからこそ、「個人的な利害や個人的な規範の些細な決まり事よりも、協働体系全体の利益を」優先するよう促すために、「物の見方、基本的な姿勢、組織や協働体系、客観的な権威の体系に対する忠誠心」を植えつけなければならない。[25]

バーナードにも、自説をわかりやすく伝えるストーリーがあった。ある有名な講演で、バーナードは一九三五年にニュージャージー州で起きた暴動騒ぎに関するエピソードを披露した。騒ぎの当時、同州緊急救済局の責任者を務めていたバーナードは、次のように暴徒たちの尊厳を重んじることで事態を収拾した、と主張した。[26]バーナードは同州トレントンの失業者の代表団と同局で話し合いをしていたが、ニューヨークのラディカルにたきつけられた二〇〇〇人もの失業者によるデモ隊が外の通りで警官と衝突した。そして多数が逮捕され、数人が警官に殴打されるという騒ぎに発展したため、会合は中止された。バーナードは、このようなデモ活動は救済プログラムに対する納税者の反感の増大を招き、失業対策に悪影響をおよぼしかねないと考えた。代表団との会合が再開されると、バーナードはまず長時間にわたる相手の不平不満に注意深く耳を傾けた。そして、ある程度の調和が取り戻されたところで、こうした自身の考えを明らかにした。ハーバードの友人たちが盛んに取り上げたバーナードの説によると、問題は経済学ではなく人間関係論によって解決した。失業者にとっては、自分や家族の食料よりも尊厳が重要だった、というのである。

バーナードの思いやりと気配りが良い方向に働いたのはたしかだろう。だが、このエピソードに関する当時の報道との比較検討がなされるようになると、バーナードが事態の全容の一部にしか触れていなかった点が明らかになった[27]。実際には、経済面で重大な要因が働いていた。失業者たちは食費手当の大幅増額を要求しており、バーナードもこれに応えると約束していたのだ。とはいえ、暴力騒ぎが続けば救済プログラム全体が脅かされるというバーナードの主張は、政治的にきわめて重要な意味をもっていた。その背景には、フォレットが説いた集団の力学に関していだいていた考えがあった。集団のなかには、さらに集団がある。ここでのバーナードの戦略は、自分の経済状況も非常に厳しいときに失業者に手当が支払われることを不快に思う者がいるなかで、救済プログラムを支持するという理念を失業者たちと共有することにあった。階級や政党や国家ではなく、集団について語れば、対立の問題をなくすことができるわけではなかった。社会を一つの大きな不定形の集団に作り直すことができないかぎり、個人はある集団を別の集団と対立するものと認識し、それらの集団は利害を衝突させる。そして集団間の調停がもっと必要になればなるほど、集団内の調和には、歪みがより生じやすくなる。

　管理者のそもそもの役割は、労働者を管理することであった。そのために何が必要かという点に関する認識は、その時代の社会理論によって形成された。そうした理論の多くは、一般の人々は基本的に単純で暗示にかかりやすく、操作可能だという、好ましいとはいえない見方を後押しした。せいぜいできるのは、こうした人々を解雇の脅威にさらしつつ、昇給によって能率のよい機械の歯車の歯になるよう仕向けることだった。最悪の場合、人々は群衆心理につけ込む扇動家に惑わされる恐れがある。時代が進むにつれて、労働組合の力が強まり、また多くの仕事で専門性が求められるようになったことで、従順で厳格に管理された労働者を維持できる可能性は低下した。また、人間関係学派の発想の原点は社会主義や組合から労働者の目をそらすことにあったと考えられるが、一方で同派は、管理者に自分たちの組織が単純なヒエラルキーではなく複雑な社会構造であること、そして労働者は円満な性格の人物として扱うと良い反応を示すことを認識するよう促した。こうしたアプローチは、父権的干渉主義（パターナリズム）が独裁主義に取って代わる危険性を秘めていた。組織のあり方に関する考えの変化が権力構造にどう影響するのかを、なんとかして突きとめようとするものであったからだ。権力構造が解明される必要が高まるほど、そしてより広範囲にわたって進行中の社会的、経済的な変化とそれを結びつける必要が高まるほど、管理者はさらに戦略を必要とするようになった。

第29章 ビジネスのビジネス

ビジネスのビジネスはビジネスだ。
——アルフレッド・P・スローン

次の世代のマネジメント理論家がいかに戦略を見いだしたかについて論じる前に、まずこのころの実業界が直面していた問題を追求する必要がある。第二次世界大戦後の事業戦略の理論化における重要な進展は、資本家と労働者の対立が解消こそしていないが弱まっていたアメリカの大規模製造業企業での戦略のあり方を反映していた。ただし、こうした企業の起源は、同国の産業発展の歴史のなかでも、はるかに波乱に満ちた時期にさかのぼる。それは労働争議と、大規模トラストの強大すぎる権限をめぐる論争を特徴とする時代であった。

カール・マルクスの予測と異なり、一九世紀から二〇世紀へと時代が移るなかで資本主義はそれ自体が変容した。資本家は、成長と不況の循環を生み出す資本主義体制の不安定性に対処する手段を見いだした。とりわけ重要な対処メカニズムは規模だと考えられた。非常に規模の大きい企業には、経済状況の突然の変化をも乗り切る能力があった。生き残る努力のなかで、企業はしだいに管理者層に支えられるようになっていった。こうした変化をもたらすプロセスは、いかにして革命に備えるか、そしてパリ・コミューンをどう評価するかについて、マルクスがバクーニンと議論していたのとほぼ同じ時期に始まっていた。

ジョン・D・ロックフェラー

ジョン・D・ロックフェラーとスタンダード・オイルの話はよく知られている。[1] 一八六五年、オハイオ州クリーブランドに住む二六歳の野心的な若者だったロックフェラーは、自身が組んでいた同地域最大の石油精製所のパートナーシップを解消し、その経営権を買い取った。南北戦争終結後の経済成長の波に乗って製油所の数を増やすと、利益は拡大した。残念ながら、ほかの者も同じことを考えたために、製油所の精製能力は灯油をはじめとする石油製品の需要をはるかに上回った。生き残りをかけて、ロックフェラーは最も効率的な石油精製業者になる決意をした。コストを下げながら品質を向上させ、さらに意表をついたことに、事業を統合して供給と流通の両方を支配しようとしたのだ。そのうえ、急激な市場の変動で打撃を受けないようにするために、十分な手元資金を確実に蓄えるようにした。それから、一日当たりの石油輸送量を保証する見返りに割安な運賃を適用させる、という関係を鉄道会社と築いた。この取引は物議をかもすものだったが、自らの地位を強固にできた。

ロックフェラーは、市場の力に手を加えるのが不適切な行為だとは露ほども思っていなかった。あまりにも簡単に製油所を開設できたために、供給過剰と無秩序から市場が慢性的に不安定になったと確信していた。そして、気まぐれな市場原理に従うのではなく、自らが市場を統制しようと決断した。「石油業界は混乱におちいり、状況は日々悪化していた」。あらゆる製油業者が「業界を独り占めしようと悪戦苦闘したが……自らにも競合相手にも災いをもたらしただけだった」[2]。需要と供給はまったく均衡しそうになかった。ロックフェラーがとった戦略は、ほかの状況であれば、きわめて妥当といえるものだった。無駄で破滅的な競争に代わる賢明な道として、協調を求めたのだ。

石油業界の状況を考慮すれば、ロックフェラーの考えは正しかったといえる[3]。だがそれは、自由市場という支配的なイデオロギーに挑戦する行為であった。そしてロックフェラーがとった手法は一段と挑発的だった。たいていの場合、ロックフェラーは提携候補の業者に妥当な条件をもちかけた。かつての競合相手を絶望的な状況から救い出すこともあった。一方で統合を望まない業者は、スタンダード・オイルによる値下げ攻撃で業況を悪化させ、往々にして降伏に追い込まれた。一八七〇年の設立当時、スタンダード・オイルはアメリカの精油能力の一〇パーセントを握っていたが、一八七〇年代末には、この数字が九〇パーセントに達した。

独立系の企業が、なんとかスタンダード・オイルに不意打ちを食らわせようと長距離パイプラインの建設という大胆な最終手段をとったときも、同社の地位を実際に脅かすにはいたらなかった。同社には、これに対抗するだけの時間と財力があった。自前のパイプラインを建設すると、やがてペンシルベニア州の油田地帯と全米各地を結ぶネットワークを支配した。最初に他社が建設したパイプラインだけは例外だったが、ここでもスタンダード・オイルは少数株主持ち分を取得した。残った独立系製油業者がスタンダード・オイルに歯止めをかけようと法的措置を求めると、同社が独占に近い立場を得るために行っていたさまざまな裏工作が訴訟で暴露された。一八八二年、ロックフェラーは再び事業をベールで覆い隠すために、通常は自分で財産を管理できない者が使う法的手段を用いる道を見いだした。ロックフェラーが株式を保有する企業を、秘密協定によってひとまとめにしたのである。各社の株主は自身の保有株を、ジョン・ロックフェラーや弟ウィリアムを含む九人の受託者に「預託」した。つまり、見た目はどうであれ、厳密にいうとスタンダード・オイルは他社を所有していなかった。それは、同社の株主が受託者を務めるトラストにすぎなかった。そして、各社の役員と幹部を指名し、各州に管理事務所を設置することができるのは、このトラストだけであった。

スタンダード・オイルは事実上の独占企業となった。足りないのは、実際に原油を生産する事業だけだった。このことは、とりわけ原油が枯渇している状況では大きな弱みとなる。だが、一八八〇年代末にはアメリカ各地で新たな油田が見つかり、アメリカの原油生産はもはやペンシルベニア州の油田地帯に依存していなかった。ロックフェラーは、供給業者への依存度を低くし、一段と事業の統合を進める機会を見いだした。そこで精力的な買収が始まった。まもなくスタンダード・オイルはアメリカ全体の三分の一の原油を生産し、石油製品市場では八四パーセントのシェアを握るようになった。同社は原油の生産者かつ消費者として、価格を設定できた。あらゆる競争を排除するまでのことをしなくても、同社は実質的にアメリカの石油業界を支配していたし、国外でもかなりの権益を獲得しつつあった。需要面でも状況はロックフェラーに有利に働いた。照明の主なエネルギー源は灯油から電力に替わっていたが、自動車とガソリン・エンジンの登場が再び市場に変化をもたらした。ガソリンが製油所の脇役商品から主力商品へと急変したのである。

一九世紀が終わるころ、スタンダード・オイルの影響力は頂点に達していた。国際市場の規模と、すでに生まれていた大手競合会社の存在は、同社の相対的地位の低下が避けられないことを示していた。しかも、トラストがかかえる重大な政治的責任問題のせいで、地位低下のプロセスに拍車がかかった。ロックフェラーは、いかがわしい商慣行を用いて莫大な富を築いていると非難されていた。ロックフェラーが情け容赦なく勢力を強めるなかで、丸呑みにされたり、潰されたり、取り残されたりした独立系の小規模生産者は恨みを募らせていた。こうした業者はアメリカ的価値観と、腐敗した権力と莫大な富を一手に握る者へ立ち向かう高潔な凡人というイメージに訴えかけることができた。「泥棒男爵」と呼ばれる実業家は、ロックフェラーだけではなかった。アンドリュー・カーネギーやコーネリアス・バンダービルトやJ・P・モルガンも同様の非難にさらされていた。市場を支配し、競争を排除するために、トラストという形態を用いていたのもスタンダード・オイルだけではなかった。とはいえ、そうしたなかでも最も強大で悪名高かったのが同社だった。ロックフェラーは企業の結合が効率性と安定性を確保するのにより良い方法だと考えていたが、そうした慣行は独占につながりがちだった。一八九〇年に制定されたシャーマン反トラスト法は、連邦政府にトラストを調査、追及する権利を与えた。ロックフェラーは裁判で争うため、そして法の適用を免れる巧妙な策を講じるために、最高級の法律家を雇った。また政治的支援を得るため、新聞に好意的なストーリーを載せるために寄付金を利用した。独立性をうたった新会社が設立されたが、みな実際にはトラストに管理されていた。そうしているあいだにも、卓越した情報収集・伝達能力を用い、世界規模に成長しつつある市場と競合相手の動向を把握するなど、細部まで並々ならぬ気を配りながら、スタンダード・オイルは自社商品の価格を低く抑えつつ、市場の支配権をしっかりと握りつづけた。同社はこのようなやり方で、「連邦政府をおせっかいなだけで取るに足らない存在として扱っていた[4]」。

最終的にロックフェラーにとって手強い敵となったのは、前章でフレデリック・テイラーの擁護者として登場したジャーナリストのイーダ・ターベルだった。実は、ターベルの父親は草創期の石油業界でスタンダード・オイルに対抗し、大きな痛手をこうむった人物だった。こうした背景から、ターベルは同社について書く意欲を燃やしていた。その機会は、トラストを主なターゲットとする進歩主義の「醜聞暴露」誌マクルーアズ・マガジンの編集者となったことで訪れた[5]。ターベルはロックフェラーの腹心の部下を紹介してもらう幸運に恵まれ、この人物が重要な情報源となった。一九〇二年から二年間続いた毎月の連載記事は、説得力ある筆致でスタンダード・オイルのストーリーを詳細にわたって伝えた。そして、その後ろ暗い事業手法を暴露したことで、大きな怒りを呼び起こした。ターベルは同社の規模や富ではなく、そのやり方に異義を唱えたのだと主張した。「スタンダード・オイルは一度たりとも正々堂々と振る舞わなかった。そのせいで、偉大な存在とは思えなくなった[6]」。

この暴露は時宜にかなっていた。進歩主義のセオドア・ローズベルト大統領が反トラストを理念に掲げていたからだ。ローズベルトはトラストの悪用が最も顕著にみられる分野に法律を適用し、企業の力を抑えつける必要があると訴えた。そしてスタンダード・オイルの調査に着手すると、シャーマン反トラスト法に反した取引制限の疑いがあるとして、一九〇六年に同社を相手取った訴訟を起こした。スタンダード側も強力な法的防御策を講じたが、証拠は同社に非常に不利に働いた。一九〇九年にトラストの解体を命じる最初の判決が下され、一九一一年には最高裁判所がこれを確定させた。最高裁長官は「商業発展と組織作りの類いまれな天才が、やがて他者を排除する意図と目的をいだいた」と結論づけた[7]。こうしてスタンダード・オイルは解体され、エクソンの前身を含む三四の新企業が誕生した。

当時はローズベルトに打ち負かされたようにみえたロックフェラーだったが、実際にはローズベルトから恩恵を受けた。非常に巨大で複雑な成長市場を支配するのは、一社の手に余る仕事になってきていた。小さな事業体に分割され、新たな環境に柔軟に対応できるようになったことが、より強力で収益性の高い石油産業をもたらすにいたったのだ。すでに引退したロックフェラーは、おおむね成功を収めている新企業各社の株式を保有していた。一〇〇歳近くまで生きたロックフェラーは、自らの名を冠した財団を通じ、やがてアメリカにおける経済学と経営学の教育に影響をおよぼすようになった。その子孫は実業界と政界で大きな影響力を発揮しつづけた。したがって、スタンダード・オイル解体のストーリーが悲劇とみなされることはほとんどない。

ロックフェラーは、まぎれもなく戦略の達人であった。システム全体を見渡し、各構成要素の状況を評価することができた。ダニエル・ヤーギンはロックフェラーを、「秘密裏かつ迅速に、そしてその道に長けた者を使って物事を進めるよう部下に命令する戦略家兼最高司令官だった」と評している。ロックフェラーは軍事的なたとえを用いることもいとわず、「攻撃開始を敵に予告するようブラスバンドに命じて送り出す連合軍の将官がいるだろうか」といって、自らの秘密主義のやり方を正当化したこともあった。[8] ロン・チャーナウは、問題について沈思黙考していたロックフェラーの姿を描いている。「長い時間をかけ、じっくりと計画を練るが、ひとたび決断を下せば、もはや疑念に惑わされたりせずに、揺るぎない信念をもって自らのビジョンを追求した」[9]。だが、その戦略的な成功は好ましからぬ手法の賜物であり、時代に逆行するような目的を追求したために、ロックフェラーが実業家志望者の手本とされることは、まずありえなかった。

ヘンリー・フォード

ロックフェラーとは対照的に、ヘンリー・フォードは少なくともある時期において、模範的で先見の明のある実業家とみなされていた。自動車業界に関するフォードの展望は、若いころ、父が経営するミシガン州の農場で機械いじりをするなかで培われた。フォードは馬を使わない乗り物に思いをめぐらせ、それによって農村のきわめて単調で過酷な労働をいくらか楽にできないかと考えた。蒸気エンジンは大きくて重すぎるうえ、危険だった。一方で、ガソリンを動力源とする内燃機関には見込みがあるように感じられた。一八八〇年代半ば、修理工として働いていたフォードはガソリン・エンジンを扱い、その原理を理解する機会に恵まれ、やがて自ら実験を始めるきっかけを得た。

当時、自動車の大衆市場は存在していなかった。自動車はレーサーの高額なおもちゃとみなされており、信頼性よりもスピードが重視されていた。個人から注文を受けた車を高価格で販売することで大金が稼げたため、量産するという発想はなかった。フォードの才能は、大衆の欲求と、まだ存在していなかった生産手段の両方を見越して、大衆向けの手ごろな価格の自動車を開発する方法を考えた点にあった。個人投資家や銀行からの支援はなかった。こうした背景から、フォードは仕事よりもカネを優先し、競争を恐れ、消費者に関心をもたない者たちへの軽蔑の念をいだきつづけた。そして、債権者や株主に依存せずに済むよう努めた。フォード・モーター・カンパニーの設立当初、フォードは支配権を握るだけの株式を保有していなかったが、一九〇六年には過半数の株式を取得していた。

フォードはカルテルとも戦わなければならなかった。認可済自動車製造者協会（ALAM）という業界団体が、新たな製造業者の自動車業界への参入を制限するために、うさんくさい特許を利用していた。一九〇三年、ALAMはフォード・モーターの参入を拒否した。このころ、反トラスト・キャンペーンが展開されていたことから、フォードはALAMがその貪欲さと、適正な競争を排除するためのもっともらしい主張のせいで、すぐに非難の的になる可能性があると考えた。そしてロックフェラーとは逆に、弱者、つまり「強大で独占的なゴリアテにたった一人で立ち向かう産業界のダビデ」として、トラスト反対派の人々の側に立った。自分は「抑圧や不当競争に反発するよう促すアメリカ人の自由の本能」で満たされており、「強要されたり、脅されたり、不当に扱われたりする」のは性に合わない、とフォードは主張した。[10]

長期におよぶ法廷闘争のすえ、一九〇九年にフォード・モーターは勝訴し、大衆から喝采を浴びた。

フォードは同社の最初の広告で、「日常的に使われるものとして独自に設計された自動車」、「簡潔さ、扱いやすさ、安全性、全般的な利便性、そして最後にもう一つ、非常に手ごろな価格」の面で喜ばれる乗り物を「製造、販売する」ことが目的だと説明した。低価格にするためには、大衆向けに大量生産する必要、つまり新たな組立方式を導入する必要があった。自動車業界が主に手本としていた自転車業界では、メーカーが多種多様なモデルを消費者に提供しており、毎年、新型車が発売されていた。フォードはこれが、「女性が衣服や帽子を買う際に従ってしまうのと同じ考え方」に基づくやり方であり、まちがった哲学だとみなした。そして、自分が機械いじりに熱中するきっかけとなった時計のように、長持ちする製品を作ろうとした。フォードの考えでは、カギとなるのは価格だった。それはモデルの数を少なくし、簡素さと信頼性により重点を置くことを意味していた。

こうして生まれたのが、高品質の原材料から作られ、簡単に操作できる「万人向けの自動車(ユニバーサル・カー)」という考えだった。フォードはのちにT型として有名になる型式の車の製造を決定し、この新型車だけを大量生産することに専念した。販売担当の社員たちが、独自の好みをもつ顧客を引きつけるための別のモデルがない点に懸念を示すと、フォードはこう言ってのけた。「顧客は好きな色の車を買える。それが黒であるかぎりは」。これは一握りの人間のための高級車ではなく、「一般大衆」向けの車であった。一九一三年に初めて組立ラインが導入され、道具と作業員の列に沿って部品が移動し、最終的に自動車として完成するという生産方式が実現した。その結果、「作業員が頭を使う必要性」が低下し、「動く範囲も最低限で」済むようになった。退屈で単調な組立作業のせいで、一九一四年に安定した労働力を確保することが難しくなりはじめると、フォードは作業員に日給五ドルを支払うと発表した。これは「当社が行ったなかで、とりわけうまくいったコスト削減策」の一つだったとフォードは振り返っている。

一般の人々を消費者として扱うとどうなるか、そしてどうすれば人々の強まる願望を満たせるか、という点について、フォードは当時の他の製造業者よりもよく理解していた。自分のビジョンを実現するため、ひたすら努力し、より良い原材料や手法を追求した。また、この段階では実質的に競争相手がいないという有利な立場にあった。フォードが未来のあり方を示していることに、他の製造業者がまだ気づいていなかったからだ。急速に、それもほぼ際限なく成長する新しい市場をフォードは切り開いた。独自の勝利の公式を思いついた時点で、成功を手中にしていたのである。

フォードは社会主義と未成熟の資本主義とのあいだに新たな道を提示したことで、自動車製造においてだけでなく、産業社会の発展においても突破口を開いた。大量生産の技術と、それにあおられた大量消費の願望、という非常に重要で関連しあった二つの流れに、決定的な弾みをつけたのである。日給五ドルの賃金制度は労働力を安定化させ、労働者を消費者に変えた。フォードは、自身の平凡さと素朴な嗜好、貧富の差をなくそうとする姿勢、工場周辺での市民活動プログラムによって、自分が一般の人々に近い存在であると印象づけようとした。これはマーケティング手法でもあり、心からの思いでもあった。やがてこうしたやり方は大衆迎合的な言葉で飾られ、フォードは特殊な実業家とみなされるようになった。フォードは原点を忘れていなかったが、同時に、人々を大切にすれば忠誠心や生産性や顧客を生み出すのに役立つと理解していた。

こうした考えから、フォードはより広範におよぶ政治的な課題にも取り組んだ。フォード・モーターの基本哲学に大きく貢献した側近のジェイムズ・カズンズは、こう明言している。「社会主義の愚行と無政府状態（アナーキー）の脅威は、貧富を問わずすべての人間が公平かつ正当に扱われる場を保証する産業システムのなかで消滅していくだろう」[11]。産業化のプロセスを妨げてきた絶え間ない騒乱を解消する方法は見つかっていた。労働者は賃金と労働条件の改善を求めて戦っていたからだ。日給五ドルの賃金制度は、労働者の賃上げ期待に応える余裕はないと考えていた他の実業家に衝撃を与えたため、多くの左翼を熱狂させた。進歩主義者たちはフォードのことを、労働者あっての自分だと理解している金持ちとみなした。一部の社会主義者は、マルクスの理論よりもフォードの実践に目を向けるほうが有意義だと訴えた。フォードは約束を守り、サービスを保証する人として、また自動車製造の達人、機械いじりの天才であるだけでなく民主主義の英雄でもあるとして、個人崇拝の対象となった。

　当然のことながら、フォード主義（フォーディズム）がおよぼした政治的な影響は、それまで相容れなかった資本家と労働者の要求を一つにまとめたという歴史的な出来事にとどまらない、もっと複雑なものであったことがやがて判明した。フォードのアプローチはパターナリズムに著しく偏っていた。各工場はあらゆる手を尽くし、個人の自主性の余地を減らすように組織されていた。それは、ユニバーサル・カーを作るうえで、どこにでもいるような（ユニバーサルな）労働者が、どこでも使われるような（ユニバーサルな）機械の一部品となりうる、とでもいうかのようであった。誰か一人の作業が遅れればライン全体のスピードが落ちる相互接続型のシステムでは、規律が必要とされ、自主性の余地はなかった。「従業員には指示どおりに仕事してもらう」とフォードは説いた。「人間が備えている知能には差がある」とみなし、多くの人は単調な作業を良しとする、と考えていた。昇給した従業員がまじめさや勤勉さを失わないようにするため、フォードは本社工場に「社会部」を設けた。この社会部によって従業員の私生活は監視され、著しく制限された。

　フォードは産業界の問題だけでなく、反戦運動にも積極的にかかわった。政界入りにも興味を示し、一九一六年には大統領にふさわしい人物としてもてはやされた。だが結局は、自分の地位を大いに生かしてウッドロー・ウィルソンを支援する道を選んだ。一九一八年にはミシガン州の上院議員選挙に出馬した。フォードは実際に選挙運動を行うことを拒んだが、それでも善戦し、僅差での敗北にとどまった。過去に平和主義を主張していたことと、当時、戦時下だったにもかかわらず反軍国主義を唱えていたことが主な敗因だった。フォードはしだいに奇異に映る態度をとるようになった。とりわけ敵意に満ちたその反ユダヤ主義は、きわめて危険なものであった。

フォードはおべっかを歓迎する独裁者で、自社の事業を取り巻く社会的、政治的情勢の大きな変化を把握することができなかった。波に乗っているあいだは、自らの支配力により、相手が提携先であれ、株主であれ、独立心のある幹部であれ、事業方針に口出ししようとする動きをすべて阻止した。そして個人の管理と会社全体の監督に努め、従業員数十万人、売上高数百万ドルの巨大企業に成長していた自社を、「まるで零細商店であるかのように」運営した。[12]

フォード・モーターの業績は、二〇〇万台の乗用車と大量のトラクターとトラックを製造した一九二三年に頂点に達した。だが、そのころにはゼネラルモーターズ（GM）やクライスラーとの競争が激しくなりつつあった。フォードがT型に固執しているあいだに、競合会社はより多様な新型車で先行していた。一九二六年のフォードの生産台数は一五〇万台にとどまった。競合二社はローンや分割払いによる新しい支払方法も受け入れていた。借金に嫌悪感をいだくフォードは、こうした支払方法を導入しようとしなかった。そして価格がすべてという信念から、労働者には生産性向上を、販売店には売れ残りのリスクを受け入れることを強く迫った。見識ある人物というフォードに関する人々の評価は色あせていった。フォードは消費者の願望を自ら後押ししてきたにもかかわらず、消費者の製品により多くを求める姿勢や、移ろいやすい好み、流行への関心、気ままな出費について理解しようとすらしなかった。競合会社が取り入れた目新しさや装備に顧客が目を奪われないようにするには、なおも低価格が有効だと考えていた。そして、製品と慣行の両面での近代化を訴える息子のエドセルと対立さえした。ヘンリーはエドセルのことを、意気地なしでパニックにおちいりやすいとみていた。ようやくT型に替わる製品の必要性を認めたのは、売上高減少の実情を無視できなくなってからのことだった。一九二七年の生産終了までに、約一五〇〇万台のT型が販売された。一九〇八年に八二五ドルだった価格は、二九〇ドルまで低下していた。

大恐慌が本格化した一九三三年には、フォードの年間自動車販売台数はわずか三三万五〇〇〇台まで減少した。これはクライスラーの四〇万台よりも少なく、GMの六五万台の半分であった。老齢となったフォードは気もそぞろのようであった。しかも、フランクリン・ローズベルト政権の発足とニューディール政策により、大企業に甘く好意的な政府の時代は終わりを告げた。いまや改革と規制に重点が置かれ、そこには労働組合の支援も含まれていた。フォードは強硬なニューディール反対派となった。ニューディール政策が集産主義を後押しし、アメリカ経済から活力と冒険心を奪っている、また富の創出ではなく富の再分配への衝動を原動力としている、とみていたのだ。

フォードは長いこと労働組合に敵意をいだき、労組が階級対立を助長しているとの見方を示してきた。労組は大量生産の恩恵を消費者に還元するのではなく、自分たちが享受することを目的にしている、と考えていた。労働組合は金融業者と同様に寄生虫のような存在である、と。フォード・モーターは一九二〇年代初頭には高い賃金を支払っていたが、一九三〇年代に業績が低迷すると、労働者に対する要求は過度に厳しくなった。一九二五年には一六〇〇人の労働者で自動車三〇〇〇台を製造していたが、一九三一年には同じ人数で七六九七台を製造することが求められた。労働条件が悪化するなかでも、しばしばマフィアの殺し屋にもたとえられた監視役の取り締まりによって、生産性は維持された。労働者は、些細な違反行為でも解雇されかねなかった。

フォードは労働組合を排除しつづけるために実力行使の覚悟すらしていた。一九三二年三月、共産主義の活動家にけしかけられた約二五〇〇人の失業者のデモ隊と警官が衝突した際に、それは現実となった。デモ隊が投石し、警官が催涙ガスや消火ホース、さらに実弾まで用いた結果、四人の死者が出た。労組運動側の内部分裂にも助けられ、こうした威嚇はしばらく効力を発揮した。だが一九三七年五月には、フランクリン・ローズベルト大統領のニューディール政策と、労組側に有利な規定を盛り込んだ一九三五年の全国労働関係法（通称ワグナー法）制定により、労働組合主義は政治の後押しを受けていた。座り込みストライキが頻発した結果、GMとクライスラーの両社は、各社の労働者の唯一の代理人になる、という全米自動車労働者組合（UAW）の要求を呑んだ。フォードでも労組の指導者たちが同じ要求を通そうとしたが、警備担当者に暴行を加えられ、阻止された。これにより、同社の評判は一段と悪化した。そして抵抗を続けたフォード自身も、さらに孤立を深めた。州の命令で労働者の意向調査が行われたところ、七〇パーセントが組合結成に賛成しているという結果が出た。結果がどうであれ、フォードは抵抗しつづける覚悟をみせていたが、流血騒ぎへの発展を恐れた妻に説得され、ようやく折れた。

フォードは偉大なイノベーター（革新者）だったが、戦略家としては無能だった。自分の考えを絶対視し、会社を経営するうえでの課題から目をそらしつづけた。ほかの者の同意が得られるかぎり、すべては丸く収まっていた。だがフォードは、自分の思うがままに事業を進めるつもりであり、自社の幹部や労働者、政府、はては消費者から抵抗を受けた際にも、柔軟な態度を示すことはまったくなかった。ほかの者の忠告など必要ないと考え、こう語っていた。「それまで誰も考えもしなかった問題を解決しなければならないときに、どうすれば本から解決法を学べるというのか」[13]。フォードは回想録『私の人生と事業』で、「専門家」を見下す態度を示している。専門家は、あらゆることはすでに明らかになっているのであり、新しい手法は実現不可能だと考えている、と。そしてこう述べている。「おとしいれたい敵がいたら、私は専門家を差し向けるだろう」。よく対比されるフレデリック・テイラーとフォードのあいだには、はっきりとした関連性があった。フォード独自の思想には、労働システムの合理化と思考する労働者の危険性、というテイラーと同じ精神が満ちあふれていた。フォードがテイラーの著書を読んでいた可能性は低い。自身の経験から同様の結論に達したのであり、生産性向上の重視は主として技術と原材料のイノベーションに頼るものであった。とはいえ、フォードの周りにいた者の多くは、テイラーのアプローチをよく知っており、同じ精神で仕事に取り組んでいた。フォードの成功がそのアプローチの妥当性をさらに裏づけたとみなされるのも当然といえた。「テイラー主義（テイラリズム）」と「フォード主義（フォーディズム）」はともに、先進的な生産手法の代名詞になったのである。

フォードの初期のパターナリズムは、資本家と労働者の対立を乗り越える、というその覚悟を支持していたであろう人間関係学派に受け入れられていたかもしれない。だがフォードは労働者に対し、しだいに厳しく懐疑的な態度をとるようになり、それが労働争議の高まりを招いた結果、労働組合を認めざるをえなくなった。フランクリン・ローズベルト政権は、労組を、対立を前提とした時代遅れの考え方の象徴とみなす者には手を差し伸べなかった。競争で影が薄くなり、労組に敗北したフォードもまた、一九三〇年代にはビジネス戦略家志望者にとっての反面教師になっていた。

アルフレッド・P・スローン

　ビジネス戦略家と呼ぶにふさわしい存在となったのは、アルフレッド・P・スローンだ。スローンは、まずは事業部門の責任者として、それから社長、最高経営責任者（CEO）、最後は会長として、一九五六年に引退するまで約三六年にわたりGMで指揮をとりつづけた才人である。GMはフォードと同じミシガン州で、ウィリアム・C・デュラントによって一九〇八年に創設された。ユニバーサル・カーの製造をめざしていたフォードと異なり、GMは小さな自動車会社の買収を重ね、拡大路線を歩んでいた。だが巨額の負債をかかえた結果、同社は投資銀行団の傘下に入り、デュラントは経営権を失った。マサチューセッツ工科大学（MIT）で電気工学を修め、その後ある部品製造会社の社長となったスローンは、一九二〇年にGMの事業部門の責任者に就任した。そして、自動車業界が不況に見舞われた一九二三年に社長に昇格した。当初からスローンは同社の組織構造と製品の変革に着手し、その手法はアメリカの実業界で広く模倣された。

　主に三つの点で、スローンの立場はヘンリー・フォードとは異なっていた。第一に、そして最も明らかな点として、フォードは自動車業界の先頭に立っていた。第二に、スローンは一種だけのユニバーサル・カーではなく、GMの傘下に収められた各企業が製造していた多種多様な自動車を売る立場にあった。第三に、スローンは同社の主要株主であるデュポン家のことを考慮しなければならなかった。デュポン家は、同社の無謀な経営方針に危機感をいだき、デュラントを退陣させて実権を握った。当初、スローンは会長兼CEOのピエール・デュポンの指示を仰ぐ身であった。つまりフォードの場合と異なり、競争に対処するだけでなく、社内戦略を講じる必要があった。スローンは同僚と企業方針について議論し、それぞれに異なり、対立する可能性もある多種多様な利害に配慮しなければならなかった。たとえば、デュポンは新型の銅冷式エンジンの開発でフォードに対抗するという大胆な計画を支持していた。スローンはこの計画がうまくいかない恐れがあり、そうなった場合には悲惨な事態を招くとみていた。スローンは計画そのものに水を差さないよう慎重を期し、うまくいかなかった場合のために、より安全な水冷式エンジンの改良を軸とした代替策を準備しておくと決定した。結局、銅冷式エンジンの開発は失敗に終わったのだった。

一九二〇年から一九二一年にかけて、スローンは現代企業、そして自動車産業を変革する二つの関連する構想を思いついた。構想の一つは、中央からの指導力を維持しながら、GMの複雑な構造を最大限に生かすための提言をまとめたものだった。スローンの計画は、一九二〇年に「組織についての考察」の名で知られる文書に記された。同文書は、のちに「規範となる質」を備えた「経営の理論と実践における試金石」と評された。[14] スローンは「事実に基づいて経営判断を下す」という自らの科学的アプローチから、自身の事業経験だけを頼りにこの考察をまとめた。軍隊経験はなく、読書家でもなかったが、たとえそうだったとしても、「当時の書物から役に立つ情報はあまり得られなかっただろう」と振り返っている。スローンの計画は「合理的で客観的な事業様式を望む」取締役会の要求を満たしていたため、採用された。この計画は矛盾しているようにみえる二つの原則を柱としていた。第一の原則は、会社を事業部門ごとに分け、各部門にそれぞれの事業について「全面的な」責任を負う独自の最高責任者を置く、というものだった。第二の原則は、GMの発展と管理のために、ある程度の「中央組織としての機能は絶対に欠かせない」というものだった。スローンは、二つのあいだにある矛盾を「核心部分」と考えた。[15]一方で中央から継続的な干渉を受けることなく事業を進める能力について述べながら、他方で明確な財務・事業方針のガイドラインに従う必要性を訴えている。このように葛藤が生じる点、そしてこれがマネジメントの面で中心的な課題となる点を認識したことが、知的な突破口となった。スローンの伝記作家は、こうしてGMに「新しい種類の企業音楽、すぐれた演奏家が称賛され、指揮者が敬意を集めるような、統制されつつも分権化された生産、事業、管理のオーケストラ」が導入された、と表現している。[16]

戦略上、最も重要な問題は、一九二〇年代初めにアメリカの自動車市場全体で約六〇パーセントのシェアを握っていたフォードにどう対抗するか、であった。伝説的なT型の一車種に絞っていたフォードに対し、GMでは数多くの事業部門が、高級車から中低価格車まで一〇車種も製造していた。原理上は自動車市場全体を網羅する製品構成だったが、実際には一部の分野でGM車同士の競合が起きていた。あとから振り返れば、頑固で慢心していたフォードは理想的な敵だった。だが、それをうすうす感じていたとしても、スローンは自分がしかける挑戦にフォードが対応しそこねることを当てにするわけにはいかなかった。スローンが描いたGMのシナリオは、フォード側の底抜けの鈍さを想定してはいなかった。とはいえ、つけ入るすきはあると見込むことはできた。T型の販売が好調だった一九二一年の段階では、フォードは同モデルの生産中止を迫る圧力にさらされていなかった。しかも、フォードが最終的にとるであろう対応も予測可能だった。直接競争を排除する目的でT型を値下げするのに十分な財力が、フォードにはあったからだ。

一九二一年の夏を通じて、スローンはこの難しい課題に取り組むための特別委員会の責任者を務めた。同委員会は以下のような方針を定めた〔訳注：これが二つめの構想である〕。

第一に、廉価な大衆車から超高級車まで、すべての価格セグメントの自動車を製造する。高級車でも大量生産を貫き、少量生産は行わない。第二に、各価格セグメントのあいだに大きな差ができないようにしつつ、大量生産の利点を最大限に引き出すことが可能な規模を無理なく維持できるよう、価格設定を行う。第三に、同じ価格セグメントでGM車同士が競合しないようにする。[17]

この方針のすぐれた点は、セグメントを決める際に、市場の現状をまったく考慮しなかったところにあった。これは市場に関する新しい考え方、つまり価格と品質の違いに顧客が示す反応についての見方を反映していた。スローンの見立てが正しければ、市場はGMの意向に沿う形で発展する可能性があった。同社は「すべての所得層の、あらゆる目的に応える」というスローガンのもとで、製品群を合理化し、販売したからだ。スローンは外部環境に対応しようとしたわけではない。むしろ、外部環境を一新する立場にあった。

この方針が試されるのは低価格車の分野であった。GMは当時、市場シェアがわずか四パーセントだったシボレーをこのセグメント向けに刷新し、強力なT型に対抗する車種とした。スローンはこの競争が四五〇〇～六〇〇〇ドルの価格帯で展開されると見込んだ。フォードは最も低い価格帯でのT型の地位に誇りをもっていた。スローンは真っ向からフォードに勝負を挑むのは「自殺行為に等しい」と考えていた。のちに、こう説明している。「われわれがとった戦略は、一つの価格セグメントともいうべき地位を築いたフォードから市場シェアをほんの少し奪い、シボレーの販売規模を利益の出る水準まで押し上げる、というものだった[18]」。これは、もっと高い価格が正当化されるように、より高い品質をめざすことを意味していた。そして、もう少し高くても買う用意のある消費者だけでなく、一つ上の価格セグメントの車の購入を検討しているが、もう少し安い価格を望んでいるかもしれない者からも売り上げを得ることを意図していた。従来の戦略に固執し、GMの反乱を無視すると見込まれるフォードは、低価格のセグメントにとどまるだろう。ひとたびシボレーが黒字化すれば、そこからさらにフォードの領域に食い込み、与える打撃を徐々に大きくしていくための基盤を確保できると考えられた。

フォードにはどのような選択肢があったのか。基本的には、シボレーの黒字化を防ぐ必要があった。だが、とりあえずできるのは、おそらく一九二〇年代初めの自動車販売の低迷が続くと見込んでT型をさらに値下げし、それからシボレーのすぐれた設計特性に直接対抗する新型車で反撃することだった。しかし、フォードは単一車種に依存していたため、新型車の開発には時間がかかった（他のメーカーを買収して既存の車種を販売することも可能ではあったが）。また、何にせよ新型車を投入すれば、T型から売り上げを奪う恐れもあった。やがて市場が回復するとフォードの売り上げは拡大したため、すぐにシボレーの脅威に対処しなければならないという切迫感は生じなかった。だが、フォードには現在支配している価格セグメントの下に位置する車種がなく、そこから新たな消費者を取り込むことができなかったのに対して、シボレーは独自のより高い価格の車種を投入し、フォードだけでなく上のセグメントからも新たな顧客を引き込むことが可能だった。販売が拡大すると、シボレーがフォードの値下げに追随する必要性はなくなった。スローンが述べているように、「大御所フォードは変化に適応できずにいた」。フォードは「自分が名を成し、当たり前に思っていた市場が一変したこと」を理解していなかった。[19] 六年後の一九二七年には、GMの年間自動車販売台数が一八〇万台に達し、最大の市場シェアを獲得した。

ある点において、スローンはフォードと同じ立場をとっていた。実業界に積極的に介入しようとするローズベルト政権の姿勢に強く反発し、反ローズベルト運動を精力的に行った。その一環として、反ニューディールをうたうアメリカ自由連盟に資金を提供し、一九三六年大統領選挙でのローズベルト再選を阻む運動を展開した。最終的には、ローズベルトへの反発が強まったのちに第二次世界大戦が起きた結果、スローンとフォードはともに妥協するようになった。これは、短期的にGMに新たな課題をもたらした。最も重要な問題は労働組合との関係だった。フォードと異なり、スローンは産業社会のあらゆる問題に対処しようとしたことはなく、工場の作業現場状況にほとんど関心を示さなかった。労働組合については、賃金や規則、労働条件にかかわる労働者の権限に関して代理を務める組織とみており、それがなくともGMはうまくやっていけると考えていた。労組側は、みなに恩恵が行きわたるように、より大きく、うまみも多いケーキを作ろうとするのではなく、収益性にどれだけ打撃がおよぼうとも、既存のケーキを切り分けることだけを望んでいた。

労働者が労働組合を組織するのを防ぐため、GMは不穏な動きについて報告するスパイを雇った。作業現場で組織化をもくろむ者は解雇される恐れがあり、関心を示しただけでも警告の対象となった。スパイが潜んでいるという認識は、労働者を疑心暗鬼にさせ、組織化を難しくするという効果ももたらした。こうした流れは、組織化の動きに対する嫌がらせを防ぐための法規制が定められていたにもかかわらず続いた。一九三六年夏の段階では、GMの四万二〇〇〇人もの労働者のうち、ＵＡＷに加入しているのはわずか一五〇〇人だった。だが、一九三六年一一月にローズベルトが再選し、またミシガン州知事選で組合寄りの候補者が勝利したことで、状況は不意に激変した。アメリカ鉱山労働者組合（ＵＭＷＡ）の代表ジョン・Ｌ・ルイスの指揮のもと、新たに結成された統括組織の産業別組合会議（ＣＩＯ）は、自動車産業に狙いを定めた。地元の組織化勢力も、ＧＭを攻撃するのにふさわしい時機が訪れたと判断した。不況からの脱却に苦しむ同社では、労働者たちが以前より少ない賃金でもっと働くよう要求されていることに不満を示していた。人員が削減される一方で、生産性の目標値は据え置かれていた。管理者は失業の脅威を頼りに労働者を従わせ、賃金を下げつづけていた。こうした要因が一九三六年一一月という時期にすべて重なったのであり、その結果、アメリカの労働組合の先行きと自動車業界にとってきわめて重要な意味をもつ、一九三〇年代のなかでもとりわけ重大なストライキが起きたのである。

同年一二月にかけて、ＧＭのさまざまな工場のあいだで座り込みストライキが広がった。そのなかには、重要拠点であるフリントのフィッシャー・ボディ工場も含まれていた。スローンはこれを真っ向から会社に歯向かう行為と受け止め、全従業員に向けてこう訴えた。「本質的な問題は、ＧＭの工場を労働組織が運営するのか、それとも従来どおりに経営陣が運営するのかだ」[20]。こうした出来事は、ニューディールに関するスローンの不安を裏づけていた。健全な経済秩序が、見当違いの集産主義者の考え方によって失われつつある。会社の設備の不法占拠という手段に動いた労働者は排除すべきだ。だが、どのようにすればよいのか。法律にのっとって実力行使に訴えることも可能だが、抵抗されたらどうするのか。激しい暴力行為に制裁を加える覚悟が会社にあるのか。しかも、州や連邦政府からは、交渉によって事態を打開する方法を見いだすよう促す圧力が感じられた。ローズベルト大統領は労働者の行為を許せる立場にはなかったが、個人的にはまちがいなく労働者側に共感を寄せていた。スローンは、自分の思いを曲げてまでローズベルトに取り入ろうとはしていなかった。

労組側にとって、とにかく重要なのは自分たちの立場を維持することだった。工場をうまく操業停止の状態にしているかぎり、GMは打撃を受けつづける。これを実現するには、実力を行使して自分たちを追い出そうとする者を寄せつけずにおくだけでなく、暖をとる手段と食料を確保しておく必要があった。実際には、ごく少ない人数で工場を占拠する場合が多かった。組合にはそもそも動員できる加入者があまりいなかったうえ、食料供給を維持する必要があったからだ。約七〇〇〇人の労働者を雇っている主要工場の一つでは、占拠者がわずか九〇人のときもあった。しかも、その全員がGMの従業員というわけではなかった。一九三七年一月、会社側が初めてフリントの工場の火を止め、食料調達を断とうとすると、「座り込み労働者」たちは調達路を確保できるよう工場の門をおさえるために攻勢に出た。そして、催涙ガスを使う警官に労働者たちが石や消火ホースで反撃したことで、危機は深刻化した。やがて警官の発砲によって負傷者が出たが、死者は生じなかった。組合側はシボレーの生産拠点に狙いを定め、さらに圧力をかけた。さほど重要ではない工場でおとりの座り込みストを行い、会社の警備隊の注意がそちらに向いているあいだに、はるかに重要なエンジン製造工場を占拠することに成功したのである。[21]

会社側は占拠の違法性を認めた差し止め命令を勝ち取っていたが、占拠者たちは工場の明け渡しを拒否した。交渉を始める試みもなされていたが、UAWに唯一団体交渉権を与えるという組合側の要求をGMは拒絶した。スローンはこの要求に応じる用意があると主張していたが、実現したのは座り込みが終わってからのことだった。ジョン・L・ルイスは、自分の影響力を失うつもりも、妥協に同意するつもりもなかった。スト開始前のGMの月間自動車生産台数は約五万台に達していたが、一九三七年二月にはわずか一二五台に落ち込んだ。スローンは政治的に孤立していった。ローズベルト政権には前言を翻したと非難された。また、時代の変化を読み誤ったと論評された。

占拠者を排除する目的での武力行使の責任は、新たにミシガン州知事に就任したフランク・マーフィーにあった。マーフィーは率先して紛争の調停に努めた。法律遵守の必要性を認識してはいたが、暴力沙汰になって多くの死者が生じ、自分の名が「血みどろマーフィー」として歴史に残る可能性を強く恐れていた。もし組合への圧力を強めなければならないとすれば、マーフィーは占拠者を立ち退かせるために州兵を派遣するよりも、シボレーのエンジン工場が占拠された際にすでに張らせていた非常線を強化するほうに動く公算が大きかった。このような忍耐を必要とする戦略は、巨額の損失を生み出しているGMよりも、マーフィーのほうが遂行しやすかった。暴力沙汰になる可能性については、会社側ですら慎重になっていた。組合を承認する方向へ歩み寄っていれば紛争は終結していたかもしれない、という状況で多くの死者を出した場合、GMが責められるのは明らかだったからだ。

紛争終結をめざすマーフィーはルイスに対し、法を執行しなければならないと正式に警告を発した。これを受けてルイスはスタンドプレーに走った。自分は工場のなかに入り、他の労働者もろとも撃たれる覚悟を決める、とマーフィーに伝えたのだ。当局のほうが腕力の面で明らかにすぐれているものの、それを行使できるかどうかはかなり疑わしい状況において、そのようなにらみ合いを期待していたフリードリヒ・エンゲルスの言葉を体現するかのように、ルイスはマーフィーをなじった。和解にいたらないかぎり占拠者は撤退させないと宣言し、「どうするつもりか」とルイスは問いかけた。

立ち退かせるには、たった一つの方法を使えばよい。銃剣だ。そちらには銃剣がある。どのタイプが好みだろう。幅広の諸刃のものか、それとも四角錐状のフランス型か？　四角錐タイプなら、より大きな穴があけられるし、体に刺してから、ぐるりと回すこともできるはずだ。マーフィー州知事、いったいどの種類の銃剣で、われわれの体のなかをひっかき回すつもりなのか？

実際には、この時点ですでに和解は成立しようとしていた。ルイスとの直接対話に同意したスローンの側近の一人が交渉に当たり、紛争を解決せよという大統領の要請を大義名分として、GMを以前の状態に戻すことを要求した。一九三七年二月一一日、同社は座り込みストを終わらせるための合意書に調印した。UAWは排他的団体交渉権を獲得し、同年一〇月には加入者数が四〇万人に達した。

それでもローズベルト政権はGMに対して手を緩めなかった。一九三八年、司法省はフォード、クライスラーとともにGMを相手取り、反トラスト法違反で刑事告発を行った。結局は取り下げられた告発の根拠は、自動車メーカーがそれぞれのディーラーに系列金融会社のみを用いるよう命じることで取引を不当に制限している、というものだった。クライスラーやフォードと異なり、スローンは戦う決意をした。それは、商取引への不当な干渉と考えたからだけではなく、自動車市場でのシェアが五〇パーセントに近づきつつある自社に、より大きな脆弱性を感じとったからでもあった。同年後半にスローンはこう述べた。「当社の車は各価格セグメントで四五パーセントのシェアを握っている……これ以上、拡大したくはない」。これは企業としての本能に反して、市場シェアを縮小しつづけなければならないことを意味していた。

スローンが渡り合ったニューディール政策推進者の一人にアドルフ・バーリがいた。コロンビア・ロー・スクールの教授だったバーリは、一九三二年大統領選挙戦でローズベルトの政策顧問団（ブレーントラスト）の中心人物となり、政権発足後も同大統領の常任顧問を務めた。

一九三二年、バーリはガーディナー・ミーンズと共同で画期的な著書『現代株式会社と私有財産』を刊行し、大企業で所有と支配の分離が進み、経営者が株主の監視をほとんど受けずに業務を遂行するようになることを示した。そして以下のように論じた。アメリカでは生産の手段が約二〇〇社の大企業に集中してきており、その顕著な例の一つがGMである。経済的権力は、こうした巨大企業を支配する一握りの人々に集中している。これは、「数多くの個人に損害あるいは利益を与える、地域全体に影響をおよぼす、取引の流れを変える、あるコミュニティを荒廃させる一方で別のコミュニティを繁栄させる」ことを可能とする力である。「私的な企業」という言葉の意味を超える社会的役割を帯びたこの経済的権力は、国家の政治的権力と思うがままに競うことができる。つまり、新たな形態の闘争が生じつつある。「国家がなんらかの形で企業を規制する方法を模索する一方で、企業は着実に勢力を強め、そうした規制から逃れるためにあらゆる努力を行っている[22]」。

スローンは、フォードとの競争やGMの内部構造の問題に取り組む際に示したたしかな手腕を、第二次世界大戦が近づくなかでの政府や労働組合との対決において発揮することはなかった。重要なのは、一九三〇年代に大企業が大きな戦略的問題に直面していたこと、それが将来解消するとみなす根拠はなかったことである。だが、スローンはその分野において失敗したというよりも、成功を収めたのであり、結果としてスローンとGMは、次世代のマネジメント理論家にとって必要不可欠な土台を築いたのである。

第30章 経営戦略

経営（マネジメント）と呼ばれるものの大部分は、人々が仕事をこなすのを難しくするものである。

——ピーター・ドラッカー

マルクス主義からの離反者たちは、ソビエト連邦の全体主義、工業化社会の新たな展開双方への懸念と向き合い、階級闘争の概念を塗り替えることで、マネジメント理論の重要な父祖となった。第Ⅲ部で取り上げたジェイムズ・バーナムの『管理革命』（*Managerial Revolution*）は、その内容よりも題名ゆえに頻繁に引用された。新たに生まれつつある権力構造が共産主義者と自由市場主義者双方の期待に反している様子を、きわめて巧みにとらえた題名だったからだ。ハーバート・ソローやジョン・マクドナルドを含む、非常に多くの元トロツキー主義者（トロツキスト）が、ビジネス誌であるフォーチュンのスタッフに加わった。マクドナルドは対立と戦略に対する強い関心をいだきつづけた。本書では、ゲーム理論の分野における重要な著述家として、マクドナルドを第II部ですでに紹介した。[1] フォーチュン編集部には、当時の同誌そのままの鋭い切れ味を発揮した『オーガニゼーション・マン』の著者ウィリアム・ホワイトもいた。さらには、リベラルの経済学者ジョン・ケネス・ガルブレイスもその一員だった。ガルブレイスは、同誌の右翼のオーナー、ヘンリー・ルースが「ごくまれな例外を除くと、優良なビジネス著述家はリベラルか社会主義者のどちらかだ」と気づいていた、と振り返っている。[2]

ガルブレイスは、社会における権力はいまやマネジメント階級にある、という考え方にもかかわりをもつようになった。これは、社会主義だけでなく、（きわめて競争的な市場を前提としている）新古典派経済学にも異議を唱えるものであった。個別の企業は市場全体のなかで小さい存在であり、影響力も限られていたが、きわめて重要な産業分野では、一握りの企業が支配的な立場を築いていた。また経営者は、利害が対立する所有者と顧客の板ばさみになるのではなく、むしろ自分たちの利害にかなうように所有者と顧客を仕向ける形でその関係を再構築することが可能になっていた。さらに、潜在的な競合相手が有効な対抗策を講じるのを防ぐ方法や、対等に近い立場で国家と交渉する方法も見いだしていた。事業の成否は、市場環境よりも大企業の組織的能力に左右された。アルフレッド・チャンドラーは経営者の役割について論じる際に、アダム・スミスの「見えざる手」とは対照的な「目に見える手」という言葉を用い、こうした考え方を巧みに表現した。[3] このほかに、頭脳明晰で教養のある人々が世の中を動かすのにはそれなりに理由がある、というプラトンの時代からみられる思想もおそらく存在しただろう。

上記のような考え方を最も成熟した形で系統立てて論じたのが、ガルブレイスの著書『新しい産業国家』である。同書は一九六七年、著者自身が説得力ある内容と思える段階になってようやく刊行された。ガルブレイスはアドルフ・バーリとガーディナー・ミーンズの影響を受けていたほか、ジェイムズ・バーナムにも感化されたことを同書の改訂版で認めている。ガルブレイスは株主の影響力低下と、開発、製造、経営面での専門家の影響力増大を論じた。そして、後者を「テクノストラクチャー」と呼び、以下のように説いた。「不特定の株主や、いまや経営幹部におおむね従属している取締役会」は、もはや権力をもっていない。権力をもつのは、「多様な技術的知識や経験、現代産業の技術や計画において必要とされるその他の技能を有する人々の集合体である。その範囲は、現代製造業企業の指導者から一般の労働者のすぐ上の層まで広がっており、多くの人々と多種多様な才能を取り込んでいる」。ただし、組織運営の司令塔として実際に権力を行使するのは、この新しい階級のごく一部の者に限られる。権力を行使するうえでは、より広範におよぶ人々の利害や姿勢に配慮する場合もあるが、基本的には自分たちの生活の拠り所となる組織の利害に対して責任を負う。この、ごく一部の者という点に関して、同書は必ずしも明確にしてはいなかった。ガルブレイスがテクノストラクチャーと呼んだものには、数多くの人々が含まれていた。バーナムは最高責任者に的を絞っていたとみられるが、管理者が基本的に権力を行使する人々と定義されるようになったことで、その分析は類語反復（トートロジー）の危険をともなうものとなった。

こうした仕組みにおいては、計画（プランニング）が決定的な役割を果たした。計画は需要と供給の法則を克服するための手段だった。西側の政府と企業は、「計画」という言葉がソ連の経済体制を連想させる点に苦慮しながらも、先を読み、きたるべき問題と機会に備えることの必要性を認めていた。計画しなければ、優先順位を定め、機能を調整することはできなかった。いまや規模と計画は、継続的な技術進歩を確実にするために必要不可欠だった。「あらゆる計画の特徴は、市場の場合と異なり、需要が供給に適応し、供給が需要に適応するメカニズムが組み込まれていない点にある。そうした調整は人為的な方法で意図的に行わなければならない」[4]。一九三〇年代の悲惨な経験から、このころの社会は、制約が働かない市場の力に対する恐れと、人間社会に対し合理的に支配力を行使することへの楽観論に包まれていた。

現代企業を管理することの意味を探求した草分け的な学識者の一人が、コスモポリタンともいうべき経歴の持ち主であるピーター・ドラッカーだった。オーストリア出身のドラッカーは、ナチスから逃れるため、イギリス経由で一九三七年にアメリカへ渡った。管理主義に傾いた一九四二年の著書『産業人の未来』がゼネラルモーターズ（GM）幹部の目にとまり、ドラッカーはGMから同社の「政治的監査」をしてほしいと依頼された。こうして、アルフレッド・スローンを含むあらゆる方面からGMの情報を入手する権限を与えられると、一八ヵ月にわたって同社の会議に出席し、従業員への聞き取り調査を行い、あらゆる内部事情を分析した。ドラッカーはGMを、最高責任者が将官として命令を下す大規模な軍隊のような組織と想定していた。だが、実態はまったく異なっており、ある種の独特な権力構造とみなした。この研究の結果、上梓された『会社という概念』（最新の邦訳は『企業とは何か』）は、少なくともドラッカー自身が、企業を一つの組織として、また「マネジメント」を「特殊な仕事を行い、固有の責任を負う特別な機関」として扱った最初の本だった。[5] のちにドラッカーは、「マネジメントを一つの学問領域、研究分野として」、そしてさらに重要なことに「組織を一つの特異な主体として、その研究を一つの学問領域として」、「確立したと評価されている」点を誇らしげに伝えている。[6]

ドラッカーは一九五四年の著書『マネジメントの実践』（邦訳『現代の経営』）で以下のように説いた。経営者は「産業社会において主導的な役割を果たす一つの明確なグループ」、資本家にかわって労働者と関係を築く存在になっている。にもかかわらず、「社会の基本的な機関のなかで最も知られず、理解もされていない」ままの状態にある。当時のドラッカーは（その後、対象範囲を広げたが）、マネジメントを企業の経営に限定しており、経済的な成果、つまり専門家として何を行ったかではなく、何をどれだけ生み出したかによって評価されるものと考えていた。そして、良い結果は直観と勘によって達成されうるとの見方から、科学的管理法には懐疑的だった。また、その功績を認めながらも、計画と実行を分離したとしてテイラーを非難した。さらに、科学的管理法の背景には「難解な知識を独占することで無知な農民を操れるエリート、という危険で好ましくない哲学的概念」があったとみなした。このようなエリート主義哲学から、ドラッカーはテイラーを「ジョルジュ・ソレルやレーニンやヴィルフレド・パレート」と同類と位置づけた。実行する前に計画を立てるのは賢明なやり方だが、その場合も命令する者と命令されたことを実行する者とが別である必要はない。(7)戦略的な面で、ドラッカーは経営者の限界を認識していた。「非常に狭い可能性の枠にずっととらわれて」いるため、環境を「支配する」ことができない、と。マネジメントの仕事は「望ましいことをまず実現可能な状態にし、それから実現させること」である。ドラッカーの哲学の要(かなめ)は、「意識的で方向の定まった行動」によって環境を変えようとする点にあった。事業の経営とは、「目標によって管理・運営する」ことである。こうした点から、ドラッカーはどのような長期的なビジョンであっても、実現させるにあたっては身近で信憑性のある目標にして示さなければならないことを理解していた。(8)したがってドラッカーの哲学は、目標を設定し、手段を見いだす合理主義者のものだったが、組織の構造と事業環境双方の複雑さを十分に考慮していた。従業員への配慮が足りなければ危険が生じる、という点に最初から気づいていた。のちに「エンパワーメント」(権限の委譲)というレトリックを熱烈に支持するようになるが、その前から常に、マネジメントにおいては誰かが意思決定を行い、責任を負う必要があること、つまりトップダウン式にならざるをえないことを認識していた。

この二つ（と、その後の数多くの）著書によって、ドラッカーは最初の現代マネジメント理論家という地位を築き、フォードやゼネラル・エレクトリック（GE）などの大手企業のコンサルタントになった。ただし、GMは『会社という概念』、さらには著者のドラッカーに対して、冷ややかな反応を示した。ある意味でこれは予想外の展開だった。ドラッカーは同書で大企業の利点と中小企業の非効率性を認め、他社の手本になると勧めるほどにGMの分権的組織構造を称賛していた。こうした反応が生じたのは、たとえ建設的なもの（たとえば、同社が長期的な投資よりも短期的な利益を優先する傾向にあるという指摘）であっても、GMの経営幹部が批判を不快に感じたため、とドラッカーは考えた。GMは、環境の変化に適切に対応することよりも、長いこと成果をあげ、会社に寄与した基本原則に固執していた。それは環境の変化に適切に対応することよりもずっと重視されてきた。「GMの幹部は自分たちを現実的な人間とみなしていたが、実際には教条主義的なイデオロギー信奉者だった。そして、そうした信奉者らしく、無主義の日和見主義者に対する軽蔑の念をわたしに示した」。こうした立場の違いは、二〇世紀前半に経営思想を全体的に方向づけた二つの物議をかもす大きな問題、反トラスト法問題と「労働問題」に関してもみられた。

大企業は「公共の利益の影響を受ける」、というドラッカーの考え方をGMが不安視した背景には、反トラスト法の問題があった。ドラッカーは、反トラスト法に直接関係する非常に戦略的な問題にも巻き込まれた。新たな反トラスト法違反の訴訟を避けるため、市場シェアを五

○パーセント未満に抑える、というスローンの決断は成長意欲をそぎ、ＧＭの主導権喪失につながるとの見方を、ドラッカーは同社の一部の幹部と共有していた。一つの可能性として、スタンダード・オイルの前例にならった分社化が提案された。最大の事業部門であるシボレーを軸に設立した新会社なら、すぐさま自力でやっていくことは可能だった。だが、ＧＭの経営陣はこの案に強硬に反対した。

労働問題に関してドラッカーは、「中傷と陰口」が積もり積もった結果、一九三七年に座り込みストライキの頻発という痛ましい事態が生じ、これが相互理解と共感の精神に基づいて経営陣と労働組合が共通の問題解決策を見いだすのを妨げた、とみていた。経営側のあまりにも多くの人間が労働者をほとんど人間以下の存在とみなそうとする一方、労働者たちは経営陣を鬼畜扱いしていた。[9] ドラッカーは労働組合に心を動かされていたわけではなかったが、ＧＭは、より多くの地位と機会を与えて労働者をまとめることができずにいた。そして同社の柱だった組立ライン方式も、その生産性を最大限に発揮できなくなっていた。戦時生産態勢へ移行するなかで、労働者が責任をもち、学習し、生産手法と製品品質を改善するのが可能であることも明らかになっていた。そこでドラッカーは、労働者を「コストではなく資源」とみなすべきだと訴え、「管理者としての資質」をもった「責任ある労働者」、「自治的な工場コミュニティ」といった考え方を奨励した。新たにＧＭの最高経営責任者（ＣＥＯ）に就任したチャールズ・ウィルソンは、この考え方を追求することに関心を寄せたが、中心的な労組である全米自動車労働者組合（UAW）が、経営陣と労働者のあいだになくてはならない境界線が曖昧になる、というおなじみの理由でこれに反対した。

ドラッカーによると、『会社という概念』がGMにとって不快な書物となったことで、アルフレッド・スローンは「事実を明確にするために」自ら本を書くと決断した。[10]『会社という概念』の約二〇年後に刊行されたスローンの『GMとともに』は、実際にはまったく別の理由から生まれた。ドラッカーの主張に腹を立てたスローンの共著者ジョン・マクドナルドが、その誤りを正し、また『会社という概念』が世に出るまでの紆余曲折を伝えるために執筆したのはたしかであった。[11] フォーチュン誌の記事を書き、ゲーム理論に関する著作の先駆者でもあった元トロツキストのマクドナルドは、「個人や組織、多種多様なグループが無関係に相互に作用し合い、協調的であれ、非協調的であれ、従来の一般的な経済学および意思決定の理論にとらわれない考え方をする戦略的状況」を専門的に研究していた。一九五〇年代初頭にこのようなテーマでGMに関する記事を書こうとしていたマクドナルドと、それに協力していたスローンは、一冊の本にするのに十分なネタがあることに気づいた。[12] 二人は一九五〇年代を通じ、このプロジェクトに力を合わせて取り組んだが、出版はGMの顧問弁護士団に阻まれた。[13] 弁護士団は、アメリカ政府がこの本に引用されている文書を反トラスト法訴訟の根拠として用いるのではないかと危惧していた。それから五年の月日とマクドナルドが起こした訴訟を経て一九六四年一月にようやく刊行されると、『GMとともに』は称賛を浴びた。

二人の研究助手を務めたのは、広い人脈をもち、有力なデュポン家と血縁関係にあった若い歴史学者のアルフレッド・D・チャンドラー・ジュニアだった（ミドルネームのDはデュポンの頭文字である）。スタンダード＆プアーズ（S＆P）の創設者ヘンリー・プアーの曾孫（ひまご）でもあり、S＆Pの文書はチャンドラーが博士号を取得する際の土台となったほか、事業組織への興味をかき立てる役割を果たした。自身が思想面で影響を受けたドラッカーと同じく、チャンドラーは企業そのものの組織構造に十分な関心を寄せるべきだと感じていた。「泥棒男爵」と「産業政治家」という相反する固定観念のどちらとも違う、より洗練された繊細な表現を用いる必要があった。スローンの著書がまだ出版されずにいた一九六二年、チャンドラーは自著『戦略と組織』（邦訳『組織は戦略に従う』）にGMの社史を記した。当時、「戦略」という言葉は、『マネジメントの実践』で戦略的な意思決定と戦術的な意思決定の違いに言及している一ヵ所を除き、ドラッカーの著書でも使われていなかった。また、マクドナルドが熱烈な戦略愛好家であったにもかかわらず、この言葉は『GMとともに』にも登場しなかった。

チャンドラーの戦略という言葉の使い方は、同じころ、非常に似た形で組織について考察していたエディス・ペンローズの場合と対比できる。いまやペンローズは、一九五九年の著書『企業成長の理論』で「リソース・ベースド（資源に基づく）」ビジネス戦略を生み出したと評されることが多い[14]。ただし、「帝国建設に成功する企業家」は「他のビジネスマンと交渉し、うまく出し抜くために必要とされる戦略の面で攻撃的かつ巧妙である」というように、「戦略」

という言葉をより伝統的な意味合いでしか用いていない。したがって、ビジネスの領域で最初に戦略の概念を重視したのはチャンドラーだった。とはいえ、それは特定の種類の戦略であった。チャンドラーは、一九五〇年代初頭にロードアイランド州のアメリカ海軍大学で「国家戦略の基礎」を教える際に、この概念を採用したのである。[15] チャンドラーは戦略を計画と実行を表す言葉として、「企業にとって基本となる長期目標・目的を決定し、それらを実現するために必要な行動指針を採用したり、資源を配分したりすること」と定義した。[16]

このように最初から戦略は、長期的な視点に立ち、計画と密接に結びついた目標志向型の活動として構築された。こうしたアプローチは、チャンドラーが市場機会に対する組織内部の反応を特に重視したことから自然と発生し、これがさらに、ビジネスの場に持ち込まれた当初、戦略に対する理解が広まる過程で継続的な影響をおよぼした。このアプローチは、多種多様な結果が生じうる競争的な状況、あるいは問題解決が求められる状況とは無関係だった。その重点は、戦略は組織形態、つまり「企業を運営する組織の構造」につながるというチャンドラーの定式によって表現された。チャンドラーは戦略を、経営陣が多角化や分権化の問題に取り組むためのものとみなすことで、イノベーションを起こした。大きなテーマとなったのは、ドラッカーも称賛し、アルフレッド・スローンが自らの手柄とした事業部制組織である。[17] チャンドラーの助言を受けていたマッキンゼー・アンド・カンパニーをはじめとする経営コンサルティングの各社は、他の企業にもこの手本に従うよう促した。

チャンドラーの考えによれば、事業部制組織（通称「Mフォーム」）の長所は、戦略的計画を戦術的計画から切り離した点にあった。事業部制によって「企業全体の命運を握る経営幹部が、より日常的な業務から解放され、長期的な計画や業績評価に時間や情報、さらには熱意を振り向けられるようになった[18]」。二次的な問題に気を取られるのを防ぐことで、企業本社は方針を策定し、業績を評価し、投資の配分を決め、一方で各事業部門のトップが偏った理由から企業全般の戦略を歪めるのを阻止することが可能となった。

だが、これは一面的な見方にすぎない。ロバート・フリーランドは、本社の戦略についてGMの各事業部門の同意を確保することの重要性をスローンが認識していた、と指摘する。未熟なヒエラルキーには特有の危険性がある。目標設定の場から除外された中間管理者は、その目標達成への意欲をそがれるだろう。そうなると計画は実行から切り離される。こうしたなかで、GMの大株主であり、重要な意思決定に深くかかわるデュポン家の要求や、事業部門のトップへの権限委譲を認めようとしない姿勢とも折り合いをつけなければならなかった。スローンは、非公式に事業部門のトップを長期的な戦略や資源配分に携わらせる方法を見いだすことで、この葛藤に対処していた。大恐慌によってシボレー以外の事業部門で黒字の維持が困難になるまで、こうした組織運営はうまく機能した。それからGMは事業部門の統合を決定し、その結果、作業現場の自治は失われたが、企業業績にはっきりとした悪影響は生じなかった。この経験から二つの結論を導き出すことができる。第一に、組織形態と戦略の関係はチャンドラーが説くよりも複雑である。第二に、社内での命令は「取引や交渉にかかわる」複雑な「社会的、政治的プロセス」を反映する。[19]

チャンドラーは、反トラスト法問題と労働問題という議論を呼ぶどちらの問題にも、あまり関心を寄せなかった。反トラスト法は（当然のことながら）まぎれもなくGMにとっての懸案事項であり、だからこそ同社は司法省の関心を引く可能性のある挑発的な行為を起こさないようにしていた。一九五〇年のセラー＝キーフォーバー法制定の背景にあった、特定の生産分野で売り上げを伸ばし、支配的な地位にある企業に対する政府の敵対的姿勢は、かわりに別の新たな製品分野への多角化を進める誘因となった。「コングロマリット」が急増したのはこのためである。[20] チャンドラーはGMの社内資料を閲覧できたものの、「経営幹部が何よりも反トラスト法訴訟を恐れていたために、そこで得た情報を自分自身の研究に用いる」ことは認められなかった。[21] チャンドラーは概して、企業の行動はより広範におよぶ政治的情勢とは無縁と考えており、そのために労働問題の重要性を軽視していた。チャンドラーが思い描く企業の世界は、「労働者が完全に従属変数の立場にある産業界」であった。[22] ルイス・ガランボスは、チャンドラーのビジネス・ヒストリーへの先駆的貢献を称賛する一方で、「権力の問題をえり好みして」避けて通り、「社会的摩擦や代理人（エージェンシー）の問題なしに経営変革が起きる」と考えたことで、研究の視野を狭めたとの不満も述べている。[23]

したがって興隆前夜の経営戦略は、企業内部、そして企業と外部環境とのあいだでの権力の問題に踏み込まない、視野の狭いものにとどまった。そのかわりに戦略家は、組織形態の形成や、製品や投資面での優先事項に関する決定、コスト管理や外部供給者との取引といった、上級管理者が直面していたその他の数多くの問題に目を向けた。対象となったのは、安定した地位を保ち、軍隊や政府を含むあらゆる大規模組織においては当たり前といえるヒエラルキーを備える大企業である。スローン・モデルは強い指導者の影響力を頼りとするものでもあった。GEで輝かしい功績をあげた経営者として有名になったジャック・ウェルチは、のちにこの手法について、管理者を怠惰にする、顧客よりも官僚的な組織を重視している、と批判した。そして、スローン主義の企業を「顔をCEOに、お尻を顧客に」向けていると表現した。[24]

計画者（プランナー）

一九六四年、経営者の意思決定に的を絞った著書の原稿を出版社に送る際、ドラッカーは『ビジネス戦略』（*Business Strategy*）というタイトルをつけた。出版社はこのタイトルが、企業側にいる潜在的な読者の強い関心を引き出すには物足りないと考えた。「戦略」という言葉は軍事用語で、政治の分野で使われる場合もあったが、企業向けではないと考えられていた。結局、同書は『結果を出す経営』（*Managing for Results*：邦訳『創造する経営者』）という名で出版された。[25] マシュー・スチュワートは、「出版されるやいなや、戦略は経営の分野で最も注目を集める言葉となった」と述べている。[26] スチュワートは、イゴール・アンゾフ著の『企業戦略』の出版と、戦略の専門知識を提供するボストン・コンサルティング・グループの創設という二つの出来事に対する関心の高まりについても説いている。

ウォルター・キーチェル三世は、それより少し早い一九六〇年に「企業戦略の革命」が始まったのであり、それ以前にはビジネス戦略は存在しなかったと論じた。戦略という言葉はほとんど使われず、企業の命運を決める重要な要素を体系的にまとめた概念、とりわけキーチェルが「三つのC」と呼ぶものもなかった。三つのCとは、コスト(costs)と顧客(customers)と競合会社(competitors)である。企業に計画はあったが、大概はそれまでやってきたことに基づいて推定したものにすぎなかった。優良な企業に関していえば、「どうやって利益をあげようとすればよいか」を直観的にとらえている場合が多かった。これは、一八〇〇年ごろにその言葉が使われはじめるまで軍事戦略は存在しなかった、とみなされる状況と似ていた。二〇世紀後半に発展したビジネス戦略の特殊な形態には目新しさがあったが、より伝統的な意味で戦略をとらえれば、ロックフェラーやスローンといった人物にそれが欠けていたことはなかった。「産業界の指揮官(キャプテン)たち」は軍事の比喩をとても好んだ。作戦に備えるにあたって多くのキャプテンが軍事戦略について検討していなかったとしたら、むしろ意外だっただろう。それに、たとえ新しい形態の戦略が築かれつつあったのだとしても、キーチェルが認めたように、それは過去にあったことに基づいていた。キーチェルは、労働者個人の仕事の効率性を求めるのではなく、企業の機能とプロセス全体に新たな戦略の重点を置く場合に、「拡大版テイラー主義（グレーター・テイラリズム）」という言葉を用いた。[27] 根本的なテーマは、合理主義者の観点から事業を体系化する試みを続けることにあった。

実際に起きた変化は、ある重要人物について考察することで認識できる。それは、一九五〇年代から六〇年代にかけてハーバード・ビジネス・スクールで「経営方針」の講義を行っていたケネス・アンドリューズである。アンドリューズは大学院で英語を専攻し、マーク・トウェインの研究で博士号を取得した。その著書はおもしろみに欠けるといえたが、戦略についての考えは明確であった。チャンドラーと同じく、アンドリューズは「企業の長期的な発展」を重視した。[28] それは指導者の選択の産物であり、つまりは価値観や組織形態をはじめとする、事業環境やより広い社会において直面せざるをえないあらゆる問題の産物である。考慮しなければならない変動要素があまりにも多く存在するため、その他すべてを犠牲にしてただ一つの目標をひたすら追求することは不可能である。少なくとも、まず賢明とはいえない。したがって、最高責任者はゼネラリストでなければならず、あらゆる状況が特殊で多次元的だと受け入れなければならない。確実な型や定式や枠組みは存在しえない。アンドリューズとハーバードの同僚たちがたどり着いた最も万能に近いといえる枠組みは、単純明快（だが広く応用可能）なSWOT分析だった。SWOTは、組織の強み（Strengths）と弱み（Weaknesses）、外部環境における機会（Opportunities）と脅威（Threats）という四つの要素を示す。アンドリューズのアプローチは、学生に企業の成功例と失敗例を個別に研究させるという、ハーバードが好むケース・スタディを用いた指導方法に合っていた。この手法は、戦略は個々の場合において特有のものでなければならず、一般理論から導き出すのではなく、ある特定の環境下での特定の企業について研究する必要がある、という考え方を強化した。

この分析手法は、合理的な行動は内部で一貫性をもち、利用可能な資源の面から実行可能であり、外部環境にも沿ったものである、という確立された概念にも適合していた。行動に先立ち、慎重な検討を重ねること、つまり実行（チャンドラーの言葉を使えば組織形態）が必ず戦略形成のあとにくることを前提としていた。一つの独自性のある戦略を作るという点から、ヘンリー・ミンツバーグはこの学派を「デザイン・スクール」と名づけ、その後、この分野で生まれた他の大半の流派の基礎になったと論じた。ミンツバーグは同学派について、こう批判している。指揮統制を通じて明確に決定された戦略が伝達される手法では、実行がまったく別のプロセスとなるため、学習とフィードバックの可能性が損なわれる、と。(29)

企業の事業環境がしだいに複雑化するにつれて、意思決定において合理性を保つうえで、内外のあらゆる情報を取り込んで行動指針にまとめるプロセスが必要になった。このプロセスを示そうとしたのが、イゴール・アンゾフの『企業戦略』である。一九六五年に刊行された同書(30)はこの分野の定番本となり、アンゾフは「現代戦略思考の父」と称賛されるようになった。ロシアで生まれ育ったアンゾフはアメリカに渡って工学を修め、(しばらくランド研究所で働いたのちに)防衛関連メーカーのロッキードで経営の実務経験を積んだ。多角化目的での買収対象となる企業を特定する仕事に携わったあと、一九六〇年代初頭にカーネギーメロン大学へ移った。したがって、アンゾフの経営戦略に関する考え方は、市場に適応した製品構成の構築を重視する大企業のなかで生まれた。身近なテーマにおいて、アンゾフは(可能なかぎり最も体系的かつ包括的な方法で)関連しうるあらゆる要素を組み込むことにより、経営戦略を直観的な技芸(アート)から科学に変えようとした。

アンゾフはこの取り組みに、きわめて独特な戦略観をもち込んだ。アンゾフは、戦略の定義において「不幸な偶然の一致」があると述べている。「戦略的な意思決定」と「戦略」を分けて考えようとし、以下のように説いた。「戦略的な意思決定」における「戦略的な」という言葉が「企業の環境適応に関する」という意味をもつのに対し、「戦略」という言葉は「部分的に知識が不足している状態で意思決定を行う際のルール」を意味する。[31] 完璧な知識に基づいて意思決定を行うことはできないが、計画モデルはそれが可能になりうること、そして、あらゆる重大な意思決定は環境との関係に影響をおよぼすことを示唆している。とはいえ、差し迫った問題に向けた取り組みとして必要な特定の作戦を実施すること(緊迫感や危機感といった戦いの気配をともなう可能性がある)と、現在の課題や、より時間をかけて起こりうる将来の可能性について熟考し、環境に対する全般的な方向づけを示すことのあいだには、明らかな違いがある。計画モデルは危機に対処するためのものではありえない。危機を回避し、環境全般への目配りによって強い立場を維持し、最大限の効果が得られるように資源が使われることを確実にするためのものである。

こうした細部や体系的なプロセスへの徹底的なこだわりをともなう全体論的なアプローチは、工学専攻だったアンゾフの経歴を反映していた。その著書は、一覧表やフローチャート、略図、マトリックス、グラフ、行程表などの図表を特徴とする。フローチャートでは、環境要因が「でこぼこした曲線図形」で、組織単位がボックスで、概念が円や楕円で示された。[32] その結果、キーチェルが「過ぎたるはおよばざるがごとし、ともいうべき細かさ」と表現するものができあがった。まとめの章には一ページ全部を使った大きなフローチャートがあり、そこには目標や要因を表す五七個ものボックスと、それらを正しい順序で考察するための何本もの矢印が描かれている。[33] そのプロセスは非常に綿密で厳しい要求をともなうため、戦略は最高責任者の手を離れ、専門的な官僚に委ねられる必要が生じた。ガルブレイスがテクノストラクチャーへの権力移行を論じたのも、計画がそれを必要としたためであった。

このような計画がもつ重要性と、この領域でソ連が資本主義のライバル諸国を出し抜こうとしているという感覚は、管理主義崇拝を後押しした。国家のために管理能力を動員しようとした人物の典型例がロバート・マクナマラだった。社会人になりたてのころから、マクナマラはビジネス分野の技能を軍事に転用し、またそれをビジネス分野に転用しうる方法を思い描いていた。第二次世界大戦勃発時にハーバード・ビジネス・スクールで会計学を教えていたマクナマラは、多くの同僚教員陣とともにアメリカ陸軍航空隊に採用され、チャールズ・ベイツ・（通称〝テックス〟）ソーントンが率いる統計管理部に配属された。たしかなデータを徹底的に追求し、綿密な定量分析を行うこのグループによって、航空隊のずさんな会計システムに秩序が導入された結果、人員数が明らかになり、格納庫で待機中の航空機に適切な予備部品が装備されるようになった。彼らは作戦研究にも手を広げ、（たとえば、投下する爆弾と燃料消費量や航空機の搭載能力を結びつけて考えるといった）資源をより効率的に使える方法を示した。こうした分析は経費の削減につながっただけでなく、配備にも影響をおよぼした。[34]

戦後、ソーントンは自分のチームの人員とノウハウをフォード・モーターに売り込んだ。それは、まさしく同社が必要としていたものだった。ヘンリー・フォードは、後継者だった息子のエドセルを一九四三年に胃がんで亡くしたあと、社長に復帰していた。だが、心身の不調から情緒不安定になり、やがて当時まだ二〇代後半だった孫のヘンリー・フォード二世に会社の支配権を明け渡した。意欲と活力をみなぎらせた若きヘンリーは、同社の近代化に着手した。そして、財務規律が完全に欠如していたことが大きな問題の一つだったため、ソーントンの売り込みに飛びついた。調査システムや会計処理法など、ソーントンのチームが同社におよぼした全体的な影響力は甚大で、次から次へと質問を投げかけるメンバーは（秀才児が登場する当時の人気ラジオ番組の名にちなんで）「クイズ・キッズ」と呼ばれるようになった。チームの手法が実を結ぶと、呼び名は「ウィズ・キッズ（神童）」に変わった。チームは直観や伝統に頼ることを非難して意思決定における合理主義を端的に示し、製造業界での経験不足も苦にしなかった。神童たちにとって、企業とは組織図とキャッシュフローで示せるものであり、製造工程はさほど重要ではなかった。こうしたアプローチの限界は、しだいに明らかになっていった。チームはデータの質ばかりに注目し、顧客の忠誠心といった簡単には数値化できないものをないがしろにする傾向があった。また、すぐに利益を生み出さない投資について、長期的な効果を十分に評価しようとしなかった。それでも短期的には驚くべき成果があがった。フォードは戦後、初めて新車を発売した会社となった。神童たちは同社を回復軌道に乗せたのである。

マクナマラはチームのリーダーとして頭角を現し、ジョン・F・ケネディが大統領選挙で勝利した一九六〇年一一月九日にフォード・モーターの社長となった。だが、それから二ヵ月もたたないうちに、ケネディ政権の国防長官を務めるために辞任した。すでに本書では、マクナマラが解析に基づく中央集権的な管理形態を持ち込み、国防総省におよぼした影響について論じた。こうしてみると、それが経営理論の発展と同時期に起きていたことだとわかる。ドワイト・アイゼンハワー政権で国防長官を務めたチャールズ・ウィルソンが、マクナマラと同じ自動車業界の出身だった点も注目に値する。アルフレッド・スローンからGM社長の座を引き継いだウィルソンは、国防総省に事業部制（Mフォーム）式の管理方法を導入した。各部局を別々の事業部とみなし、事業部制における副社長のように、次官補をそれぞれの責任者としたのである。アイゼンハワーが国防費の削減を徹底したため、ウィルソンの在職中には部局間の予算獲得競争が激化し、これを抑制するのが大変だった。各部局はお互いへの敵意を強くいだきながら個別に働きかけ、協調の動きはほとんどみられなかった。議会や産業界の友人を巻き込む形で、競争は一段と熾烈化した。[35] マクナマラはウィルソンとはまったく異なり、チャンドラーやドラッカーよりも、アンゾフに近いアプローチをとった。その目的は、国防長官府の権限を強化し、各部局に、配下の「ウィズ・キッズ」による質問攻めに対し、それぞれの予算と計画を正当化するよう要求して、プロセスを把握することにあった。神童の多くはランド研究所から引き抜かれ、システム分析局に集められた人材だった。こうした強気の分析的アプローチは、アメリカの軍事計画と作戦指揮、とりわけベトナム戦争に大きな影響をおよぼした。就任当初、マクナマラは最も現代的なマネジメント手法の手本を示した者として称賛された。だが一九六八年に国防総省を去るころには、本当に把握する必要があったものではなく、数値化できるものを徹底的に重視するアプローチをとったとして、冷笑されていた。後年、マクナマラはこうした批判を受け入れた。

政府の場合と同じく、企業ではすべての部門で、講じるべき措置とその適切な順序を事細かに検討しながら計画を策定することが定着した。誰もがどのように行動すべきかを定めた公式文書を待ち、計画からそれた場合の危険性に注意しながら予算やプログラムを設定したために、計画サイクルは企業生命を支配するようになった。政治的には、結果として中央の力が強まる一方で、遂行責任を負う者たちが蚊帳の外に置かれるという弊害が生じた。そうした責任者たちは、無意味な目標を突きつけられて、へそを曲げる傾向があった。ある幹部は苛立って、こう叫んだという。「マトリックスが戦略を決めたんだ。遂行だってできるだろう」[36]。拠り所とする長期の予測は本質的に信頼性を欠いており、また組織に関する情報は往々にして古く、文化的な要素をほとんど考慮することなく、場当たり的に不適切な分類方法でまとめられた。イゴール・アンゾフでさえ、もともと自分が提唱していた組織形態には意思決定を麻痺させる危険性があり、柔軟性が損なわれることを懸念するようになった。

経済学者フリードリヒ・ハイエクは、とりわけ有名な論文の一つで、合理的な経済秩序のための計画には、以下のような中心的な問題があると説いている。「われわれが利用しなければならない状況に関する知識は、集中した、あるいは統合された形で存在することは決してない。すべての個々人がそれぞれ所有する、不完全で、しばしば互いに矛盾する知識が断片となって分散した形で存在しているにすぎない」。知識が生み出す問題は、単一の個人が資源の配分について考えて解決できるものではない。むしろ「こうした個人だけがそれぞれに重要性を知る目的のために、社会の誰もが知っている資源をどうすれば最もよく利用できるかという問題だ。簡単にいえば、誰にとっても完全な形では与えられていない知識をどう利用するか、という問題である」[37]。その二五年後、アーロン・ウィルダフスキーは、当時はやりの計画（プランニング）について、国家と企業、両方の場合に触れながら論評した。きわめて懐疑的だったウィルダフスキーは、計画のプロセスになんらかの価値があることは実証されていない、と説いた。ある意味、すべての意思決定は将来の状況をよくするための試みという点から計画といえる。計画の成否は「現在の行動がもたらす将来的な結果をコントロールする能力」にかかっている。大企業において（国家全体の場合はいうまでもないが）、これは「あらかじめ計画した効果を確実に得るために、異なる関心や目的をもった多くの人々の意思決定をコントロールすること」を意味する。したがって、計画された行動と望ましい将来の結果を結びつける、なんらかの因果関係理論、そして、この理論のとおりに行動する能力が必要となる。かかわる人の数や行動の種類が多ければ多いほど、その理論に対する要求は厳しくなる。それに基づかなかった場合と比べて、人々がいかに違う形で行動するのか、説明できなければならないからだ。(38)

一九八〇年代に入るころには、戦略的計画は輝きを失いつつあった。計画を担当する部署は巨大化し、コストがかさむようになっていた。次の計画サイクルは前のものが終わるやいなや始まり、できあがった計画はさらに一段と複雑化していた。過去の問題点や失敗の形跡は、システムに欠陥があるからではなく、遂行の過程で単独の考え方に依存しすぎたせいだと評価され、さらに多くの処方箋と明確な予算や目標が必要とみなされた。転換点は、緻密な計画システムで知られ、それを誇りにしているとみられていたGEが、そのシステムを完全に廃止したことで訪れた。GEでは、市場の直観よりも信頼性の低いデータに頼り、方針転換する柔軟性を欠くために不正確な予測に固執する、会社の実情からかけ離れた官僚機構に対する不満が生じていた。経営幹部はこうしたプロセスに振り回されており、大計画（グランド・プラン）以外の選択肢は存在しなかった。一方で、同社の新CEOとなったジャック・ウェルチが述べたように、「教本はどんどん厚くなり、印刷もきれいになり、表紙は頑丈になって、図も高度化した」[39]。ウェルチは一九八一年、フォーチュン誌に掲載されたある投書に感銘を受けたといわれている。その投書は「自動的に答えが出るマニュアル追従型のアプローチを経営者たちがひたすら追求していること」を批判していた。カール・フォン・クラウゼヴィッツとヘルムート・フォン・モルトケの戦争観を引き合いに出し、投稿者はこう説いた。「戦略というのは冗長な行動計画ではなく、絶えず変化する状況に応じて、中心的なアイデアを発展させていくことだった。……どんなマニュアルも、他者の意図や、現実社会で展開されている事態に対処するうえでは無力だ」。ウェルチはこの投稿者の考え方をGEに取り入れた。計画があっても敵との最初の戦いをしのいで生き残れるとは限らない、というモルトケの金言を用いて、GEには融通のきかない計画はいらない、必要なのは臨機応変に適用できる中心的なアイデアだと訴えた。[40]

一九八四年、ビジネスウィーク誌はGEについて触れ、評価に値する実績をほとんどあげられず、失望ばかりを残した形で「戦略計画者（プランナー）の支配」が終焉したと報じた。とどめを刺したのは、一九九四年に『戦略計画の盛衰』（邦訳は『「戦略計画」創造的破壊の時代』）を刊行したヘンリー・ミンツバーグだった。[41]イゴール・アンゾフは一九九一年、それより前にミンツバーグが書いた記事への反論として、ミンツバーグが戦略形成を重視するあらゆる学派を「歴史のゴミの山」に投じるべきと言っているかのようだと不満をもらした。そして、その意見を受け入れたら、自分は「戦略的経営の実践に役立たない方策のために、四〇年も費やしてきた」ことになると嘆いた。[42]

軍隊の場合と同じくビジネスの世界でも、中央集権的な管理や定量化、合理的分析に基づくモデルへの信頼の喪失は、戦略に対する別のアプローチが生まれる余地をもたらした。こうした中央集権化モデルにおいては、実践に際して判明した欠陥に比べて、理論上の欠陥は少なかった。最高責任者が行いうる理想の経営方法を示したが、これは、最適な意思決定をいかに下し、実行に移すことができるかという点に関して、強気の前提に基づいたものだった。はっきりいえば、強者、つまり超大国や超大企業のためのモデルであった。環境に対処するのが難しくなるにつれて、こうしたモデルが必要とする煩雑なプロセスは機能不全におちいり、意味をなさなくなっていった。

組織内、組織間の対立に対処する方法をよりよく理解するには、別のアプローチが必要となった。大まかにいえば、競争戦略の構築という水平軸の問題を解決するうえでは経済学が、いかに組織の力を最大限に引き出すかという垂直軸の問題の解決には社会学が役立った。計画モデルの欠陥が明らかになるにしたがって確立されてきたこれらのアプローチについて論じる前に、とりわけ軍事思想との関連性が新たに強まったという理由から、まず別のアプローチについて考察したい。

第31章　戦争としてのビジネス

いつの時代も経営者は将校を自任してきた。戦略とは将校と軍曹を分け隔てるものだ。

――ジョン・ミクルスウェイト、エイドリアン・ウールドリッジ

軍事の世界における展開と同じように、一九五〇年代から一九六〇年代にかけての事業計画モデルに対する反応は、実践面での戦略の本質を再発見する試みにつながった。ベトナムでの経験と、ソビエト連邦の力が増大しつつあるという感覚は、軍事思想の古典に回帰し、戦争と戦闘の厳しい現実に対する取り組みを重視するよう、アメリカの防衛改革論者を促した。同様に、激化する競争環境は、もっと勝敗や、戦闘で求められる精神的な強さと情熱を戦略に注ぎ込む必要性を意識して考えるよう、企業を後押しした。最高責任者は自分たちのことを、抜け目なさとカリスマ性と計算高さを適度にもちあわせ、配下の兵を戦闘へと導く将校のように考

えていたかもしれない。厳しい企業間闘争と戦争の類似性は、経営書のお決まりのテーマであり、作戦や攻撃、策略といった言葉が使われるのもきわめて当然の流れと感じられた。

こうした傾向において最も一般的だったのは、取締役会にとっての教訓は、アレキサンダー大王やナポレオンといった人物の戦功から得ることができるという定番化した考えであった。軍事史上の人物は（評価が分かれる一部の者でさえ）、そこから該当する指導力の秘訣を獲得しうるビジネスの手本へと変わった。アルバート・マダンスキーは、そうした候補として明らかな人物（アレキサンダー大王やカエサル、ナポレオン）に加えて、アッティラやシッティング・ブル、ロバート・E・リー、ユリシーズ・S・グラント、ジョージ・パットンなどの戦略の知恵について記した本をリストにまとめている[1]。そのなかの一冊が、ウェス・ロバーツのベストセラー『アッティラ王が教える究極のリーダーシップ』である。ロバーツは、フン族の王アッティラを決して模範的人物とはみなしていないものの、「難業を成し遂げ、自分にまったく勝ち目がなさそうな相手に挑んで戦功をあげた」ことから、指導者の手本として称賛している。そして、アッティラと配下のフン族について、「おそらく他の情報から得られるものよりも、いくらか肯定的な印象」を示した。すぐれた族長は妥協するのではなく適応し、逆境に対処し、過ちから学ぶ。答えを聞きたくないような質問はせず、勝てる戦争しか行わず、膠着状態よりも勝利を重視し、たとえ負け戦になっても最善を尽くす……。忠誠心とそれを強化しうる方法の重要性に言及することで、同書は邪悪な人物という印象はぼやかしている。族長は全般的に、フン族を繁栄させるという責任を真剣に負い、何をなんのために行っているのかを配下の民に説明する、見識と鼓舞する力をもった指導者として描かれている。[2]

事例を選別し、それぞれの背景から注意深く切り離すと、歴史的な出来事や人物はさまざまなビジネス理論の説明に使うことができた。そうした本では、戦略は格言とたとえ話の寄せ集めとなった。それは多くの場合、互いに矛盾したり、陳腐化したりしており、せいぜいが成功事例の簡潔な言い換えにすぎず、まさに社会科学者が慎重なやり方で避けようとしているものであった。そのような本が読者の行動に大きな変化を起こしたり、企業の業績や計画に影響をおよぼしたりする可能性は低かった。たとえば、ある本では最後の部分で格言と引用句が列挙された。「戦争は残酷で、美化することなどできない」（ウィリアム・T・シャーマン将軍）、「腹を撃ち抜け。奴らの内臓をえぐり取れ」（ジョージ・C・パットン将軍）、「戦争は当然のことながら、規則や法律や礼儀正しい振る舞いの停止を意味する」（ロバート・E・リー将軍）といった言葉を、いったい企業の経営者はどう解釈すればよいのか。この本の著者は、「誰もが笑顔で満足する『汝(なんじ)の敵を愛せよ』型のビジネス思考」を否定し、ビジネスとは「戦争のように、基本的にゼロサムな敵対的ゲームであり、経済的にも、職業としても最大級のリスクをともなう」と主張している。[3] 同様にダグラス・ラムジーは、現代のビジネスを「勝利」という目標を共有する「凄惨な戦場」と表現した。ラムジーの目的は、明確な目標設定、指揮の統一性、兵力の有効利用、戦力の集中といった戦争の基本原則のいくつかが、将校と同じように最高責任者にも当てはまりうると示すことにあった。実のところラムジーは、戦時のたとえ話を参考にして戦略的な決断を下す企業指導者はほとんどいないと述べている。[4] それでも、参考にすれば状況はもっとよくなりうるという推論をはっきりと示していた。

こうした部類の本の大半は、手元に置いておくマニュアル本というよりも娯楽書であり、およぼした影響は限定的だった。ビジネス界での競争が勝敗を決する戦いにみえることはあったが、たいていの場合、競争は多くの参入者によって盛衰が繰り返される形で続いた。決定的勝利の瞬間が訪れることは、きわめてまれだった。実際には、「摩擦」の概念や驚くべき無能さの例で示される軍事経験の要素は、作戦計画が大失敗に終わる可能性を警告した。衰退あるいは停滞していて、最後に生き残った企業が戦利品を得るような市場では、冷酷な戦略を用いた勝敗を決する戦いも奨励されうるかもしれない。だが、成長市場では競争はさほど激しくないかもしれず、また複雑さを特徴とする市場では対立だけでなく、協調や結託の機会さえ存在する。軍事的なたとえをあまりにも真剣に受け止めれば、不適切で倫理に反した行動につながりかねない。戦いへの熱意や、負けて評判が落ちることへの恐怖心は、利益が得られる水準を通り越し、巨額の損失が発生するまで「価格競争」や「買収合戦」を激化させる可能性があった。あらゆる分野のたとえ話と同じく、戦争関連のたとえ話は、真実だと誤解しないかぎりにおいて、企業の参考材料になりうるものだった。[5]

ただし、軍事戦略の定番化した比喩の一部は、的を射ているようにもみえた。一九六〇年代の段階で、ボストン・コンサルティング・グループのブルース・ヘンダーソンは[6]、より概念的な観点から戦略について考えるなかで、はっきりとリデルハートを引き合いに出し、競争相手の弱点に自社の強さを集中させることを強調していた。ヘンダーソンは、競争を「個人の感情がまじわることのない、客観的で淡々とした出来事」ととらえた場合に見落とされる激しさを感じとり、競争相手の気をそらせるために行使しうる策略について論じた。戦略とは、経営スタイルや「間接費率、流通チャネル、市場イメージ、柔軟性」といった要素の違いを生かすことにかかわる。安定化が求められる状況では、競合会社のあいだで友好的な関係が築かれることもある。このように説きながら、ヘンダーソンは戦略の基本ルールを以下の一文にまとめた。「自社が最大の投資を行う予定の製品、市場、サービス分野に、他社が投資をしないよう仕向けること[7]」。

一九八一年に発表され、大きな影響力を発揮したフィリップ・コトラーとラビ・シンの論文には、企業が「市場シェアを勝ち取るために競争相手中心の戦略を構築」する必要性に迫られることで、「経営者はしだいに軍事科学のテーマへの関心を強める」だろうと記された[8]。一九八六年刊行のアル・ライズとジャック・トラウトの共著『マーケティング戦争』は、クラウゼヴィッツの『戦争論』を土台として書かれた[9]。マーケティング戦略は軍事戦略とは異なる。取り合う対象は領土ではなく、消費者の心だからだ（人の心理の重要性を疑う軍事戦略家はほとんどいないが）。非常に強力な軍隊のように、非常に強大な企業はトップの座を維持するために自社の力を使うことができるはずだ。市場を支配している企業は、価格を下げつづけながら、製品を開発するために費やす資源をより多くもっている。したがって小さな企業が太刀打ちするには、弱い軍隊の場合と同様に、力ずくではなく狡猾に立ち回る必要がある。人材、製品、さらには生産性の面ですぐれていたとしても十分ではない。強固な防御態勢も、はるかにまさる規模の武力に圧倒されかねない。そしてクラウゼヴィッツに従えば、奇襲も数的不利を補う効果をもつとは考えにくい。

ライズとトラウトは、マーケティング戦争のための四つの戦略を提示した。その四つとは防衛戦、積極攻撃、側面攻撃、ゲリラ戦で、どれが適切かは市場シェアによって決まる。最大のシェアを有する企業が市場の支配に関心をもつのに対して、最もシェアの小さい企業は生き残りに専念することができる。他の企業が本格的に対抗してきた場合、トップ企業はそれに対処しなければならない。さもなければ徐々にシェアが低下し、やがて支配的な地位が脅かされるからだ。二番手企業はトップ企業からシェアを奪うために攻撃をしかけることができるが、この攻撃は、相手の決定的な弱点に的を絞り込み、その狭い前線で行う場合に最大の威力を発揮しうる。弱点は慎重に見きわめなければならない。たとえば、ただ単に高価格を弱点とみなしても、十分な資源をもつ相手企業は値下げで対抗することができるだろう。積極攻撃のリスクが高すぎる場合は、はっきりと差別化した製品を導入するという側面攻撃をしかけることができる。ここでのリスクは、なじみのない領域に参入する点と、競合会社に気取られないようにしなければならない点にある。小規模企業にとっての最善策は、自社に見合った市場セグメントでゲリラ戦略をとることだ。より規模の大きい企業との本格的な競争はとにかく避け、状況の変化に応じて参入したり、撤退したりできるように備える。リデルハート流に間接的なアプローチで敵に働きかけ、それからクラウゼヴィッツ式に敵の弱点に力を集結させて攻撃する、という手法は、軍事理論から取り入れられた基本原則であった。とりわけ重要だったのが、強固な防御態勢が確立された陣地への正面攻撃は避ける、という教えである。

一九八〇年代のあいだに、関心の対象は孫子へと移った。[10] 大衆文化のなかの二作品で孫子が取り上げられたことが、その影響力の大きさを物語っている。映画『ウォール街』では、悪党のゴードン・ゲッコーがバド・フォックスに、こう忠告する。「オレはダーツはやらない。確実に当たるものだけに投資する。孫子の『兵法』を読め。勝負はいつだって戦う前に決まっている」。のちにフォックスは、ゲッコーよりも優位に立つために孫子を引用する。「敵が強ければ避け、怒っていれば苛立たせ、同等なら戦い、分が悪ければいったん引いて、あらためて動静を探れ」。『ウォール街』は倫理を問うストーリーである。駆け出しの証券営業マンであるバド・フォックスは、ブルーカラーの父親と、冷酷でひねくれ者のゴードン・ゲッコーとのあいだで板ばさみになる。労働組合幹部の父が誠実に重労働をこなす労働者を象徴する人物であるのに対して、ゲッコーは「強欲は善だ」を座右の銘とする企業乗っ取り屋だ。バドはゲッコーのやり方に従って富を築いていくが、やがて父の勤める航空会社を買収する計画が、資産の切り売りをもくろんだものだと気づく。ウォール街の株価が暴落した一九八七年に公開されたこの映画は、金融市場の騒乱と道徳心の喪失の両方をもたらした金融業界の物の見方をうまくとらえているようにみえた。

別の悪党、テレビドラマ『ザ・ソプラノズ』の主人公でマフィアのボスであるトニー・ソプラノは、かかりつけの女性精神分析医に、いくぶん皮肉めいた口調でこう勧められる。「いいマフィアのボスになりたいのなら、『兵法』を読みなさい[11]」。その後、ソプラノは女医に報告する。「教えてもらった本を読んでいる。孫子の『兵法』だ。書いたのは中国の将軍で二四〇〇年も前のことだが、ほとんどが今でも通用する。『敵の力を削げ』、『敵を刺激して、その正体を暴け』」。ソプラノは明らかに、孫子との出会いで自分が競争上の強みを得たと感じている。「周りのほとんどのヤツらはマキャベリを読んでいる」と話し、こう続ける。自分もマキャベリの解説書を読んでみたが、「悪くない」としか思えなかった。一方、孫子は「戦術面で、はるかに上だ[12]」。トニー・ソプラノが認めたことで、孫子はニュージャージー州におけるアマゾンのベストセラーとなった。

ビジネス戦略家が孫子を見いだした結果、そこから得られる見識を伝える書籍が大量に生まれた。マーク・マクニーリーは『ビジネスに活かす「孫子の兵法」』で、「競争相手による報復をあおらずに市場シェアを拡大する方法、競争相手の弱点を攻撃する方法、競争優位を得るために市場に関する情報力を最大化する方法」を説いた[13]。孫子の価値は、さらに広い分野で認められるようになった。ある本は、『兵法』を徹底的に研究すれば、「結婚の誓いを守りつづけ、夫婦がともに、しかるべき幸せな結婚生活を実現する」のに役立つと勧めた。[14]『兵法』に従うことで、戦略家の人気は高まった。『兵法』は経営者に、ナポレオンのように振る舞うのではなく、機転を利かせて敵の裏をかくよう促した。また経営者は、「ビジネスは戦闘だ」というクラウゼヴィッツ信奉者のたとえに縛られずに済むようになった。

孫子とリデルハートは、軍事戦略家を引きつけたのと同じ理由から、ビジネス戦略家を引きつけた。その教えを実践するには、知性と想像力と度胸が必要とされた。競争を阻む規制を避けなければならないような場合を除けば、弱い敵よりも多くの資金を費やす能力はいらない。本当に必要なのは、競合する可能性がきわめて高い他の企業がまだ気づいていない、新たな製品やサービス、そして市場をも開発する能力である。孫子はさらに、多少、道徳上の問題をもたらした。それは、インサイダー情報を使って富を築く悪徳トレーダーや、恐喝や脅しで荒稼ぎするマフィアといった物語上の人物が、孫子に引きつけられたことになっている点に表れていた。古代の謀略家の場合と同じように、これらの人物の振る舞いはその狡猾さへの感嘆の念を生じさせる一方で、より高潔な生活を送る人々を出し抜くためにそれが生かされていることへの強い不安も引き起こしえた。外敵を欺き、出し抜く能力は称賛されたかもしれないが、そのような戦術を不当な優位性を得るために対内的に使うことに関しては、不適切なのではないかという感覚が残っていた。

孫子が人気を得た別の理由は、それがアジアの思想を知るうえでの手がかりとなるかもしれない点にあった。太平洋戦争で決定的な敗北を喫した日本は、アメリカ人がかつて身につけていたが、忘れてしまったようにみえるビジネス手法を採用することで、情け容赦のない競争優位を獲得していた。『兵法』は、忍耐と知性を拠り所とする、動的な状況を敵よりもよく把握して優位に立つ、自らの能力と意図を隠しつつ、敵の能力と意図を見通す能力を身につける、といった独特の哲学的な物の見方を示していた。競争相手が長期的に考え、製品を重視しているのに対して、アメリカの経営者は近視眼的になり、財務や目先の状況に固執していた。一七世紀の剣術家で、日本史上の有名な人物の一人である宮本武蔵は、晩年になって弟子たちのために自らの哲学を『五輪書(ごりんのしょ)』に書き留めた。武蔵はさまざまな合戦を経験していたが、すぐれた技能を発揮したのは一三歳の初戦から勝利を重ねてきた決闘においてであった。武蔵の決闘の手法は、(敵の気力を削ぐために遅れて到着する、あるいは奇襲をしかけるために早く到着するといった)ある程度の策略を計算に入れたものだったが、その強さと技能に疑問の余地はなかった。武蔵は両手にそれぞれ刀を持って戦いながら、短刀を投げることもできた。生涯を通じて六〇回を超える決闘を行い、一度も負けなかったといわれている。武蔵は自らの哲学があらゆる形態の戦闘において通用すると主張したが、とりわけ純粋に敵を切り倒すという目的に関していえば、決闘に対する姿勢を通じて独特な物の見方を提示していた。

全体的なアプローチという点では、自身がほぼまちがいなく読んでいたであろう『兵法』との共通点が多くみられる武蔵は戦略（「兵法」）を、武将によって実践される「武家の法」と表現した。そして、「今、世の間に兵法の道、たしかに弁へたるといふ武士なし（今の世の中に戦略の道をしっかりと心得ている武士はいない）」と述べ、自らの見識の重要性を説いた。関連しうるあらゆるものを探求して得られる直観的な知恵を培うよう訴え（「大きなるところより小さきところを知り、浅きより深きにいたる」）、どのような状況でも平静を保つことを強調した。また、（型にはまったやり方を続ければ、敵はこちらの弱点を認識できるようになるため）戦術に柔軟性をもたせ、変更を加えるよう説き、正面からの対決には慎重な姿勢を示した。見きわめがついていない敵を打つには、高い所に位置取って相手が右利きなのか左利きなのかを確かめ、難所に追いつめようとする。重要なのは拍子である。緩急をつけ、警戒を怠らないことが大事だ。先手を取るのが好ましいが、敵が打ち出そうとしているのか、退こうとしているのかに注意を向ける必要がある。このように武蔵は論じている。[15]

日本のビジネス戦略の成功がこれに根ざしているという一部の主張が正しいかどうかは、はっきりしなかった。『五輪書』は一般の読者ではなく、特定の武道の流儀の訓練を受けている者に向けて、その独特な精神的基盤にのっとって書かれたものだ。ある専門家は、同書を「簡潔すぎて分かりづらい」と評し、その「難解さ」ゆえに「文章がロールシャッハ・テストのインクのしみのような働きをし、そこに現代の読者（おそらくはビジネスマン）が数多くの考えられうる意味を見いだすことができる」のだろうと説いている。[16]日本では武蔵は、戦略的見識の発信者というよりも、その謙虚さや心の平安、勇敢さ、強さ、冷酷さで名を上げた、一つの模範となる剣術の英雄としてとらえられていたと考えられる。

一九七〇年代後半にボストン・コンサルティング・グループから日本に派遣されたジョージ・ストークは、日本の戦略の柔軟な側面にはあまり関心をいだかず、より厳格な側面に注目した。ストークは自身の考えを一九八八年にハーバード・ビジネス・レビューで発表し、それから本にまとめた。[17]これらの著作では、競争優位の源泉としての時間の重要性に重点が置かれた。ストークは、競争相手よりも速く意思決定を行い、それを実行に移すことを重視する自分の見方と、ジョン・ボイドの考えや意思決定サイクルに沿った行動を促す「OODAループ」の理論に共通点があることに気づいた。[18]そして、そこからアメリカの軍事改革に関する議論に注目していた者にはなじみのある論法（そして言葉）にたどり着き、以下のように説いた。競争状態においては、戦略上の選択肢は三つに限定される。一つめは競争相手と平和裏に共存することだが、この状態が安定して続く見込みは薄い。二つめは撤退で、市場から手を引く、あるいは統合や集約によって事業の比重を低下させることを意味する。三つめは攻撃で、これが成長をもたらす唯一の選択肢である。ただし、値下げと生産力増強の組み合わせによる直接攻撃には高いリスクがともなうため、最良の道は奇襲、つまり急激な攻撃や、相手が反応することのできない意表をついた攻撃によって競争相手を出し抜く「間接攻撃」である。ストークは、新製品開発の最初の段階から顧客にそれが届くまでの「計画ループ」を短縮することで、日本企業がこれを実現したと論じた。この手法は経費の節減につながっただけでなく、競争相手が追いつくのを困難にする効果ももたらした[19]。

「戦争としてのビジネス」という考え方の根本には、はたして軍事戦略がビジネスの世界で通用するほどに、戦争とビジネスが似たものであるのかどうかという重大な疑問があった。たとえば、企業が市場シェアをめぐって激しく競争している、敵対的買収から身を守ろうとしている、狡猾な反乱に反撃している、脆弱な支配的企業に攻撃をしかけようとしている、といった状況では、その類似性は説得力をもちうる。こうした考え方に関するケース・スタディは、概して企業同士の真っ向勝負にかかわるものであった（コカ・コーラ対ペプシコーラはその典型例である）。ひとたび戦闘中の軍隊になぞらえることが可能になると、企業は軍隊と同じ原則に従いうるものとなった。一九七〇年代から八〇年代にかけて、アメリカの軍事戦略家は孫子やリデルハートとの関連性を追究し、機動戦の長所と、想像力を必要とせず大きな犠牲をともなう消耗戦を対比するようになった。そしてジョン・ボイドの後押しにより、敵の意思決定サイクルに入り込んで、相手を前後不覚におちいらせ、混乱させる方法を検討した。いくらか遅れて、これらのテーマはビジネス戦略家にも取り上げられた。数多くのビジネス戦略家が、明らかにボイドの研究を強く意識していた。

軍事戦略は一度かぎりの交戦で試されるものであり、その機会はごくまれにしか訪れなかった。それは望みどおりの決定的な戦いではなかったかもしれないが、将来の交戦の条件を変えることは期待できた。ビジネス戦略は日々試されるが、その企業にしか訪れず、ひとたびとらえれば永続的な優位性をもたらしうる機会が存在する可能性もあった。軍事戦略は不変不動の主体である国家だけに用いられるもの、とはいえなかった。まれとはいえ、国家は他国に吸収されてなくなる場合もあれば、分裂によって新しく生まれる場合もあった。一方、ビジネスの世界では、こうした展開ははるかに一般的であり、最も重要な際立った特徴ともいえた。企業は分裂したり、買収されたり、新企業の設立によって消滅したりする可能性があった。このような変化は内部組織と外部環境の相互作用を一段と複雑化させた。だが戦略論において、こうした相互作用に寄せられる関心は驚くほど薄かった。社会科学における学問領域の分断化も、足かせになったといえる。企業と市場の関係に関する問題に取り組んだのは、概して経済学だった。その流れから、経済学は組織構造の領域へと進出することになり、影響力を発揮したものの、大体において、まともな成果をあげられなかった。組織を理解するうえでは、社会学のほうがはるかに有用だったが、組織とそれを取り巻く環境の関係を分析するための手段をほとんど提示することができなかった（そもそも社会学の領域内で関心が欠如していた）。このように、ビジネス戦略研究においては学問領域間の連携が欠如している。そこで本書では、まず経済学を中心とした最初の取り組みについて、それから社会学を中心とした次の取り組みについて論じることにする。

第32章 経済学の隆盛

経済学者や政治哲学者の思想は、それが正しい場合も誤っている場合も、一般に考えられているよりはるかに強力である。実のところ、世界を支配しているのは、まずそれ以外のものではない。誰からも知的影響は受けていないと信じている現実的な人々も、もはや過去の人物となった、なにがしかの経済学者の奴隷であるのが通例だ。

——ジョン・メイナード・ケインズ

経済学は戦略的マネジメントの分野で、主導的といえる立場を築くにいたった。これは、経済学がその知的な目的に何よりも適していたからではなく、意思決定にかかわる新しい科学が生まれ、ランド研究所やフォード財団のような組織（どちらもビジネス・スクールにそれを受け入れるよう促した）がこの新しい科学を積極的に奨励するなかで、経済学を活用するという意図的な判断がなされたためであった。プラトンの哲学がそうだったように、それまでの考え方が厳密さを欠くとして軽んじられ、風刺されたことが一因となり、永遠の真理を提示する新たな学問領域が誕生したのである。

　こうした経緯について語るうえで、最初に触れるにふさわしいのはランド研究所だ。本書では第II部で、同研究所がゲーム理論と、意思決定が正式な科学として発展しうるという考え方の発祥の地だと紹介した。こうしたランド研究所の取り組みは、核兵器がもたらしたきわめて特殊な問題の存在によって、信頼性を獲得した。強力な計算処理能力により、あらゆる形態の人間の活動をモデル化する可能性が開けたことを示した同研究所は、戦略だけでなく経済学にも目を向ける方向へと思考パターンを変容させたのである。フィリップ・ミロウスキーは、人間と機械の新たな相互作用を反映し、計算能力とともに発達した「サイボーグ科学」について論じている。サイボーグ科学は、それぞれを分析するモデルが類似してきたために、自然と社会のあいだ、そして「現実」と疑似世界のあいだにある垣根を打ち壊した。たとえば、第二次世界大戦中の原子爆弾開発計画でデータの不確実性に対処するために適用されたモンテカルロ・シミュレーションは、不確実性をモデル化してカオスのなかの秩序を識別することで、複雑なシステムのロジックを追求しうる、さまざまな実験への道を開いた[1]。ランド研究所の研究者たちは、こうした新しい手法が従来の思考パターンを補完するのではなく、それに取って代わると考えた。構成要素間の相互作用が絶えず変化する動的システムの特性を解析できるようになったため、単純な因果関係で説明する手法は取り残される可能性が出てきた。多かれ少なかれ秩序と安定感があり、戦前に流行の先端を走りはじめたシステムのモデルは、新たな意味をもちうるものとなった。そして、高度な計算処理を必要としない科学分野（自然科学、社会科学の双方）においてさえも、接近可能な現実の狭い領域の直接的な観察に基づくモデルだけでなく、はるかに広い領域、あるいは接近不可能な現実に近似したものの探求に基づいた形式的かつ抽象的なモデルをも受け入れる傾向が強まっていた。生身の人間の心だけではとうてい対処できないような方法で、分析を行うことが可能となったのだ。初期のオペレーションズ・リサーチの教科書の一冊に記されているように、この種の作業には「新しい問題への非人間的な好奇心」、「裏づけのない意見」を拒絶すること、「（たとえそれが概算にすぎなくても）なんらかの定量的な根拠に基づいて判断」しようとする意欲が求められた。

この分野に新たな活気をもたらした一九五七年刊行の画期的な著書で、ダンカン・ルースとハワード・ライファは、「ゲーム理論を使えば社会学や経済学の無数の問題が解決する、あるいは少なくとも数年のうちに解決できる現実的な問題になる、という愚直なまでの威勢のよさ」が、早々に衰えていった様子を記した。[2] 二人は社会科学者に、ゲーム理論は記述的な理論ではないと認識するよう促し、こう論じた。それは「むしろ（条件つきではあるが）規範的だ。ゲーム理論は、絶対的な意味において人々がどう振る舞うか、あるいはどう振る舞うべきかを示すことはないが、特定の目的の達成をめざす場合にどう振る舞うべきかは提示する」。[3]

だが、こうした主張は顧みられず、ゲーム理論は規範的な手法というよりも記述的な手法として適用されるようになった。

その一因は、ナッシュ均衡という概念が構築されたことにあった。ナッシュ均衡は、数学者ジョン・ナッシュ（その精神疾患による闘病生活は本や映画の題材になった）にちなんで名づけられた。[4] 非ゼロサム・ゲームの一つのアプローチで、物理学における力の釣り合いがとれて安定した状態のように、均衡する点を求める。ゲームの各プレーヤーがそれぞれの目的を達成するうえで最適な方法を追求すると、他のプレーヤーの戦略が変わらないかぎり、自分の戦略を変えるインセンティブをもたない戦略の組み合わせが生じる。この状態がナッシュ均衡である。[5] ナッシュの功績は、経済学界において「二〇世紀屈指のめざましい知的前進」と称賛されるにいたった。[6] だが、戦略面での価値は限定的だった。均衡点が存在しないために混乱を引き起こす場合もあれば、均衡点がたくさん存在しすぎて解が得られない状態を招く場合もあったからだ。これに対してトーマス・シェリングは、国家や組織や個人が直面する現実問題を解明するために、抽象的な論法を用いることの可能性を示した。シェリングは戦略を、交渉を手助けするものとして考えるよう人々に促し、卓越した洞察力で核時代の恐ろしい逆説を探求した。ただし、数学的な解決方法は明らかに避けた。そして、さまざまな学問領域を引き合いに出しつつ、純粋な一般理論を構築する試みは一切行わなかった。ミロウスキーは、ナッシュの説く非協力ゲームの合理性に物足りなさを感じる一方で、遊び心と比喩に富むシェリングの分析方法については、厳密さを欠くとの理由から憤りを示した。そして、シェリングはコミュニケーションなきコミュニケーションや合理性なき合理性といった逆説を示すために、制約をともなうゲーム理論の形式やナッシュの高難度の数学を避けたと論じている。[7] だがミロウスキーは、概念化という点におけるシェリングの重要性と、振る舞いや期待をモデル化するうえでは形式的な理論には限界があるというその認識を軽視していた。シェリングはこう説いた。「非ゼロサム的な策略のゲームにおいて、どのような考え方が認識されうるのかを経験的証拠なしに演繹的に推測することはできない。それは、ある特定のジョークが笑える理由を純粋に演繹的な論法で証明できないのと同じである」。[8] ただ、シェリングを崇拝する者は多かったが、模倣する者は少なかった。一方、ナッシュは経済学界で主流の一角を占めるようになった。

ランド研究所の予算からの並々ならぬ支援とコンピューター処理能力の進歩は、社会科学に新たな基盤をもたらした。その効果がとりわけ著しかったのが経済学の分野である。一九三〇年代の大恐慌によって、正統派経済学は危機に直面していた。そうしたなか、統計分析の向上にも後押しされて、実証的な厳密さがより強く求められるようになった。主要な研究者の多くが、戦時のオペレーションズ・リサーチで分析手法を習得していた。シカゴ学派とコウルズ委員会（経済データの収集と統計的分析の向上を目的として一九三二年に設立された研究機関）のように、重点やアプローチに重大な違いがある学派のあいだでさえも、多くの共通点があった。注目すべきは、みなレオン・ワルラスやヴィルフレド・パレートを祖とする新古典派経済学に根ざしており、個人の合理性を最も確実な前提とみなしていた点である。シカゴ学派を代表する経済学者であるミルトン・フリードマンも、こう説いていた。「個人がこれらの決定を下すにあたり、単一の目的の最大化を追求し、試みるかのように行動する、と仮定しよう[9]」。フリードマンは、人々が複雑な統計的法則に従って本当に合理的に行動するかどうか、という議論は無意味とみなしていた。こうした仮定は理論上、有用な推定であり、あとから実証と照らし合わせて検証しうる仮説につながると考えていた。

フリードマンとその研究仲間たちは手法においては実用主義的だったが、市場は政府に放任された状態で最もうまく機能する、という信念の面ではドグマティックだった。この点で、シカゴ学派はフリードリヒ・ハイエクの影響を受けていた。オーストリア出身で一九三八年にイギリスの市民権を取得したハイエクは、ロンドン・スクール・オブ・エコノミクスで教鞭をとっていたが、一九五〇年にシカゴ大学に採用された（ただし、経済学部ではなかった）。第二次世界大戦中に刊行された最も有名な著書『隷従への道』では、社会主義と戦争体験の影響が相まって勢いづいていた中央計画への傾倒に警鐘を鳴らした。そのころ、ジョン・フォン・ノイマンの影響を受け、ランド研究所から資金を援助されていたコウルズ委員会は、手法面で新たな挑戦に乗り出し、賢明な政策を支えうるのは確固たるモデルだという考え方を強めていた。どちらにおいても、ゲーム理論に関連する前提と手法が、新しい形態の社会科学を構築するという、より広範囲におよぶプロジェクトの一端を担う存在となったのである。

ビジネス教育に取り込まれる経済学

フォード財団は、どうすれば大きな政府と大企業におけるマネジメントが効率向上と進歩に不可欠な道具になりうるか、という研究で先んじていた。一九四〇年代後半になると、同財団はデトロイト周辺でのフォード・モーターの社業ニーズに対処する組織から、より広範な課題に取り組む組織へと変容した。創設者のヘンリー・フォードとエドセル・フォードが他界すると、同財団に振り向けられる資金は急増した。長期的な目標を設定する研究委員会の責任者に選ばれたのは、当時のランド研究所の所長で、のちにフォード財団の会長となったH・ローワン・ゲイザーである。ゲイザーは、国家のために社会科学は活用できるし、活用すべきであり、それにはこの科学を理解し、その応用の可能性を評価できるマネジャーが必要だと考えていた。一九五八年、スタンフォード大学経営大学院での講演で、ゲイザーは「ソビエトの挑戦を受けて、われわれはアメリカのマネジメントの最高水準の知能を探し求め、活用し、そしてマネジメントにかつてない次元の国家的責任を負わせる必要に迫られている」と訴えた[10]。

一九五九年にフォード財団の要請で作成されたある報告書は、ビジネス・スクールにおけるビジネス教育の受け入れ基準が「はずかしいほど低く」、実際にはその基準すら満たせていない学校が多い、という嘆かわしい状況を伝えた。その象徴的な例を挙げると、ある南部のビジネス・スクールでは「製パン業の原則」という分野で複数の講座が設けられていた。一方で、意思決定の手法としての「マネジメント科学」が学生たちに伝授されつつあるため、状況は改善しうる、との楽観論もあった。学生たちは、（ハーバード・ビジネス・スクールの基本であった）判断力に頼ることを教わるのではなく、定量的手法と意志決定理論をたたき込まれ、より分析的な能力を培えるようになっていた。ゲイザーの働きかけで、フォード財団は優秀な頭脳集団の研究拠点を作り、次世代の経営者やその指導者の知的能力とプロ意識を向上させるために、一流のビジネス・スクールに巨額の資金を投じた。二〇年のあいだにアメリカのビジネス・スクールの数は三倍に増え、それにともなって経営学修士号（ＭＢＡ）取得者も増加した。一九八〇年には、六〇〇を超えるＭＢＡプログラムによって五万七〇〇〇人のＭＢＡ取得者が誕生した。これは、この年に授与されたすべての修士号の二〇パーセントに相当する規模であった。こうしたなかで、学術的なビジネス誌の数も同じように増え、一九五〇年代末には二〇誌程度にすぎなかったものが、その二〇年後には二〇〇誌超に達した。[11]

こうした流れのなかで大きな恩恵を受けたのがハーバード・ビジネス・スクールであり、効用を生み出す本格的な研究の模範例とみなされたのがホーソン研究だった。だが、率先して社会科学を知的エネルギーの源として生かしたのは、カーネギー工科大学に新設された産業経営大学院だった。同校の取り組みを主導したジョージ・リーランド・バックは、最善の意思決定は最善の推論プロセスから生まれるはずだと考えていた。そして、「われわれの頭脳が今、意思決定の際に用いているはずの変数や非明示的な論理モデルを解明し、明示すること、そしてそうしたモデルの論理を絶えず向上させること」で変化が起きると予測していた。(12) 教員陣の一人としてバックに採用された政治学者で経済学者のハーバート・サイモンは、「職業教育主義のはびこる荒れ地」だったビジネス教育を「科学的根拠に基づく専門家養成の場」に変容させる決断がなされた、と振り返っている。一九六五年にフォード財団へ寄せられた報告書では、ビジネス・スクールにおける研究で「定量分析やモデル構築の活用が増大」している点や、経済学、心理学、統計学といった分野の学術誌での研究論文発表が増えている点が指摘された。

フォード財団は、ハーバード・ビジネス・スクールで教えられていたケース・スタディの手法と経済学を独自の概念を用いて統合し、ケース・スタディに磨きをかける一方で、経済理論に現実味を加えようとしていた。そうしたなか、ビジネス教育では記述よりも調査に、実践よりも理論に重点が置かれるようになり、バランスが崩れた。のちに「戦術ミス」と認めることになる過ちから、フォード財団が学術的な質の高さを強く求めた結果、ビジネス・スクールは他の学問領域への応用にほとんど関心を示さない、あるいは現実社会への適用に関して過剰な懸念をいだきさえする経済学者に支配されるにいたった。それでも一九六〇年代初頭において、この流れは新鮮な息吹のように感じられていた。実践を重視し、理論を避ける、という従来の断固たる方針は、理論が一切存在せず、すべてが常識と判断に委ねられる事態をもたらしていた。こうした不備を修正するうえでは、より柔軟な他の社会科学と比べて経済学に優位性があるのは明らかだった。経済学は、基本原則を重視し、（経営者が自分自身そうであると思いたがる）合理的な行為者を前提とすることでマネジメントの複雑な問題を単純化する、簡潔なモデルの使用を後押しした。この前提の明確さは、仮説の鋭さと検証可能性に反映された。経営者の課題は、自分の組織にとって最善の結果を出すことだったため、あらゆる個人と組織がめざすものを想定した理論に目を向けるのは当然ともいえた。

こうした変化はハーバード・ビジネス・スクールのカリキュラムに表れた。企業戦略を「それまでの上品ぶった伝統にのっとり、一群の定式ではなく、経営者の価値観を反映した企業の使命、独自の能力として」扱っていた「経営方針（ビジネス・ポリシー）」の講義はあまり人気がなく、やがて「競争と戦略」という名の講義に取って代わられた。そして、ゼネラル・マネジャーや社会における価値観に関する話が講義内容から外された。[13]

競　争

意思決定に関する経済理論への関心を生み出した要因は、供給側の働きかけだけでなく、ビジネスを取り巻く環境がもたらした需要側の変化にもあった。計画プロセス重視の風潮は、経済が右肩上がりで成長するなかで多種多様な製品を提供し、資金力と政治力の面で多大な影響力をもつ一握りの超巨大企業の利害を反映していた。こうした企業の場合、まさにその規模と強力さ、そして反トラスト法による制約のせいで内部組織が主要な問題となる一方で、競争はさほど重要視されなかった。競争という言葉は、アルフレッド・チャンドラーの『戦略と組織』や、ピーター・ドラッカーの『マネジメントの実践』の索引にすら登場していない。

新規市場や衰退市場で事業を展開する、より単純な構造のあまり大きくない企業は、常にまったく別の課題をかかえていた。また大企業でさえも、新たな課題に直面しつつあった。大企業も中小企業も、外国企業、とりわけ消費者向けの新技術を見いだす力と低コストを武器に押し寄せる日本企業との競争激化にさらされるようになった。根本的な構造変化が起きつつあった。製造業からサービス業へのシフトが進み、新技術から新種の商品だけでなく新しい形態の企業が生まれ、難解さを増した金融商品の開発も進んでいた。さらに、一九七四年の原油価格上昇や、それに続くスタグフレーション（景気停滞と物価上昇が併存する状態）といった、深刻な影響をもたらす一時的な要因も生じた。

こうした前例のない状況下での試練に取り組んだのは、ビジネス・スクールではなく、ビジネス環境の変化がもたらす圧力や緊張に必然的に慣れていたコンサルティング会社であった。一九六四年にブルース・ヘンダーソンが創設したボストン・コンサルティング・グループ（BCG）は、とりわけコスト構造に関して競争相手との直接比較を行うことが戦略につながるとみていた。ビジネス・スクールがなおも特異な状況の分析を押し進めるなか、ヘンダーソンは新規の顧客を取り巻く環境を考える際に同社の指針となる、強力な理論を求めていた。そのアプローチは帰納的というよりも演繹的で、企業とその企業が選んだ市場とのあいだに「有意義で定量的な関係」を見いだすことを目的としていた[14]。

多くのビジネス戦略家と同じように、ヘンダーソンは工学分野の出身だった。このため、システムは均衡に向かうという考え方に惹かれ、競争相手を含むシステムにおける戦略の目的を、まず均衡を崩し、それから自社により有利な形で均衡状態を再び築くこととみなした。取り組むべき課題は、戦略が「複雑な組織において協調したやり方で実行される」ように、必要な考え方を構築し、十分に明確な形へとまとめることだった。

ヘンダーソンは、複雑さを特徴とするイゴール・アンゾフとは好対照のアプローチをとった。ミクロ経済学の手法を応用し、自身が「説得力ある超単純化」と呼ぶものを編み出すと、これをBCGの顧客企業に売り込んだ[15]。ヘンダーソンの名声を確立した超単純化とは、「経験曲線（エクスペリエンス・カーブ）」だった。過去に行われた航空機製造業界の研究に基づき、生産量が増えれば増えるほどコストは低下し、利益は拡大する、という核となる概念を打ち出したのだ。これをグラフ化することで、競争関係の状態を示すことができた。そこから、同じ製品を生産している企業の場合、コストの高低と市場シェアはおおむね相関関係にある、という仮説が導き出された。こうしてシェア拡大による効果が計算可能になった。企業は累積生産量を増やすことによって、体系的かつ計算どおりにコストの低下を見込める、とされた。この手法は、全体的なコストに目を向け、規模の経済を認識するよう企業に促す一方で、著しく誤った判断を導く恐れがあった。成熟産業では経験曲線は平坦化する。また、実現しないかもしれない販売量の拡大を見込んで価格の引き下げが行われ、その結果、投資の余地がほとんどなくなるようなことになれば、底辺への競争を促進しかねない。フォードのT型の例が示すように、支配的な地位にある製品でも、最低水準まで価格を下げつづければ、よりすぐれた製品にトップの座を奪われる可能性があるのだ。

BCGの超単純化の二つめは、成長率・市場シェア・マトリックスだった。これは、市場の成長率を縦軸、市場シェアを横軸とし、それぞれの高低によって四つの型に分類するマトリックスである。企業は自社のさまざまな事業をこれに当てはめ、どの型に分類されるか知ることができる。最もすぐれているのは高成長の市場で高いシェアを獲得している事業「星（スター）」（一般的な日本語訳は「花形」）で、最も劣っているのは停滞あるいは衰退している市場で低いシェアしか得ていない事業「犬（ドッグ）」（一般的な日本語訳は「負け犬」）である。残りの二つは「カネを生む乳牛（キャッシュ・カウ）」（一般的な日本語訳は「カネのなる木」）と「クエスチョン・マーク」（一般的な日本語訳は「問題児」）だ。このマトリックスが与えた印象は強烈で、その論理には説得力があった。「カネを生む乳牛」には手をかける必要があるが、「犬」は清算対象の候補となる。分類さえ済ませてしまえば、真剣に考えなければならないのは「クエスチョン・マーク」の扱いだけである。このマトリックスのイメージも、判断を誤らせる可能性を秘めていた。批判的な人物の一人であるジョン・シーガーは、こう指摘している。「犬は頼れる味方とみることもできるし、乳牛が乳を出しつづけるには折に触れて雄牛が必要になるだろう。星については、すでに燃え尽きてしまっている可能性も考えられる」。シーガーはマネジメント・モデルに「分析や常識にかわる役割」をさせることの危険性を訴えた。洗練性と単純さが、その理論の「実践に際しての正当性を保証」するわけではないのだ、と。[16]

ビジネス・スクールでは、一九八〇年になってようやくビジネス戦略の飛躍的な発展が起きた。その立役者となったのはマイケル・ポーターだ。必須となる工学専攻の学歴をもち、競技スポーツに熱中していたポーターは、ハーバードのMBAコースに進学し、全体的で多次元的な「経営方針（ビジネス・ポリシー）」の哲学を学んだ。そしてその後、MBA取得者としては珍しくビジネス経済学の博士号プログラムへと進んだ。そこで選んだ講義の一つが産業組織論だった。不完全競争の状況を研究するこの講義は、経済学のなかでもビジネス戦略とのつながりが最も深い分野を扱っていた。経済理論が発展する過程で概して前提条件とされてきた不完全競争では、買い手と売り手にとっての選択肢が、特定の価格周辺で均衡が成立する可能性を生み出す。当然のことながら、完全競争においては個別の主体が特別な成功戦略を実施する余地はない。たった一社が価格を設定できる完全な独占という最も極端な不完全競争でも、戦略の余地はほとんどない。市場の完全な制約下にはないが、競合会社の動きに影響される寡占企業には選択肢がある。むしろ、そうした動きを想定する必要のある寡占企業は、戦略的でなければならない。寡占を取り締まる法はないからだ。ハーバート・サイモンが寡占を「永久に取り去ることのできない経済理論の汚点（スキャンダル）」と表現したのも、こうした理由からだ。[17]

経済学者にとっての疑問は、なぜ特定の市場が完全競争という標準モデルから逸脱した状態になるのか、という点にあった。企業が活性化するには、十分といえる水準以上の利益が必要だが、特定の産業では過度に収益性が高くなっている。その原因は、「参入障壁」（市場で新たな地位を確立しようとする際に直面する問題）が存在することによる競争圧力の欠如にある。産業組織に関する経済学のアプローチの主眼は、市場をより競争的にするためにこうした障壁を減らす方法を見つけることに置かれていた。ビジネス・スクールで学んだポーターは、既存の理論を覆す機会を見いだした。産業全体ではなく、企業の視点に立つという姿勢は、戦略を研究する学生にとって当然のものであった。ポーターは、どうすればシステムがより競争的になりうるかではなく、どうすればシステムのなかの主体が戦略的な優位性を得るために非競争的な要素を利用したり、さらに強めたりすることができるかを追究した。

アンゾフにならい、戦略を「企業をその環境と関連づけること」と定義したポーターは、企業が自社の競争状況を見きわめるうえでの手助けとなる枠組みを考案した。重点は、大企業の審議プロセスに役立つ指針を示すことになおも置かれていたが、ポーターはケネス・アンドリューズよりも野心的で、アンゾフよりも的を絞っており、またブルース・ヘンダーソンほど定式にこだわらなかった。[18] ポーターは二つの重要事項を特定した。一つめは売り手の集中度（上位四社合計の市場シェアが何パーセントか）と参入障壁である。そして、ここから導き出される二つめの重要事項が「五つの競争要因の枠組み（ファイブ・フォース・フレームワーク）」である。五つの要因とは、競合会社間の敵対関係、売り手の交渉力、買い手の交渉力、新規参入の脅威、代替製品・サービスの脅威で、その背景には互いに絡み合う数多くの要素がある。このような表現を用いて、ポーターは競争力を維持し、向上させるための基本原則といくつかの特定の戦術を、整然と、そして厳密な形で提示した。静的分析に傾きすぎているという批判に対しては、五つの競争要因はみな変化するため、その変化を見逃さないように注視しなければならない、と説いた。

ポーターにとって戦略とは、位置取り（ポジショニング）がすべてであった。既存の競合会社や新規参入をめざす企業から身を守れるポジションを見いだすことが目的である場合、戦略のメニューは限られており、選択肢は競争環境の性質に左右される。ポーターは三つの基本戦略を示した。コストを下げつづけることで市場リーダーの地位を維持する、他の競争相手が太刀打ちできないほど特異な製品をもつ（差別化）、参入企業がきわめて少ない市場の特定の領域を見きわめる（市場の絞り込み）の三つである。ポーターはこれらの戦略のうち一つを選び、それにこだわり、決して「中途半端な立ち位置をとる」ことがないようにするのが重要だと論じた。「中途半端な立ち位置をとった」企業は、まず「低収益から逃れられない」からだ。きわめて収益性の高いポジションを獲得することが最善であり、ポジションを向上させるために十分な資源を投入すべきである。肝心なのは市場の不完全性を見いだし、それに乗じることだ、と。SWOT分析の用語を使うと、これは強みと弱みよりも機会と脅威に対処することを意味する。内部組織や戦略の実践にはほとんど関心が向いていない。

ポーターの手法は演繹的だと批判される可能性があった。製品の差別化を追求する企業や障壁を引き上げようとする企業がとるべき戦術の例は数多く挙げているが、それは自身の理論から導き出された仮説を示したにすぎない。三つの基本戦略や、事業効率よりも市場でのポジションを重視したほうがより大きな価値が生じるといった核となる主張には、実態にそぐわないようにみえるものもあった。すべての構造理論家の場合と同じく、そこには、業界の構造が「企業がとりうる戦略だけでなく、競争ゲームのルールの決定にも大きな影響」をおよぼすことを前提とする傾向がみられた[19]。実際には、システムは理論で想定されているほど硬直的でも確実でもなく、きわめて創意に富んだ戦略によって変容しやすいものであった。

ポーターのアプローチにおける際立った特徴の一つは、その政治的な含みにあった。ポーターは政治的な要素について明記していないが、ヘンリー・ミンツバーグはこう指摘している。「利益が本当に市場の力から生まれるのだとすれば、経済的なやり方よりも明らかにすぐれた利益創出の方法があるはずだ」[20]。ポーターの記述のなかで、競争力と政府による支援を関連づけているといえるのは以下の文章だ。政府は「認可要件を課す、原材料調達に規制をかけるといった方法で、業界への参入を制限したり、場合によっては禁止したりすることができる」。主にその対象となるのは、反トラスト法の問題を十分に認識しており、同法の制約下にある企業は、より小規模な企業のわずかなシェア拡大の試みにも対処しにくくなるだろう、また大企業は自ら反トラスト訴訟を起こし、小規模の競争相手に嫌がらせをすることもできる、と論じた[21]。二冊目の著書『競争優位の戦略』でポーターはこのテーマをさらに掘り下げ、こうした訴訟が競争相手へのコスト増大圧力になりうると説いた。また、自然に生じる状態よりも参入障壁を高くすることができる方法として、競争相手を締め出すための販売店網との独占契約や、供給業者との提携、さらには他の既存企業との提携といった手法を取り上げた[22]。数多くの活動が反トラスト法違反とみなされ、勝てる訴訟の的とされてきた。ポーターは反トラスト法を支持すると主張しているが[23]、同法に関しては、往々にして経済情勢しだいでいつ適用されてもおかしくない、という法的効力にかかわる不確実性がある程度存在するのも事実であった。この不確実性は戦略家ポーターにとって大きな問題であった。あるときに容認される行為とみなされたであろうものが、別のときには容認できない行為に変わってしまうからだ。

一九八〇年代半ば、ポーターはユナイテッド・ステーツ・フットボール・リーグ（USFL）

と紛争中だったナショナル・フットボール・リーグ（NFL）への助言を行った。ポーターはこの紛争を「ゲリラ戦争」と表現し、テレビ・ネットワークにUSFLとの契約を打ち切るよう促す、USFLの優良選手を引き抜く一方でNFLの使えない選手にUSFLへの移籍を勧める、強い影響力をもつUSFLチームのオーナーに吸収の道を提示しながら弱小USFLチームを破綻に追い込む、といった攻めの戦略を提案した。USFLがNFLを相手取って反競争的慣行の賠償を求める訴訟を起こした際、こうしたポーターの関与が証拠資料によって明らかになった。最終的に、NFLによる反トラスト法違反が認められたが、USFLはごくわずかな賠償金しか得られなかった。裁判でポーターの助手は、助言を行った際に法的な問題は考慮していなかったと証言した。NFL側もポーターの助言は無視したと主張した。[24]

同じような問題は、一般読者向けにゲーム理論の考え方を解説したアダム・ブランデンバーガーとバリー・ネイルバフの共著『コーペティション』（邦訳『ゲーム理論で勝つ経営』）にもみられた。題名のコーペティション（Co-opetition）とは、ゲーム理論が扱う協調（cooperation）と競争（competition）をうまく融合させた言葉だが、[25]この造語自体は決して目新しいものではなかった。[26]ブランデンバーガーとネイルバフは、ビジネスのパイを拡大するときには業界の他のプレーヤーと協力し、パイを分けるときには競争するのが理にかなっているとして、以下のように論じた。企業は、顧客や供給業者や競合会社だけでなく、（たとえばコンピューター業界におけるハードウェア会社とソフトウェア会社のように）補完的企業、つまり事業の性質上、協調的、相互依存的な結びつきのある企業とも複雑な関係を築いている。したがって、ゲームのルールを変える、あるいはゲーム内での立場に関する認識を変える戦術を用いる、といったやり方で優位に立つことが可能である。こうした主張にはゲーム理論の影響がはっきりとみられたが、とても理論的とはいえなかった。この分野の他の実用的著作と同じく、同書はいくつかの基本的な要素を取り上げ、さまざまな実例に沿う形で組み込み、同じような問題にどう対処しうるか、読者に知恵を授ける形式をとっていた。

戦略の他のどの領域でも当然といえる協調の可能性として、よりはっきりと認識されているものには、反競争的にみえる、あるいは反トラスト法に抵触するといった危険が常につきまとっていた。ブランデンバーガーとネイルバフは、コンピューター・ゲーム市場で競争優位を築き、顧客に高値で商品を販売することを可能にした任天堂の実績をたたえた（その後、同社は連邦取引委員会による訴訟において和解を余儀なくされた）。こうした分析構図のせいで、同書はおのずと消費者よりも企業に好意的な内容となった。マシュー・スチュワートは同書について、反トラスト法問題には触れずに「顧客を欺き、市場を支配する企業を次から次へとほめたたえている」と痛烈に非難した。同書が打ち出す戦略アプローチは、「密室に集まらずにカルテルを結ぶ方法、わざわざ役人に賄賂を贈らなくても独占体制が築ける方法、そして、より一般的には、特別すぐれた製品を作らなくても並外れた利益が得られる方法」を示すものだ、と。スチュワートが指摘したように、利用者に自社製品の割引特典を与えるゼネラルモーターズ（GM）のクレジットカード戦略をブランデンバーガーとネイルバフが称賛しているあいだに、クレジットカード事業のわずらわしさとは無縁のトヨタ自動車がよりすぐれた自動車を製造し、GMの市場シェアを侵食しつつあったのである。[27]

ポーターの『競争の戦略』の索引に、ジョン・ロックフェラーの名はない。もしロックフェラーが同書を読んだなら、そこに出てくる用語や概念をなじみのないものと感じたかもしれないが、スタンダード・オイルの地位を確立するために同書に記された策略をすべて試そうとした場合に、その大まかな要点は十分に理解できたであろう。二〇世紀後半のマネジメント戦略家は、一九世紀の巨大トラストと、それに対処しようとする進歩的な運動の試みによって大きく形づくられた環境のなかで活動してきた。市場を支配するためのあらゆる試みの論理は、少なくとも一部の競争相手を苦境におちいらせる。第一世代のマネジメント戦略家は、安定した地位を築いている企業や、法的な側面から成長の限界に近づいている企業を対象としていたため、この問題をないがしろにしていたが、第二世代は違った。ポーターの例が示すように、競争を受け入れることよりも、和らげたり回避したりすることを重視したからだ。そのあとに登場したのが、熱烈に競争を受け入れる第三世代であった。

第33章 赤の女王と青い海

いい？　ここでは同じ場所にとどまるために、思いっきり走らないとだめなの。どこかよそに行きたいのなら、せめてその二倍の速さで走らなきゃ。

——赤の女王（ルイス・キャロル『鏡の国のアリス』）

競争圧力が激しくなるなか、経営者が果たすべき役割はしだいに明白な形となって浮き上がってきた。大企業のトップが稼ぎうる報酬は増大していたが、同時に解任されるリスクも高まっていた。その優劣を評価する基準はかつてないほど厳しくなっていたが、なかでも投資家に強い印象を与えるであろう短期的な収益性が最も重要な評価対象になりつつあった。将来に向けた投資は、収益性の低い部門の売却や、認識済みのあらゆる非効率性を改善するための積極的な行動と比べて魅力に欠けるとみなされた。

経営者の役割にかかわる課題は、経済学の取引コスト理論から派生したエージェンシー理論によって突きつけられた。エージェンシー理論は、それぞれ独自の利害をもちながら協力関係にある主体がもたらす問題に真っ向から取り組む理論だ。具体的には、プリンシパル（依頼人）という主体がエージェント（代理人）という別の主体に仕事を委任する状況について考察する。プリンシパルは、エージェントが何をしようとしているのか、そしてお互いのリスク観が実際に一致しているのかどうかを正確に知らないために、苦境に置かれる可能性がある。これは、所有者と経営者の関係性の核心に触れる問題であった。管理主義が台頭した背景には、エージェントを重要人物とみなす考え方があった。ビジネスと政治の世界においてプリンシパルと想定される主体（取締役に対する株主や、政治家に対する有権者）は、固定的で専門家的なエリートに比べて、流動的でアマチュア的な存在だった。所有と経営がしだいに分離していくことは、一九三〇年代にアドルフ・バーリとガーディナー・ミーンズによって示されていた。ここへきて問題となったのは、プリンシパルがエージェントから支配権を取り戻すことができるか、できるとすればどのようにしてか、という点だった。[1] 支配されることを望まないエージェントは、率先して株主に自らの存在価値を示したり、経営者兼所有者になって、こうした制約から自身を解き放つ方法を見つけたりする必要があった。

エージェンシー理論

シカゴ大学の経営大学院で学び、ロチェスター大学で教鞭をとっていた経済学者のマイケル・ジェンセンは、一九七〇年にニューヨーク・タイムズ・マガジンに掲載されたミルトン・フリードマンの記事に心を動かされた。フリードマンはこの記事で、歯に衣着せぬ自由市場経済の擁護者として名乗りを上げ、ゼネラルモーターズ（GM）の取締役会に三人の公益代表者を送り込む、という活動家ラルフ・ネーダーによるキャンペーンを暗に批判した。企業の唯一の社会的責任は、「不正とは無縁の自由で開放的な競争」を行うという条件下で利潤を追求することだ、と反論したのである。その主張は過去二〇年間の管理主義に真っ向から異を唱えるものであった。大企業のトップは国家のエージェントとして振る舞おうとすべきでもないし、国家が競争から守ってくれることを期待すべきでもない、と。ジェンセンと同僚のウィリアム・メクリングは、こうしたフリードマンの率直な発言を経済理論の言葉に置き換えようと考えた。だが、なかなかうまくいかなかったため、やり方を大きく変えた。市場は十分に効率的であり、個人とりわけファンドマネジャーよりもすぐれた評価指針を示す、という金融市場で賛否両論を巻き起こしていた仮説を取り上げ、マネジメントの世界に適用したのである。ジャスティン・フォックスが述べているように、こうして「合理的市場という概念」は「理論経済学からファイナンス理論という実証的な下位分野に」移った。すると微妙な意味合いはなくなり、概念が鮮明化した。いまやそれは、「何世代にもわたって学者や経営者、株主を悩ませてきた利益相反の問題を解消する目的で、株式市場の集合的な判断を」用いようとする概念になっていた。[2] 完全な労働市場、つまり従業員が企業にもたらす価値と同等の報酬を獲得し、必要であればコスト負担なしに別の仕事へ移れることを前提とした場合、ジェンセンとメクリングの分析は、株主がかかえるリスクこそが最も重大なリスクだという結論を導き出すものであった。[3]

一九八三年になると、経済学者の関心の高まりを背景に、ジェンセンは今後数十年にわたって「組織に関するわれわれの知識において革命が起きる」といえるだろうと考えた。組織科学はまだ初期の段階にあったが、強力な理論の土台は築かれていた。独自の理論を構築するには、企業を「あらゆる契約が完璧かつコスト負担なしに履行される」環境において、「価値あるいは利潤を最大化するように機能するブラックボックスのようなもの」とみなす経済学者の考え方から離れる必要があった。そこでジェンセンは以下のように説いた。企業は業績評価や報酬、意思決定権の委譲のためのシステムとして理解することができる。また供給業者や顧客との関係を含む組織内の関係は、契約としてとらえられる。これらを一つのまとまりとすると、多種多様な目的をもった最大限のエージェントによって構成される複雑なシステムが形成されていると考えられる。そしてこのシステムは独自の均衡状態に達する。「こうした意味で、組織の振る舞いは市場の均衡的な振る舞いに似ている」。この考え方はあらゆる種類の組織に当てはまるのであり、これにより、協調的な振る舞いを「異なる利害をもつ自分本位の個人のあいだでの契約上の問題」とみることができる[4]。

こうしたアプローチが規範面で示唆するのは、経営者が期待外れな行動をするのを所有者が懸念するのも無理はない、という点だ。監視と報奨によって所有者と経営者の利害を一致させるには、管理主義の主張を曲げなければならない。規制が緩和された市場が好ましいのは、それが株主にとっての価値を生み出していない経営者の地位を脅かす働きをするからだ。敵対的買収という言葉には侮蔑的な響きがあるが、ジェンセンとその研究仲間たちは、それがむしろ市場の効率性を高めると論じ、以下のように説いた。経営者は、多種多様な「利害関係者（ステークホルダー）」のとりとめのない、流行のおしゃべりに気をとられるようなことなく、利益最大化のために「株主（シェアホルダー）」の要求に応えることに専念しつづけなければならない。経営者は買収に不満をいだくかもしれないが、それは価値を増大させ、資産を再配置し、誤った経営から企業を守るための方法である。「科学的証拠は、企業支配のために市場で行われる活動がほぼ一様に効率性の向上と株主の富の増大をもたらすと示唆している」[5]。企業は市場の要求に従ってまとめられたり、組み直されたりする資産の束とみなされる。市場はすべてを知っているが、経営者は近視眼的になりがちだ。一九九三年には、フォーチュン誌が

「CEO帝国の天下は終わった。株主万歳」と宣言したほどであった[6]。

こうした考え方が取り入れられれば、戦略やマネジメントの必要性は低下する。ひとたび自由市場決定論が採用されると、他のあらゆる生産要素に役割があるのと同様に、「マネジメントにも役割が与えられる」ことが可能になる。その場合、経営者は「取り替えのきく」汎用品の一種、もっとひどい場合には「市場の規律を必要とする」ご都合主義的な行為者になってしまう[7]。経営者の責務は社内に目を向けることではなく、社外、つまり株主にだけ目を向けることである。たとえ、株主は流動的で集団としての一貫性を欠いていたり、短期的な視点しかもっていなかったりする可能性がある、あるいは市場が要求する動きを実践する際には効率的な組織を形成し、育む必要がある、といった事実があったとしても、事情は変わらない。このような考え方は、経営者の立場や使命感に重大な影響をおよぼしかねなかった。こうした理論は、組織はお互いに見ず知らずの者たちの寄せ集めでもよく、組織としての歴史や文化は重要ではないことを示唆していた。この理論を身につけた経営者は忠誠心をもたず、ほかの者の忠誠心も求めないだろう。その責務は市場を読み取り、刺激に反応することであり、判断を下し責任を行使する余地はほとんど残されていなかった。

経営者は危険な職業

一九八〇年代初頭、このような企業経営の論理がもたらしうる結果を警告する声が初めてあがった。不快感を明らかにしたのは、ともにハーバード・ビジネス・スクールの教授だったロバート・ヘイズとウィリアム・アバナシーによる一九八〇年の論文である。二人はアメリカの経営者が「戦略的責任を放棄した」と訴えた。生産よりもマーケティングや財務や法則を重視して短期的な利益を追求するようになり、長期的なイノベーションをないがしろにした、と。一流ビジネス・スクールの機関誌に掲載された論文として特筆すべきは、経営者が「経験をもとに戦略的意思決定の機微と複雑さを洞察することよりも、分析的客観性と方法論的洗練性を良しとする原則」へ依存するようになったと主張した点であった。二人は以下のように説いた。ビジネス界でも学術界でも、「職業経営者という誤った狭い概念」が幅を利かせてきた。そうした経営者は、「特定の産業や技術分野の専門技術をまったくもたない」にもかかわらず、「なじみのない会社に乗りこみ、財務管理やポートフォリオの概念や市場主導型戦略などを厳格に適用し、うまく運営する」ことができると考えられていた「似非(えせ)専門家」である。このような風潮は一種の企業宗教になり、その中心には「業界経験も実務面での専門的技術もたいした意味をもたない」というドクトリンが存在した。これは、経験や技術をもたない者の良心をなぐさめるのに役立つ一方で、技術的問題に関する意思決定を、「財務やマーケティングに関する意思決定に付随する」もの、したがって数量化した単純な形で示せるものであるかのように扱うことを後押しした。[8]

一九八〇年代末、このような風潮を冷めた目で見ていたフランクリン・フィッシャーはこう論じた。「頭脳明晰な若い理論家は、あらゆる問題をゲーム理論的な視点で考える傾向がある。ほかのやり方で取り組んだほうが容易な問題だったとしても」[9]。フィッシャーは、ゲーム理論を用いるのが最も適しているようにみえる寡占理論に関してでさえ、本質的な違いを生み出してはいないと主張した。フィッシャーによれば、ゲーム理論導入後の寡占理論は、導入前と変わらず以下のようなものであった。「非常に多くの結果が考えられることがわかっている。理論が構築された背景が重要なのであり、その行き着く先は、寡占企業が用いる変数と、お互いに関してどのような推測を行うかによって変わる」。市場構造が企業の振る舞いや業績に与える影響を研究するには、背景を考慮する必要がある。たしかに、そうした背景をゲーム理論でモデル化することは可能だが、それが格好な手法だとはいいがたい、とフィッシャーは説いた。これに対してカール・シャピロは、ゲーム理論は十分な成果をあげていると主張した。だがシャピロが同理論の先行きについて示した展望は、明らかにトーマス・シェリングに近かった。統一理論の構築は予期しにくいが、多種多様な状況を識別する手法や、特定のケースにおいて注目すべき点に関する考え方が生じることは期待できる、と述べながら、最善の戦略を立てるには、やはり詳細におよぶ情報に頼る必要があると論じた。同時に、「ビジネス戦略の単純モデル構築を目的としたゲーム理論の利用は、収穫逓減期に入っている」のではないか、との見方も示した。[10] モデルはプレーヤーの繊細で複雑な論理的思考を想定しているが、「そうした想定とは違い、分析的思考や包括的な分析を行う能力の面ではるかに劣っている」実際の意思決定者が、モデルの示すとおりに行動することはまれである。[11] ガース・サローナーは、モデルが、字義どおりに受け止められ、行動のための処方箋を見いだすという目的のために現実の経営状況を映し出してくれるものと想定される場合に、こうした問題が生じることを認識していた。そして、「戦略運営全般におけるミクロ経済学モデル、とりわけゲーム理論モデルは、文字どおりにではなく、隠喩的なものとして利用するのが適切だ」と論じた。[12] モデルの想定と実態の差異は、なかなか認識されないものであった。モデルからすばらしい解決策が導き出されるのは結構なことだが、その解決策が実践者の認識していない問題に対するもので、実践者が実行はおろか、理解すらできない形で示されている場合には、ほとんど価値をもたなかった。

特定の目的に即した組織設計に役立つ、あるいは明らかに合理的にみえる設計が機能不全をもたらす理由を少なくとも説明することができそうな学術理論も存在していたが、ビジネス界や政府に強い関心を示す者はいなかった。こうした理論の有用性と関心の乖離が広がるなかでも、研究の枠組みはなかなか変わらなかった。学術誌は既存の確立された理論と手法に重点を置いた。合理的な行為者を想定する経済学者に感化された、より難解で定量的な研究が優勢だった。最新のソフトウェアによって大がかりな演算が可能になったことで、大規模データベース重視の考え方も生まれていた。研究生は定性的研究を避けるよう指示された。[13]その影響は研究においてだけでなく、標準モデルが示唆する行動規範にも表れる可能性があった。二〇〇五年、スマントラ・ゴシャールは以下のような考えを示した。

エージェンシー理論と取引コスト経済学を組み合わせ、そこにゲーム理論と交渉分析の標準型と、台頭する経営者のイメージをつけ加えると、今日のビジネスの現場で非常になじみ深いものができる。それは、非情なまでに人使いが荒く、トップダウン方式をまったく崩さず、指揮統制を重んじ、株主価値にこだわり、何がなんでも勝とうとする経営者だ。[14]

一九九〇年代には、このような新種の経営者向けに、利益率や市場シェア、株価などの数値で測れる、成功を約束する理論が構築された。これらの理論は、安全で安定した地位にあるが、基本的に特徴がなく官僚的で、大企業のなかでの自分の立場、さらにはより大きな経済のなかでの自社の立場をわきまえている、という経営者像への異議を一段と強める働きをした。そして、「経営それ自体の観念を、高潔で英雄的で高尚なものとして」示した。[15]一九九〇年代に新テイラー主義推進派の中心にいたジェイムズ・チャンピーは、「経営者は危険な職業の仲間入りをしてしまった」と述べた。[16] この危険という感覚の背景には、絶対的な失敗だけでなく、相対的な失敗をも恐れなければならなくなるほど、経営者に寄せられる要求が高まっているという事情があった。マイケル・ジェンセンが奨励したように、世界では株主がより速くより大きな利益を得ることを求めるようになり、また敵対的な買収をしかけうる相手を虎視眈々とうかがう企業の動きも生じていた。企業が生き残り、成功するには、顧客と製品に目を向けることだけでなく、冷酷非情になって効率性がとくに低い事業部門を処分し、競合会社を押しのけ、圧倒し、新市場の開拓につながる政府の政策変更、とりわけ規制緩和を実現するために精力的にロビー活動を行う積極的な姿勢が必要となった。

　財務に対する考え方も変容していた。一九七〇年代、石油ショックとインフレによって自己資本利益率の低迷が長期化する一方、債務を過剰にかかえることをためらう従来の傾向も続いていた。だが一九七〇年代末になると、創意に富んだ新たな資金調達方法が開発され、企業は債券発行によって急激に成長することが可能になった。より大きなリスクをとる覚悟のある投資家は、より高い利回りを見込めるようになった。潤沢な資金を手にした多くの企業が、新しい製品やプロセスの開発ではなく、合併や買収によって規模を拡大した。投資姿勢はますます攻撃的になり、他社が気づいていない、あるいは現在の所有者が活用できていない企業資産から価値を引き出すことに重点が置かれた。次の必然的な流れとして、自分たちの功績が報われず、その最大の恩恵が他人にわたる所有モデルに対して不満をいだく企業の幹部が反旗を翻した。マネジメント・バイアウト（経営陣による自社買収）である。これにより経営陣は取締役会の束縛から逃れ、主導権を発揮する余地を広げただけでなく、付随的に巨額の資金も手に入れた。こうして急増した買収活動は、やがて買収価格が上昇し、利益が期待外れに終わることが判明するにつれて下火となった。それでも債務利息を払わなければならない状況に変わりはなく、膨大な債務をかかえた企業には破綻が待ち受けていた。

企業はいまや市場価値で評価されるようになった。市場価値には企業の本質的価値とその財やサービスの長期的な見通しが反映されてしかるべきだったが、それらを評価するのはいつの時代も容易ではなかった。そして自社の現在価値を宣伝すべき相手は、経営者を含む株主にほかならなかった。こうして、忍耐と成果が現れるまでの低収益を余儀なくされる可能性のある事業の長期的な発展よりも、目に見える形で数値化された株価が成功の指標となった。だが株価は、市場心理や誇大宣伝、そしてもちろん明白な不正行為の影響を受けやすかった。不正行為で打撃を受けた企業の最たる例は、エネルギー企業のエンロンだった。その原因が金融商品の高度化であるか、新技術の将来性であるかを問わず、実態を把握しにくい事業分野では、こうしたリスクが最も大きかった。企業内では、どこの企業でも得られる価値を生み出す独自性のない事業ではなく、株価を押し下げる恐れのある事業が整理の対象とされるようになった。こうして容赦ないコスト削減が奨励されたのだった。

ビジネス・プロセス・リエンジニアリング

戦後数十年間にわたる日本の成功は、集中力や忍耐、一貫性、合意を重んじる文化の勝利と、事業効率に対する熱意の成果、あるいはその二つが組み合わさった結果ともいえた。いずれにせよ、先導役を果たしたのはトヨタ自動車であった。第二次世界大戦中に軍用車を製造していたトヨタは戦後、商業市場へ復帰するのに悪戦苦闘した。資本と技術力の不足、そしてストライキを多発する急進的な労働者が足かせとなっており、朝鮮戦争の勃発とそれにともなうアメリカからの軍用車の大量受注がなければ、おそらく倒産していただろう。それから同社は「トヨタ生産方式」を呼ばれるようになるものの構築に取りかかった。手始めに行ったのは、会社への忠誠心と献身の見返りとして従業員に終身雇用を約束する、という独自の取り決めにより、労働争議を解消することだった。従業員は、無駄を減らすシステムの確立に結束して取り組むようになり、生産性向上のためのアイデアを提示したり、探求したりすることができる場として「QC（品質管理）サークル」が設けられた。当時の日本は、まだ何もかもが不足している状態にあった。このため、一九五〇年に行われたミシガン州のフォード・モーターの工場での研修は、アメリカの生産手法には無駄が多いという印象をトヨタの関係者に根強く残した。トヨタは在庫水準を低く抑え、設備や労働者を遊休状態にしないことをめざした。過剰在庫は無駄の原因になるだけでなく、システム内のどこかで無駄が発生している兆候でもあるとの認識から、ちょうどよいタイミングで次の工程に送れるように加工を行う「ジャスト・イン・タイム」方式が開発された。日本国内では、このトヨタの方式が他の企業によって模倣され、改良されていった。自動車、船舶、鉄鋼、カメラ、電気製品など、さまざまな製造業の分野で、欧米企業は次から次へと日本企業に市場シェアを奪われていった。政府の政策や、ゼロからやり直さざるをえなかった戦後の状況、そして円安も日本企業の成長を後押しした。

日本の一流の経営者とは対照的に、アメリカの経営者は無能者ぞろいにみえた。一九七〇年代には、日本企業の台頭によって巨大なアメリカ企業の地位が低下するなかで、経営書はより内省的な内容となった。アメリカ企業は、より機敏な競争相手に市場シェアを奪われるだけでなく、はるかに革新的な企業風土によって窮地に追い込まれていた。一九八〇年代末の傲慢さと好況の日々が過ぎると日本の成長の勢いは急速に衰えたものの、欧米企業は日本企業を模倣し、自社の事業有効性に関して急進的なアプローチをとる決意を固めた。その成果はまずトータル・クオリティ・マネジメント（総合的品質管理、TQM）、次にビジネス・プロセス・リエンジニアリング（業務プロセス再構築、BPR）という名の手法として現れた。このうち、影響力と含蓄の面でより重要だったのがBPRである。その根底にある考え方は、コスト削減と製品改良の両立を可能にして企業の競争力を高めるための一連のテクニックを結合する、というものだった。課題とされたのは、既存のシステムのより効率的な運営に断固として取り組むことではなく、組織が事業を始める方法を根本から考え直すことだった。ヒエラルキーをなくし、ネットワークを構築するための情報技術の活用が、それを実現する方法として提示された。組織が何を成し遂げようとしているのかを改めて見直すと、目標が適切なのか、今の組織構造でそれが実現できるのか、という疑問が生じる。こうした考え方は非常に魅力的にみえ、副大統領時代のアル・ゴアがこれを取り入れた行政改革をめざしたほどであった。

ＢＰＲの根底には、エージェンシー理論の場合と同じく、以下のような前提があった。一つの組織は一台の機械のように一連の構成部品に分解することができる。それらの部品は個別にだけでなく、お互いの関係についても評価されることになる。そうした評価をしたうえで、一部の部品をまとめて廃棄したり、必要なところに新たな部品を加えたりして、異なる形、できれば改良された形に組み立て直し、はるかに効果的に機能する新たな組織をつくり出す。ひとたび組織をこのような存在だと認識すれば、漸進主義の余地はなくなる。ゼロからスタートし、組織全体を見直すこともできるはずだ。

リエンジニアリングとは、白紙の状態からやり直すことだ。一般化した通念や、それまで受け入れられていた前提を捨てることだ。そして、従来のものとはほとんど、あるいはまったく異なる新たなプロセス構造のアプローチを考え出すことだ[17]。

こうして、組織の歴史は顧みなくてもよいもの、古い文化は新しい文化に取って代わられうるものとなった。労働者は意に介さず素直に従い、このプロセスを熱烈に歓迎する可能性すらあった。[18]

ある意味で、BPRは戦略的にみえた。ビジネスの根本的な見直しを必要としたからだ。だがその重点は、競争上のリスクと可能性、あるいは前進を妨げる内部の障害ではなく、新技術が効率性におよぼす潜在的な影響を探ることに置かれていた。この点で、同じ時期に起きていた「軍事における革命（RMA）」と似ていた。歴史上の新たな時代が始まるという主張、競争上の課題ではなく利用可能な手法が情勢を形づくるという見通し、技術が牽引役となり他の要素がそれに続くという推論、敵（競争相手）が戦略の見直しとそのために必要なプロセスの構築に着手するのではなく、既定路線を進むことを想定した基本戦略を当然視する傾向が、両者に共通していた。

BPRにかかわる重要人物の一人マイケル・ハマーは、ハーバード・ビジネス・レビュー掲載の論文で、転換点の訪れを告げるかのような語調を用いてその概念を説明した。「時代遅れのプロセスをシリコンやソフトウェアに埋め込むのではなく、それらを一掃してゼロから始めるべきだ。……ビジネス・プロセスを根本から設計し直し、その性能を劇的に改善するために、最新の情報技術の力を使うのである」[19]。ハマーは、リエンジニアリング・プロジェクトの実践に特化したコンサルティング会社CSCインデックスの会長ジェイムズ・チャンピーと手を組んだ。[20]一九九三年に刊行された共著『企業のリエンジニアリング』（邦訳『リエンジニアリング革命』）は、二〇〇万部近く売れた。リエンジニアリングという概念は、たちまち大流行した。一九九二年より前には、「リエンジニアリング」という言葉はビジネス誌にはとんど登場していなかった。だが一九九三年以降、この言葉が使われていないビジネス誌を見つけるのは困難になった。[21]一九九四年に行われた調査によると、企業番付「フォーチュン五〇〇」に入る企業の七八パーセント、そしてより広範におよぶアメリカ企業二二〇〇社の六〇パーセントが、なんらかの形でリエンジニアリングに携わっており、平均数件のプロジェクトを実施していた。[22]初期の報告は、成功率の面でも良好な状況を示していた。一九九五年には、リエンジニアリングによるコンサルティング収入が推計で二五億ドルに達した。チャンピー率いるCSCインデックスの収入は、一九八八年の三〇〇〇万ドルから一九九三年には一億五〇〇〇万ドルに拡大した。一方、ハマーはセミナーや講演で高額の報酬を得るようになった。フォーチュン誌はハマーをこう評した。「リエンジニアリングにおける洗礼者ヨハネだ。自ら奇跡を起こしたりはないが、講演や著作で熱弁をふるい、コンサルタントやリエンジニアリングを行う企業のお膳立てをする説教師である」[23]。

リエンジニアリングという概念がもてはやされた背景には、実践的な面でもレトリックの面でも妥当な理由があった。チャンピーとハマーは、アメリカ産業界が混乱し、先行き不透明感に覆われている状況で、取り残されるという企業の恐怖心につけ込むことができた。二人の共著の表紙に載せられたピーター・ドラッカーの推薦文は、こうした恐怖心をうまくとらえていた。「リエンジニアリングは新しい。そして実践しなければならない」。とりわけハマーは、きわめて困難で残酷な道になるかもしれないが、残りのもう一つの選択肢はそれよりはるかに悲惨だ、というメッセージを以下のように強く打ち出した。「生きるか死ぬかの選択だ。余計なものを五〇％減らすのか、一〇〇％減らすのかだ」。経営幹部は冷静さを保たなければならない。「肩書を取り払う、報酬制度を変える、新たな姿勢や価値観を取り入れる、といった方策をとらずに、ただ旗印を掲げて戦いへ突き進む企業は泥沼にはまる」。こうした言葉によってあおられた不安は、前進する原動力となりうる。「二つの基本的な感情に訴える必要がある。恐怖と強欲だ。現在のプロセスに重大な欠陥があることを示し、その不完全なプロセスがどれほど著しい損失を組織にもたらしているのかを詳しく説明して、社員を脅えさせなければならない[24]」。

ＢＰＲは当初、一連のテクニックを結合させたものにすぎなかったが、やがて転換期の土台になる概念として、もてはやされた。こうしたなかでハマーは、「産業革命が小作農を都市部の工場へと導き、労働者と経営者という新しい社会階級を生み出したように、リエンジニアリング革命も、自分自身や仕事や社会での居場所に関する人々の考え方を根底から変えるだろう[25]」と主張した。一方、チャンピーはこの革命というテーマをもう一歩先に進め、こう論じた。「われわれは、第一の経営革命とはまったく異なる第二の経営革命の只中にいる。前回は権力の移譲にかかわる革命だったが、今回は自由の浸透にかかわる革命だ。企業の経営者は徐々に、あるいは突如として、今日の自由企業体制が本当に自由であることに気づきはじめた[26]」。「根本的な変化」の利点として、チャンピーは経営者に対し、「同業他社の経営者が不可能と考えていること」が実現できるようになれば、「ひそかな満足感」が得られると説いた。それは、自身が「成功を収める」だけでなく、「文字どおりに業界を定義し直す」ことによる満足感だ、と[27]。

ボストンを本拠とするインデックス・グループ（のちにCSCインデックスへと発展）の調査部長だったトーマス・ダベンポートは、リエンジニアリングのもととなる概念の構築に深くかかわった人物の一人であった。ダベンポートは後年、「リエンジニアリング産業共同体」が創設されたことで「ささやかなアイデアが怪物化した」様子を振り返っている。この共同体は、「大企業の経営幹部、大物経営コンサルタント、大手情報技術サービス会社という強力な利益集団で構成された鉄のトライアングル」だった。BPRが理論面できわめて重要であるだけでなく、実践面でも非常にすぐれているようにみせることは、これらの関係者すべてにとって好都合だった。そうしたなか、企業では特定のプロジェクトに関する話が「リエンジニアリングの成功談として作り直された」。経営幹部は、BPRという名目をつければプロジェクトが認可されることに気づいた。コンサルタントは過去に流行した一連の業界用語を捨て、BPRの専門家となるべく、提供すべきノウハウを練り直した。

継続的改善、システム分析、生産工学、サイクルタイムの短縮といった概念は、みなリエンジニアリングの一形態となった。狂乱的なブームが起きていた。大手コンサルティング会社は顧客企業に月一〇〇万ドルの報酬を当たり前のように請求することができ、その戦略家、オペレーション担当者、システム開発者は数年間にわたり多忙をきわめた。

企業が一時解雇（レイオフ）を実施すると、それもまた「リエンジニアリング」と言い換えられた。実際に関連性があるかどうかを問わず、人員削減によって「リエンジニアリングは戦略上の論理的根拠と財務上の正当性を得た」。一方、コンピューター業界も、ハードウェアやソフトウェア、通信関連製品への巨額の支出を後押しするBPRから恩恵を受けていた。

こうしたバブルがはじけるまで、そう長くはかからなかった。あまりにも多くの主張がなされ、あまりにも多くの資金が費やされ、そしてあまりにも多くの抵抗が（主にリエンジニアリングとレイオフの関連性に対する疑問から）生じた。ダベンポートによれば、これらはすべて行き過ぎた「誇大宣伝」の結果であった。「リエンジニアリング革命」は潜在的に価値のあるイノベーションと実験を必要としたが、そこに大げさな約束と過度の期待が加わったことで、「一時的な熱狂と失敗」に終わった。「変革のプログラムを大々的に宣伝するのは、確かな実績が得られてから」でなければならなかった。最も深刻な問題点は、リエンジニアリング・ブームが人間を「ありふれた些細な存在、再設計の対象となる交換可能な部品」であるかのように扱ったことにあった。「負傷者は連れて行け、だが落伍者は撃ち殺せ」といった方針が士気を高めるはずはなかった。一方で、高額の給料をもらい、さらにその何倍もの報酬を企業に請求する若いコンサルタントは、ベテランの従業員を見下すような態度をとっていた。これが歴史的な変革の時であったかどうかにかかわらず、従業員は必然的に、自分が職を失う可能性のある会社の将来について壮大なビジョンを熱く思い描くよりも、自分の地位をいかに守るかを考える傾向を強めた。

一九九四年にCSCインデックスがまとめた「リエンジニアリングの現状報告」は、調査に参加した企業の五〇パーセントが、社内にリエンジニアリングへの恐怖心や不安があると回答した、と伝えた。約四分の三の企業が平均約二割の人員削減を行おうとしている状況において、これは当然といえた。そして、完了したリエンジニアリング・プログラムのうち「六七パーセントは、リエンジニアリングが取るに足らない、もしくは最低限の成果を出すにとどまったか、失敗に終わったと判断された」。ベストセラー経営書に例示された企業の行く末にありがちなように、BPRの推進者としてもてはやされた企業は、深刻な問題に見舞われるか、リエンジニアリングを断念するか、どちらかの結果にいたったことも明らかになった。CSCインデックス自体も危機におちいった。一九九五年のビジネスウィーク誌の暴露記事は、同社の信用失墜に追い討ちをかけた。この記事は、CSCインデックスのコンサルタントであるマイケル・トレーシーとフレッド・ウィアセーマの共著『市場リーダーの原則』（邦訳『ナンバーワン企業の法則』）をこの分野における次のヒット作にしようと、同社が手の込んだ策略を用いた疑惑について報じていた。ニューヨーク・タイムズ紙のベストセラー・リストに載せるために、CSCインデックスの社員が少なくとも計二五万ドルを費やして同書を一万部以上を買い上げていたほか、同社が顧客企業を通じた大量購入も画策していた、という疑惑である（ただしCSCインデックス側はこれを否定した）。このような投資を行う根拠は、「次なる目玉」を打ち出したコンサルティング会社とコンサルタントとして、コンサルティング料や講演料という見返りが期待される点にあった。トレーシーは年に八〇回もの講演を行っており、一回当たりの講演料は二万五〇〇〇ドルから三万ドルに跳ね上がっていた。また、この手の経営書が、最大限の影響力を発揮できるようゴーストライターによって書かれている、という研究報告も、ベストセラーという地位に対する疑問を増大させた。一連の疑惑はCSCインデックスにとって逆風となった。ニューヨーク・タイムズ紙はベストセラー・リストの作成方法を見直し、さらにCSCインデックスとのコンサルティング契約も白紙にした。翌一九九六年にはジェイムズ・チャンピーがCSCインデックスを退職した。チャンピーの著書『経営のリエンジニアリング』（邦訳『限界なき企業革新』）についても、会社による買い上げが行われたとの疑惑が生じていた。ピーク時に六〇〇人ものコンサルティングを擁していたCSCインデックスは、一九九九年に清算された。その盛衰は、流行の最先端に立ちつづけることを拠り所とするようになっていたコンサルティング・ビジネスを象徴していた。[28]

競争を避ける

成功への道とは、すでに成功を収めている者の手法をまねることなのだろうか。そうした成功のテクニックはよく知られているので、それを手本にしても得られる収穫は逓減する可能性が大きかった。軍事における作戦技術の場合のように、不備のある戦略に従ってそのテクニックを導入しても、それだけではほとんど効果は出なかった。だからこそマイケル・ポーターは、はたして日本企業には戦略、少なくともポーターが戦略と考えているもの（つまり独自の競争力を築く手段）があったのか、と疑問を呈した。一九七〇年代から一九八〇年代にかけての日本の躍進は、すぐれた戦略ではなく、すぐれた業務効率の賜物だったと説くポーターは、以下のように論じた。日本企業は低コストと高品質をうまく両立させ、互いに模倣しあった。だがこのような手法は、必然的に限界利益の逓減をもたらす。既存の工場で生産性の向上を実現しつづけることが難しくなるうえ、他社が業務効率の改善によって追いついてくるからだ。コスト削減と製品の改良は簡単にまねできるため、相対的な競争力は向上しない。むしろ「ハイパーコンペティション（過当競争）」が生じ、（おそらく消費者を除く）すべての関係者が不利益をこうむる。ポーターによれば、競争力を維持するには企業をその競争環境と関連づける必要がある。他社を上回る業績を保つには、持続可能な違いを打ち出さなければならない[29]。

すべての企業が同じ手法で改善を試みている状況で、競争優位を維持しようとする企業が直面する問題は「赤の女王効果」と呼ばれた。本章の冒頭で引用した『鏡の国のアリス』の赤の女王の言葉が、その名の由来だ。もともとは、捕食者と被食者のあいだで繰り広げられる軍拡競争（どちらも勝者となりえない、種間でのゼロサム・ゲーム）を説明するために、進化生物学者が用いた仮説の名前であった[30]。ビジネスの世界では、似たような主体のあいだでの競争に関して使われる傾向が強い。たとえば、標準的なプロセスにおける時間の節約により、早い段階で著しい利益拡大を実現した企業があったとしても、すぐに他社が追いつき、利益の伸びはしだいに小さくなっていく。こうした競争は消耗戦にたとえられた。ただひたすらに業務の効率化を追求すれば、なんらかの形（多くの場合、買収を通じた業界再編）で競争に終止符が打たれないかぎり、共倒れという結末にいたるのだ[31]。

歩行可能な負傷者を見捨て、企業の屍（しかばね）につまずくほどに疲労を募らせ、弱りながらも、同じように疲弊した競争相手に死にもの狂いで攻撃をしかけようとする戦士たちで主戦場があふれているとすれば、より参入者が少なく、競争も激しくなく、そしてはるかに収益性の高い場所を見つけるほうが理にかなっている。つまるところ、ビジネスの歴史は産業全体、そしてそこで活動する企業の栄枯盛衰の歴史であり、その舞台には不安定性がつきものだった。たとえば、一九五七年から算出されているスタンダード＆プアーズ（S＆P）五〇〇種株価指数の最初の構成企業のうち、三〇年後もその地位を維持していたのは四七社だけだった。多くの経営戦略書が既存企業の経営者向けに書かれたが、現実には、新製品とともに成長した新企業によってきわめて重要なイノベーションがもたらされる場合が多かった。W・チャン・キムとレネ・モボルニュは、共著『ブルー・オーシャン戦略』で以下のように説いた。「永遠に繁栄しつづける産業が存在しないのと同じく、永遠に輝きつづける超優良企業（エクセレント・カンパニー）は存在しない」。こうした理由から、成算のない企業とは、「競争のない新しい市場領域を創造」しうる「青い海（ブルー・オーシャン）」へと漕ぎ出さずに、血みどろの競争が果てしなく繰り広げられる「赤い海（レッド・オーシャン）」にとどまろうとする企業だといえる。ブルー・オーシャンに漕ぎ出せなかった企業は、過去の多くの企業と同じく、ただ消え去る、あるいは他社に呑み込まれるという道をたどることになる。キムとモボルニュは、ブルー・オーシャンは新企業だけが見いだせるものとは述べず、企業そのものよりも「戦略的な打ち手」を分析の単位にすべきだと論じた。

二人はビジネスと軍事戦略を対比させた。軍事では「一定の面積の限られた領土をめぐる」戦いに集中せざるをえないが、ビジネスの世界の場合、「市場領域」は決して一定ではない、と。そして、いくぶん混同した形で比喩を使いながら、レッド・オーシャンを受け入れることは、「限られた領土と、勝つために敵を倒す必要性」という「戦争における重大な制約要因」を受け入れる一方で、ビジネス界に特有の「競争のない新しい市場領域を創造」できる利点を生かしそこなうことを意味する、と説いた。[32] 二人の理論が実際に、軍事戦略は戦闘のためだけのものという見解に基づいているのだとすれば、出発点に問題があるといえる。本書では、きわめて有利な条件が整っている場合を除けば、戦闘を避けようとすることこそが軍事戦略の活力になると伝えてきた。ビジネスの世界でも同じような考え方ができる。想像力を欠く鈍重な企業が最も安易な定式にこだわる結果、大胆で先見の明のある企業が優位に立つ機会を得るのだ。キムとモボルニュは、レッド・オーシャンは時として避けられないこと、そしてブルー・オーシャンもいつかは赤く染まる可能性があることを認めながら、レッド・オーシャン戦略は基本的におもしろみに欠けるという見方を明確に打ち出した。それは、戦闘という血みどろの論理から逃れ、すぐれた知性を用いて殺戮を避けつつ政治上の目的を達成することを促す軍事戦略の伝統を、まさに踏襲することだ。そこには、直接的アプローチか間接的アプローチか、殲滅戦略か消耗戦略か、消耗戦か機動戦か、レッド・オーシャンかブルー・オーシャンかといった、まるで常に二者択一の道しかないとでもいうかのような、二分法への熱い思いがみられる。

　従来の無難な道を進まなければならない場合もある、との言い分が否定されることはまずなかったが、創造性に富む企業がそれで満足できるわけがない、というのも言わずもがなの話であった。軍事戦略に関する多くの文献と同様に、最善の方法は、それが綿密な計画、権限をもった労働者、水平思考、大胆なリエンジニアリング、革新的なデザインのどれを通じて実現したかにかかわらず、自社とその属する産業を変容させた企業の成功例によって示された。失敗する傾向があるのは、従来のやり方に固執した企業、自己満足におちいった企業、次から次へ危機に直面して落ち着くことのない企業だとされた。

キムとモボルニュは『ブルー・オーシャン戦略』の補足資料で、より分析的な見地からレッド・オーシャンとブルー・オーシャンの違いを論じた。二人は前者を構造主義、後者を再構築主義と表現し、以下のように説いた。構造主義的アプローチは、マイケル・ポーターがその理論の土台としていることで有名な産業組織論に根ざしている。市場構造を所与のものとみなし、既存の顧客基盤をめぐる競争を戦略課題とする構造主義者は「環境決定論者」である。したがって、構造主義では供給サイドに重点を置く。つまり、競合他社が行うあらゆることを、差別化か低コストのどちらかを頼みとして相手よりもうまくやろうとするのである。十分な資源があれば勝利という結果が得られる可能性はあるが、競争は基本的に、ある企業がシェアを伸ばせば別の企業のシェアが低下するという再分配的な性質をもっており、消耗戦の論理に通じる。このように産業組織論は、外生的な要因による限界を前提としている。これに対して再構築主義的アプローチは、個々のプレーヤーの考え方や行動が経済や業界の環境を変えうる、と説く内生的成長理論を土台にしている。そうした戦略は、革新的な気質や、将来的なチャンスを逃がすリスクに対する感応性をもった組織に適している。再構築主義は、新たな市場を生み出すために革新的なテクニックを使って需要サイドに働きかける。再構築主義戦略を採用する企業は、既存の市場の境界にとらわれない。そのような境界の存在は「経営者の思い込みにすぎない」のであり、革新的な飛躍によって新しい市場を見いだすことも可能である。新たな市場領域は周到な努力によって開拓できる。競争相手から奪い取る方法に頼らずとも、新たな富を創出しうるのだ。[33]

キムとモボルニュは、その後の論文でさらに戦略の分類を進め、顧客を引きつけるバリュー・プロポジション（価値提案）だけでなく、利益が得られるようにするためのプロフィット・プロポジション（利益提案）、そして組織内の人材や事業パートナーの意欲を引き出すピープル・プロポジション（人材提案）も重要だと説いた。この点から、二人は戦略を「組織がその事業を営む産業と経済の環境を生かす、あるいは再構築するために、三つの戦略プロポジション（提案）を講じ、それらに整合性をもたせること」と定義し、以下のように論じた。もし三つのプロポジションに整合性がなければ、たとえばバリュー・プロポジションがすぐれていても、利益を生み出す方法がない、あるいは人材の意欲がともなわない場合には、失敗に終わるだろう。組織のトップにいて、全体的な視野をもてる幹部だけが、整合性のあるプロポジションを講じることができる。こうした観点から、キムとモボルニュは「戦略によって構造は変えられる」と主張した。論文のタイトルにも用いられたこの表現は、戦略が内部組織に影響をおよぼす、というチャンドラーが定式化した考え方から離れ、外部環境を変えるための戦略を追求する新たな潮流が生まれたことを象徴していた。[34]

　ここでイゴール・アンゾフが、企業と環境を関連づける戦略と、不完全な情報のもとでの意思決定としての戦略を区別していたことを思い出してほしい。企業戦略の主眼は、前者の、企業と環境を関連づける点にあった。より作戦的な形態の戦略で、軍事戦略論の中心にある後者は、前者より下位に属する実践面での課題とされた。ポーターは、環境が企業の戦略の選択肢を変えたり、限定したりすると論じた。これに対してキムとモボルニュは、そうした制約は想像力とイノベーションによって克服できると説いた。ポーターは差別化と低価格のどちらかで競争相手に打ち勝てると述べた。一方、キムとモボルニュは、競争のない領域で製品を開発するほうがなおよいが、さらにビジネスとして成り立つ方法を講じ、それが機能するように人材を動かす必要があると訴えた。

　このように戦略を概して環境に適応するためのものとみなす考え方は、組織内におけるその他の取り組みをすべて評価する枠組みをもたらした。この種の戦略は長期的でなければならなかった。一つの可能性として、最終目標達成までの一連の流れを予測した計画的な要素をもつ戦略があった。また、それよりもはるかに緩く、優先順位や利用可能な資源、望ましい手段を考慮しながら複数の目標を設定し、環境変化に対応できるだけの柔軟性を保つ戦略も考えられた。どちらのアプローチであれ、それがうまくいくかどうかは環境の性質しだいであった。環境の安定性が高ければ高いほど、それを操作する自由度は低くなり、したがって内部の適応にかかわるものを除き、戦略を講じる余地は小さくなった。再構築主義の戦略であっても、状況の変化を認識する可能性がある潜在的な競争相手や、新製品に対する需要に影響を及ぼしうるその他の主体が示す反応に左右されたのだ。

これらの理論も、クラウゼヴィッツが描いた政治と暴力と偶然性の動的相互作用に相当するほど説得力のある定式を示すにはいたらなかった。どんな経営者も自分なりの「戦争の霧」を経験する可能性が高いにもかかわらず、クラウゼヴィッツの摩擦に匹敵する概念を打ち出すことすらなかった。経営書の世界では、特定の戦略にかかわる妙策を著者独自の商品として売り込もうとする熱がしだいに高まっており、そうした点を突きつめることにほとんど魅力はなかった。このような本は、その妙策を実際の状況に即した形で解釈し、最後まで貫く意志をもてば成功すると約束するものであった。したがって、製品設計における計算上の不備や、誤解を招く広告、為替レートの急変動、甚大な事故など、周到な計画に狂いを生じさせる可能性のある予測しがたい要素は、軽視される傾向にあった。だが実際には、政治と同じくビジネスにおいても、長期的な目標をひとまず棚上げしなければならない局面に直面する恐れがある。頼みとする市場が消えてなくなる、開発プロセスが頓挫する、債務の返済を迫られるといった理由から、とにかく生き残るのに必死な状況になる場合である。そのような局面では、優先順位を明確にし、可能なかぎり得られる援助を求め、自社が強く必要とされる状況をつくらなければならない。そのほかの事情により、途中での軌道修正や、全体のアプローチのなかの一要素の見直しを迫られる可能性もある。また、投資家向けの説明会や製品の発売、顧客との打ち合わせなどの予定が決まり、それまで見過ごされてきた問題が浮上したり、以前は気づかなかった環境変化の側面が明らかになったりすることもありえる。

ビジネス戦略に対する古典派経済学の均衡モデルの影響力は相変わらず強かった。一方、軍事戦略家が取り入れた非線形性、カオス、複雑適応システムといった代替的な概念は影が薄かった。エリック・ベインホッカーはある論文で、こうした複雑系の概念について以下のように論じた。個別に動く多数の動作主体によって形成されては変形する、常に流動的で開かれたシステムは、均衡に達する傾向のある閉じたシステムよりも、企業との関連性が強そうだといえる。たとえば、複雑適応システムの一つの特徴は「断続均衡」にある。これは比較的変化の少ない安定期と、それを断ち切る急激な再編期が繰り返される状態を示す。こうした流れのなかでは、安定状態を想定して築いた戦略や技能が突如として陳腐化する危険性がある。生き延びた者は、たとえどのような形での適応が必要か、はっきりわかっていなかったとしても、適応のための準備をしていた可能性が高い。したがって、「いつ、どこで、どのように競争するかを明確化し、的を絞った攻略法」を戦略の土台にしてはならない。将来どのような状況に置かれても、うまく機能するように備えることこそが必要である。構成要素の数が比較的少ない小規模な組織は、より構成要素が多く、環境変化への対応余力も大きい組織に比べ、適応度で劣るといえる。だが、ある一点を超えると反応時間が短くなるため、適応能力は低下する。そして、変化に完全に抵抗する静止状態と、環境変化に過敏に反応するカオス状態、という両極のあいだで新しい均衡が成り立つことになる。[35]

戦略は現実には揺るぎない確立した産物、つまり、あらゆる意思決定に有効な不動の参照点とみなされたためしはなかった。むしろ戦略は、何度もの重大な決断の瞬間をともなう継続的な活動とみなされた。決断を下すことで諸問題が一挙に解決するわけではなかったが、次の決断にいたるまでの方向性は提示される。この点から、戦略は一つの状態から次の（できることならより良い）状態へ移行する際の指針といえた。経済モデルはこうした状態から状態への変化を説明する方法を見いだしたといえるかもしれないが、どう取り組むべきかを示す手段としてはそれほど役に立たなかった。

第34章 社会学的な取り組み

講義では、軍事史と儒教のたとえ話について多くを学んだ。だが実践的な助言は、たった一つしか得られなかった。どんな企業も毎年、さまざまな分野から選んだメンバーでチームを作り、地方のホテルで自社の将来について話し合うべき、というものだ。

——その道の著名人による一五回構成のビジネス戦略講座を受講したビジネス・スクール学生（ジョン・ミクルスウェイトとエイドリアン・ウールドリッジが共著で引用）

ここで、経済学よりも社会学を基盤とした、マネジメント研究における第二の取り組みを取り上げる必要があるだろう。この取り組みでは、当初から人間を社会的な行動主体、組織を社会的関係の束とみなす傾向があった。経済学側の流れと別の道をたどったものの、管理主義に抵抗した点、そして流行に乗る傾向があった点で両者は共通していた。二つの面から、その背は、官僚的な硬直性とヒエラルキーに対する嫌悪感だ。こうした嫌悪感から、合理化と官僚化のプロセスに異議を唱え、より充実した新たな組織の形態を考案する必要があると訴えた。二つめは、モダニズム型の合理主義的官僚制を批判しただけでなく、人間に関するまったく新たな考察方法を提示したという面でも、ポストモダニズムの影響を受けていたことである。

一九五〇年代に発表された反管理主義の批判的な書物は、ジョージ・オーウェルの『一九八四年』が描く社会のほんの一歩手前のような、統制され均質化された反ユートピア的な世界の展望を示していた。大企業のエリートが、穏やかな（そして従順な）イメージそのままに形成されたホワイトカラー労働者の集団を統轄する存在として描かれていた。だが一九六〇年代から一九七〇年代にかけての人口動態やライフスタイルの選択肢は、服従を促すのとは逆の方向に作用した。情報・通信技術を基盤とした新しいビジネスは、多くの場合、露骨な上下関係よりも、ゆったりとした職場慣行と自由な思想を歓迎しているようにみえた。さらに、組織や、個々の部門の内部やそのあいだで形成された複雑な社会の枠組みに関して、また、個人が自分自身の必要を満たし、かつ、自分が働くことが想定されている組織の要求に合った仕事ぶりを身につけるためのインセンティブに関して、人類学な側面からの理解が進んでいた。

人間関係学派はこうした研究の土台を築いたが、戦後はさらに歩を進め、組織研究という実り豊かな分野に足を踏み入れた。組織がなんらかの経営目標を達成するための手段ではなく、独立した社会システムとみなされるようになると、いかにその見識を(エルトン・メイヨーとチェスター・バーナードの関心事項であった)効率の向上につなげられるか、という疑問だけでなく、どうすれば労働者の人生をより豊かにするために組織を整えることができるか、という疑問も生じた。こうした流れは、個人の病気をその社会的な背景を考慮したうえで説明しようとする風潮にも適合していた。調和と連帯と扶助を奨励する組織は、構成員の健康増進にも努めた。その一例を示すものとして、イギリスの有力な社会心理学者ジェイムズ・ブラウンが記した著書がある。軍隊と産業界で経験を積んだブラウンは、精神疾患は生物学的な問題というよりも社会的な問題だと考えるにいたった。そして、組織は技術的、経済的な効率だけでなく、社会的な効率によっても評価されるべきだと説いた。[1]

ダグラス・マグレガーは著書『企業の人間的側面』のまえがきで、「最も効果的に人を管理する方法といったら、(言葉に出すかどうかを問わず)どんなことを考えるか?」と問いかけた。[2] マグレガーは二つの対立的な理論を提示した。一つは工場労働者の行動に基づいて構築されたX理論で、人は生来、仕事が嫌いであり、自発的に動くよりも指示されることを好むため、アメとムチによって管理しなければならない、と仮定する。一方、人は充足感や責任を望んでおり、機会があれば組織により献身的に尽くす、と仮定するのがY理論である。マグレガーは、マサチューセッツ工科大学(MIT)で教鞭をとっていた時期にこれらの理論を構築し、その後、アンティオーク大学の学長に就任したことで実践に移す機会を得た。そこで自身の理論の裏づけを見いだしたものの、扱いにくい学生や教員陣に対応するなかで、積極的なリーダーシップの必要性を痛感した。のちにマグレガーは、「リーダーは、組織のなかで助言者のような役割を演じることにより、うまく機能するものだと思っていた」と振り返り、以下のように続けた。「自分がボスにならなくてもよいと考えていた。……難しい決断を迫られる、不愉快な役回りを避けたかったのだ。……結局、リーダーは組織のなかで生じる事態への責任から逃れられないのと同じように、権限の行使を回避することはできないのだと悟りはじめたのである」[3]。それでも、自身のより人道的な管理アプローチを否定したり、権威主義を容認したりすることはなかった。X理論とY理論の二分法の極端さを懸念し、実際の行動は状況に左右されると批判する声もあったが、マグレガーは強制よりも合意、権威主義よりも民主主義、受動性よりも能動性を重んじる人物とみなされた。

ハーバート・サイモンが唱えた限定合理性という概念は、経営者が実際に企業をどう運営しているか、現実的に評価することを後押しした[4]。別の組織心理学者カール・ワイクは自著『組織化の社会心理学』（初版の邦訳は『組織化の心理学』）で、非協調的で無秩序にみえるシステムであっても、予期せぬ事態に直面した際には、線形性を前提としたシステムよりも適応力を発揮しうることを示し、標準的なモデルに異議を唱えた。ワイクはさまざまな学問分野を引き合いに出し、「緩やかな連結（ルース・カップリング）」（構成諸要素間の距離と反応性の低さから、ある種の適応性が生まれる緩やかな結びつきの組織構造）、「イナクトメント」（構成員の行為によって構造や出来事が生じること）、「意味形成（センスメイキング）」（人間が経験に意味を与えるプロセス）といった語彙を用いた概念を導入した。意味形成が必要とされるのは、個人が本質的に不確実で予測しがたい環境（「多義性」）のなかで行動しなければならないためだ。個人が物事に意味づけすることを可能にする方法は多岐にわたるが、ワイクは、とりわけ外部からの衝撃に直面した際に組織の内部で用いられうる多種多様なコミュニケーションの形態に注目した。ただし、その理論は複雑で、わかりやすいとはいいがたかった。たとえば、ワイクは組織化を「条件つきで関連している諸プロセスのなかに組み込まれている相互連結行動により、行為によって創造（イナクト）された環境のなかの多義性を除くこと」と定義している。[5]

ビジネス革命家

経営者は組織のよりソフトな側面を重視すべきだ、という考え方を生み出し、広めたのはマッキンゼー・アンド・カンパニーの二人のコンサルタント、トム・ピーターズとロバート・ウォーターマンである。マッキンゼーが一九七〇年代後半に、ブルース・ヘンダーソンのボストン・コンサルティング・グループ（BCG）に対抗できる確かな方法を考え出さなければならない、という切迫感にさらされたことが、その出発点だった。スタンフォード大学で組織論を研究して博士号を取得したのち、マッキンゼーのサンフランシスコ・オフィスで働いていたピーターズは、「組織の有効性」と「実行上の問題」をテーマとするプロジェクトに取り組むよう指示された。当時のマッキンゼーは、戦略によって組織形態が決まる、というアルフレッド・チャンドラーの概念を依然として主たる拠り所としていた。ピーターズはスタンフォード大学で、ともに合理的な戦略形成と意志決定の単純モデルに異議を唱えるハーバート・サイモンとカール・ワイクの研究に感化されていた。やはりワイクから多大な影響を受けていた（ピーターズの言葉によれば「虜になっていた」）ウォーターマンのプロジェクト参加も得て、ピーターズは組織に関するマッキンゼーの考え方を塗り替えようとした。ある週末に、ハーバード・ビジネス・スクール教授のアンソニー・エイソスと、マッキンゼーのコンサルタントで日本企業の成功について研究していたリチャード・パスカルの二人と話すなかで生み出されたのが、「7Sフレームワーク」として知られるようになるものだった。エイソスは（のちにそれが正しかったとわかるのだが）どんなモデルであれ、頭韻を踏んでいなければならないと主張した。また、印象的な形に図式化する必要もあった。この場合、戦略が組織形態を決めるという考え方とは対照的に、特定の時点で七つのSのどれが重要になるのかという点について、あらかじめ前提を設けることはできない、と示すことが求められた。七つのSとは、組織構造（structure）、戦略（strategy）、システム（systems）、経営スタイル（style）、技能（skills）、人材

(staff)、そしてやや違和感のある「上位目標(superordinate goals)」だった。

7Sモデルは一九八〇年の論文で発表された。論文は以下の言葉で結ばれていた。「とりわけ強力で複雑なこのフレームワークを使う際には、相互作用と適応を重視せざるをえなくなる。組織の方向転換を行ううえで本当に必要なエネルギーは、このモデルのなかのすべての変数が整ったときに生まれるのだ[6]」。

エイソスとパスカルは、7Sのモデルを日本企業に限定して用いた。二人は日本企業が経営のよりソフトな要素によって成功を収めていると説いた。それはアメリカの経営者が、かつてはわかっていたとしても忘れてしまっていたやり方で、共通の目的や文化のようなものを築くことであった[7]。マッキンゼーの日本支社長だった大前研一は、一九七五年に日本で刊行した自著をもとにした英語の著書で、以下のように論じた。日本企業の戦略は、合理的で構造的な手法によって完全にできあがった大規模な分析部門で生み出されるのではなく、もっと曖昧で直観的なものから生まれる。そこでは市場をよく知る中心的な人物が果たす役割が大きく、その人物の考えは組織の文化を通じて広く理解されうる[8]。

7Sモデルを用いた書籍のなかで最も大きな存在感を示したのは、ピーターズとウォーターマンの共著『エクセレンスを求めて』(邦訳『エクセレント・カンパニー』)だった[9]。同書は「超優良企業(エクセレント・カンパニー)はどうやってできるのか」という単刀直入な疑問への答えを提示した。二人は、その候補となりうる企業を洗練された手法とみられるもので特定し、かなり成功していると考えられる六二社を六項目の判定基準によって評価した。この六項目のうち、四項目以上で過去二〇年間にわたって業界内の上位半分に入っている四三社が、真の優良企業と判定された。これらの企業については、主要幹部へのインタビューを含め、さらに詳細にわたる調査が行われた。こうしたなかで、二人は超優良企業に共通する八つの重要な特徴を割り出した。行動重視、顧客優先、企業家精神、人を通じた生産性向上、価値観本位のCEO、得意分野への専念、単純で無駄のない組織の維持、中央集権と権力分散の両立(個々の自主性を最大限に認めつつ、中央からの統制を厳しく保つ）の八つである。[10]

刊行から二〇年後、ピーターズは同書のもとになった研究が体系的なものではなかったと打ち明ける一方で、そこで発したメッセージにはなおも確信をもっていると述べた。[11]同書は「一つの時代の終焉と次の時代の幕開けを知らせる変曲点」になった、と。槍玉に挙げようとしていたのは日本の経営モデルではなく、むしろアメリカの経営モデルだった。ピーターズは「腹の底からの純粋で深く激しい怒り」が、当時の自分を突き動かしたと表現した。怒りの矛先は、「ヒエラルキーや指揮統制、トップダウン式の事業運営」と、全構成員が身の程をわきまえた組織を奨励するピーター・ドラッカーや、自らが心酔するシステムを国防総省に取り入れ、人間という要素を「方程式から排除した」ロバート・マクナマラにも向けられていた。ピーターズ自身がコンサルタントとしてかかわっていたゼロックス・コーポレーションも、その対象だった。「官僚主義、決して実践されることのない偉大な戦略、人ではなく数字に対する独創性を欠いたこだわり、MBAへの畏敬の念」という現代企業が犯す過ちすべてを体現している、との理由からである。ピーターズはさらに、テイラー主義を土台とし、ドラッカーが強化し、マクナマラによって実践された「経営学入門」に対抗する本が『エクセレント・カンパニー』だったと説いた。とりわけ強かったのが、数字と財務にしか目を向けない経理屋精神に対する反感だった。「数字重視の合理主義的な経営アプローチは……理論上は正しいかもしれないが、危険なほど筋違いな場合もある。そしてほぼまちがいなく、そのせいでアメリカ企業は道を見失った」[12]。

一方のウォーターマンは、矛盾こそしていないものの、やや違った説明をしている。一九九九年に発表した共同論文でウォーターマンらは、『エクセレント・カンパニー』が組織論研究における主要テーマの解釈に関して果たした役割について、以下のような表現まで用いて論じた。同書はカール・ワイクの『組織化の社会心理学』をわかりやすく書き換えた本であり[13]、過度に単純化することなく平易に伝えることが可能か、という課題に取り組んでいた。たとえ複雑な理論が求められている状況でも、経営者はそうした理論に興味をもたないだろうし、したがってすぐれた理論も実践面で影響をおよぼすことはないだろう。そしてあつかましくも、『エクセレント・カンパニー』は「専門家の理論を引用しながら、組織のなかでの振る舞いについて伝えるべきことを、ほぼ余すところなく正しく」伝えたために成功した、と説いた。同書には、学習する組織、限定合理性、ナラティブ、アジェンダ設定といった考え方や、主要な理論家の名前が盛り込まれていた。一方で、同書が発する重要なメッセージには、そうした学術的な知見だけでなく、次のような一連の価値観も含まれていた。「人には感情があってよい」、「肩の力を抜け」、世の中がいい加減にみえても「君のせいではない」、「合理的な意思決定モデルを信奉する人は、世界が無秩序な状態にあることに責任を感じろというだろうが、そうした連中のたわごとを一瞬でも黙って見過ごしてはならない」。

こうした内容が実際に学術理論を実践向きに書き換えたものであったかどうかにかかわらず、同書の誕生にまつわる話は、その魅力を確かなものにするための取り組みがなされたことを物語っていた。出版に先立っては、企業の管理者を対象に約二〇〇回におよぶ研究発表が行われた。「このプロセスのなかで、具体例もストーリーの形に変えて伝えれば、聞き手の関心を否が応でも引き寄せ、記憶に残りやすくなることがわかってきた」。聞き手は「数字や図表」、そして「中級レベルの抽象概念」を敬遠した。聞き手の反応から、当初は二二項目あった優良企業に共通する特徴が多すぎると判明し、八項目まで減らされた。もともとの数は「ややこしすぎるのはもちろんだが、人に注目すれば思っているほど複雑なことはない、という基本前提の対極にあった」。

『エクセレント・カンパニー』が提示した前向きなメッセージ（アメリカには超優良企業が確かに存在する）と、気分を高揚させる成功の処方箋（従業員や顧客と密接な関係を築く、委員会や報告書にとらわれて泥沼にはまってはいけない）は、爆発的な成功をもたらした。同書はビジネス書として初めて全米第一位のベストセラーになり、最終的な販売部数は六〇〇万部を優に超えた。著者の二人はどちらもマッキンゼーに長くとどまらなかった。サンフランシスコ支社のささやかな試みに対するニューヨーク本社の横柄な態度に腹を立てていたピーターズは、同書が刊行される前に同社を退職し、報酬は高いが人の心を打つ講演者として、すぐに人気を得た。講演でも著作でも、ピーターズは劇的で大げさなスタイルをとった。手法よりも、活気あふれる話術でメッセージを伝えることのほうがはるかに重要だった。元の情報源がなんであれ、『エクセレント・カンパニー』は徹底した研究よりも逸話や二次資料を頼みとしていた。[14] 同書は、企業の持続的な成長の(もっといえば存続の)確かな裏づけとなる根拠を特定することができなかった。同書で超優良とされた企業も、多くが苦境におちいった。本の刊行後まもなく、その三分の一が経営危機にあると報じられた。[15]

ピーターズとウォーターマンは、数字や官僚主義、統制、ハード面の尺度ではなく、従業員や顧客や関係性といった、よりソフトだが、物事が実際にどのように進められ、何が達成できたかを説明できる要素について論じた。企業とは心や美学やアートにかかわるものであるべきで、「血肉のない事業体」であってはならないが、「無私無欲で理想の追求」をせねばならない、と。多くの革命家の場合と同じく、ピーターズにとっても創造と破壊は常に隣り合わせの要素だった。『自由奔放のマネジメント』という、いかにもカウンターカルチャー風の題名の著書にはこう書いている。「[ヒエラルキーに見立てた白紙を] ビリビリと裂いてちぎって、粉々にしてしまえ。ヒエラルキーを破壊するのだ」[16]。二〇〇三年の著書では、「クールなアイデアは、まさしく現代のボスの神聖な権威に対する正面攻撃だ」と断言している[17]。ピーターズは明らかにY理論型の人物だった。その数多くの著書には共通した姿勢がみられる。仕事のプラス面を強調し、それを大切にして奨励する企業は、従業員を悲惨なヒエラルキーに閉じ込め、人間味とは無縁の尺度で評価することでその創造性を抑え込む企業よりも、良い成果をあげると論じているのだ。だが、その点を除くと一貫性はあまりない。ピーターズ自身が一九八七年の著書『カオスで繁栄する』（邦訳『経営革命』）の冒頭で、「超優良企業など存在しない」と書いているほどだ。

組織をフラット化する必要性や、部門にもっと自主性をもたせること、コストではなく品質やサービスやイノベーションを重視することを訴えてきたのは、ピーターズだけではなかった。しかもピーターズは、自分が大きな影響力を発揮してきたとすら思っていなかった。二〇〇三年の著書のまえがきでは、「めちゃくちゃ頭にきている」と公言している。「破綻する企業の慣行について、過去二五年から三〇年にもわたって叫んだりわめいたりしてきたが……ほとんど役に立たなかったのだ」と。注目すべきは、この本が（イラクを侵攻しつつあるが、まだ本当の困難には直面していない）アメリカ軍を革新的な組織とみなすところから始まっていた点である。もともとジョン・ボイドへの関心を示していたピーターズは、軍事における革命を、「戦場での柔軟性と情報集約度の向上」の組み合わせや、分散化とネットワーキング、間接的な戦略の追求といった要素とともに受け入れた。アメリカ軍が、異なるルールに基づいて行動する敵の「非対称性」に苛立つのではなく、自らの強みを生かすことができる作戦環境を新たに整える必要性については言及していない。

ピーターズは、ヒエラルキーによって居場所を仕切られた状態への不満を表すことができた。自身が経営のピラミッド構造のはるか下方に位置する二流地方オフィスの忘れられた頭脳派コンサルタントで、影響力を発揮したり、明らかにまちがった方向へ進んでいる事態を正したりすることができない立場にあったからだ。ピーターズが人気を得たのは、エコノミスト誌によれば、「一九世紀の咳止めシロップの売人のような活力と伝道師的な熱意をもって」、数えきれないほどの講演やセミナーで、より人間味のある「クールな」企業の必要性を滔々と語ったことによるところが大きかった。[18] ピーターズが経営理論を「非常に個人的で宗教的で非現実的な」ものに変えてしまった、と畏怖と警戒の念の両方を示しながら語る声もあった。[19] ピーターズをはじめとする代表的な経営思想家たちが「導師」（グル：サンスクリット語で、闇の世界に光をもたらすことのできる指導者を意味する）として知られるようになったのは、こうした疑似宗教性のためだ。のちにその筆頭格と称されるようになったピーター・ドラッカーは、この言葉を毛嫌いし、「いかさま師」と見出しに使うには長すぎるから」グルという言葉が使われるのだ、と鼻で笑うように語った。[20]

ピーターズと同じような層をターゲットとし、やはり高額なセミナーで圧倒的な存在感を示していたのがゲイリー・ハメルである。ビジネス・スクールの教員で戦略コンサルタントだったハメルは、（最有力ではなかったとしても）有力なグルの一人として常にその名が挙がる人物だった。ハメルは（少なくとも当初は）より明確に戦略を重視していた。その出発点は、規制緩和による事業環境の変容、保護主義者からの圧力の低下、そして情報技術発展の影響だった。これらの要因は市場の開放と新たな流動性をもたらし、企業は自社の強みをしっかりと把握するだけでなく、新手の市場や多種多様な事業関係が生じる機会を見いだせるだけの機敏性を身につける必要に迫られた。古いモデルに固執する企業は落ちぶれる運命にあり、新しいモデルを取り入れる企業には成功する可能性があった。

ハメルが注目を集めるきっかけとなったのは、博士課程の研究をしていたミシガン大学の教授C・K・プラハラードと共同で執筆した一連の論文だった。二人は過去の戦略的概念を批判し、コンサルティング会社やビジネス・スクールが示してきた優良企業の多種多様な特性を茶化した。そして、日本企業に対抗しようとしているアメリカ企業がライバルの表面的な特徴だけに注目し、その「志や持久力や創造性」の原動力となっている基本的概念に目を向けていないとして、以下の孫子の言葉を引用した。「人はみな自軍がどのようなやり方（戦術）で勝ったかを知ることはできても、どのような根拠（戦略）で勝ったかを知ることはできない」。ひとたび戦略的な意図を確立すれば、そこから方向性や新たな発見や運命を導き出すことができる、と二人は説いた。[21] 二人が唱えた「コア・コンピタンス（中核能力）」という概念は、のちに認知されたものよりも単純な意味合いをもっていた。組織における「集団学習」と説明されており、一つのことに取り組むのではなく、多種多様な技能を連携させ、技術の流れを統合していくことを意味していた[22]。一九九四年に発表した共同論文では、ビジネス慣行の連続性が大きく損なわれてしまったため、過去数十年に（たとえばマイケル・ポーターなどによって）構築されたさまざまな戦略概念は、もはや当てはまらないと訴えた。それらの概念は安定した業界構造を前提としており、事業部門を重視し、経済分析を頼みとし、戦略の遂行を組織的な問題とみなして分析から切り離していた。これに対してハメルとプラハラードは、当時進行中だった業界構造の大転換や、経済と政治と公共政策の相互作用を認識し、戦略の遂行を担う者をその設計段階から関与させるアプローチを提唱した[23]。

ハメルが革命家として頭角を現したのは、その二年後だった。ハーバード・ビジネス・レビューという媒体で、マーティン・ルーサー・キング・ジュニアやネルソン・マンデラ、ガンジー、さらにはソウル・アリンスキーを引き合いに出したのである。この論文でハメルはこう説いた。企業は漸増主義の限界に直面している。あらゆるものが限界に達しており、市場シェア拡大やコスト削減、顧客の要求に対する反応の迅速化、品質向上の余地はきわめて小さいのではないか[24]。ハメルは、ただ自社を存続させるだけでは満足できない企業経営者が自説に耳を傾けるだろうと想定していた。そうした経営者が、ルール策定者、つまり業界の正統的慣行を生み出し、守る巨大企業のリーダーである可能性は低い。ただし、自社を苦しめる巨大企業の後を追うルール利用者の立場に甘んじるつもりはなく、「反体制派、急進派（ラディカル）、業界革新者」ともいうべきルール破壊者の一員であろうとするだろう。ルール破壊者は「因習にも、先例に対する敬意にも」縛られないため、業界の秩序を覆しうる。「グローバリゼーション」という題目のもとで世界経済を開放へと導いたさまざまな潮流は、今が革命の時であることを意味している。現状に固執する経営者はこの革命の潮流のなかで取り残される、とハメルは警告し、次のように訴えた。こうした展望のなかで戦略が果たすべき役割はただ一つ、革命を起こすことだ。「戦略とは革命である。それ以外のものはすべて戦術にすぎない」。

革命を起こすには、ビジネスを見直す必要がある。ハメルはこうした考え方の面で、境界の存在を当然視し、競争のない新たな領域での機会を見いだそうとしない、として戦略計画を酷評したヘンリー・ミンツバーグに同調していた。発見の余地が生じるのを阻むエリート主義のせいで、戦略計画者は「組織の潜在的な創造力のごく一部しか」生かせていない。組織の下層を関与させなければ、変化は「不快と同義」の憂慮すべきもの、上から押しつけられるものとなり、経営幹部は反感を促すことになる。したがって、戦略立案は民主的に行われなければならない。ハメルはこう述べて、エリート主義者による計画は反民主主義的であり、「大衆に自分たちの問題をうまく解決する方法を考える能力と知性があるとは信じていないことを示す、何よりの証拠だ」と非難したアリンスキーの言葉を引用したのだった。[25]

このように論じたハメルだが、旧来の戦略モデルは、それが後押ししようとしていたビジネス・モデルと同様に時代遅れになっている、という自身の核となる主張から逸脱したわけではなかった。二〇〇〇年の著書『リーディング・ザ・レボリューション』[26]では、すでにおなじみとなっているテーマではあったが、ビジネス界のグルにふさわしい、意欲とひらめきをかき立てる論調で、可能性を狭める要因となるのは想像力だけだと説いた。そして、自分は「物事をよりうまく進める」ための、あるいは「小手先の改善を望む人」のための本を書いているのではない、これは「従来のマネジメントを刷新しよう、つまり資本主義や組織のあり方、仕事の意味に関する根本的な前提を見直そうという切々たる訴え」なのだ、と主張した。

不運にも、ハメルが一推しの企業として挙げたのはエンロンだった。パイプライン会社だったエンロンは、その専門性と影響力を契約の売買に生かすことで、一九九〇年代にエネルギー商社へと変容を遂げた。同社を「永続的なイノベーションの能力を定着させた」企業、そして「何千人もの社員が潜在的な革命家を自任する組織」として称賛したハメルは、エンロン諮問委員会の委員長に就任した。同社の経営陣は、「民衆に力を」という、まさに大衆に訴える美辞麗句を掲げ、すべて革命家同志とみなす従業員に権限を委譲していると主張していた。[27]エンロンは自由市場を追求する自社の取り組みを一九六〇年代の公民権運動になぞらえるなど、ハメルの流儀を採用し、事業のあり方に関する従来の前提すべてに異議を唱えた。同社は、統合と他社を寄せつけない機敏性によって巨額の利益を得る方法を見いだした、とたたえられていた。だが二〇〇一年末に破綻し、監査を担当していた会計事務所アーサー・アンダーセンもその道連れになった。利益の大半が粉飾会計によるものだったことが明るみに出たのだが、誰も現状を正確に把握できないほどの取引の複雑さが不正に拍車をかけていた。エンロンはエネルギー市場の規制を緩和するよう、政界に強く働きかける一方で、同社の主張に疑問を投げかける外部のアナリストを、イデオロギー上の敵対者として非難する構えをみせていた。『リーディング・ザ・レボリューション』の第二版刊行に際しては、エンロンに関する記述が削除された。ただハメルには、負債と取引状況の悪化に対する脆弱性を隠すために手の込んだ細工をしていたエンロンの経営幹部に騙されたのは、決して自分一人ではないと弁明する余地もあった。[28]

二〇〇七年の著書で、ハメルは以下のような不満を示した。企業は今なお、一世紀前に近代マネジメントのルールや慣行を生み出した「理論家や実務家」に突き動かされている。現代の経営者は、フレデリック・テイラーやマックス・ウェーバーの思想に相変わらず義理立てしている（ウェーバーが官僚制に対して両義的な姿勢を示していたことに、ハメルは明らかに気づいていない）。柔軟性と創造性が求められる世界において、旧来の経営モデルは機能しなくなっている。「統制、正確さ、安定、規律、信頼性」といった官僚的な価値観を「意味もなく」重んじるのではなく、イノベーションや適応力、情熱、イデオロギーを大事にすべきである。[29]合理主義に対する幻想が残るなかで、組織は「規範や価値観、仲間からの良い刺激」を拠り所とし、金銭的な見返りよりも感情的な見返りをもたらすコミュニティのようになるべきだ、とハメルは説いた。[30] そしてマーティン・ルーサー・キング・ジュニアの最も有名な演説をまね、自分は企業において「逆行という痛ましいトラウマをともなわずに変革のドラマが実現し、……イノベーションの電流があらゆる活動に伝わり、反体制派が常に反動的な保守派に勝利する」日を夢見ている、と述べた。ハメルは慎重にも経営の未来を予測することは避け、「読者がそれを切り開く手助けをする」のが同書の目的だと主張した。後年の著書では、ビジネスにおける規範や価値観の問題に真っ向から取り組み、根底にある不満をこう表現した。「利益や優位性や効率といった実利重視の価値観が悪いわけではない。だが、そこには崇高さがない」。組織には気分を高揚させるような目的意識が、個人には「崇高で壮大なもの」に対する献身の心と、私的なものにとどまらない大義が必要なのだ、と。[31] ハメルの著作はもともと戦略をテーマとしていたが、その路線は広義の社会理論の領域へそれてしまっていた。コミュニティか官僚組織か、反体制派か反動的保守派か、イノベーションと変化か安定と秩序か、感情的な見返りか金銭的な見返りか、という二分法を極限まで突きつめる、ほとんどX理論とY理論のパロディーのような分析を展開するようになっていた。

根本的な課題は、典型的なラディカルの思想にのっとって言い換えることができた。足かせを外し、生産的なエネルギーと想像力を解き放って、誰もが自分の潜在能力を発揮することができるようにするには、廃れかけたヒエラルキーの転覆が必要なのだ、と。だがそれはどうみても、プロレタリアート的な立場というよりもブルジョワジー的な立場からの異質な革命であった。そして、現実の運動として存在しなかったため、組織にかかわる表現を欠いていた。合理主義と官僚制に対するカウンターカルチャーの反乱にならい、最良の結果は自然に得られるという前提に基づいて、情熱と想像力の発露を強く求め、感情と経験を頼みとすることを奨励したが、カウンターカルチャーの場合と同じく、そうしたもくろみは外れた。ビジネス組織における民主主義の可能性を過大評価していたのだ。また、参加型民主主義は反動的で近視眼的な方針ではなく、きわめて進歩主義的な、この場合でいうと鋭敏な戦略コンサルタントが勧めるような類いの方針につながる、と見込んでいた点でも共通していた。

変化とイノベーションに富んでいれば、そして気心の知れた同僚が元気を与え、支えとなってくれれば、仕事は楽しく、刺激に満ちたものになりうる。一方で、不可欠だが退屈な業務もある。締め切りの重圧や、厳しい予算、怒る顧客やいいかげんな供給業者、不愉快な同僚や目先のことしか考えない上司に対応しなければならない場合も存在する。従業員の価値を認識し、その大部分が生かされないままでいることに気づけば、もったいないと思うだろう。だがそれと、やる気と想像力のある意欲的な部下なら、権力構造を破壊し、企業文化を一新し、組織のシステムを作り直すことができると説くことは、まったく別である。企業の意思決定の早い段階から従業員をかかわらせ、それを検討し直す前に、実際に重要なプロセスをとりしきる専門家の知恵を借りる、というのが常識的な考え方になっていた。だが、企業の活動のあらゆる側面を大局的にみて、正式な意思決定を行い、資源を配分し、そして責任を負うことは、頂点に立つ者にしかできないのだ。

より高い目標を掲げた企業の宣言が冷ややかに受け止められがちだった理由はそこにある。たまに組織の大転換を行うことは良い刺激となりうるが、あまりにも頻繁であれば疲弊を招きかねない。ある程度の平穏さと安定性は歓迎すべきものである。組織構造や規律や責任は、革新者が変化を起こし、それを持続させるために必要だ。従業員の多くは、戦略は経営幹部が練るべきだと考えるだろうし、結局は却下される新規の案をしつこく求められることは望まないだろう。グルの遠大なレトリックやコンサルタントの大げさな主張への対抗策を講じる必要性があることは、スコット・アダムスの風刺的なコマ割り漫画『ディルバート』の人気をみればわかる。この作品には、しいたげられるエンジニアや、空想にふけるマーケティング担当者、無能な上司、強欲なコンサルタントなどが登場する。アダムスによれば、コンサルタントは「つまるところ、とにかく会社が今やっていないことをやれと助言する。分散しているものは集中させろ。垂直構造は水平構造に変えろ。特化しているものは多角化しろ。中核業務でないものはすべて整理しろ、と」。ディルバートの世界では、「従業員が自社でやっていないことに気づく」ため、企業には戦略が必要だとされる。あるエピソードでは、ディルバートがどうやって戦略を立てたかを説明している。「楽観的なデータを集めて、不適切なたとえをまぜながら、顕著性バイアスで味つけし……そこに群居本能と確証バイアス少々を加えました」。別のエピソードでは、ディルバートの会社が質の良い製品を作る戦略をやめると発表する。「合併、事業の分離独立、無益な提携、手当たりしだいの組織再編などの〝やけっぱち戦略〟に切り替え、「退職する優良な従業員に手当を支払うプログラム」を前倒しして進める、との説明を受け、同社の株価は三ポイント上昇するのだった。[32]

第35章 計画的戦略か、創発的戦略か

何か病気にかかって、あれもこれもとたくさん薬を出されたら、それは不治の病というわけだ。

――アントン・チェーホフ著『桜の園』

経営幹部が実際にビジネス戦略の方向性を示せるかどうか、という疑問は、この分野でとくに多大な影響力を発揮する二分法の一つへと発展した。計画的戦略か創発的戦略か、である。戦略のいわゆるデザイン・モデルに誰よりも長きにわたって異議を唱えてきたヘンリー・ミンツバーグは、学習によって環境の変化へ持続的かつ知的に対応できる可能性を重視した。ジェイムズ・ウォーターズとの共著による独創性に富んだ論文では、戦略を実践に際して他者に委ねる単一の産物とみなすのではなく、「意思決定の流れのなかの一パターン」として理解すべきだと説いた。こうした考え方から、二人は「意図した」戦略と「実現した」戦略を区別し

た。そして、意図したとおりに実現した戦略を「計画的（deliberate）」、意図に反して、あるいは意図していなかったのに実現したパターンを「創発的（emergent）」と表現し、以下のように論じた。

計画的戦略は、何が求められるか、何が実現可能であるかを疑う余地ができないように、組織のなかで明確化され、浸透した意図を拠り所とする。そして市場であれ、政治的あるいは技術的なものであれ、いかなる外的な力の干渉も許さない。このように総じて穏やかな環境、言い換えれば少なくとも問題を予測し、コントロールすることのできる環境を整えろというのは「無理な注文」である。これに対して完全に創発的な戦略は、意図を欠いた行動のなかに一貫性がみられるものを意味する。意図がまったく存在しない状態を思い描くことは困難だが、意思決定者が構造的な制約や必須事項に直面せざるをえないような意思決定のパターンを環境によって強いられる場合には、それに近い状況が生じうる。組織全体のなかで数えきれないほどの小さな意思決定が行われれば、予期せぬ驚きの事態が生じ、経営幹部の狼狽（ろうばい）を招く可能性がある。実際には、当初の計画に基づいて中央からの指示やコントロールが行われる戦略（ミンツバーグが非常に浅はかとみなすモデル）と、学習と適応を取り入れた戦略のあいだには、明確な違いがあった。(1)

組織は先行き不透明な状況に直面しても、当初の計画を貫けるという考え方には、簡単に異議を唱えることができた。ある意味で、あらゆる戦略は創発的にならざるをえない。どんな場合でも、当初の計画を形成する土台となった過去の流れがある。また創発的に生じ、機能しているようにみえる戦略でも、どこかの時点で（特定の目標を達成してしまったとすれば）検討しなければならなくなる。したがってミンツバーグは、組織とその指導者が学習しつづける必要性を主題とした。古代ギリシャにおけるメーティスの場合と同じく、こうした学習と柔軟性と反応性は、とりわけ環境が「理解できないほど不安定あるいは複雑か、あらがえないほど強圧的である」場合に重要となる。そのような場合には、ある種の実験的な試みが必要となる可能性が高い。状況に最も通じている者、つまり現実的な戦略を構築するうえで最良の情報を有している者に、ある程度のコントロール権を譲りわたすのだ。これは、経営者が折に触れて自分の意図を押しつけたり、方向性を示したりすることの重要性を否定するものではない。

ミンツバーグは慎重に以下の結論を下した。「戦略形成には二本の足が必要だ。片方は計画的な足、もう片方は創発的な足である」。だが本心は、明らかに創発的な戦略へと傾いていた。それはおそらく、創発的な戦略がより多くの組織的な要素を必要とし、また組織形態のより確かな試金石となるからであった。構成員全員の経験と見識を生かすことのできる組織は、運営のすべてを幹部が担わなければならない組織よりもうまくいっているはずだ。ミンツバーグは二〇〇八年の金融危機のあと、危機の背景に「コミュニティ、つまり個人を超える存在に対する人々の帰属意識や関心の価値が、企業のなかで薄れてしまった」点があると嘆いた。人間は、「自分たちを取り巻く社会システムなしにはうまく機能」しえない社会的な生き物である。

コミュニティとは、「より大きな効用を生み出すために人々を結びつける、社会の接着剤のようなものである」。ミンツバーグは、称賛されている企業はこうした共同体意識をうまく創り出していると説き、その一例を示すために、アニメーション制作会社ピクサーの社長の言葉を引用した。同社長は雑誌に寄稿した論文で、自社の成功の秘訣が「有能な人たちがお互いに対して、そして共同で進める仕事に対して誠実になり、全員が『何かすごいことに加わっている』と実感し、その情熱と実績が新卒や他社の優秀な人材をそこへ引き寄せる磁力を生み出すような、活気あるコミュニティ」にあると述べていた。[2] 必要なのは、よく知られている英雄的で自分本位なリーダーシップではなく、「ほかの人々を引き込もうと自身が積極的に動くことで、みなが自分から率先して動けるようにする」別の形のリーダーシップである。それには、「持続性を得るために信頼や貢献や自発的な協働を促す慣行を重視し、個人主義的な振る舞いや短期的な評価指標の多くを」排除しなければならない、とミンツバーグは訴えた。[3]

学習する組織

「学習する組織」を称賛したのはミンツバーグだけではない。その正当性の理由の一つは組織効率にあった。知識重視の姿勢、刷新のためのメカニズム、外部世界を受け入れる態勢のある組織は、より効率的に機能するはずだ、という考え方である。別の理由として、組織という存在は、気分を高揚させる社会的な経験の集合体、つまり「心から求めている結果を生み出す能力を全体として高めるために、力を合わせて働く人々の集団」であるべきだ、という主張もあった。[4]学習する組織をめざす企業は、個人に学習をさせるために「従業員に学び方を教え、うまく学習した者には見返りを与える必要がある」[5]。この対となる二つの目標は、人間関係学派の大望を反映していた。仕事が有意義な体験、自己充足感の源になるのだとすれば、仕事は個人の役に立つことで組織の役にも立ちうるのであり、人間主義と官僚制の効率性が両立する。このような考え方は、トム・ピーターズやゲイリー・ハメルの論法にも投影されていた。このアプローチを熱烈に支持するイギリスの経営コンサルタント、チャールズ・ハンディは、学習する組織には「好奇心、寛容、信頼、一体感」という特徴がある、と表現した。[6]

こうした考え方を極端な形で説いたある本は、その題名のとおりに「設計なき戦略」を提唱し、以下のように論じた。特定の目標に狙いを定めた合理的で計画的な戦略形成、という考え方は甘い。それは、行動が「目に見えない歴史的、文化的な力」を反映することをわかっていないから、そして全体像を把握するのは不可能であり、チェスの駒（戦略の達人が好むイメージ）のように主体を動かそうとするのが愚かな行為であることに気づいていないからだ。実際には「不測の事態や代替手段の限界、システムの影響があまりにも多く」存在し、「頭のなかで描いた構図の完全な実現を追求すれば、疲弊を招く」[7]。同書の共著者であるロバート・チアとロビン・ホルトは、こうした考え方とは対照的にリデルハートへの賛意を示し、「間接行動の驚くべき有効性」を指摘した。「遠まわしで、特定の目標との関係でいえば瑣末とみられる」行動は、「直接的で狙いを定めた行動よりも劇的で持続的な効果を生み出す場合が多い」[8]。この代替的な戦略は難解であるだけでなく、権力や意思決定、強制、連合形成とは無関係に論じられていた。二人がたどり着いたのは、ポストモダン版トルストイともいうべき主張だった。ほとんど気にとまらないような日常的な動作の積み重ねにより、誰も意図していなくても、望ましい結果が得られるような形で大きな組織は動いていく、と。成功のカギは「あらかじめ意図的に計画した戦略の存在」にあるのではない。成功は「数多くの個人が、ただ自分の置かれた苦境に前向きに対応しようとしてとった無数の対処行動が積み重なることによって、間接的に実現」しうる。賢明な戦略家はコントロールする誘惑にかられずに、組織の流れに身を任せるべきだ。チアとホルトはこう説き、この戦略なき戦略を特徴とする姿勢を「戦略的無味（余計な味つけをしない戦略スタンス）」と表現した。その戦略は「誰の反発も招かず、誰の支配も受けない、つかみどころのない忍耐力」をともなうものであり、「まだ実現していない、さまざま可能性のなかにだけ存在する」。そして二人は、「これまでいだいてきた強い野望や厳格に守ってきた方針を捨て去り、同じ情熱をもって、心酔や自制や無関心とは無縁のとりとめのない探求につながる好奇心を育む」ことを目標とすべきだと論じた[9]。「意味形成（センスメイキング）」という点からみると、これは大いに不満の残る主張であった。また、大半の人々にとって組織での生活は概してもっと凡庸なものであり、そうした現実にいくぶんそぐわない考え方でもあった。

支配としての経営

権力の理論ぬきに語られる戦略理論は、必然的に誤解を招いた。学習し、相互に支え合うコミュニティとしての組織、という考え方にとりつかれた者は、権力の問題に進んで取り組もうとしなくなる可能性があった。それどころか、その破壊的な影響力を理由に、組織の政治は非難の対象とされた。個人が自らの地位向上や、長年あたためてきた計画の推進のために権力を行使することは反感を呼んだ。それは士気だけでなく、全体の効率性にも害をおよぼした。明らかに、権力はそれ自体が目的や地位の源、他人に指図する機会となりえた。とはいえ、権力がなければ組織を特定の目標に向けて動かすのは難しく、ほとんど何も達成できない場合すらあるのも事実だった。権力を握る者がいれば誤った意思決定が強引に行われる恐れがあるが、誰も権力を行使しなければ、潜在的にすぐれた意思決定が下されなかったり、実行に移されなかったりする可能性もある。組織内の権力構造は国家の場合以上に、個性や文化、人事契約に加えて社会的接触、特定の部門の評判、予算編成と支出監視の方法に左右される。権力の問題に取り組むことは、それ自体が戦略なのではなく、戦略に不可欠な一要素であった。つまり、それは意思決定し、実行に移す最良の方法について考察することを意味していた。

権力を中心テーマとした組織論を説く数少ない著作家の一人に、ジェフリー・フェファーがいる。フェファーは、主に権力の源泉と行使について論じ、取締役会に呼ぶ必要のある重要人物を理解すること、重要な委員会で役職に就くこと、予算編成や昇進人事にかかわる役割を担うこと、同盟相手や支持者を得ること、最も有利になる形で問題点をフレーミングする方法を身につけることの重要性を強調した。[10] 後年の別の著書では、組織内で権力を得て成功する方法を提示した。そのなかでフェファーは、「心の羅針盤に従え、誠実になれ、本音を隠すな、出しゃばらずに謙虚であれ、人をしいたげるような横暴な振る舞いは慎め、といった処方箋」を羅列したリーダーシップ本は、世界の現状ではなく、あるべき姿として人々が望んでいる世界について説明しているため、注意が必要だという忠告も行っている。[11]

マネジメントに関する楽観論を批判する者は、そうした楽観論者の純朴さに気づいていた。ヘレン・アームストロングは、「学習する組織」は労働者に自ら搾取されることを促す「マキャベリ的欺瞞」だと表現した。「不安定な労働市場、契約、パートタイム労働や外部委託（アウトソーシング）、業務縮小（ダウンサイジング）の流れのなかで、ほとんどの労働者は権限を与えられているという感覚をまず得られない」[12]。意義や価値観が共有されている実態が明らかになっている場合でも、それは単に経営幹部の見解が反映されている可能性が高い、とアームストロングは説いた。良い文化と考えられているようなものも、違った視点からだと覇権主義的なプロジェクトにみえうる。権力とイデオロギーに関する問題は避けて通ることができないのだ[13]。

こうした見方は、ポストモダニズムにも影響された批判的な理論の一角を形成した。特定の結果を合理的な方法で達成するために原因を操作しようとする、まさにモダニズム的なプロジェクトとして生じた企業戦略を、当然のように批判の矛先とする理論である。このような理論において戦略は、既存の権力構造を支持するために、物事を明らかにするよりも隠蔽するほうが多い思想の一例とされた。個人とその言動は、それらを取り巻く社会的状況の外では理解されえず、そして、その社会的状況は個人の言動によって塗り替えられる。イギリスのマネジメント・スクールでポストモダン派による反乱が起きるなか、デイビッド・ナイツとグレン・モーガンはミシェル・フーコーに感化された批判的論文を発表し、戦略を、変化する環境のなかで複雑な事業を管理する一連の合理的技法とみなす考え方に異議を唱えた。そして「経営者と従業員の双方を、自らの目的意識や現実感をもつ主体に変換するディスクール（言説）と実践の組み合わせ、として企業戦略に注目する」ことを提唱した。それらの主体は「戦略を定式化し、評価し、実行することによって目的意識や現実感を獲得する」のだ、と[14]。

二人は、戦略をマネジメントに関する問題への一般的なアプローチではなく、特定の企業イデオロギーとみなし、こう問いかけた。「戦略が本当に重要なのだとすれば、企業は長いあいだ、戦略という概念を『意識的に』もつことがなかったにもかかわらず、どうやって存続してきたのか」。フーコー自身が広い意味での戦略に言及していた点を考えると、いささか奇妙な話だが、二人はアルフレッド・チャンドラーなどの過去の著作家を、「実践者が戦略という学問領域をはっきりと認める前からそれが存在していたかのように、戦略的な意図がビジネス界に」帰属するものとみなした、という理由で批判した。罪は、立法者として振る舞う研究者にある。研究者は人々に、その行動が本当はどのような意味をもつのかについて語るが、それが行為者自身の「自らの行動に対する漫然とした理解」から著しくかけ離れている場合があるのだ、と。これは、人々が戦略や、傍観者が戦略的とみなすような活動のために用いられるその他のあらゆる記述情報について語る際に、本当は何を意味しているのか、という興味深い疑問をないがしろにしていることを示していた。ナイツとモーガンは、企業が何をどういう理由でしているのか、社内外の者に説明しなければならない場合にのみ、戦略は重要になると論じた。戦略の策定とは、行動方針を決定するとともに、エリートの存在を正当化することであった。「企業戦略というディスクール」は、「組織内の『本当の問題』と、その『本当の解決策』となる要素が何であるかを明確にする知識と権力の領域」を構築する。戦略は、一部の行為者を有能にする一方で別の行為者を無能にする「権力の技術」であり、「それ自体が解決の対象として提示する問題」の源泉でもある。したがって戦略のディスクールは、別のディスクール（たとえば、より直観を重視する、あるいはあまりヒエラルキー的ではないアプローチのもの）

や、トップダウン式の宣告が引き起こした無関心や冷笑による抵抗を受ける場合もある。戦略的経営のディスクールが深く根づけば、それは「勝利」を意味する。戦略のディスクールは経営陣の権限の維持と拡大を促し、経営陣に安心感を与え、その権力の行使を正当化し、そのディスクールに貢献することのできる者を明らかにし、成功と失敗を合理的に説明できるようにする、と二人は説いた。

やはりイギリスのマネジメント理論に批判的な一派を代表するスチュワート・クレッグ、クリス・カーター、マーティン・コーンバーガーの三人は、このテーマをさらに掘り下げた。三人はこの種の戦略、とりわけ企業戦略計画として表明されるものを、知性のある精神が知性をもたない従順な肉体を指導しようとする、というデカルト的な用語や、ニーチェが唱えた「権力への意志」（未来を操作、予測、支配する試み）という概念で説明できると論じた[15]。そして以下の理由から、このような戦略は失敗を余儀なくされると説いた。戦略計画は多くの場合、経営陣の幻想であり、組織の能力から著しくかけ離れている。目標も、まるで未来が予測可能であるかのように明確に設定される。こうしたずれは、計画と実践、手段と目的、経営陣と組織、秩序と無秩序といった要素のあいだでも避けがたく生じる。戦略計画は、これらのずれを解消するのではなく、むしろ積極的に生み出し、持続させる。戦略計画の実践は「その戦略計画が打ち出す秩序を絶えず乱し、覆す分裂のシステム」を創出する。そして、「大なり小なり混沌とした外部世界に存続を常に脅かされながらも、内部は秩序と居心地の良さのある制御可能な領域」という幻想をもたらす。「戦略計画は『秩序崩壊』の複雑さと可能性を無視しているために、こうした秩序と混沌に関する認識のずれを促進し、深める」。

この批評は、問題の本質とは無関係な点に向けられていたといえる。過去には、経営幹部がそのような秩序ある制御可能な内部世界の存在を信じていた時代もあっただろう。そうした信念は、超合理主義的な前提に基づいて具体的な計画として明示され、ヒエラルキーに沿って引き継がれる心地よく野心的なイデオロギーや、ほとんどテイラー主義といえる方針にのっとった振る舞いによって支えられていたであろう。ビジネス・スクールで経済理論が支配的な立場にあった点から、実際のビジネス世界がこのように機能しようとしているという考え方も、まったく荒唐無稽とはいえなかった。こうした考え方は、「バランスド・スコアカード」という受容されやすい形態で残った。だが現実の経営活動は、より大きな不安定感と不透明感の存在を物語っていた。経営戦略は、はるかに大きな傘となり、そこには多種多様なアプローチが存在するようになった。上記のような風刺的な経営者像に近い者もいただろうが、従業員を意思決定の場に引き込もうとする経営者や、特定の目標を掲げた具体的な計画の試みがもたらす歪曲的な影響をはっきりと認識していた経営者もいたのだ。

ブームと流行

ヘンリー・ミンツバーグらは、大きな影響力を発揮した共著『戦略サファリ』で、戦略問題に関するアプローチを一〇の学派に分類して示した。アプローチの相違があまりにも多岐にわたり「厄介に」なった結果、「研究者が、自分たちはこの分野で論理的に一貫した定義を講じることすらできないのだと絶望している」との懸念を示す声もあった。[16] 戦略は「パラダイム以前の状態」にあると説く者もいた。[17] 一方で、混乱の原因は特定のパラダイムではなく戦略の多様性にある、とみる向きもあった。以下のように、「戦略」があらゆる新構想につきものの言葉になっているというのだ。

戦略は、都合のよい意味をもたせて使うことのできる、なんでもありの言葉になってしまった。昨今のビジネス誌では、戦略をテーマとした記事を毎号掲載し、そこで紹介する企業が顧客サービス、合弁事業、ブランド構築、電子商取引といった個別の問題に取り組んでいる様子を報じるのが通例となっている。そして、そこでは企業幹部が自社の「サービス戦略」、「合弁事業戦略」、「ブランド構築戦略」など、その時々に構想中のあらゆる種類の戦略について語っている。[18]

ジョン・ケイは戦略について懐疑的な見方を示した概論で、こう説いた。「今日、使われている戦略という言葉の最も一般的な意味は、おそらく『高額である（expensive）』と同義だろう」。[19]

戦略という言葉は、垂直方向（「○○戦略」という言葉で語られる付随する諸事業）、水平方向（環境と関連づけるための手続き面、実践面双方での諸処方箋）の両面で普及が進んだ。一九八〇年代から一九九〇年代にかけては、壮大な概念が次から次へと目まぐるしく打ち出され、トム・ピーターズやゲイリー・ハメルのような導師（グル）が台頭し、ビジネス・プロセス・リエンジニアリング（BPR）が栄枯盛衰の道をたどった。その結果、マネジメントの流行とブームの広がりをめぐる新たな研究分野が開かれた。流行の頻繁さと多様さ、それらにまつわる誇大宣伝、そして盛りの時期の短さは、なぜそれらがどれも真剣に受け止められたのか、という疑問を多少なりとも生み出したのだ。[20]流行に乗せられた経営者は、支配的なパラダイムに対応したのではない。本を買い、セミナーに参加し、（そして何よりも）コンサルティング契約を結ぶことで得られるという、素晴らしい成功の秘訣の手がかりを求めて、一貫性を欠く耳障りな騒音にすぎないものに手を出したのだ。新しい概念がどんどん生み出され、陳腐な考えと直観に反した考え、まっとうな見識といかがわしい提案、効果的な洞察とあやしげな一般論、というように相容れないもの同士が足を引っ張りあった。

こうした現象については、以下のようにさまざまな説明がなされた。グルたちは、経営者が先行き不透明な世界を理解する手助けを行い、ある程度の予測可能性を示した。経営者がやろうとしていることの正当化を後押しする、外的な権威としても機能した。懐疑論者でさえも、自分が何かを見逃しているのではないか、あるいは重要な動きに気づかずにいると思われているのではないか、と不安になっていた。次々に生じるブームと流行は、それらが冷ややかな目でみるべきもの、あるいは気まぐれの産物とさえいえるものであることを示していたのかもしれないが、一方でマネジメントがなんらかの新たな次元に到達しようとしている、といった実際の進歩の可能性は常に存在した。もしそうであれば、まじめな経営者は少なくとも注意を向けずにはいられなかっただろう。[21] また、すべてが無益な産物だったわけでもなかった。[22] ピーター・ドラッカーが「目標による管理（MBO）」という手法を初めて導入して以来、SWOT分析やBCGマトリックス、QCサークルなどのように、導入当時はブームにすぎないと考えられていたかもしれないが、いまや一般的に役立つとみなされている技法も、ある程度存在していた。BPRの場合も、一度に多くを求めすぎ、その効用を誇張する、行き過ぎた急進主義に問題があった。一九八〇年代以降になると、現場の自主性を促しつつ優良さ（エクセレンス）と上質さをめざす、と訴えずにいる企業はまれだった。経営幹部がそのような課題に「情熱を注いでいる」というお決まりの主張は、時代にそぐわなくなっていた。

最も長続きしそうにみえたイノベーションは、経営幹部による組織への影響力の発揮を助けるものだった。一例として、一九九二年のハーバード・ビジネス・レビュー誌に掲載された論文で、ロバート・カプランとデイビッド・ノートンが初めて取り上げた「バランスド・スコアカード」を挙げたい。二人は、企業の業況の良し悪しを評価するのに財務上の収益指標は不適切であり、より広い視野から現実的に業況をとらえる必要があると論じた。そして戦略を「因果関係に関する仮説の組み合わせ」とみなし、主要な結果を数値で評価することで戦略が的確に実践されているかどうかを示せるようになる、と提唱した。企業は目標を設定し、財務状況や顧客の視点、社内業務プロセスの視点、イノベーションの能力にかかわる視点を網羅する適切な指標を開発するべきである。その場合、「目標達成のために必要とあらば、社員はいかなる姿勢も受け入れ、いかなる行動もとる」ことが前提となる、と。バランスド・スコアカードの長所は、わかりやすく、社員がその策定からかかわることができ、また経営陣に届く情報の質を高められる点にあった。ただし、主要業績評価指標も測定可能なもの（必ずしも重要なわけではない）を数値化するにすぎず、それ自体が目的とはならない。従業員は、たとえ組織にとって明らかな利点がなくとも、数値化されたとおりに目標を達成する。指標を見ることだけを拠り所とする経営者は、解釈するのが難しいデータに圧倒され、異なる指標のあいだの複雑な相互関係を理解できず、結局は機能不全の重大な兆候を見落としてしまう可能性がある。[23] スティーブン・バンゲイは、何をどういう理由でする必要があるのかを明確にしないかぎり、ムである、というのだ。[24]

「まずまちがいなく、こうした指標をいたずらに崇拝することにしかならない」と指摘している。バランスド・スコアカードは意図を伝達する方法にはなりうるが、根本的には管理システムである、というのだ。[24]

過去五〇年間に生じた一六のマネジメントに関する流行を対象とした調査では、こうした流行が時代とともに「より広範囲におよぶが短命化し、上層部にとって実践するのがより難しく」なっていることを示した。[25] 特定のマネジメント技法が導入されても組織の業績への効果はほとんど認められないが、企業の評判、さらには経営幹部の報酬への影響は確実に生じる、という研究結果も出ている。この研究は、「企業は必ずしも技術的に最良の、あるいは最も効率的な技法を選ぶわけではなく、むしろ広く認められ、受け入れられている慣行を導入することで社外に正当性を認識させせようとする、というこれまでの説」を裏づけた。[26] ある研究者は、流行しそうな新しいアイデアは「時代精神」をとらえているとみなされた、と説いた。[27] 一九六二年から二〇〇八年の期間に講じられた九一の定義を取り上げ、「戦略」という言葉が概念としてどう発展してきたかを分析した研究もある。この研究では、定義に使われる名詞と動詞の変化に着目している。分析によると、名詞では「計画形成（プランニング：planning）」の頻度が急激に低下する一方で、「環境（environment）」が盛んに使われるようになったあと減少に転じ、また「競争（competition）」が着実な増加を示していた。動詞では、「達成する（achieve）」が安定的に高い頻度で使われていた。「策定する（formulate）」の頻度は徐々に低下し、かわりに「関連づける（relate）」の頻度が高まっていた。[28]

こうした企業におけるブームと流行の役割に対する関心の背景には、戦略をプロダクト（インプットとして組織に方向性を与えうるもの、あるいはアウトプットとして外部環境との関係を整えうるもの）ではなく、継続的な慣行、つまり組織内の（幹部にとどまらない）多くの人々の日常業務とみなすことができる、という認識があった。戦略は組織の所有物ではなく、人々がなす行為である。こうしたとらえ方は「実践としての戦略」という概念につながった。このような流れは、カール・ワイクなどの組織社会学者や心理学者による研究の延長として自然であった。ワイクらは、雇用需要や、（個人にとって、また組織が寄与することが期待されるより広義の目標にとって）創造的であったり破壊的であったりする社会形態の発展と結びついた個人のそれぞれ異なる経験や願望に関心をいだいていた。「実践としての戦略」というアプローチは、観察調査の方針のもと、マクロレベルの組織に関する研究とミクロレベルの個人に関する研究を統合することを可能にした。[29]

ただし、このアプローチへの注目は、「戦略化する（strategizing）」という動詞が「戦略を行う」という意味で使われるのを後押しする、という残念な影響をもたらした。また、「企業の戦略上の成果や方向性、存続、競争力に重大な効果をもたらすという点で」、実践としての戦略はいたるところで行われている活動といえ、したがって、あらゆるレベルの多様な行為者を巻き込むものである、という考え方を促した。[30] 経営者やコンサルタントなどの戦略「実践家

(practitioners)」は、自分たちの組織に特有の確立された戦略的な「実践慣行(practices)」を引き合いに出し、戦略と呼ばれるものを生み出すための他者とのかかわりのなかで、そこから戦略的な「実践行為(praxis)」を導き出す。そして、その実践行為によって、組織の実践慣行に修正が加えられる。[31] これは、戦略を幹部が権限をもつトップダウン式の計画的なプロセスとみなす考え方に異義を唱えるものであった。実践上の問題が生じれば、ミクロレベルの意思決定がマクロレベルの業績に影響をおよぼしうることは、すぐさま明らかになる。これは、戦略的計画モデルに対するおなじみの批判の核となる主張であった。ただし、組織がボトムアップ式でうまく運営されている場合、話は別だった。経営幹部の意思決定は良くも悪くも、組織の実践慣行の性質に関する自身の認識に多かれ少なかれ左右されるものだが、それでも通常は、その力のおよぶ範囲と自由にできる資源のおかげで、下層の者による意思決定よりもはるかに重大であった。実践としての戦略は、組織を理解するうえで重要だったが、権力としての戦略の場合も、それは同様であった。

ナラティブ再び

それでは、「意味形成(センスメイキング)」としての戦略はどうなのか。戦略に単独の一貫したテーマをもたせる場合、一つの良くできたストーリーの誘引力が最も重要な点を伝えるのに役立つ。これは、フレデリック・テイラーによる「勤勉な労働者シュミット」のストーリーや、エルトン・メイヨーのホーソン実験、チェスター・バーナードのニュージャージー州の失業者との対話などの例で実証済みであった。こうした風潮がケース・スタディ手法への多大なる依存を後押しし、マネジメントの課題を理解する最良の方法は特定の状況をめぐる物語（テイル）を伝えようとすることだ、という考え方を助長した。組織に関する著作物の多くでは、合理的な行為者を前提とした理論とは対照的な方法論により、ストーリーは組織内の意思伝達と効率性の重要な源として、まつりあげられた。[32] その根拠としては、ストーリーが過去の出来事を説明するだけでなく、将来の行動指針について人々を納得させるうえで重要な方法であることを裏づけた心理学的研究が挙げられた。もはや企業が軍事式のやり方をとらず、従業員も指示を出されるのではなく、納得させられることを期待している状況のなかで、経営者は自分の主張を通すためにストーリーを用いるべきだと促す動きが生じた。ジェイ・コンガーは一九八八年に発表した論文で、以下の理由から「経営幹部が命令によって指揮統制する時代は過ぎ去った」と説いた。いまや企業は「主に対等な個人の集まりである部門横断型のチームによって運営されている。その構成員はベビーブーマーとその次のX世代であり、絶対的権威などというものに我慢のならない人々だ」[33]、「ストーリーは企業内コミュニケーションの分野における最新のブームだ」と述べたのは、コラムニストのルーシー・ケラウェイである。「あちらこちらの専門家が、どんな子どもで語れるようなことの大事さに気づきはじめた。事実と意見を淡々と羅列したものよりも、ストーリーは耳に入りやすく、記憶にもはるかに残りやすいのだと」[34]。

ストーリーを使えば、幸運な偶然の機会や不満そうな人材、あるいは素晴らしい計画であるはずのものを台無しにしかねない些細な事柄を見逃さないことの重要性を強調しながら、抽象的な表現を避け、複雑さを軽減し、間接的に要点を伝えることが可能になる。ワイクは意味形成（センスメイキング）に関する自説で、「ある小さな領域で確立された明確さが、さほど秩序だっていない隣接する領域に拡張され、押しつけられる」ようにするものとして、ストーリーを前面に押し出した[35]。トム・ピーターズとロバート・ウォーターマンは一連の研究発表のなかで、企業関係者を相手にした場合、図表ではなく、ストーリーの形で自分たちの考えを伝える方法が有効だと気づいた。二人は、自分たちが取り上げた超優良企業が「ストーリー……豊富な種類の逸話や神話やおとぎ話を恥も外聞もなく収集したり、伝えたり」していた様子を共著に記している。企業戦略本の多くは基本的にストーリーの寄せ集めであり、そうした物語はどれも、なんらかの一般論を強調することを意図したものだった。

ストーリーは形式も長さも多種多様でありえた。素朴で構成が未熟なもの、意図的で目的のはっきりとしたもの。技術仕様にかかわるもの、あるいは幹部の異様な行動に関するもの。複雑に入り組んだ話と逸話にすぎないもの。繰り返し語られるような内容のものや、一度聞いたきりで忘れられてしまうもの。特定の少人数を対象として要点を的確に示したもの、または多様な聞き手を意識して曖昧さをわざと残したもの。ナラティブは会議の議事録や顧客向けの説明会、事業計画、さらには型にはまった分析手法においても使われえた。SWOT分析におけるナラティブでは、「機会」が使命に、「脅威」が競争相手にたとえられた。「強みを生かし、弱みを克服することで、主人公は英雄になるのだ」。

やがて「ナラティブ・ターン（物語論的転回）」の影響を受けて研究者たちも注目した結果、ストーリーとストーリーの語りが、戦略の策定、実施において効果的な指導力を発揮するのに不可欠なだけでなく、下層の不満や中間層の叱咤激励の言葉から上層部の構想にいたる、組織内のあらゆるコミュニケーションの核であると認識されるようになった。ストーリーは、いかに経営幹部が分別をもちうるか、あるいは実情に疎くなりうるかを伝えたり、過去の出来事に触れて、組織がかつてどれほど偉大だったか、あるいは色あせない文化をもっているかを示したり、素晴らしい新製品につながるチャンスに関する洞察や大失敗をもたらす見込み違いについて知らせたりするのに用いられた。ストーリーの研究により、組織の文化を培ったり強化したりする方法や、その文化を支える信念や前提を探ることが可能になった。あらゆる組織を成り立たせている日々の会話のなかで、こうした文化は変化し、覆される可能性すらあった。それは、個人が自らの経験に基づき、経営幹部のストーリーに修正を加えたり、異を唱えたりする独自のストーリーを語る一方で、経営幹部は重要な前提の見直しにつながるサインに目を向けるからだ。[36]

ナラティブの分野は戦場になった。本書の第Ⅲ部で紹介した、自分たちのことは最良の言葉で飾り、敵対者は最悪の言葉で表現するという政界の慣行は、ビジネス界にも明らかに存在した。ジョン・D・ロックフェラーによるスタンダード・オイルの支配体制は、一人のジャーナリストの暴露記事により、トラスト側の疑わしい主張が覆されたために崩れはじめた。ストーリーを伝える能力において現代の組織のなかでも指折りのウォルト・ディズニー・スタジオは、当然のことながら、自社の歴史を「その伝説的なキャラクターと同じくらい巧妙に構築し、入念に編集して」ストーリーに仕立てるのを得意としていた。ウォルト・ディズニーはミッキーマウスなどのキャラクターとアニメーション技術で高い評価を得ていた。だがそれは、他者がしかるべき称賛を浴びるのを認めないことで成り立っていた。ディズニーの創造性は誇張され、権威主義は過小視されていた。ディズニー・スタジオは独自路線どころか、テイラー主義的、パタナリスティック（父権的干渉主義的）な方針にのっとって組織されていたが、従業員は家族（ファミリー）の一員と呼ばれていた。そのファミリーというイメージは、一九四〇年代に労働争議が勃発するなかで崩壊の圧力にさらされた。[37]こうした例は、ストーリーの根底にあるパラドックスを露呈させた。つまり、ストーリーは並外れた説明力をもっており、一番自然な形のコミュニケーション手法といえるが、その手法を最もうまく操れる者にとって都合のよい説明を補強する一方で、異を唱えにくくするという代償をともないうる。強い解放感を与える素晴らしいストーリーでさえ、的外れの場合もあれば、曖昧すぎて意図したメッセージが伝わらない場合もある。熟練した語り部は平凡な日常から心を震わせるメッセージを引き出せるかもしれないが、現実の生活がもっと退屈であることがわかれば、そうして得た刺激もすぐに薄れてしまう可能性がある。

より学究肌の企業戦略家は、主として解説のために独自のストーリーを用いる傾向があった。まったく違う結果の出ている比較対象となるケースがあるかどうか、あるいは同じ企業が組織内で認められた戦略慣行を用い、微妙に異なる環境でも必ず同じ結果を出せるかどうか。そのような点を常に気にしなくても、自分の主張を通せるようなケースを選択するのである。場合によってはストーリーを入念に選ぶだけでなく、芝居がかった語り口で話す。テイラーやメイヨーやバーナードのストーリーが粉飾されていた件についてはすでに述べた。ワイクが最も好んで用いたのは、スイスでの軍事機動演習における出来事にまつわるストーリーだった。ある小隊が厳寒のアルプス山脈で遭難の危機におちいったが、なんとか生還を果たした。責任者だった若い中尉にどうやって戻れたのかとたずねると、こう答えた。死も覚悟したが、ある隊員のポケットに入っていた地図のおかげで方角がわかり、帰還できたと。だが、あらためて見てみると、それはアルプス山脈ではなくピレネー山脈の地図だった。[38] この話がもたらす戦略上の教訓は、地図の存在によって小隊が冷静になり、行動を起こせたという点にあり、「道に迷ったときには、どんな地図だって役に立つ！」という結論が導き出されたのである。[39] とはいえ、アルプス山脈から抜け出すルートは決して多くはないため、運の助けも必要だったはずだ。残念ながら、この話の真偽を確かめる方法もない。ワイクは、第二次世界大戦中の逸話に基づくミロスラフ・ホルブ（チェコの詩人）の詩を通じて、この話を知ったという。[40]

ミンツバーグが好んで用いる別のストーリーについても触れたい。それは、マッキンゼー・アンド・カンパニーで日本企業の成功に関する研究を行っていた人物として前章で登場した、リチャード・パスカルが披露した話である。一九五八年から一九七四年のあいだにアメリカのオートバイ市場の規模は二倍に拡大したが、イギリス・メーカーのシェアは一一パーセントから一パーセントに低下した。一九七四年のアメリカ市場における日本メーカーのシェアは八七パーセントにおよび、ホンダ（本田技研工業）だけでも四三パーセントに達していた。一九五九年にアメリカ市場に参入したホンダの成功については、価格効果と数量効果に重点を置いた定説があったが、パスカルはこれに異議を唱えた。「誤算と幸運な偶然の発見と組織的な学習」に彩られた、はるかに興味深いストーリーが見落とされてきた、と。アメリカにマーケティング担当チームを派遣する際、ホンダは中型バイク市場で競争することを意図していたが、現地ではディーラーを探すのに苦労し、技術的な問題にも悩まされた。やがて、スタッフが自分の移動のために使っていた五〇ccの小型バイク「スーパーカブ」に関する問い合わせが寄せられるようになった。そこでホンダは中型バイクのかわりにスーパーカブを販売した。パスカルによると、このストーリーから得られる教訓は、意図したとおりの展開になったことを当然とする過度に合理的な説明は、マーケティングの成功をもたらした最も重要な原因を見失う結果になりかねない、という点にあった。確固たる長期的な展望よりも、経験から学び、予期せぬ機会に機敏に対応する組織の能力の重要性をパスカルは示した。[41] ミンツバーグはこの教訓を熱心に取り上げ、創発的な戦略の重要性を強調するために繰り返し言及した。アメリカ市場参入に際してホンダの幹部はありとあらゆる過ちを犯したが、まちがったことをしているという市場の声から学んだ点だけは正しかった、と伝えるためにだ。[42] ミンツバーグはパスカルのこの論文について、経営関係の文献のなかで最も大きな影響力を発揮した著作と表現した。他の著述家たちは、この教訓を、下層の従業員が戦略を変容させる可能性を示すストーリーへとさらに発展させた。このたった一つのケース・スタディから、学習する組織に関するいくつもの一般論が生まれたのである。

これは、ただ単にホンダのことを伝えるストーリーではなかった。一九四八年に創業し、一九六四年までに世界最大のオートバイ・メーカー、有力な自動車メーカーとしての地位を築いたホンダのストーリーは、日本企業のサクセス・ストーリーの一例であり、アメリカ企業にとっての教訓を求める企業戦略家の心をとらえた。だがアンドリュー・メイアーは、完全には理解されず、大まかな結論しか導き出されない場合も多い一つのエピソードを引用することの危険性を呼びかけ、以下のように説いた。たとえば、スーパーカブはホンダが当初からアメリカでの販売を意図していた車種の一つで、チームと一緒にアメリカに送られたバイクの四分の一を占めていた。しかし、同社はまず大型バイクに対して自社バイクの価値が認められるかどうかを確かめようとしていた（レースを重視していたのもそのためであった）。誤算は、アメリカ市場がやがて日本市場と似た状況になることを認識していなかった点にあった。いずれにせよ、一九六〇年代末には販売が急減し、ホンダはもともとアメリカでの成功のカギになると見込んでいた、より大型のバイクに頼らざるをえなくなった。実際には、ホンダの戦略はすでに日本で収めていた成功の経験に従ったものであり、決して暴挙ではなかったのだ。[43]

この時点までの同社の経験は、断固たる経営と堅固な組織の重要性を示していた。戦後の日本では、公共交通機関がろくに機能していなかったうえ、ガソリンの供給が限られていたことから、オートバイ市場が巨大化した。他の製造業部門と異なり、オートバイ製造はほとんど規制されなかったため、ダーウィン式の生存競争が生じた。一九五〇年代には約二〇〇社が市場で競争する、いわゆる「オートバイ戦争」が展開された。それは「事業というものが、大儲けの機会から予期せぬ窮状まで、あらゆる事態をともなう危険で波乱に満ちた探求を意味する」時代であった。[44]オートバイ戦争が終結して残ったのは四社（ヤマハ、スズキ、カワサキ、ホンダ）だけだった。なかでも、とりわけ際立っていたのがホンダ（一九四八年創業）である。その成功の背景には数多くの要因があった。同社は、創業者、本田宗一郎自身の技術者としての天賦の才に、その経営参謀、藤沢武夫の財務の見識が加わって生まれた。二人は戦中に大量生産技術に携わった経験をもち、トヨタの生産モデルとサプライ・チェーンの重要性を理解していた。慎重な財務管理を行い、(とくに重要なことに)独自のディーラー網の開拓に多大な労力を費やしていたホンダの社内組織は、きわめて強固だった。

一九五〇年代末、ホンダはそれまで国内最大手だった東京発動機(トーハツ、のちに倒産)を追い抜いた。その後、ホンダが自動車生産に乗り出すと、ヤマハ発動機が市場シェアを拡大し、ホンダに迫った。ホンダが自動車生産に気を取られていると考えたヤマハは、業界トップの座をめざし、新工場の建設を決定した。一方、ホンダも強力な防御策を講じ、一九八一年には「H－Y戦争」として知られる熾烈な戦いへと発展した。ホンダがとった姿勢は狡猾でもなければ間接的でもなかった。この戦争を自身が行った日本企業の競争力に関する分析の中心に据えたジョージ・ストークによると、戦いの火ぶたは「ヤマハを潰す!」というホンダの鬨(とき)の声によって切られた(ストークは「潰す」という日本語の意味を、自著で「粉々にし、ぺちゃんこにし、虐殺する」と説明した)。ホンダは価格を引き下げる一方で、広告費を大幅に増やした。そして、最新のバイクをもつことがファッションの必須条件とみなされるようになることを狙い、大量の新製品を導入した。ヤマハのバイクは「古臭く時代遅れで見栄えがしない」ものとなり、需要の枯渇によって、ディーラーには古い在庫が積み上がってしまった。やがてヤマハは降伏した。ホンダの勝利にも痛みはともなったが、ヤマハ以外の競合会社による挑戦を阻む効果を発揮した。ストークは、ホンダが競争を阻止するために自社の生産サイクルを加速させた点に強い感銘を受け、これを中心的な教訓としてアメリカ企業に示した。その手法はたしかに鮮やかだったが、そこに重点を置いたために、価格引き下げと販売促進を柱としたホンダの戦略がきわめて消耗的であった事実が軽視される結果となった。

ゲイリー・ハメルとC・K・プラハラードも一九九四年の共著で、コア・コンピタンスを生かした企業の一例としてホンダを取り上げ、以下のように論じた。同社は経験曲線を無視して、内燃機関に関する専門技術を最大限に活用して大いなる野心と創造性を発揮した（その結果、芝刈り機からトラクターや船外機にいたるさまざまな関連製品事業への多角化に成功した）。また新型車NSXの導入によって、高級スポーツカー市場でフェラーリやポルシェに対抗できるようになった。顧客にただ従ったわけではなく、そのニーズを理解していたのだ、と。ただし、メイアーが述べているように、NSXはホンダにとって大きな代償をともなう失敗作となった。その原因は円高による競争力低下という不運だけでなく、市場選択の誤りにもあった。スポーツカー市場への参入は、コア・コンピタンスよりも企業文化を反映した動きだった。つまり、同社は一九九〇年代にアメリカでレクリエーショナル・ビークル（RV）やミニバンの市場が発展しつつあった点を見過ごしていた。他の市場分野に関していえば、画期的な技術面でのブレークスルーを遂げるという決意は、求められているときに提供できる後継車がないことを意味していた。会社全般に目を向けると、ホンダのエンジン技術によって実現した多角化で本格的といえるのは、オートバイ事業から自動車事業への発展だけで、その他の製品は全体の製品群のほんの一部を構成するにとどまった。実際には、一九八〇年代半ばから一九九〇年代半ばにかけての同社の戦略は、「自己定義の狭さと技術面での頑迷さ」、そしてその結果としての顧客への対応力の欠如を露呈させた。

　メイアーは、ホンダにまつわるストーリーにおける数々の根本的な方法論上の問題を挙げた。ストーリーの多くは、断片的な調査に基づき、特定の期間だけに注目したものだった。ホンダは素晴らしい成功を収めつづけてきた企業のように扱われていたが、実際にはその歴史のなかで幾度となく大きな失敗を犯しており、倒産の危機に直面したことも一度ならずあった。こうした失敗は決して関心の的にはならなかった。教訓を引き出そうとする企業理論家は、なぜ同社が国内自動車市場でのトヨタの支配を崩すことができずにいるのか、あるいはなぜ似たような戦略を採用している企業が同様に成功していないのか、という疑問を投げかけてもよかったかもしれない。軍事戦略家が往々にして兵站（へいたん）に関心を示さなかったのとおそらく同様に、業務やディーラーの管理といった、華やかさには欠けるが、きわめて重要なホンダの手法の側面には、十分に目が向けられることはなかった。常に関心が寄せられるのは、管理部門の退屈で苦労の多い仕事よりも、天才のきらめきなのだ。メイアーは、戦略分析者たちが「自分が知りたいと思っていることにしか」目を向けず、「著しく偏った還元主義」にとらわれていると批判した[45]。そして、まるでそのどちらかでなければならないかのように、計画的／創発的、コンピタンス（中核となる強み）／ケイパビリティ（組織的な強み）、といった両極化の傾向がみられると指摘した。そうした流れのなかで理論に合うデータばかりが並べられる一方で、都合の悪い情報はなかったことにされたり、都合よく変えられたりしたのだ、と。

基本に戻る

軍事戦略は、正しく適用されれば、成功は保証できなくても、少なくともその確率を高めることができる、という基本原則が存在すると考えられているときに発動されてきた。やがて、初期のナポレオン快進撃の時代にアントワーヌ・アンリ・ジョミニが思い描いていたよりも、軍事力の運用が複雑で失望をともなうものだと明らかになってくるにつれて（とりわけ決戦の規範から逸脱するのが難しいことが判明するにつれて）、軍事戦略はうまく機能しなくなった。企業戦略は、同様の楽観論が台頭した二〇世紀半ばの一時期の産物であり、国家だけでなく、アメリカの巨大複合企業を含む大企業にとっての長期計画の可能性に対する漠然とした信頼感を引き継いでいた。企業戦略も、計画モデルの限界が明らかになるにつれてうまくいかなくなったが、軍事戦略の場合と違い、経営者のあいだには一貫性をもたせるための合意された枠組みというものが存在しなかった。この結果、道を見失った企業戦略は多種多様に枝分かれし、一時的な熱狂に翻弄されるようになった。そして、規範を示すような形で話が誇張される傾向が生じた。こうした傾向を分析し、警鐘を鳴らす本にまとめたフィル・ローゼンツワイグは、読者を惑わせ、ひとたび確立された成功の法則によって確実に事業を成功に導くことができる、という神話を支えているとして、ビジネス界の成功物語を広める書き手を一笑に付した。ローゼンツワイグは同書で、概して相関関係と因果関係のありがちな混同をともなう妄想や、同じ要因が失敗例のなかにも存在している可能性を疑わずに成功要因を説明しようとする傾向、競争の要素を十分に考慮していないケースなどの実例を示した。なかでも最も基本的な妄想として「ハロー（後光）効果」を挙げている。これは、実際には好業績をあげた際に高く評価される文化や指導力、価値観などを、好業績を導いた要因とみなす傾向を表している。[46]

ブームと流行が生じては消えていくのを懐疑的にみてきた者は、基本に戻るよう、呼びかけた。ジョン・ケイは次のように警鐘を鳴らした。戦略は独自のケイパビリティに基づいていなければならないため、一般化はできない。したがって目標とすべきは、きわめて全体主義的な体制でも実現するのが難しい、壮大な計画を練ることではない。企業は計画を立てるための知識とそれを実行に移す力を欠いている。「コントロール幻想」と、成功はすぐれた洞察力と意志によってもたらされるという考え方は捨て、一九五〇年代にエディス・ペンローズが説いたリソース・ベースト（資源に基づく）アプローチをとるべきだ。課題は、社内のケイパビリティと外部環境を最適な形で調和させることにある。まず、自社が市場で実際にどのような立場にあって、どのような立場に到達しうるのか、そして手に入れたいケイパビリティではなく、すでに身につけている独自のケイパビリティを理解することから始めるべきである、と。[47]

　五年後に到達しているべき望ましいポジショニングを示すことも可能だが、その場合、現状を起点としなければならない。自社のすぐれた能力を頼みとする戦略よりも、競争相手を出し抜く戦略を気まぐれに優先する企業もあったが、たいていの戦略は解決すべき問題に重点を置いたものだった。そうしたなかでスティーブン・バンゲイは、常に追加情報を要求し、個人が自主性を発揮する機会を妨げる、中央からのコントロールという病的な状態を避けるよう説いた。そして、問題になっている点に専念せよ、「予測できる状況の範囲を超えて計画を立て」ようとしてはならない、意図を示す形で戦略を形成し、単純明快なメッセージを用いて人々の行動を状況に適応させることを促すべきだ、と勧告した。[48] プロクター・アンド・ギャンブル（P&G）の最高経営責任者（CEO）アラン・ラフリーは、自身の成功体験をもとに同社のコンサルタントだったロジャー・マーティンと著した本で、戦略とは「市場で勝つために具体的な選択を行う」ことだと述べた。勝てる戦略を立てるには、何を勝利の目標とするのか、どこで戦うのか、どうやって勝つのか、勝つためにどんな能力と経営システムが必要かを問い、選択を行うべきだ、と。二人は、P&Gでこれらの選択がどのようになされたかを説明するとともに、「戦略上の罠」を避ける必要性についても論じた。優先順位をつけそこなうという基本的な原因によって失敗する戦略を「総当たり」戦略、「八方美人」戦略、「ワーテルロー」戦略（複数の戦線で複数の敵と戦端を開く戦略）と表現したほか、最強の敵を真っ先に攻撃する「ドン・キホーテ」戦略、最新の流行に乗る「月替わり」戦略、そして「見果てぬ夢」戦略も列挙した[49]。

同様にリチャード・ルメルトは、良い戦略とは診断を下す、つまり取り組むべき課題の性質を特定したり、明確にしたりすることから始まる、と説いた。そのうえで、現状においてとりわけ重要な問題点を見いだし、（場合によっては著しく）複雑に絡み合った状況を明快に解きほぐす。そして、そこから課題に取り組む際の基本方針と、それを実践するために必要な一貫性のある一連の行動を導き出すのだ、と。ルメルトは、問題が組織の外部だけでなく、業務慣行や官僚的な既得権益など、内部にも存在しうること、大望を掲げるよりも、すぐ手に届くところにあって実現可能な近い目標を設定するのが時として最善策になることを認識していた。

戦略本の多くが、状況が流動的になればなるほど、指導者はさらに先を見越して対処しなければならない、と説いているようだが、論理的におかしい。状況が流動的になればなるほど、先の見通しはますます立てにくくなるからだ。したがって状況が絶えず変化し、先行きが不透明になればなるほど、より近い戦略目標を設定する必要があるのだ[50]。

ルメルトは悪い戦略の危険性についても警告を発した。とりわけ、「戦略的な概念や見解を述べているように装っているが中身のない」戦略の特徴を「空疎」と一言で表現している。そのほかにも、取り組むべき問題を特定できていない、目標を戦略と取り違えている、達成するための手段を示さずに願望を語っている、実行可能性を考えずに目標を設定している、といった特徴も列挙した。[51] また経営幹部が、不可能な目標を設定する、十分な気力と意欲があればどんなことも達成できると説く（現実的には、一度に数件を超える課題に対処できるとは考えがたいのだが）、決定的な選択を行わずに相容れない意見のあいだで合意を取りつけようとする、自然に出てくる自分の言葉ではなく、はやりの言葉で（「カリスマ性の缶詰」を開けたかのように）鼓舞しようとする、といった行動をとることにも注意を促した。そして、「悪い戦略がはびこるのは、それが分析や論理や選択とはかけ離れたところで流布され一筋縄ではいかない基本的作業やそれらを修得することの難しさに向き合わなくても済まされる、という身勝手な考えのもとに掲げられるからである」と説いた。[52]

軍事戦略や革命戦略の場合と同様に、企業戦略はそれ自体が生んだ英雄的な神話に足を引っ張られかねなかった。成功と失敗の分かれ目を決めうる要因として、異様なまでに、まつりあげられたからだ。名戦略を携えた戦略の達人は、組織を安定化させて着実な軌道に乗せる「産業界の指揮官（キャプテン）」、あらゆる非効率性を取り除くために積極的に行動し、業務から生み出せるかぎりの株主価値を生み出す財務の魔術師、最も有利な地位が得られる市場を探し回る粘り強い競争者、献身的な労働者の潜在的な創造力を見いだす柔和な革命家、唯一無二の商品によって市場を一変させるイノベーティブな設計者、として称賛され、模倣されるのが常だ。マネジメント理論家やグルは、それぞれ好みの英雄を持ち上げた。当然のことながら、そうしたなかの少なくとも一つのタイプに当てはまる経営者もいたが、ある状況で成功したやり方が別の状況ではうまくいかない場合もありえた。急激に持ち上げられた個人や企業が、その後すぐにおとしめられるようなことは頻繁すぎるほどあった。次から次へと続く戦略の流行にともなう誇大宣伝は、見識ある経営者の重要性を誇張し、成功の要因としての偶然性と環境の重大さを軽視していた。

第Ⅴ部　戦略の理論

第36章 合理的選択の限界

理論上、理論と実践のあいだに違いはないが、実際にはある。
――ヨギ・ベラ（アルベルト・アインシュタインの言葉ともいわれている）

第V部では、現代社会科学の知見に基づく戦略理論の可能性について論じる。意思決定にかかわる新しい科学を開拓したランド研究所の取り組みや、その（社会学寄りの組織理論家が抵抗しようとした）新しい科学の導入をビジネス・スクールに促すために財団が行った寄付、ディスクールと権力の関係に影響をおよぼした一九六〇年代のラディカルの思想など、一見つながりのなさそうな知的な活動が、広範囲におよぶ社会的諸勢力の産物であったことは、すでに述べたとおりである。

とりわけ強い影響力を発揮したのは、あらゆる選択を合理的であるかのように扱う便益を強調した理論だった。そうした理論の信奉者は、あらゆる命題は一つの有力な理論から演繹することも、経験的に正当化することもできる、という称賛すべき「社会科学」の理論を、ほとんど比類のない形で提示することができると確信していた。このいわゆる合理的選択理論は、一貫して期待をはるかに下回る成果しかあげず、その基本前提も認知心理学が示した根本的な抵抗姿勢によって揺らいでいったが、効果的かつ非常に戦略的な形で広められた。きわめて短期間のうちに、この理論の支持者は多くの大学の政治学部に深く根を下ろした。そして、この理論は人間的な合理性という受け入れがたい考え方を根拠としている、との懸念の広まりに勢いをそがれることもなかった。そうした懸念は合理性の前提がすぐれた理論の役に立つことを示しているにすぎない、と支持者は主張したのだった。

ロチェスター学派

トーマス・クーンが論じたように、新たな思想の流派を学術界で広めるのに合理性だけを頼みにしても、まずうまくいかなかった。うまく普及させるには、助成金を獲得する、雑誌を編集する、信奉者を教員職に任命する、といった手段を通じて学内の権力の源に接触する方法にも頼る必要があった。だからこそ第二次世界大戦後には、巨額の投資を受けてコンピューターによる最先端の計量的手法の可能性を生かすことができた経済学が、並外れた勢いを得たのである。信頼性と発言力を強めていった経済学は、社会科学を代表する学問分野として名乗りを上げた。そして、その覇権的な力に限界らしきものはみえなかった。「経済学的アプローチは、あらゆる人間行動、あらゆる種類の意思決定やあらゆる立場の人々に適用可能な枠組みを提示する」とゲイリー・ベッカーは述べた。(1)

フォード財団は、一九五〇年代後半にビジネス・スクールへの資金提供を始める前から、いわゆる行動科学の分野へすでに巨額の投資を行っていた。ただし、この分野はフォードの投資によって切り開かれたわけではなく、その起源は一九二〇年代、そしてシカゴ大学におけるチャールズ・メリアムとハロルド・ラスウェルの研究にさかのぼることができる。とはいえ、国勢調査や選挙結果、投票データなどの大規模データセットの分析に対する関心が高まりつつあったところに、変化を起こし、他の財団による追随の動きをもたらしたのがフォード財団であったことは疑いない。同財団は、さまざまな大学に行動科学研究センターの設立を促す目的で、多くの場合、頼まれもしないのに(したがって何をすべきか、よくわかっていない大学もあった)巨額の助成を行った。一九五一～五七年の助成金の総額は約二四〇〇万ドルにおよんだ。そこにはランド研究所の影響がはっきりとみられた。同研究所の所長で、フォード財団でも研究委員会の責任者を務めていたH・ローワン・ゲイザーと、ランドの社会科学部門責任者ハンス・スパイアが助言を行っていたからだ。このため、助成の対象は初期の社会・政治理論から離れ、数値化できる現象への関心を促す点に向けられた。この新たなアプローチは、実証主義的、経験主義的で、価値判断に左右されない研究であることを強調するために「行動論主義」と呼ばれた。当時の反共産主義の風潮のなかで、「社会科学」という呼び方があまりにも強く「社会主義者の科学」あるいは社会改革を連想させるという懸念もあった。[2] このアプローチの根底にある個人主義的な前提は、当然のように市場や民主主義の理論に適合する一方で、階級闘争というマルクス主義の概念に異義を唱えるものであった。そしてこれは、リベラルな個人主義は合理的で、集団主義は非合理的だという考え方を後押しした。[3] ただし、こうした合理的選択理論の核となる魅力はイデオロギー性にではなく、明快かつ無駄がなく、まさにイノベーティブである点にあった。そうした特質に惹かれた者のなかには、ゲーム感覚でそれがマルクス主義と相容れないわけではないことを実証しようとする動きさえあった。残念ながら、合理的選択理論は独善的に論じられる場合が多く、野心的なモデル構築プロジェクトとして受け入れられた。

合理的選択理論が記述的なのか規範的なのか、つまり行為者の実際の振る舞いを説明するものなのか、どのように振る舞うべきか示すものなのか、という点は曖昧だった。規範的なのだとすれば、行為者はその助言に従って慎重に決断を下す必要があり、それが合理的な行動となる。「合理的選択とは、ある背景や状況のなかで主体がうまく行動して結果を出すことを意味する。実際に主体の選択がうまくいかなかった場合、まちがっていたのは理論ではなく、主体だったとみなされうる」。[4] つまり、合理的な助言に従わないという選択をした主体は、非合理的に振る舞うことができる。そうすることが一般的である場合、合理的選択理論は予測力をもちえないどころか、説明力も限られることになる。一方、この理論が記述的で説明力に信頼性がある場合、それが示す処方箋は理解しやすいが見当外れでもある。あらかじめ解決法が明確になっている状況で、主体が戦略に頭を悩ませる理由があるだろうか[5]。

合理的選択理論は、個人が自分の効用を最大化するために自ら決断を下す、という考え方から始まる。効用は主観的に定義できるが、きわめて基本的なものであり、経済的な見返りや権力の取得という形で評価することが可能とみなされる傾向がある。次に、独自の選好をもつ主体が相手の存在する構造化されたゲーム、つまり、主体が自分と他のプレーヤーの置かれた状況について、ある程度の知識をもつと想定されるゲームに参加する。その次に、均衡点を見きわめるという、きわめて重要な段階が訪れる。すべてのプレーヤーが自分の効用を最大化する戦略に従うと仮定すると、均衡点は各プレーヤーが戦略を変えるインセンティブをもたないところになる。原則として、均衡点はその戦略ゲームにおいて最も論理的な結果を示すのであり、将来の実証的研究のための条件を決めることになる。

ランド研究所で合理的選択理論の構築において重要な役割を果たしたのは、ケネス・アローである。アローは、民主主義のシステムが必ずしも多数派の希望に沿った結果を生み出すわけではない理由を説明する「不可能性定理」を確立した。その教え子のアンソニー・ダウンズは著書『民主主義の経済理論』で、個人は公益という概念に反して私益を最大化する、という考え方を示した。こうした流れを受けて、自ら「政治学におけるパラダイム・シフト」とみなすものをもたらした人物がウィリアム・ライカーだ。ライカーは一九四〇年代後半にハーバード大学で博士号を取得したあと、どちらかというと主流に属する研究に従事していたが、政治学を新たな段階へ引き上げる手段を模索していた。その手がかりを見いだしたのがゲーム理論だった。

一九五〇年代半ばにゲーム理論への関心をもちはじめたライカーは、道徳と無縁の合理性という推定に惹かれた。当時、支配的だと感じていた規範的な政治理論（実際に政治がどのように行われているかという分析よりも、政治はどう行われるべきかといった点に関する指示をまとめた理論）というパラダイムに反発したのだ。一方で、マキャベリ的な視点から脱却して権力の実態をとらえたいという気持ちもあった。そして実証的研究の道しるべとなりうる検証可能なモデルを示すという、真に科学的な研究を志した。それこそ、ライカーが「妥協しない合理主義」をともなうゲーム理論に魅力を感じた理由だった。一途に目標を達成しようとする分別のある人々がどのような行動を選択するかを問うことは、政治科学の伝統にのっとったものであった。ライカーは、こうした伝統が生物学的、心理学的、形而上学的理論の影響によって二〇世紀前半に失われてしまったと考えていた。ゲーム理論には「本能や無分別な習性、無意識の自滅願望、ある種の形而上学的で外生的な意志が果たす役割は何一つ」存在しなかった。

ゲーム理論の二つめの魅力は自由選択を強調している点にあった。ライカーはマルクス主義とかかわりの深い歴史的決定論への反発を示し、以下のように論じた。ゲーム理論は、人々が自身の選好と、相手が同じような計算を行う場合にどのような代替的な戦略がその選好を満たしうるか考慮することを想定している。したがって結果は、「なんらかの外生的な世界計画」や「人間に生来備わっている非合理性」よりも、人間の自由選択に左右される。そこに明らかな葛藤があることをライカーは認識していた。規範的理論という面では、自由選択に問題はなかった。人々がより良い選択を行うことを後押しするからだ。だが記述的理論という面では、選択の多様性はあらゆる種類の問題を引き起こす。合理的選択に関する決定論的な諸前提の価値は、それらが振る舞いの規則性を決めるのに役立ち、その結果、一般化を可能にするはずだという点にあった。しかし、本当に自由な選択は、一般化を阻む気まぐれで行き当たりばったりの振る舞いを招きかねない。[6] ライカーは、一般化の可能性と自由選択を組み合わせることで、ゲーム理論がこうしたジレンマを解消する方法を提示すると考えた。一方で、ゲーム理論では同じ状況で同じ目標をもったすべての人が合理的に同じ道を選択すると想定でき、したがって規則性を見いだしうる。だからといって、とりわけ不確実性の高い状況において、選択の役割がなくなるわけではない。結局のところ、ライカーがゲーム理論に惹きつけられた最大の理由は選択にあったのであり、だからこそ晩年には、科学がほとんど役に立たない領域へと関心を移していったのだった。だがそのころには、政治学は科学の一分野になりうることを断固として示そうとし、人文系の学科としての政治学にはまったく関心を寄せない新しい学派が生まれていたのである。

一九五九年、ライカーはカリフォルニア州パロ・アルトの行動科学先端研究センターの特別研究員（フェローシップ）の職に応募した。その目的は、自身が「フォーマルで実証的な政治理論」と表現した分野の研究を行うことにあった。「フォーマル（formal）」とは「言語表象ではなく数学的表象を用いて理論を示すこと」を、「実証的（positive）」とは「規範的命題ではなく記述的命題を示すこと」を意味した。ライカーは「経済学における新古典派の価値論にも似た、政治科学という理論体系の発展」を追究した。とりわけ、「数理ゲーム理論」が「政治理論の構築」において果たしうる役割に言及した。[7] このフェローシップとしての成果は、ライカーの声明書ともいうべき著作となった『政治的連合の理論』にまとめられた。ただし、その考え方が広まるきっかけになったのは、ロチェスター大学の政治学部長に任命されたことだった。助成金に恵まれた同大学は、厳密な定量分析に基づく形態の社会科学に以前から力を注いでいた。そこでライカーは、統計分析に秀でた学生と、自身の理念を支持する教員陣を重視した。ライカーの指揮下でロチェスター大学は各種ランキングでの順位を上げ、他学部へ進んで合理的行為者理論という言葉を広める大学院生も輩出した。二人のライカー信奉者は共著の論文で、「政治学を変える独自の運動の一端を担っていると自任した学生たちの一貫し、徹底した心構えと、そこに存在する仲間意識と強固な共同体意識、そしてそのめざましい学術的生産性」について記している。学生たちは「合理的選択という理論パラダイムの研究と発展に不屈の精神で取り組み」、「他の形態の政治学を押しのける」という強い思いをいだいていた、と。
一九八二年、ライカーはアメリカ政治学会（APSA）の会長に就任した。このころには、「合理的選択パラダイム」が優勢になり、「その成功がほかのあらゆるパラダイムを駆逐しつつある」と自ら評せる状況ができていた。[8] そしてライカーは、「実証的」あるいは「フォーマルな」といった修飾語をつける必要性はないと論じるようになっていた。科学としての基準を満たした自身の理論が、「政治理論」という名に値する唯一の存在だと考えていたからである。[9]
一九九〇年代には、数学が政治学のカリキュラムに欠かせない要素となり、APSAの季刊誌アメリカン・ポリティカル・サイエンス・レビューの全記事のうち、約四〇パーセントを合理的選択に関する記事が占めるようになっていた。合理的選択パラダイムが影響力を強めている理由は、思考の明瞭さだけでなく推進者の強引な気質にもある、という批判も生じていた。だが、こうした批判は真剣に受け止められるどころか無視された。批判する側に合理的選択の手法を習得できるだけの素養がなく、何がどうなっているのか理解できなかったからである。合理的選択の研究者は互いに支え合っていたため、大学教員陣の採用においては、他の志願者より、格が劣っていても同じ流派の仲間を優先するといわれていた。[10]
合理的選択理論は、経済学の一モデルを政治学の領域にただ強引に取り込んだものではなかった。学問領域としての経済学は、狭義の自己利益、つまり同じような制約に直面し、同様の選好をもつ個人は必ず同じ選択をする、という前提によって発展を遂げてきた。経済学では、目標とそれを達成するために使われる資源の両方を金額で示すことが可能であり、日常の経済活動においても数多くの類似の取引を見いだすことができた。サンプルの規模が大きくなればなるほど、変則的な振る舞いの重要性は低下し、識別可能なパターンや関係性がより際立つ。ライカーはシカゴ学派の確固たる市場経済学に感銘を受け、ロチェスター大学での彼独自のカリキュラムにこれを取り入れた。一方で、主流の経済学者よりもかなり早い時期にゲーム理論を受け入れており、機械的な合理性を備えた主体を前提とする経済学と、合理性は意図的かつ意識的なもので他の主体と真っ向から対立することも多いとする政治学を分けて考えることを常に心がけていた。合理性は意図的かつ意識的だという考え方はゲーム理論の基本であり、ゲーム理論の応用においては、ライカーの学派は先駆者というよりも追随者であった。

合理的選択論者は野心を深めるにつれて、きわめて価値が高いともいえる領域、つまりサンプルが多くて変数が少ない領域から、サンプルが少なくて変数の多い領域へと関心を移していった。その一例が国際関係である。有効な諸選択肢に本質的な制約がない場合、合理的選択というアプローチはうまく機能しない。明確な利益も最適な戦略も見いだしにくいからだ。選挙研究のように高い精度で結果を示せる領域であっても、根本的な状況における、きわめてとらえにくい変数が、こうした結果の信頼性を低下させかねない。環境が安定すればするほど、その環境下での振る舞いはより高い規則性を示すようになる。一方で、環境が不安定になればなるほど、主体が合理的な道を見いだすのは難しくなる。ピーター・オードシュックとの共著による入門書で、ライカーは「数えきれないほどの選択肢が存在し、それぞれの選択をした場合の結果が不確実である場合、大半の選択が失敗につながる可能性は高い」と述べている。[11]

特定の何種類かの解決法しか見いだせないのであれば、取り組むことができるのも特定の種類の問題だけである。最も取り組みやすいのは、できるかぎり少ない要素で成立するモデルで対処可能な、きわめて狭小な問題だろう。実証検証のためになんらかの試みを行おうとする場合、数値化できる形で生じる比較可能な事例を十分に含んだデータセットが必要となる。その試みから得られた結果は、モデルから推定されることを裏づけるかもしれない。だが、数学的な裏づけのようなものがあったとしても、それはほとんど論証とはみなされえない。因果関係は、モデルに簡単には適合しない要素、あるいは容易に数値化できない要素との関連で生じた可能性もある。目標が達成された場合でも、それが運や偶然や、外部要因による重大な干渉のせいではなく、選択した行動の結果だと断言できるとは限らないのだ。

自然科学においては、法則を確立することができる。粒子は自由意志をもたないため、因果関係の予測が可能だ。だが、自由行為者がかかわる場合、これは不可能である。通常なら一つの反応を引き起こす脅威や刺激が、時としてきわめて異質な反応を生み出しうる。目的が、経済学の世界でよくあるように、数多くの小規模で類似の取引に影響を与えることにあるのなら、問題ないかもしれない。政治に関する研究は形式的な厳密さと数学的な明快さという基準を満たす必要がある、と強調すれば、提起される問題の質とそれに対する答えの有用性が重視されることはなくなる。ある論者はこう述べている。「厳密さは保存則の支配下にあり、数学的側面における厳密さが高まれば高まるほど、その他の（もしかするとより重要な）側面における厳密さは低くなる[12]」。こうした限界の問題に取り組んだゲーム理論家は、理論の厳しい制約にとらわれるのをやめるか、専門家しか親しんだり支持したりすることのできない、きわめて複雑な水準まで理論を発展させるか、の二者択一を余儀なくされたのである。

政治学における合理的行為者理論に対して、とりわけ手厳しい反論を展開したのがドナルド・グリーンとイアン・シャピロである。二人は、数多くの研究がなされてきたにもかかわらず、政治に関して合理的選択理論がもたらした知見は「あまりにも少ない」と説いた[13]。そして、同理論に関してよく取り上げられる以下のような問題点を示した。一人の人間が最終的な選挙結果におよぼす影響はきわめて小さいと見込まれるにもかかわらず、選挙のプロセスに時間を費やすのは割に合わない。だから投票は有権者にとって非合理的な行動といえる。だが実際には、大勢の有権者が投票に行っている。どうすれば、同理論の核となる考えに反することなく、こうした事実の辻褄を合わせられるのか、と。その理由は投票で得られる「精神的な充足感」にあるという説明を、グリーンとシャピロは冷笑した。それは有権者にとっての利益の一つかもしれないが、なぜそれが他の利益よりも優先されるのか。その充足感はどこから来るのか。それは大義、あるいは民主主義は投票に依存しているという信念にかかわる充足感なのか、それとも候補者の質に関する充足感なのか。こうした疑問に対して、合理的選択理論は納得のいく答えを示さなかった。興味深い発見が得られた場合にも、同理論以外の方法を用いなければ説明できなかった。国際関係への合理的行為者モデルの適用について研究したスティーブン・ウォルトは、モデルが「技術的な面でより複雑になっている」のに「それに付随する知見の高まり」がみられない、との結論を下した。そして、その複雑さのせいで重要な前提が覆い隠されてしまい、理論を評価するのが困難になった、と論じた。[14]

あるクーン主義者はこうした批判に対して、「理論には妥当性がないことを明らかにする事実があるからといって、一つの理論を否定することはできない」と反論し、それを「退けられるのは、より優れた理論だけである」と説いた。[15]だがこれは、往々にして疑わしいモデルから導き出される推測的仮説にすぎないものを過大評価する主張だった。数学的に論じうるという事実だけで、そうした理論を自然科学の理論と同じ水準で語ることには無理があった。

連合の形成

ライカーは自著『政治的連合の理論』で、連合の形成にかかわる新たなアプローチを示した。プレーヤー間のコミュニケーションの性質と、それがゲーム内で行われうるのか、それともゲームの範囲外でのやりとりにかかわるものなのかという点は、ゲーム理論において、とりわけ難しい論点であった。社会的なつながりや文化的な背景をもたない、自立した合理的な個人という開始時の前提が、共感という前提はありえないことを意味するのだとすれば、協調は生まれつきの性向ではなく、状況の論理だけに左右されることになる。ジョン・フォン・ノイマンとオスカー・モルゲンシュテルンは、明言こそしていないものの、二人以上が参加するゲームにおける連合形成の方法を提案していた。三人以上が参加するゲーム（n人ゲーム）になると、利害の対立が不明瞭になるため、前提を単純化するのは難しくなる。三人のゲームで、うち二人が協力すれば、その二人が勝つはずだ。こうした連合が形成された場合、ミニマックス解で決する二人ゲームと同様になり、計算は単純化される。問題は、弱いプレーヤーにとって、弱い者同士で団結して強いプレーヤーに立ち向かう方法（バランス）と、強いプレーヤーと手を組む方法（バンドワゴン）のどちらが合理的なのか、という点にあった。安定的な連合の選択肢が数多く存在しうる状況においては、あらゆる連合の可能性を入念に調べ、最適な戦略を見いだす必要があった。

ウィリアム・ガムソンは、ライカーが『政治的連合の理論』を刊行する少し前から、連合形成に関するフォーマル理論を構築しようとしていた。問題を二人ゲームに還元して考える必要があるとの見方に賛同していたガムソンは、連合を「異なる目標をもつ個人あるいはグループのあいだでなされる一時的で手段主導型の提携」と定義し、以下のように論じた。プレーヤーは、権力そのもの、つまり将来の意思決定をコントロールする能力を得ようとして協力する公算が大きい。連合で共有する資源が、他のプレーヤーの資源や他の連合で共有する資源よりも多ければ、この能力を獲得することは可能となる。連合を形成する各プレーヤーの目標が相容れない場合もあるが、各プレーヤーはそれぞれ独自の目標に集中することができる。ただし、誰が誰と手を組むのかを予測するには、ある特定の意思決定にどれだけの資源を投じるのが最適か、各プレーヤーによる資源の分担はどうなるのか、考えられうるあらゆる連合においてどのような利得がもたらされるのか、といった点を理解する必要が生じる。ガムソンは、こうした条件のもとでゲーム理論によって導き出される解が数えきれないほどあることに気づいた。このモデルでは、連合を形成したプレーヤーは、それぞれが連合のために投じた資源の割合に比例する形で、連合が獲得する利得の配分を受けることを見込む、という一般仮説が設けられていた。ガムソンは、相互選択と、意思決定点に到達するまで組み合わせの試行を繰り返す段階的なプロセスによって連合が形成されると説いた[16]。

ライカーはこうした考え方をさらに発展させ、議会における連合形成の研究をもとに、ある強力な説を構築した。それは、完全な情報をもった勝利連合は、勝利するのに十分なだけの規模にとどまるという意味で最小である、そしてゲームの構造や各プレーヤーの行動などに関して参加者のもつ情報が不完全であればあるほど、勝利連合の規模は大きくなる、というものだ。ライカーは、イデオロギーや慣例といった要素を意図的に排除しているにもかかわらず、この「スパース・モデル」（少ない情報から全体像を導き出すモデル）がきわめてうまく機能することを見いだした[17]。そのライカーも一九六〇年代末には、「連合の理論を練り上げることばかりに多大な労力を費やし、その実証にはさほど力を注いでこなかった」と認めるにいたった[18]。ここでも、潜在的な投入データと起こりうる結果が多すぎる場合のゲーム理論の限界が露呈したのだった。

『政治的連合の理論』でライカーはこう説いた。「わたしの考えでは、合理的な政治的人間が望むのは勝利だ。それは権力欲よりもはるかに具体的で特定可能な動機となる」。この説は、ほとんどの政治的な人間が狭い意味でしか成り立たないと想定しているゼロサム状況における問題を提示し、連合に対する姿勢がよくいっても嫌々ながらになることを示していた。こうした考え方を背景に、ライカーは権力に言及せずに合理性を定義し、合理的な政治的人間の特徴を以下のように具体的に述べた。「勝利を望む者は、他者にそのような状況でなければ行わないであろうことをさせようとする。あらゆる状況を自分の利益になるように利用しようとする。そして、ある特定の状況で勝とうとする」[19]。これは、一般の有権者が折に触れてとる政治的行動に、ライカー自身があまり関心を寄せていなかったことを反映していた。ライカーは民主主義における一般の有権者の重要性は限定的だと考えており、むしろ政治エリートのなかの重要人物に関心をいだいていた。議論の余地はあるものの、経済学でゲーム理論が最もうまく機能するのがプレーヤー数の少ない寡占を扱う場合であるのと同じように、この種の政治理論は寡頭政治を扱う場合に最もうまく機能したといえる。

より多様な状況でこの理論が適用できるかどうかを示す重大な試みを行ったのは、マンサー・オルソンである。オルソンは、利己的な合理性の論理が協調に際してどのように働くかという点に興味をそそられていた。カール・マルクスが階級意識によって共通の利益をもつ者たちを政治勢力へ変えようとしたのに対して、オルソンは大人数で構成員がバラバラな集団を政治勢力として機能させることの難しさを指摘した。それは各個人が、公共の利益（数人ではなく集団全体で共有する利益）のために行動して得られる限界便益が通常は限界費用を下回る、そして自分が行動してもほとんど何も変わらない、と見込むからである。したがって、集団全体の目標のために他人と協力するのは、大人数であればなおさら非合理的だとオルソンは論じた。「共通の利益のために個人を動かす強制手段、あるいはその他のなんらかの特別な手段を講じないかぎり、合理的で利己的な個人は、その共通の利益、あるいは集団全体の利益の達成をめざして行動することはないだろう」。個人は合理的な利己心から、自ら行動することは避けながら、他人の行動による便益を受けつづけようとするのだ、と。[20]

こうした「ただ乗り」の問題は、軍事同盟において、保護は受けるが、資源面でほとんど貢献しない構成国などの例で認められるものだ。一九六〇年代にランド研究所のコンサルタントを務めていたオルソンは、この問題を強く訴えた。オルソンは、北大西洋条約機構（NATO）の中小加盟国が「集合財の追加的な供給を行う動機がほとんど、あるいはまったくない」と気づいたために、負担の配分が不均衡になっていることを示した。[21] 共通の利益があったとしても、自分が動くかどうかにかかわらず、そして自分が代償を支払わなくてもそれが実現する可能性が高ければ、行動する意味はない。一方で、個人の行動が実際に変化をもたらし、そして便益が費用を上回るのであれば、共通の利益を確保するために行動するのは合理的である。ある意味で、オルソンは一種のエリート理論を提示したといえる。資源を有するごく一部の集団が影響力を保持できることを説明したからだ。多数派にとっての利益はこうした少数派にとっての利益に反しているかもしれないが、まとまりのないバラバラな存在であるかぎり、多数派はささやかな影響力しかもてない。

社会的費用と便益という考え方によって、これはある程度、説明がつく。わざわざ投票に行ったり、組合に加入したりする個人は見落とされがちかもしれないが、積極的に運動を展開する小集団の場合、話は違ってくる。オルソンはこの点を踏まえて、自動車メーカーが共同で政府に対して自動車価格を維持するための手段を働きかけることができるのに対して、もっと数の多い消費者が同じように価格引き下げのために行動することができない理由を説明することに成功した。集合財はすべての人に影響をおよぼすが、ロビー活動がとくにしやすい立場にある者の利益に寄与する傾向が強いのだ、と。

社会的な圧力が認識されることによって、どこに利益が存在するのかという疑問はより大きな問題となる。名声や評判に関する疑問は、それが社会的に認知されてこそ生じるものだ。そうした疑問は、ある社会的状況の外では意味をなさなくなるうえ、状況が変われば変化しうる。金銭や権力という狭い概念で利害をとらえ、追求する理論は明快、簡潔でありつづける可能性はあるが、必ずしも現実に即したものにはならない。多種多様な利害は、それらを効率的に追求することだけを求める理論に直接、打撃を与えはしなかったが、理論の明快さと簡潔さを損なわせるものだった。

協調の発展

ゲーム理論は、きわめて利己的な場合以外の振る舞いに必ずしも対応できないわけではなかった。ゲーム理論を戦略的な手段として扱う有名な本を著したアビナッシュ・ディキシットとバリー・ネイルバフは、第二版（二〇〇八年）が第一版（一九九一年）と異なっている点として、「戦略的な状況で協調が重要な役割を果たしていると、はっきりと認識したこと」を挙げた。[22] 社会的行動の発展をゲーム理論によって理解するには、ロバート・アクセルロッドが著書『協調の進化』（邦訳『つきあい方の科学』）で強く唱えたように、繰り返しゲームに注目するという方法がある。興味深いことに、同書の発想の原点は、ゲーム理論への強い関心と、同じくらい熱烈な反軍国主義とを結びつけたアナトール・ラパポートにあると考えられる。ラパポートによると、数理生物学の推進について一緒に議論したジョン・フォン・ノイマンが、ソビエト連邦に対する予防戦争を支持していると知ったことが自らの人生の転換点になったという。一九六四年にラパポートは、トーマス・シェリングなどの戦略家によるゲーム理論の乱用と自身がみなすものに対し、反論の書を刊行した。[23] ラパポートは（ベトナム戦争への反対を表明してトロント大学に移るまで）ミシガン大学で教鞭をとりながら、合理的協調の理論に対する理論的な「解決法」の妥当性を探る手段として、実験ゲームを積極的に推進した。ミシガン大学でこの研究を続けたグループのなかにいたのが、やはり反戦活動家であったアクセルロッドである。

アクセルロッドは、コンピューターを用いたゲーム理論の実験の可能性を調べるために、ある競技会を開催した。専門家に、二〇〇回まで繰り返すことのできる「囚人のジレンマ」のゲームのためのコンピューター・プログラムを提供するよう呼びかけ、協調的な結果をもたらす方法を学習する、あるいは示すことが可能かどうかを探ったのだ。当然といえるのかもしれないが、優勝したのはラパポートが提供した単純なプログラムだった。これは、片方のプレーヤーが一つ前の回に相手のプレーヤーがとった手をまねする、という「しっぺ返し」のゲームを続けることを命じるプログラムだった。初回の命令（コマンド）を「協調」としたことで、協調的な結果へと続く流れが自然とできたのだ。これは協調的な振る舞いが、「友好的であり、挑発的で報復を誘いながらも、いくらか寛容なルールのもとで実を結ぶ」可能性を示していた。[24] つまり、冷戦の緊張状況でも協調の余地があることを意味した。そしてそこには、道徳観念を欠いた合理性に人間の善良さがまさりうるとの主張に頼らなくてもよい、という大きな強みがあった。この試みでは、ある程度重要なスタート時点での想定を除き、人の手がおよばないコンピューター任せのプロセスが続く。ゲーム理論が利己的であることを前提としているにもかかわらず、アクセルロッドは協調が合理的になりうると示したのだ。

このことは、戦略家になんらかの価値をもたらしたのだろうか。提示されたのは、明らかに当てはまらない場合（カルテルなど）を除けば、協調は良いことだという前提である。『協調の進化』は利他主義と互恵主義の美徳をたたえる書となった。アクセルロッドは協調関係を築くための四つのルールを考案した。第一に、ねたんではならない。相対的な利得ではなく絶対的な利得に満足する。つまり、自分がうまくやっているかどうかを考え、他の誰かが自分よりもうまくやっているかどうかは気にしない。第二に、先に裏切ってはならない。協調の論理を確立する必要があるからだ。第三に、他のプレーヤーが裏切ったら、報復の信憑性を築くために仕返しをする。第四に、策をめぐらしすぎない。他のプレーヤーがこちらの出方を読めなくなってしまうからだ。アクセルロッドは長期的展望の重要性も指摘した。長期的にかかわり合うのであれば、時として揺らぐ場合があるとしても、協調を続ける意味はある。だが、短期的なつきあいにすぎないのなら、協調を続けるインセンティブはさほどない。その場合、裏切ることによって失うものはほとんどないだろう。

アクセルロッドの分析は、戦略が大きく関与する紛争にも当てはまらないわけではなかった。とりわけ、漠然とした対立関係や競争が背景にある場合でも協調の余地が大きい分野では、有効ともいえた。だが、「囚人のジレンマ」に近い状況においても特異な手法である「しっぺ返し」というアプローチを実現させるのは困難だ。二つの当事者が対称的な立場にある状況はまれであり、協調するにしろ裏切るにしろ、それぞれの動きがもたらす影響は同等にはならない。協調は、等価値のものだけでなく、異なる種類の便益の交換に基づくものとなる公算が大きい。だからこそ、「囚人のジレンマ」の繰り返しゲームを通じてではなく、バーターなどの手段によって協調を築くことのできる方法がとられてきたのだ。アクセルロッドが開催した競技会は、ある重要な点を裏づけた。戦略は、一度限りの取り組みではなく、連続する複数回の取り組みのなかで、時間をかけて評価しなければならないということである。策をめぐらしすぎるのは賢明でないというのも、こうした理由からだ。「他のプレーヤーの手を推測する複雑な手法」を用いるプレーヤーは、往々にしてうまくいかない。自分の振る舞いがおよぼす影響を考えずに他者の振る舞いを読むのは難しい。複雑な意味合いを込めた振る舞いが、ただの気まぐれとして受け止められる場合もある。

デニス・チョンは公民権運動に注目し、マンサー・オルソンが提起した「公共心に富んだ集合行動」（チョンによる表現）への合理的な参加に関する問題に取り組むために、繰り返しゲーム（囚人のジレンマではなく安心ゲーム）を用いた。チョンは、人々が最初は無益な運動に積極的に身を投じようとはせず、その後は、ほかに運動を担っている人がいるなかで自分があえて危険を冒すことに気後れするようになる点に目を向けた。この種の集合行動に、明確なインセンティブは見いだせない。だが「社会的、心理的な」便益は存在する。「協力しないことが自身の評判の悪化やコミュニティからの追放や排斥につながる場合には、集団的な取り組みへの協力が長期的な関心」になる、とチョンは説いた。

チョンは、ゲーム理論が適しているとみられる一度限りの取り組みという観点から、戦略に目を向けることの難しさにも触れた。長期的な視野で思考する能力を身につけるには、「コミュニティの他のメンバーとのあいだで繰り返されるであろう交流や出会い」を考慮に入れることが求められる。集合運動の難しさは、それを始めるところにある。チョンが提示した安心ゲームのモデルでは、指導者がどうやって生まれるのかを説明できなかった。指導者は「自発的に」行動し、成功や追随者の出現を確信することなく活動に従事する。目に見える結果が出ていない段階でも、最初の追随者たちを獲得できれば、その運動は社会的伝染という形を通じて勢いを得る。こうした点からチョンは、もっと単純な過去の考察からも得られていたであろう結論を導き出した。それは、「堅固な組織と実効性ある指導力」と当局から取りつける「象徴的で現実的な譲歩」との組み合わせが集合運動を後押しする、ということである。さらに、「集合運動へとつながる一連の出来事を期待どおりに引き起こす客観的な要因の組み合わせ」を特定できるという考え方には慎重になるべきだ、との見解も示した。[25]

問題は、合理的選択に用いられる手法から興味深く重要な洞察が得られなかった点ではなく、あまりにも多くの注目に値する疑問が回避されてしまった点にあった。ほとんどの状況において、ほとんどの主体にうまく当てはまるという理由で（利益や権力の最大化といった）選好が特定されている場合でないかぎり、主体が何を達成しようとしていて、自らの選択肢と他の主体の反応について、どのように見込んでいるのかを説明できるのは、主体自身しかいない。つまり、理論を活用できるようにするには、その前に山のような説明をする必要がある。ロバート・ジャービスが説くように、「主体の価値観、選好、信念、自己認識はすべてモデルに組み込まれていない外生的な要因であり、これらの要因を明らかにしなければ、分析は始められない」のだ[26]。ただ効用関数（効用の大小によって選択肢を順序づける体系）を所与のものとみなすのではなく、そうした順序づけがどこから生まれ、状況の変化によってどう変わりうるのかを理解することが重要である。ハーバート・サイモンはこう論じている。「人々が選択肢についてどのように考えるかだけでなく、そもそも選択肢がどこから生じるのかを理解しなければならない。選択肢が生まれるプロセスが、研究の対象外になってしまっている感がある[27]」。

ウィリアム・ライカーの研究活動の軌跡は、こうした点を如実に表しているといえる。ライカーのアプローチには共通する重要な特徴があった。個人はマネーや名声といった利己心を満たす、わかりやすい手段だけでなく、より感情的あるいは倫理的な他の要因にも突き動かされる、という考え方だ。これは、効用が主観に左右されうることを示しており、ゲーム理論に持ち込まれた選好に関する事前的決定要因についての論点を補強した。[28] ライカーはゲームの構造が大きな違いを生み出す点も強調した。問題となっている争点も、そのフレーミングの仕方により、たとえプレーヤーの組み合わせに変わりがなくても複数の選択肢をもたらす可能性があるのだ、と。

一九八三年にアメリカ政治学会の会長を退任する際の声明で、ライカーは三段階の分析手法を以下のように示した。第一に、「制度や文化、イデオロギー、過去の出来事」による制約、つまり背景を明らかにする。第二に合理的選択モデルならではの段階として、「そうした制約のなかで効用を最大化するとの前提から部分均衡」を見きわめる。第三に、「自身の機会を広げようとする参加者の創造的な調整行為を詳説する」。残念ながら第三段階には十分な力が注がれてこなかった、とライカーは指摘した。この創造的な調整行為は、ライカーが「政治戦略のアート（技芸）であるヘレスセティック（heresthetic）」と表現したものであった。ヘレスセティックは「選択する、選出する」を意味するギリシャ語をもとにした造語だ。比較的ないがしろにされている論点の例として、ライカーは「政治的対立のなかで選択肢がどう修正されていくか」という点と、「選挙戦の最大の特徴といえるレトリック」を挙げた。[29] ヘレスセティックは政治家が環境を築き、自身が掲げるアジェンダに対する他者の反応を促す手段であるため、重要である。そして、それ自体の冷徹な論理の力により状況を作り出すことで浸透しうる。ヘレスセティックを通じて、他者に連合や同盟への参加を促すことが可能になる。こうした考えから、ライカーは自身がもともと旗印を立てた場所とは違う領域へ関心を移していった。この点についてハーバート・サイモンは、「自分が広めている異端の説を隠すために『ヘレスセティック』という言葉を作ったのでなければよいが」と述べている。[30]

ライカーによれば、ヘレスセティックは政治的優位を生み出せるように世界の見方を構築する技である。ライカーは、アジェンダの設定、戦略的投票（より悪い結果を避けるために最善ではない結果を支持する）、票取引、意思決定の手順の変更、状況設定の見直しなど、ヘレスセティックを用いた戦略を数多く例示した。当初はこうした政治的な操作の手法をレトリックとは分けて考えていたが、説得の技能抜きにこれらの戦略をどれだけ機能させられるのかは判断しにくかった。死後に刊行された未完の著書は、より大きな重点をレトリックに置く内容となっていた。前出の二人の信奉者は、ライカーが政治科学を「説得と選挙戦の背後にある科学」へ回帰させようとしていた、と共著で説いているが、[31]当人は、科学による説明が難しい領域へ足を踏み入れつつあることを自覚していた。それは、ヘレスセティックについて記した著書『操作の技芸（アート）』の題名に表れている。ライカーは、「ヘレスセティックは科学ではない。ある程度自動的に戦略を成功へ導くことのできる一式の科学的な法則など存在しない」と明言していた。[32]遺著では、「レトリックと説得について、われわれはきわめて少ない知識しか有していない」との憂慮も示している。[33]ライカーは、統計分析によって自説に磨きをかけることができたという確信を、まずまちがいなく捨てていなかった。また、あまりにも「文芸的」で厳密さに欠けるという理由から、アジェンダの設定やフレーミング、説得といった論点に真っ向から取り組む大がかりな研究は断固として行わなかった。それでも最後には、政治ゲームの一部の参加者が他の参加者よりも賢く立ち回り、説得力を発揮するのはなぜか、という疑問から非常に多くの戦略研究者が引きつけられた分野へと行き着いたのだった。

第37章 合理的選択を超えて

理性は情念の奴隷であり、ただそうあるべきだ。そして、情念に仕え、従う以外の役割があると主張することはできない。

——デイビッド・ヒューム『人間本性論』（一七四〇年）

フォーマル理論の特徴のなかで、とりわけ論争の的となったのは合理性の仮定である。これは、自らの目標（高潔でも醜悪でもありうる）が達成される可能性が最も高くなるように振舞うとすれば、個人は合理的である、という仮定で、一八世紀の哲学者デイビッド・ヒュームが主張したことだ。ヒュームは理性の重要性を確信していた。理性そのものは動機となりえないと考えていたからだ。動機は人間に生じうる多種多様な欲望から生まれる。「野心、強欲、自己愛、虚栄心、友情、寛容、公共心」が「さまざまな度合いで混ざり合い、社会へ広がる」のだ、と。[1] アンソニー・ダウンズによれば、合理的な人間は「自らの知識の限りを尽くし、貴重な産出量を一単位生み出すのに必要な希少資源の投下量をできるかぎり少なくするやり方で、自身の目標に向かって前進する」。そのために必要なのは、個人の「人間性すべて」ではなく、一つの側面を重視することだ。合理性の理論では「各人の一つひとつの行動によって果たされる多様な目的や、動機の複雑さや、生活のあらゆる部分が情緒的欲求と密接に関連している点などは考慮されない」とダウンズは説いた。[2] ウィリアム・ライカーは、あらゆる振る舞いではなく、ごく一部の振る舞いが合理的なのであり、「その希少かもしれない振る舞いが経済、政治制度の構築と運用に不可欠なのだ」と論じた。[3] また、検討すべき事項が新制度の設立にかかわっているのでなければ、議会選挙であれ、立法府の委員会であれ、革命評議会であれ、主体が活動する環境は所与のものとされた。こうした状況における課題は、集合的な政治成果を「リスクと不確実性を考慮に入れ、期待利得を最大化するために行動しながら、一連の起こりうる結果をもとにして常に自身の選好を」順序づける個人の存在により説明できる、と示すことにあった。このような説明は、類語反復的になりやすいといえた。選好や優先順位を見きわめるには、現実の状況で行われた選択を分析する方法しかなかったからだ。

意図的に行われた利己的な選択は人間の振る舞いを理解するうえで最も有力な根拠となる、という仮定に対する中心的な反論は、現実と折り合いをつけるのはどんな場合でも難しい、というものだった。比較的わかりやすい例として、「囚人のジレンマ」を最初に描かれたのと同じ形で実際に再現する研究が行われた。[4] 共同で犯罪を行ったとみられる二人の被告人がかかわる事件に際して、検事は一人の被告人に対し、もう一人の被告人に不利となる情報や証言と引き換えに減刑の見通しを示すことで、切り札を手に入れられるのか。そのような疑問をもとに実施された研究の結果は、共同被告人がいる場合でもいない場合でも、強盗事件の有罪答弁率、有罪判決率、受刑率はどれも変わらないことを示した。推測される理由として、犯罪者たちが法とは別の形でお互いに制裁を加えるかもしれないという危険性が挙げられた。共同被告人は交渉中こそ離れ離れにされるとしても、いつかまた顔を合わせると予想されうるからだ。[5]こうした見解は、合理的選択の支持者にとって意味をなさなかった。合理的選択論者は合理的選択を、現実をそのまま映し出すものではなく、理論を構築するうえで有効な仮説とみなしていたためだ。

一九九〇年代になると、賛否双方の立場で考えられるかぎりの意見が出尽くし、合理性に関する議論は行き詰まりの様相を呈した。一方で、心理学や神経科学の知見を経済学に取り入れた新たな研究により、理論も再構築されようとしていた。合理的選択については、以下のようなお決まりの批判があった。人間はこの理論が仮定するような合理性をもたない。それどころか、気まぐれや無知、無神経さ、内部矛盾、無能さ、判断ミス、過剰あるいは狭量な想像力などに左右される。こうした批判に対する反応の一つは、むやみに厳格な合理性の基準を設ける必要はない、という主張だった。人々は概して理性的で分別をもち、情報に気を配り、おおらかで、結果についてじっくり考える、と仮定していれば、合理的選択理論は十分に機能する、

との見方からであった。(6)

だが、フォーマル理論としての見地から、合理性は明確化された効用、順序づけられた選好、一貫性、そして特定の動きを望ましい結果と関連づける場合における統計的手法による確率の把握、といった理念によって評価された。この種の超（ハイパー）合理性は、抽象モデルを構築する世界で求められた。こうしたモデルの構築者は、人間がそのような極端な形で合理的であることはまれだとわかっていたが、モデルを構築するにあたり前提を単純化する必要があった。その手法は帰納的というよりは演繹的であり、経験的テストにかけることができる仮説を立てる場合と違い、観測された行動パターンをあまり考慮していなかった。観測されることが予測からかけ離れていた場合、より洗練されたモデルか、特定の状況で予期せぬ結果が起きる理由に関する具体的な説明を導き出しうる研究課題が設けられる。予期された結果はおそらく直観に反しているだろうが、直観から導き出された結果よりも精度が高いと判明するかもしれない。

真に合理的な行動に求められるものについて、とりわけわかりやすい解説を示したのはヤン・エルスターである。エルスターは一九八六年の編著書で以下のように論じた。行為者の信念を所与とすれば、行為は最適である、つまり欲求を満たすための最善の手段であるはずだ。信念自体も、証拠を所与とする場合に形成されうる最善のものとなる。そして最初の欲求を所与とすれば、集められる証拠の量は最適であるはずだ。次に、信念と欲求が内部矛盾を起こさないように、行為は一貫しているべきである。行為者は、行動しない理由となりうる他の欲求よりも重要性が低いと自身が考える欲求に従って行動するはずがない。最後に試されるのは因果性の有無だ。行為は欲求と信念によって合理化されるだけでなく、欲求と信念によって引き起こされるはずである。このことは、信念と証拠の関係にも当てはまるはずだ[7]。

きわめて単純な状況における場合を除き、このように厳しい合理的行為の基準を満たすには、統計的手法を理解し、専門的な研究を通じてのみ得られる解釈力を身につける必要がある。だが実際には、複雑なデータセットを前にすると、ほとんどの人は初歩的なまちがいを犯す傾向がある[8]。そうしたアプローチに求められる論理的な思考力をもった個人でも、そのために必要となる多大な投資を受け入れるとは考えにくい。意思決定のなかには、絶対に正しいと確信できるまで時間と労力を費やすだけの価値のないものもある。わずかな時間の猶予すらない場合もある。あらゆる関連情報を収集し、慎重に評価しようとすれば、正しい答えにたどり着くことで得られる潜在的な便益を超える資源を費やしかねない。

合理的選択が、入手できるあらゆる情報を取り込んで評価し、さまざまな可能性について精度の高い数学的な手法で分析するよう、個人に求めるのだとすれば、それは実際の人間行動をとらえることにはなりえない。これまでみてきたように、合理的選択理論を勢いづけた科学的な厳密さに対する欲求は、行為者が自身の選好と核となる信念を選別してからでなければ発動しない。行為者は、自分が行った計算が、生来の価値観と信念をもつ形成された個人としての方程式やマトリックスに置き換えられうる状況に直面する。すると、行為者は考案されたドラマの筋書きを最後まで演じる用意ができるのだ。急速に進歩する脳科学研究を取り入れるなどの方法で、人間行動をより正確に説明する道を追求すべきだという主張に、フォーマル理論家は無関心なままであった。ある経済学者は、そうした神経科学的な研究は経済学とは無関係だ、と粘り強く説いた。神経科学によって「経済学のモデルに異議を唱える」ことはできない。経済学のモデルは「脳の生理について何も仮定しておらず、いかなる結論も導き出さない」からだ。経済学において、合理性とは仮定ではなく、個人を行為の主体とみなすという決めごとを反映した方法論上のスタンスなのだ、と。[9]

合理的選択理論の方法論を批判するには、現実と認識しているものにより近似しているだけでなく、よりすぐれた理論を生み出すであろう別の方法論上のスタンスを提示する必要があった。一九五〇年代初頭にこの課題に最初に取り組んだのがハーバート・サイモンだった。政治学を修め、制度がいかに機能するのかを学んだサイモンは、コウルズ委員会への参加を通じて経済学の世界に足を踏み入れた。やがてランド研究所のコンサルタントを務め、因習を打破する姿勢で研究に携わった。サイモンはランド研究所時代に人工知能への関心を深め、コンピュータが人間に匹敵する、あるいはそれを超える能力をもちうるかという点に興味をいだいた。そしてこれをきっかけに、人間の意識の本質について思案するようになり、信頼できる行動理論は非合理性の要素を認め、それを単に厄介な変則事象の源泉とみなすことのないものでなければならない、と考えるにいたった。カーネギー工科大学の産業経営大学院で教鞭をとっていたころ、サイモンは経済学者仲間について、「個々の人間を直接的、体系的に観察するのを避けることをほとんど美徳とみなし、肘かけ椅子で黙考する経済学者の浅薄な経験主義に価値を置いていた」との不満をもらした。サイモンは同大学院で新古典派経済学を相手にした戦いに挑み、敗れた。学内で人数を増やし、勢力も強めていた新古典派の経済学者たちは、サイモンが説く「限定合理性」という概念にまったく関心を示さなかった。[10] サイモンは経済学に見切りをつけ、心理学とコンピューター科学へ軸足を移した。それでも「限定合理性」は、完全な情報と計算能力がない状態で人々が実際にどのような決断を下すか、という点について、説得力のある説明を提示する概念として認識されるようになった。この概念は、多少の合理性から得られうる予測可能性を否定することなく、人間の誤りやすい性質を認めていた。サイモンは、最適な結果を得るには過剰なまでの労力が必要とされることから、人々は次善の結果を当然のように受け入れうることを示した。人は、最善の解決法を得るために徹底的な探索を行うのではなく、満足のいく解決法を見いだすまで探索する、と。このプロセスをサイモンは「満足化（satisficing）」と表現した。[11] 不要な衝突を避けるために、たとえ不便であっても人は社会規範を受け入れる。実証研究が根強く一貫した行動パターンの存在を示したのだとすれば、それは利己的な目標を合理的に追求する姿勢を反映しているのかもしれないし、あるいはそうした行動パターンは、人々を周りにならうよう仕向けるような強力な慣習の影響を反映しているのかもしれなかった。

サイモンの研究を土台に、より多くの心理学の知見を経済学へ取り入れたのがエイモス・トベルスキーとダニエル・カーネマンだった。二人は信頼を得るために数学をふんだんに用い、自分たちの方法論が本格的であることを示し、行動経済学という新しい学問領域を生み出すことに成功した。そして、個人が複雑な状況に対処するために、「これぐらいで良いと思える」プロセスと、もっともらしく「経験則」にのっとって解釈した情報に基づき、思考の近道をとることを示した。カーネマンが説くように、「人々は限られたヒューリスティック（経験則）の原理を頼りに、確率の評価や価値の推定といった複雑な計算作業を、より単純な判断操作に置き換えている。こうしたヒューリスティックは概して非常に役立つが、時に重大な系統的エラーを引き起こす[12]」。エコノミスト誌は、実際の意思決定に関して行動研究が提示したことを以下のようにまとめた。

［人は］失敗を恐れ、明らかに証拠と相容れない信念に固執して認知的不協和におちいる傾向がある。たいていの場合、それは長きにわたってもちつづけ、大事にしてきた信念だからだ。人はまた、外部から提示された情報に引きずられやすい。そして、状況を改善するのではなく、現状を維持するためにリスクをとる傾向が強い。問題を区分化し、一つの問題にかかわる意思決定を、他の区分におよぶ影響をほとんど考慮せずに行う。人はまた、

データのなかから、ありもしないパターンを読み取る。事象について、個別の際立った特徴をとらえようとせずに、よくある種類の事象の一例とみなす。大局から物を見ずに、鮮烈な事象に過剰な注意を向ける。常に確率を読み誤る……つまり、非常に生じやすそうな結果の確率は実際よりも低く見積もり、きわめて生じにくそうな結果の確率は実際よりも高く見積もり、確率は極端に低いものの生じる可能性がある結果については、まったく生じないと見積もる。また、意思決定をより大きな構図の一部としてではなく、一つひとつ別のものとしてとらえる傾向がある。[13]

とりわけ重要とされたのが「フレーミング効果」である。本書の第Ⅲ部では、アービング・ゴフマンがフレーミングという概念を唱えたことを述べ、フレーミングによってメディアが世論の形成に一役買ってきた点に触れた。フレーミングは、ある種の特徴について、どこを目立たせるかによって、選択肢が違ってみえるようになることを説明するのに役立つ。個人は、あらゆる重要な側面を視野に入れてではなく、一つの側面（多くの場合、無作為に選んだもの）に注目して、とるべき行動の選択肢を比較する。[14] 損失回避性にかかわる重大な発見もあった。個人にとって良いものの価値は、潜在的な利益として評価するときよりも、失ったり、あきらめたりしなければならない可能性がある場合のほうが高くみえる。行動経済学の知見を主流の経済学に取り入れた先駆けの一人であるリチャード・セイラーは、消費財を売ろうとする場合につける価格は、買おうとする場合の価格よりもはるかに高くなる例を挙げ、これを「賦存効果」と呼んだ[15]。

実験

合理的選択理論に対する反論は、ゲーム理論から導き出された説を検証する実験によってもなされた。自然科学の分野では、実験はコンテクストに左右されてはならないものだが、この場合の実験はそれとは異なっていた。人間の認知と行動に関する普遍的な真理のようなものが明らかになった、という主張には裏づけが必要だった。ただ実験の結果は、WEIRD（英語で「風変わりな」を意味する）の頭文字で示される社会に関してのみ当てはまるものとみなされる可能性もあった。それは、大半の実験が行われる場である、西洋的で（Western）、教育が普及し（Educated）、工業化した（Industrial）、豊かで（Rich）、民主的な（Democratic）社会のことだ。WEIRD社会が世界の人口構成を反映する代表的な部分集合ではない点は否めないが、一方で重要な部分集合であることも、たしかだった[16]。

とりわけ有名な実験は最後通牒ゲームである。このゲームは、もともと一九六〇年代初頭に交渉行動の探求を目的とした実験的設定として用いられた。実験者にとって悩ましいことに、当初からゲームは個人が次善とみられる選択を行う傾向を示した。ある額のおカネを与えられた片方のプレーヤー（提案者）が、そのうちのいくらをもう片方のプレーヤー（受領者）に配分するかを決め、提案する。受領者はその提案を受け入れることも、拒絶することもできる。拒絶した場合、二人とも何も得られずに終わる。合理的な自己利益という考え方に基づけば、提案者が少額の配分を提案し、受領者がそれを受け入れることがナッシュ均衡となる。だが実際には、公平性の概念がそれを妨げた。受領者は、自分の取り分が三分の一に満たない提案は必ず拒絶した。一方、相手が公平さを期待するとの見方から、ほとんどの提案者は半分に近い額の配分を提案する傾向をみせた[17]。こうした予想外の結果に直面した研究者たちは当初、被験者たちが選択肢についてじっくり考える時間がなかった、といった何かしらの問題が実験にあったのではないかと疑った。だが、時間の余裕を与えたり、ゲームの真剣味を高めるために金額を増やしたりしても、結果にほとんど違いは出なかった。独裁者ゲームの名で知られる応用版では、提案者がどのような提案をしても受領者は受け入れなければならない、という制約が課された。案の定、提案者は低めの額（最後通牒ゲームの場合の平均値の半額程度）を提示した[18]。それでも、全体の額の約二〇パーセントという数字は、少ないといえるものではなかった。

こうして、カギとなる要因は計算ミスではなく、社会的相互作用の性質だということが明らかになった。最後通牒ゲームにおいて、コンピューターやルーレットで金額が決まったと知らされた受領者は、そうでない場合よりもはるかに低い額の提案も受け入れた。また完全な匿名性を確保し、直接の人的交流が生じないようにした場合、提案者は少なめの額を提示した。[19]民族によって数字が異なるという研究結果も出た。配分される額には、その文化において一般的な公平性の概念が反映されていた。文化によって、提案者があえて半分を超える額を提示する場合もあれば、どんな提案であっても受領者が受け入れたがらない場合もあった。とりわけ独裁者ゲームにおいては、家族内でやりとりする際にも変化が生じた。こうしたゲームに子どもを参加させる研究により、人間が小児期に利他主義を学ぶこともわかった。[20]ほとんどの個人は成長するにしたがって、古典的経済理論で想定されていた利己的な意思決定から離れ、より利他的になっていく。アンジェラ・スタントンが皮肉をこめて指摘したように、合理的意思決定の規範的モデルは、子どもの意思決定能力を標準とみなしていたことになる。[21]

こうした研究は、社会的相互作用のなかでの評判の重要性を裏づけた。[22]日常的な交流があるなど、信頼を得ておく必要がある場合には、自分に対する相手の見方に影響をおよぼすのではないかという懸念が明らかに存在する。このような公平感や評判への関心は、直観的で衝動的に思えるものの、決して非合理的ではない。社会的ネットワークを強めるために良い評判を得ることは個人にとって重要であり、また集団としてのまとまりを保つ社会規範には守る価値がある。さらに、提案者が利他的とはいえない提案をした場合、けちな提案者は罰せられることを示すために受領者が分け前の受け取りを拒否する、という実験的証拠も得られた。[23]

投資家のグループを対象とした実験も行われた。グループの一人の投資家は毎回、少額の損失を出している。だが、他の投資家がみな利益をあげていて、集団としての利益は確保できているため、この損失も問題視されずにいる。すると狭量な利己心から、ただ乗りしようとする者が出てくる。自らは投資せずに損失を回避しながら、他のメンバーによる投資の恩恵にあずかることができるからだ。つまり、グループを犠牲にして利益を得るのである。こうした振る舞いは、やがて協調の崩壊をもたらす。ただ乗りを防ぐには、グループの他のメンバーが制裁を発動する必要がある。たとえ、それにより他のメンバーが個人としてコストを負担することになるとしてもだ。参加するグループを選択できる場合、個人は最初、ただ乗りに対する制裁があるとわかっているグループへの参加に尻込みすることが多いが、やがて協調確保の重要性を認識し、そのグループへと移っていく。

ただ乗り者や、最後通牒ゲームで不公平な提案をする提案者は汚名も着せられる。以下のような実験も行われた。ルールに従ってゲームを行うつもりでいる個人に、ただ乗りする他のメンバーの正体をあらかじめ伝えておく。ひとたび、あまり信用できないと評されたメンバーは概して、さほど好感がもてず、魅力に欠ける人物とみなされる。そしてゲームが始まると、こうした先入観が行動に影響をおよぼす。信用できないと決めつけられた人物とともにリスクを負うことに、たとえその人物が他のメンバーと同じように振る舞っていたとしても消極的になるのだ。そして、その評判がゲーム中の実際の行動と一致しているかどうかを確認するために労力を費やすことはまずない。特定の個人に、ただ乗り者、あるいは痛い目にあっている協調者というレッテルを貼って行った実験では、ただ乗り者に寄せられる共感は、協調者に寄せられるものに比べてはるかに小さかった。[24]

これらの実験に対して合理的行為者モデルの推進派が示した反応の一つは、興味深いが的外れである、というものだった。実験は小集団を対象としており、被験者は多くの場合、大学院生だった。この種の状況についての理解が進めば、理論で唱えられているように、より合理的な行動がとられるようになる傾向が生じることは十分にありえる。実際に、経済学や経営学の教授や学生を被験者としてこの手のゲームを行うと、プレーヤーがはるかに利己的に振る舞う、ただ乗りしがちになる、公共財の供給に貢献する意欲を半減させる、最後通牒ゲームで自分の手元により多くの資源を残す提案をする、「囚人のジレンマ」ゲームで裏切る傾向を強める、といった事態が起きるとの証拠が出ている。こうした報告は、経済学者が他の分野の学者よりも不正に走りやすく、慈善事業への寄付を行う意欲に乏しい、といった研究結果とも一致していた。[25]ある研究者は、「ミクロ経済学の講義を受けるという経験によって、学生たちが自己利益の定義だけでなく、利己的に振る舞うことの妥当性に関する考え方を実際に変えてしまった」と説いた。[26]金融市場のトレーダーを対象とした研究では、経験の浅いトレーダーがセイラーの唱えた賦存効果に影響されやすいのに対して、経験豊富なトレーダーは影響されにくい点が明らかになった。[27]こうした研究成果は経済学者を持ち上げるものではなかったかもしれないが、利己的な振る舞いがごく自然に生じる可能性もあることを示した。そしてこの問題は、あらためてフォーマル理論家のあいだで議論されうるものだった。利己的で計算高い振る舞いの可能性が提示されたのはたしかだが、それにはある程度の社会化が必要となる。利己的な振る舞いが自然に生じることを論証できなければ、そしてそれが習得しなければならないものだとすれば、社会的ネットワークには、いかに振る舞うべきかという手引きの源としての重要性があることになる。

個人が、市場や、利己的で自分本位な行動を促すその他の状況での消費者のように行動すれば、その振る舞いはそうした動きを想定したモデルから予測されるものに近くなりうる。実際の合理性の程度を探るために行われた実験は、「金銭的な損得が生じるギャンブルでの選択などのように、確率と結果が明確化された」特定の種類の選択に関する先入観を反映していた。[28] 実験で合理的行為者モデルを裏づけようとした研究者たちが、社会的圧力の重要性と協調がもたらす価値を評価するようになったのは、ほとんど偶然であった。日常生活における複雑な社会的ネットワークのなかでは、真に利己的で自分本位な振る舞いは基本的な意味で非合理的だった。

行動経済学を隠れ蓑（みの）として行動心理学の知見を取り入れ、フォーマル理論を刷新する試みもなされたが、あまり進歩はなかった。新たな研究から得られた最も重要な知見は、個人を旧来のモデルが仮定していたよりも複雑で多面的な存在として研究するのではなく、その社会的背景を考慮して研究するほうがはるかに重要だという点であった。

協調を非合理的とみなし、規範を守り、協調的な関係を維持する目的で非協調的な者やただ乗り者を罰するために犠牲を払うことの意味を理解しなかったのは、合理性についてのまさに特別な見方だった。社会的、経済的な取引の多くは、その各段階に疑念や、他者の真意を疑うに足る理由が存在すれば、成り立たなくなる。信頼の本質は、ある程度の危険性（損害をこうむるリスク）を認識しながら進んで受け入れること、つまり信頼する相手が悪意をいだく可能性を念頭に置きながらも、そうではないと考えたほうがより利益が大きくなると理解することにある。人々が他者を信頼しないより信頼するほうを概して好む傾向は、証拠によって明らかになっている。一度交わした約束は守らなければならない、という規範的な圧力は強大であり、信頼できないとの評判は結果的に障害となりうる。自分がかかわっている人々が自分を信頼してくれ、こちらからも信頼できるのであれば、複雑な契約や履行に関する問題にわずらわされることもなくなり、人生はずいぶんと楽になる。他者に対する信頼は、必ずしも善意を前提とするわけではない。その背後では、実にさまざまな計算が働きうる。たとえ疑念を促す兆候があっても、ほかの道をとれば悪い結果につながる可能性がより高くなりそうであるため、誰かを信頼するよりほかに選択肢がないと考えられる場合もある。また、どうであれ情報が少ない状況で他者の信頼性を受け入れることは、思い切ってそれに賭けて行動することを意味する。だからこそ、欺瞞は非難されるのだ。欺瞞とは、善意の仮面の下に悪意をしのばせ、相手の信頼につけこむことを示す。信頼は相手の意図に関する証拠を受け入れることであり、欺瞞はこの証拠を偽装することである。[29]

信頼に関して重要なのは、騙されていることを示す手がかりが次から次へと出てきても、個人は予想外の事態に直面するのを避けつづける可能性がある点だ。徹底的に探られると立ち行かなくなる恐れのある詐欺師は、恋愛にあこがれる女性や一攫千金を狙う強欲者など、自分の話を信じる傾向のある者に的を絞る。研究では、人々が「欺瞞を見抜く能力が劣っているにもかかわらず、自分ではその力を過信している」ことがわかっている。[30]「認知的怠惰」は思考の近道につながり、人々や状況について誤解する、背景を探ろうとしない、矛盾から目をそらす、以前に下した相手の信頼性に関する判断に固執する、といった結果をもたらすのだ。[31]

メンタライゼーション

人々の特性の違いを認識し、個性によってそれぞれの人を見分ける能力は、あらゆる社会的交流において不可欠だ。特定の状況に対する人々の反応を予測するのは難しいかもしれないが、特定の個人の反応が見通せる状況においては、その行動を予想することや操作することさえもが可能になりうる。

他者の心の動き方に関する理論を構築するプロセスは、「メンタライゼーション（mentalization）」と呼ばれてきた。他者の心が自分と似ていると考えるのではなく、その行動を観察することで、他者が独自の心的、感情的な状態を有している点が明らかになる。他者が感じていることを感じとる能力、という意味で使われる心理学用語の「共感」（英語でempathy）は、芸術作品や他者に自分自身の感情を投射する過程を示すドイツ語の「アインフュールング（Einfühlung）」を語源としている。共感は同情の前触れとなりうるが、この二つは同じではない。共感が他者の痛みを感じられることを示すのに対し、同情はその痛みに関して憐れみの情をもいだくことを示す。同情は、他者の感情状態を自分のことのようにとらえて共有するだけの場合もあるが、検討、評価しながらロール・プレーイングを行うような作業でもありうる。

メンタライゼーションには、協調して起きる三つの異なる脳の活動がかかわっている。一つめは、個人の自分自身の心的状態と他者の心的状態を、知覚や感情という形で表象する活動だ。そこには、その知覚や感情をそもそも引き起こした刺激自体の性質は反映されない。表象されるのは現実の世界の状態ではなく、世界の状態に関する自身の考えである。他者の心的状態をシミュレートする際、人はその過去の行動についてわかっていることだけでなく、現在の状況に関連する、より広い世界の諸側面についてわかっていることとの影響をも受ける。二つめは、観察された行動に関する情報を取り入れる活動である。過去の経験から呼び起こしうる情報と組み合わせることで、心的状態や、行動の流れのなかでの次の動きに関する推測が可能になる。三つめは、言語やナラティブによって活性化される活動である。ウタ・フリスとクリストファー・D・フリスは、この活動をつかさどる領域が、過去の経験をもとに「現在処理中の刺激に、より幅広い意味的、情動的文脈を」加える作業を行っている、との見方を示している(32)。

この幅広い文脈は、「スクリプト」を用いることで解釈できる。スクリプトという概念を生み出したのはロバート・エイベルソンだ。一九五〇年代に態度や行動を形成する要因への関心を深めたエイベルソンは、一九五八年にランド研究所のセミナーに参加し、研究のきっかけをつかんだ。ハーバート・サイモンが中心となって運営された同セミナーは、認知研究へのコンピューター・シミュレーションの応用をテーマとしていた。エイベルソンはこの経験をもとに、新しい情報を苦もなく一般的な問題解決に取り込む「冷たい認知」と、一般に受け入れられている考え方に課題を突きつける「熱い認知」という二つの異なる概念を打ち出した。その後、合理的思考に対して認知が突きつける課題に悩まされるようになり、一九七二年の著作では、「情報が態度になんらかの影響をおよぼすのかどうか、そして態度が行動になんらかの影響をおよぼすのかどうか、強く自問している」と「理論上の行き詰まり」について記した。スクリプトという概念を思いついたのは、このころだ。当初は、心理学理論における「役割」やコンピューター・プログラムにおける「プラン」と似ているが、「役割やプランよりも、遂行面では偶発的で柔軟で衝動的であり、形成に際しては情動的、『イデオロギー的な』影響に潜在的にさらされやすい」ものと考えた。[33] こうした考えがロジャー・シャンクとの共同研究につながった。二人は、強固に定型化された行為をともなう、頻繁に繰り返される社会的状況を人工知能が参照する際の問題として、スクリプトという概念を考案した。そのような状況に直面すると、人はそうしたスクリプトの根底にあるプランを実行する。[34] つまりスクリプトとは、個人が当事者の立場であれ、傍観者の立場であれ、そのような状況において当然のように予期しうる一貫性のある一連の出来事を示す。[35]

スクリプトは、特定の機会における特定の状況で生じる特定の目標や行為を表す。よくある例として、レストランで食事する場面が挙げられる。スクリプトは、メニューに目を通す、食べ物を注文する、ワインを味わうといった、起きるであろう一連の出来事の流れを予期する手助けとなる。他者の行動を理解する必要が生じる状況では、その場に適したスクリプトから、次に起きる可能性のある出来事に対する予測、つまり理解するための枠組みが作り出される。ただし、スクリプトがそのまま使える場面はほとんどなく、他のメンタライゼーションのプロセスを用いることで、新たな状況の独自の特性に応じたスクリプトの修正が可能となる。戦略においてスクリプトが果たしうる役割については、次章で論じる。

個人のメンタライゼーションの能力はそれぞれ異なる。協調性と感情的な知性が高く、より大きな社会的ネットワークを好む者は、メンタライゼーションに長けている傾向がある。この傾向は、人を欺いたり、操作したりしがちなマキャベリ的気質の者の特質と考えることもできた。そうした気質の根底に他者の心情や弱みを把握する能力がある、との見方からだ。この種の人々には共感、いいかえると「熱い認知」が欠けている可能性がある一方で、ある程度の「冷たい認知」、つまり他者が何を知り、どう考えているかという洞察力はあるものとみなされていた。だが、「マキャベリ的」（心理学研究においては、概して報酬や懲罰に左右される、無神経で自己中心的な性格を表す）とされる個人を対象とした研究では、この種の人には「熱い認知」と「冷たい認知」の両面で欠けている部分がある、との結果が出た。こうした結果は、メンタライゼーションの能力が高くない個人は、罪悪感や良心の呵責にとらわれにくいため、他者を利用したり、操作したりするのが簡単だと感じる、という見方につながる[36]。つまり、ほかの面において他者と交流する能力を欠いているようにみえても、生まれつき他者を操るのが巧みな個人も存在しうるということになる。

このような研究結果は、議論の余地はあるが、経済理論で模範とされる合理的行為者が精神病質的で社交性を欠く傾向がある、との考え方をより後押しするものとなった。フィリップ・ミロウスキーは著書のなかで、きまり悪そうに「独り言」と断り書きをして、こう述べている。利己的な合理性を唱え、「人間の合理性の重要性を理論化」した（ジョン・ナッシュをはじめとする）理論家の多くが生来、共感性をもたず、場合によっては鬱病になったり、自殺を遂げたりするなど、精神的にきわめて危うい状態にあった点は特筆に値する、と[37]。

こうした論点は、別の二つの理由からも意味のあるものであった。第一に、本能的な行動にかかわる騙しや権謀術数といった特質（マキャベリズム）と、意図的な論理的思考プロセスから生じる欺瞞をともなう戦略との重大な違いを際立たせた。第二に、策略や狡猾さを頼みとする者に対する姿勢、つまり自分が属する社会の内部にそれが向けられた場合には非難するが、外部の敵に向けられた場合には往々にして称賛するという態度について、思い起こさせた。この点は、また新たな種類の課題を提示した。メンタライゼーションはどちらかというと単刀直入なプロセスであり、当然ながら常に交流があり、文化や背景を共有する内輪の集団においてうまく働くからだ。あまり情報がなく、疑念をいだく対象となる外部の集団を相手にした場合、メンタライゼーションははるかに難しくなる。縁遠く、魅力的でもなく、良からぬ存在とみられる相手に共感するのは困難だ。それに比べれば、内輪の集団の仲間が考えていそうなことを理解するのは容易であり、協調を生み出しやすいといえる。何か問題が生じても、直接的なコミュニケーションによって対処することが可能だ。だが、とりわけ紛争中においては、推測したり見破ったりする対象として最も重要なのは外部集団の心の内だ。外部集団との関係においては、先入観や偏見にとらわれずに全体像を描くことが難しいだけではなく、相違のありかを明らかにするためにコミュニケーションをとる機会がほとんどないからである。

システム1とシステム2

前述のさまざまな研究結果から、意思決定の複雑な構図がみえてきた。それは常に社会的側面に左右されるものであり、親密さの重要性や、疎遠で恐ろしげな相手を理解するのに必要な労力、過去の経験に基づき往々にしてかなり狭く、短期的な観点から問題点をフレーミングする傾向、状況を理解するために用いられる思考の近道（ヒューリスティック）を浮き彫りにした。これらの要素はどれも、あらゆる選択肢を系統的に評価する、正解を得るためのアルゴリズム的プロセスに進んで従う、長期的な目標を明確に思い描きながら最善の証拠と分析を用いる、といった説明にしっくりなじむものではなかった。一方で、直観や本能に頼った意思決定が何かと冷笑されるなか、直観的にみえる決断が十分に妥当である場合は多く、時として、熟考を重ねて導き出されたであろう決断よりすぐれていることとすらあった。[38] こうした点は、学者が理論を選択する姿勢にも無関係ではなかった。スティーブン・ウォルトが述べるように、ある種のフォーマル理論を理解するのに必要な複雑な数学を習得するために時間を費やすとすれば、「外国語を習得したり、外交政策問題に関する詳細を把握したり、新たな理論的著作の執筆に没頭したり、過去のデータを的確にまとめたりする」のに使う時間がなくなるのだ。[39]

ニューロイメージング研究（脳内の各部位の機能を測定し、画像化する技術を用いた研究）と実験ゲームの組み合わせにより、さまざまな種類の認知や意思決定によって活性化する脳の領域が明らかになったことで、ボトムアップ式の直観的なプロセスとトップダウン式の熟考型プロセスとのあいだで生じる葛藤の源を検出できるようになった。脳の部位のなかで、生物の進化の初期段階から存在する脳幹と扁桃体は、直観や思考の近道を特徴とし、感情的に行われる意思決定と関係している。ドーパミン神経細胞は、環境から生じた刺激のパターンを自動的に検出し、経験と学習によって蓄積された情報と照合する。これらは眼窩前頭皮質の働きで意識的な思考と結びつけられる。進化の過程で人間に知能面での比較優位をもたらしたのは、前頭皮質の拡大だった。名声を保つ、おカネを稼ぐといった明確な目標の影響は、この部位で検出できる。他者とそのとりうる行動について理解しようとすると、内側前頭前皮質と前部傍帯状皮質が活性化する。これらの部位は、コンピューター・ゲームをしているときには活性化しない。コンピューターの意図を見きわめようとしても意味がないからだ。ただし、概念的に「より原始的な」脳の部位（脳幹や扁桃体）と比べると前頭前皮質の処理能力は劣っており、一度に七つのことをこなすのがやっとである。

　こうした研究が意味することを、ジョナ・レーラーは以下のようにまとめている。

> 意思決定に関する一般通念は、意思決定というものを完全に履き違えている。意識的な脳

の働きに最も適しているのは簡単な問題、日常生活のなかのありふれた計算問題だ。そうした単純な意思決定で、前頭前皮質が過負荷になることはない。きわめて単純な意思決定であればこそ、前頭前皮質は（価格を比べたり、ポーカーの持ち札の勝ち目を計算したりすることのできない）感情の働きを抑えこむ傾向がある（人はそのような状況で感情に頼ると、損失を回避しようとしたり、計算を間違えたりして、避けられたはずの過ちを犯してしまう）。一方、複雑な問題には、頭のなかのスーパーコンピューターともいうべき感情的な脳の処理能力が必要とされる。感情的な脳は、どうすべきかを瞬時にはじき出すわけではないが（無意識に行われる意思決定の場合でも、情報の処理にはいくらか時間がかかる）、難しい意思決定を行うのにより良い方法があることを伝える。[40]

このように実際の意思決定のプロセスにおいては、意思決定のフォーマル・モデルとの関連性はほとんど見いだせなかった。感情は理性とは別個のもので、理性を惑わせる傾向があるため、プラトンの説く「哲人王」のような者が示す公平で知的な規律によってしか、合理的な統制を確保することはできない、という考え方はもはや通じなくなった。[41]むしろ、感情は思考プロセス全体に深く関係しているとみられるようになった。ニューロイメージングを用いた脳の研究によって、結論が人の意識にのぼる前に、状況と選択肢の評価にかかわる驚異的な活動がなされることが裏づけられた。自分が熟考中だと実際に意識する前の段階で、かなりの計算と分析を行う能力が人間に備わっていることが発見されたのだ。こうして、行動経済学者が研究してきたヒューリスティックやバイアス、あるいはジークムント・フロイトをはじめとする精神分析学者を引きつけた抑圧感情を、潜在意識のなかに見いだすことが可能になった。意思決定が形をなすのはこの潜在意識においてであり、ここで人や問題に関する肯定的あるいは否定的な印象が生じるのだ。

人間は正しいと感じたことを行うが、その行動は必ずしも無知に基づいていたり、非合理的だったりするわけではない。異例の状況に直面した場合にかぎり、人は次にどうすべきか考えたり、悩んだりする必要に迫られる。すると思考プロセスがより意識的で意図的なものに変わる。そうして達した結論は、より合理的な、あるいはより合理化されたものとなりうる。本能的な感情を信じる場合、それが正しいかどうか厳格に検討するよりも、正しいことを示す根拠を探すのが自然な成り行きである。そこで、ともに情報を処理し、判断を下す能力を備えた二つの異なるプロセスが識別された。この二つの組み合わせによる効果を説明したのが「思考の二重過程理論」である。二つのプロセスにつけられた呼び名のなかで、とりわけ簡素だったのはシステム1とシステム2だ[42]。システム1とシステム2が互いを原動力とし、相互に作用しているのは明らかであるため、この二つをきっぱりと区別するのは極端だともいえる。本書でこの理論を取り上げるのは、少なくともなんらかの形で認知心理学を根拠とする、二つの異なる戦略的思考の形態を識別できるようにするためだ。

直観的なシステム１のプロセスは、概して無意識で黙示的である。必要に応じて迅速かつ自動的に機能し、きわめて複雑な認知的作業をこなして、意識にのぼる前に状況や選択肢を評価する。一つどころか数多くのプロセス、それも単純な情報検索から複雑な心的表象にいたるまで、異なる進化の道筋をたどってきたであろう諸プロセスを参照する。[43]それらはみな脳の驚異的な計算・記憶能力にかかわっており、過去の学習や経験を活用する、状況から手がかりや信号を察知して読み取る、適切で効果的な行動を提案する、一挙一動について熟考しなくても済むような状況に対処できるようにする、といった働きをする。システム１のプロセスによって、社会がどのように機能し、個人がどのように動くのか、社会やさまざまな状況に関して何を習得してきたのかを把握し、より明示的で周到な手段によって可能となるよりも速く、的を絞った形でそれらを一つにまとめることができるのだ。その結果、生じるのが（強烈な好き嫌いの感覚や信号、パターンを含む）感情だ。背景には、言葉で表すのは難しいかもしれないが、何がもとになっているのか必ずしもわかっていなくても従ってしまう行動のスクリプトがある。システム１から生まれるものは理性に反しているとは限らず、システム２にかかわる、より煩雑で限定的なプロセスでなされうる量をはるかに超えた計算や評価がともなう場合もある。ある意味、ゲーム理論に基づくモデルは、システム２思考の潜在性と限界の両方をとらえていたといえる。システム１がなくても、おそらく人は思考するだろうが、システム１からの刺激なしに、実際に結論を導き出すのは難しいかもしれない。

直観的なシステム1思考は、時としてシステム2のプロセスによる補足を必要とする。システム2のプロセスは意識的、明示的、分析的、熟考的、より知性的であり、また本質的に逐次的である。この最後の特徴は、まさに戦略的論法に求められるものだ。システム2のプロセスはより遅く、過度に複雑な作業に労力を費やしながら対処する。残念ながら、システム2のプロセスは、より過酷だ。自己制御の機能を発揮すれば「消耗し不快に」なって、やる気を失いかねないからである。[44] システム2の特徴は、人間固有の特質にかかわっている。そうしたプロセスはチンパンジーから備わりはじめたものかもしれないが、言語や、身近に背景を示す手がかりがなかったり、自分が直接経験したことがなかったりしても仮定状況に対処できる能力とかかわりをもっていて、進化過程のより進んだ段階で発達したと考えられる。システム1からシステム2への移行は、感情がなんの役割も果たさなくなることを意味しているわけではない。たとえば、最後通牒ゲームで協調と裏切りのどちらを選ぶか決める場合、プレーヤーがそれぞれの選択肢について肯定的な感情をもっているか、否定的な感情をもっているかが決断に影響する。相手が不公正な振る舞いをしたことが認識されると、激しい感情がわき起こり、それに対する反応の厳格さを左右する可能性があるのだ。[45]

システム1によって下された決断がすぐれているかどうかは、内在化した情報の質と関連性による。他の領域と同様に、直観は多くの場合、頼りがいのある指針となりうるが、信じたいという願望が時として最良の利益よりも優先される。直観的な選択には、その有効性を狭めかねない特徴がある。第一に、思考の近道をとることで、関連のありそうな経験や知識を参照しようとして、新しい状況をなじみのある状況に置き換えてしまう。これは、一か八かの賭けにおいてさえも当てはまる特徴だ。[46]第二に、一か八かの決断には、より多くの労力が投じられるだろうが、最初から直観的に正しいと思われる選択を後押しする証拠を見つけることが目的となる可能性がある。[47]第三に、思考は往々にして目先の課題に対応した短期的なものとなる。カーネマンはこう説いている。「長期だけを視野に入れるのは、規範的な観点から考えると不毛かもしれない。人は将来ではなく今を生きているのだから」。対立の過程においては、「損失の痛みや過ちへの後悔」に対する反応もあるはずだ。[48]こうした点から、当然のように最初の接触がより重要な意味をもつ。当初のフレーミングの的確さが試されるほか、今後、問題がどのようにフレーミングされる可能性が高いかが示されるからだ。次章では、遠い目標としてではなく、現状を起点にするものとして戦略を検討することの重要性について論じる。

競争ゲームや熾烈な戦い、あるいは熟考する余裕のない緊迫した状況のなかでどう動くか答えを出さなければならないケースから明らかになっているように、学習や訓練は変化をもたらしうる。つまり、直観的な決断には強力なバイアスや偏った予備知識、狭いフレーミング、短く区切られた時間枠が反映される可能性がある。熟考の余裕があったとしても、より良い決断が下せるとは限らない。とりわけ直観的な結論を正当化したい一心で、より深く考えをめぐらした場合はそうだ。ただし、熟考によってバイアスの修正や、より抽象的な概念化、フレームの再構築、時間枠の排除も可能になる。状況が特殊な様相を帯びたとき、情報が乏しいとき、予想に反して矛盾や異常が明らかになったとき、バイアスの危険性に気づいたときに、より意識的な思考が作動することは、証拠で明らかになっている。共感性の欠如（サイコパシー）という特性をもつ個人は、信頼にかかわるゲームで裏切る傾向が強い。自分の性質に反した行動（共感性の高い人なら裏切り、サイコパシー特性をもつ人なら協調）をとるよう求められた人の脳では、前頭前皮質が通常とは異なる形で活動する。制御する労力が必要となるためだ。[49]熟考型のシステム2思考は、制御する潜在能力をもちながらも、常にそれを発揮できるわけではない直観的なシステム1思考と相互作用するのだ。

根強い信念に沿わない証拠に対しては、敵対意識が生じることが明らかになっている。ある特定の説に強く関与する専門家は、それに反する証拠や別の説を支持する者の信用を落とすために多大な知的労力を注ぐ可能性がある。一九八〇年代にフィリップ・テトロックが行った専門家の研究は、当てずっぽうに選んだ場合と変わらないほど、専門家の予測は当てにならない、という結果を示した。また、有名で評判の高い人の予測ほど、往々にして精度がきわめて低いことも明らかになった。比類なき専門家という自己イメージを打ち出しているせいで、そうした人たちの予測は、証拠によって正当化されている場合よりも信憑性が高いとみなされるのだ。一方、すぐれた専門家は、自分の予測が合っているかどうかを確かめる覚悟をもち、それにそぐわない発見を簡単に無視するようなことはしない人たちだ、とテトロックは説いて

いる。(50)

システム1とシステム2の二つのプロセスは、戦略を策定するうえで重要なせめぎあいの比喩としてみると説得力をもつ。単純化すると、一般に戦略として描かれるものは、システム1から生じる非論理的な（感情的と表現されることの多い）思考を制御することのできる卓越したシステム2思考である。だが実際には、現実ははるかに複雑で不可思議だ。さまざまな意味でシステム1はより強力であり、その影響力を抑え込むための確固たる努力がなされなければ、システム2を圧倒する可能性があるからだ。戦略はシステム1に従うことともいえる。戦略が意識にのぼり、それがまさになすべきことだと感じられると、そう感じる理由を見いだそうとする意識的な努力、つまり戦略の合理化が行われる。したがって、システム1思考にシステム2のプロセスを巻き込んで、感情や偏見や固定観念を補正しようとし、現状において何が特殊で異例なのかを認識し、前進するうえで実用的かつ効果的な道を描こうとすることが、戦略を練る一つの方法となる。

実験から得られた重要な発見は、人は生まれつき戦略的ではないということだ。自分が競争的な戦略ゲームに参加していることを理解し、勝つためのルールや条件や勝った場合の報酬について知らされて初めて、人は戦略的に振る舞う。そして、たとえば過去にうまくいったからといって一つの確立されたパターンに固執しても、知恵のまわる相手が先を読むため、おそらくうまくいかなくなる、といったことが理解できるようになる。また、相手の将来の行動が、過去にみられたものとは異なる可能性が高いことも認識する。こうした流れ、つまり相手がどのような選択をするかという予測に基づいて自分の選択を行うこと、それも、こちらがどのような選択をするかという予測に基づいて相手側も選択を行うことを認識しながら行うこと、は戦略的思考の核心である[51]。

ただし、戦略の必要性がよくわからず、明確にされないままであるとき、人は往々にしてそのきっかけや機会を逃す。また、戦略ゲームに参加していると知らされた者が、それに熱中したり、競争心を発揮したりするとは限らない。戦略はだいたい一貫性を欠き、拙劣で粗削りである。移ろいやすく不確かな選好を反映し、まちがった刺激に反応し、パートナーや競争相手のことを誤解して不適切な要素に的を絞る。プレーヤーは、促されなければ相手の心に入り込むための努力をしないことも多い。次章で、多くの日常的な接触が実際には「戦略的」とみなされるべきではない点について論じるのは、このためだ。

デイビッド・サリーは、実験ゲームから学べることとゲーム理論で予想されうることを比較し、二〇〇三年の論文でこう説いた。「過去二〇年間に爆発的な勢いで行われた実験研究」は、人間が「論理的思考、合理性、メンタライゼーションといった領域で優位性をもっているにもかかわらず、最も混乱しやすく、最も一貫性を欠いたゲーム・プレーヤーとなりうる」ことを明らかにした。人間は「ゲーム構造や社会的環境のちょっとした要素が変わるだけで、協調的になったり、利他的になったり、競争心を強めたり、わがままになったり、寛容になったり、公平になったり、意地悪になったり、なれなれしくなったり、よそよそしくなったり、他人と同じように振る舞おうとしたり、他人の心を読もうとしたり、逆にまったく気にかけなくなったり」というように、ころころと変化する[52]。出来事に対する反応の多くは直観的だ。真剣に考えたり、ほかの選択肢を分析したりすることなく、もっともらしい判断を素早く下す。人は生まれついての戦略家ではない。戦略家になるには、意識的な努力が必要なのだ。

第38章 ストーリーとスクリプト

終わりなどない。そう思う人は、終わりの性質について、たぶらかされているのだ。終わりはすべてはじまりなのだから。ほら、これだって。

——ヒラリー・マンテル

本書の第1章では、霊長類や、未開の人間社会について論じ、戦略的な行動の基本的な特徴をいくつか特定した。戦略的な行動は、対立をもたらす社会構造のなかから生じるのであり、敵あるいは味方となる可能性がある他者の際立った特性を認識する、そうした相手の行動を左右する方法として共感の意を十分に示す、暴力だけでなく欺き行為や連合を通じて優位に立てるようにする、といった特徴を表している。これらの特徴は、理論と実践の両面から戦略について考察するなかで、幾度となく浮き彫りにされた。本書では、数々の戦略の定義も紹介してきた。その多くはそのまま使える定義だが、前述の要素をすべて兼ね備えたものは一つもない。ある種の定義は、特定の領域、とりわけ軍事分野に特化し、戦闘や地図、配備などに言及している。目的、方法、手段の相互作用や、長期目標と行動指針、臨機応変のシステムと支配の形態、相反する意志と相互依存する意思決定の弁証法、環境との関連性、高度な問題解決、不確実性に対処する手段などに言及した、より一般的な戦略定義もある。本書の「まえがき」では、「パワーを創り出すアート」という、筆者が考える簡潔な定義を示した。この定義には、現状のパワー・バランスから予想される結果と戦略適用後の結果の違いを戦略の効果とみなすことができる、という利点がある。また、弱者にとって戦略が非常に取り組みがいのある課題であることを説明する一助になる。ただし、実践者にとっての指針とはなりえない。こうした理由から本章では、リーダーシップの担い手の視点からパワーについて未来形で語るストーリーとして、戦略を考察することの価値を探求する。

自分の戦略がうまくいっているかどうかを確認したい者は、プロのマニュアルから自己啓発本、専門家によるコンサルティング、学術誌まで、多様な形態を通じて助言を得ることができる。処方箋は激励型のものもあれば、より分析的な場合もある。凡庸ではない表現に腐心した著作もあれば、高度な数学知識やポストモダニストの暗号を読み解く能力のない読者にはほとんど理解できない言葉を連ねた書もある。パラダイム・シフトを強く説く向きもあれば、人を鼓舞する器を育むことや細部に気を配ることを促す向きもある。このように多種多様で、何かと矛盾する助言の数々に直面すると、戦略は明らかにあったほうよいが、何が正しい戦略か見きわめるのは難しい、という結論は避けがたくなる。戦略の世界には失望と挫折、機能しない手段と到達できない目標が満ちあふれている。

本書で取り上げた多岐にわたる戦略書はどれも、正しい手段を用いれば困難な目的も常に達成できる、という確信とともに書かれていた。ナポレオン現象を受けて、アントワーヌ・アンリ・ジョミニとカール・フォン・クラウゼヴィッツは、どうすれば決戦を制して国の命運を決めうるかを将官志望者に説いた。フランス革命の記憶と迫りくる社会・政情不安を背景に、第一世代の職業革命家は、反乱が決戦と同じように決定的な役割を果たし、そこから新たな形態の社会秩序が生まれることを想像した。それから一世紀以上のちには、良好な市場環境に恵まれ、盤石にみえたアメリカの大企業が、アルフレッド・チャンドラーやピーター・ドラッカー、アルフレッド・スローンに促され、自社の好調を維持できる組織構造と長期計画の指針として戦略をみなすようになった。

これら三つのケースのすべてで、経験が確信の基盤を揺るがした。戦闘での勝利は必ずしも戦争の勝利につながらなかった。支配階級は大衆からの政治的・経済的権利の要求に応える術(すべ)を見いだし、革命圧力をかわした。アメリカ製造業企業の安定性は国際競争、とりわけ(それだけではないが)日本企業からの競争により揺らいだ。それでも、これらの挫折によって当初の戦略的枠組みが見捨てられることはなかった。軍事戦略家は、たとえ神経をすりへらす消耗戦や大衆の抵抗やゲリラの奇襲に悩まされても、決定的な勝利の道を切望しつづけた。革命家は、西側の民主主義によって不満を表明することが正当化され、改革を進める道が開けても、政府転覆のために一般大衆を動員する方法を模索しつづけた。ビジネスの領域においてのみ、初期の戦略モデルはその欠陥をあらわにし、やがて熱狂的に代替案を求める動きによって時代遅れになった。その代替諸モデルには、競合し（往々にして矛盾し）、混乱を招く種々雑多な考えが取り入れられたのだった。

戦略にともなう問題は、その起源が啓蒙主義にある点を考慮すれば当然の帰結といえた。進歩的合理主義（のちにマックス・ウェーバーが、官僚制の台頭によって明白になった止めようのない永続的傾向と断定した）は、感情やロマンスが入り込む余地をなくし、わずらわしい過ちや不確実性の原因を排除すると期待された。観察とは、蓄積された知識に基づいて規定された人間の行為として行われるものだ。だが、関連する知識を蓄積することや、いくつもの競合する要求と不確実性に直面し、「なんとかその場をしのぐ」[1]以外に現実的な選択肢をもたない実践者を導くためにその知識をきわめて正確に伝えるのは難しい。理論だけでなく、それをどう受け止め、行動の基盤とするかという期待にも影響をおよぼす合理主義の仮定は、適切ではなかったと判明したのだ。

戦略の設計と実践は、どちらも制御された環境では行えない。計画された行動の連鎖が長くなればなるほど、特定の方法に従って動くことを義務づけられた関係者の数は増える。またプロジェクトの野心が壮大になればなるほど、うまくいかなくなる可能性は高まる。計画された一連の出来事の最初の段階で意図した効果が得られなかった場合、計画はすぐにも頓挫しかねない。状況はより複雑化し、関係者の数が増え、その考えは一段と相容れなくなる。因果関係の連鎖ははっきりしなくなり、やがて完全に断ち切られる。考えが甘く厚かましいものとして戦略をはねつけたトルストイのように極端な立場をとらなくても、往々にしてきわめて揺るぎがたいさまざまな制度やプロセス、個性、認識に影響をおよぼそうと努力するかどうかが戦略の成否を左右するのは明らかであった。ゴードン・ウッドは、歴史は教訓に満ちているという考え方を戒め、あるのはたった一つの重大な教訓だと説いた。すなわち、「管理者が意図あるいは期待するように物事が進むことはありえない」。歴史は「運命を意図的に操作したり制御したりする人間の能力に対して疑念」をいだくよう教えてくれる、と。[2] 戦略は状況を制御する手段ではなく、誰も完全に制御することのできない状況に対処する方法なのである。

戦略の限界

それでは戦略に価値はあるのだろうか。ドワイト・アイゼンハワー大統領は、自身の軍事経験に基づいてこう語った。「計画（プラン）に価値はない。計画立案（プランニング）こそがすべてだ」。[3] 同じことは戦略にも当てはまる。あらかじめ熟考しておかなければ、予期せぬ事態に対処したり、状況変化のサインに気づいたり、設定された仮定に疑問をいだいたり、いつもと違う振る舞いの意味を考えたりすることは一段と難しくなるであろう。最終的な目的を達成するための確実な方法をきっちりと定めた計画を戦略とすれば、失望だけでなく、より柔軟で想像力の豊かな他者を優位に立たせるという逆効果が生じる恐れは大きくなる。だが柔軟性を高め、想像力を働かせれば、状況の変化に対応し、絶えずリスクとチャンスを見直せる可能性が高まる。

生産的な戦略アプローチをとるには、戦略の限界を認識しなければならない。限界というのは、戦略の利点に関してだけでなく、その領域に関しても当てはまる。戦略には境界が必要だ。戦略という言葉がいたるところで使われ、あらゆる前向きな意思決定がその名に値するかのごとく扱われるようになった結果、戦略はどれもとりたてて際立った特徴のない、無意味なものとなる恐れが生じている。境界を設けるわかりやすい方法の一つは、無生物や単純な作業にかかわる状況に戦略は不向きだと主張することだ。戦略が実際に動きはじめるのは、対立の要素が存在する場合だけである。対立がまだ表面化していない状況に、まさしく戦略的な心構えで向き合うことはまれだ。人は、いざこざが生じる可能性を想定するよりも、他人を信じ、他人も自分を信じてくれると期待することを好む。慣れ親しんだ環境で内輪の集団と手を取り合う状況において、あからさまに戦略的な振る舞いをすれば、それに見合う利益を得ることなく反感や抵抗を招く恐れがある。人は知らず知らずのうちに、あるいはよく考えないままに力関係で不利に立たされる可能性がある。それは、自分の生活環境について考えるように促されてきた経緯や、既存のヒエラルキーや慣例に異を唱えるのをためらう習性があるからだ。そうした状況に変化をもたらし、戦略を前面に押し出すのは対立の認識だ。ちょっとした出来事や、社会的風潮や行動パターンの変化は、それまで当たり前とされてきたことに対する抵抗をもたらしうる。慣れ親しんだ状況が新たな視点からみられるようになったり、以前は「内輪の集団」の一員だった者が、「外部集団」への離反者とみなされるようになったりするのだ。

対立が表面化しつつある状況になり、戦略の出番が生じても、状況を重くみようとしないせいで排除されてしまう可能性がある。これは、題名に戦略という言葉を用い、主として長期的思考能力を示す目的で書かれた公文書においてもみられる現象だ。この手の文書における戦略とは、政府や企業が内部で承認された見解をもとに公式の長期見通しをまとめただけのものにすぎない。ヒュー・ストローンは、戦略がこのように乱用されるようになり、目的と手段をつなぐ本来の役割を失ってしまったと嘆いている。その範囲があらゆる政府の取り組みへと広げられた結果、戦略という言葉は意味を「奪われ」、「陳腐さ」だけが残った、と。[4] たしかに「戦略」書の多くは、故意にその主題を避け、的を外し、異なる問題やテーマばかり、あるいは緩いつながりしかない問題やテーマを取り上げ、多様な読者層を対象にしながら誰も満足させることができず、微妙な違いのある形式的な妥協を表している。そして多くの場合、特定の問題に対処する方法よりも、取り組む必要があるかもしれない問題について語っている。このため、読み物としての旬の期間は概して短い。そのような書物に戦略的な内容が書かれているとすれば、それはビジネス戦略の世界で「ポジショニング」として知られるようになった、広い意味での環境への適応に関することである。おおむね安定的かつ良好で、目標が比較的よく認識されている環境においては、厳格さや大胆さを追求する必要はほとんどないだろう。環境が不安定になったとき、つまり対立がついに表面化し、実際になんらかの選択をしなければならなくなったときにのみ、真の戦略に似たものが必要となるのだ。

そこで、戦略に似て非なるものを戦略に変えるのは、不安定性が実際に生じている、あるいは生じつつあるという感覚であり、対立感を引き起こす背景の変化だ。つまり、戦略は現状に端を発し、良くも悪くもそれが変わりうると認識することで初めて意味をもつ。これは、戦略とはあらかじめ設定されたなんらかの目標を達成するためのものでなければならない、という見方とは著しく異なる。深刻な危機に対処すること、あるいはすでに緊張をともなっている状況のさらなる悪化を防ぐことに、より重点を置いた考え方といえる。したがって、第一の条件は生き延びることであろう。実際面で、戦略が決定的で永続的な結果ではなく「次の段階」につながるものとして、それなりによく理解を得ているのはこのためだ。次の段階とは、現在の段階から現実的に到達可能な場所である。現在の段階よりも状況が良くなるとは限らないが、それでも劣った戦略を用いた場合や、まったく戦略がなかった場合に比べれば、ましな成果が得られるだろう。また、さらに次の段階へと進む準備をするうえで、十分に安定した土台となるだろう。これは、望ましい最終的な状態を思い描かなくても、楽に事を運べるという意味ではない。最終的にどのような状態に行きつくべきか、という観念をもっていなければ、ほかに得られうる結果を評価することは難しいだろう。チェスの名人のように、才能ある戦略家は次の動きのなかに潜む将来の可能性を読み取り、その後の諸段階をも視野に入れて考えることができる。したがって、先を読む能力は戦略家にとって価値のある特質といえるが、最初に取り組むべきは、将来の目標の設定ではなく、現在の課題である。次から次へと状態が変化するなかで、目的と手段の組み合わせは見直されていく。放棄しなければならない手段もあれば、新たに取り入れられる手段もある。また、予想外のチャンスが訪れつつある場合でも、達成できないことが明らかになる目的もある。最終目標としてきたものに到達できたとしても、戦略はそこで終わらない。戦闘や反乱、選挙、スポーツの決勝戦、企業の買収など、クライマックスとなる出来事での勝利は、より満足度の高い新しい状態への到達を意味するが、そこで闘争が終わるわけではない。過去に起きたことが、その後の対決の条件を決める。勝利を得るために必要とされた取り組みは、資源の枯渇を招いたかもしれない。反乱を鎮圧すれば、抑圧された者たちは怒りを増幅させかねない。激しい選挙戦は、連立の形成を妨げる可能性がある。敵対的買収は、二つの企業の統合をより難しくするだろう。

多くの段階をたどるなかで状況がどう変化しうるのかを予測するのがきわめて難しい一因は、さまざまな関係性に対処しなければならない点にある。戦略は往々にして、敵対者や競合者だけを相手にしたものとして提示される。だが、まず仲間や部下から戦略とその遂行方法について同意を取りつける必要がある。内部での合意の形成には多くの場合、すぐれた戦略的技能が求められるが、分裂で脆弱性が生じるのを避けるため、これを優先して行わなければならない。とはいえ、さまざまに異なる利害や見方の折り合いをつけようとすれば、戦略は妥協の産物と化し、有能な敵を相手にした際に最適とはいえないものになる可能性がある。同盟者になりうる第三者を含めて、必要とされる協調の輪が大きくなればなるほど、合意の形成はより困難になる恐れがある。友好的とされる相手と緊張関係になる可能性がある一方で、利害の共通する領域が存在し、交渉の機会をもたらすこともありうる。全面戦争は回避したい敵対国、礼節の水準を保ちたい政党、採算を度外視した値下げは避けたい企業などが相手の場合だ。こうした協調と対立の相互作用は、あらゆる戦略の核心にある。協調と対立に関しては、一端を完全な合意（まったく異議がない状態）、もう一端を完全な支配（一当事者の支配によって異議が抑え込まれた状態）とする関係性の広がりが存在する。両極とも、まれな状態であり、環境が変化し新たな利害が生じる点を考慮すれば、ほぼまちがいなく長続きしないといえる。現実的には、協力と強制のあいだのどこかしらで選択が行われるだろう。多くの場合、自分より強力な相手に対応する最良の方法は、その相手と連合を組む、あるいは敵対勢力の連合を分裂させることであるため、戦略には妥協と交渉がつきものとなる傾向がある。ティモシー・クロウフォードは、「相対的な強さを追求するなら、足し算や掛け算だけでなく、引き算や割り算も重要だ」と説いている。そのためには、他者を中立な立場に置き、敵の陣営から遠ざけておくための難しい調整が必要となる場合がある。[5] だからこそ、戦略はアート（技芸）であって科学ではないのだ。不透明かつ不安定で予測不能な状況になって初めて、戦略は動きはじめるのである。

システム1戦略とシステム2戦略

認知心理学の発展により、人間が不透明な状況にどう対処するかという点に関する理解は以前よりも深まった。戦略的思考は、意識的な思考の形をとる前に潜在意識のなかで始まる可能性があり、実際に始まる場合も多い、という見方を認知心理学は後押しした。戦略的思考は、今ではシステム1思考と呼ぶことのできる、直観的と思われる判断の形で生じうる。システム1の戦略家は、状況を読み、あまり戦略的ではない参謀が気づかない可能性を見いだす能力を頼みとする。この種の戦略的思考は、古代から「メーティス」として称賛されてきた。メーティスを備えた人物の代表格は、機知に富み、不透明な状況に対処し、言葉巧みに内輪の集団を導き外部集団を惑わせたオデュッセウスである。ナポレオン・ボナパルトは「地形を一瞥（いちべつ）しただけで勝機を読み取れる才能」を「ク・ドゥイユ（coup d'Oeil：フランス語で一瞥の意）」という言葉で表現した。クラウゼヴィッツは軍事的才能を「高度な精神力」とみなし、その核にク・ドゥイユがあるとした。すぐれた司令官はこの才能により、攻撃すべき時と場所を決めることができる、と。ジョン・スミダは、クラウゼヴィッツが説く才能の概念を、「直観を生み出す、合理的な知性とほぼ合理的な知的・情動的機能の組み合わせ」と表現した。そして直観は、「情報が不十分である、きわめて複雑である、不測の要素が多い、失敗した場合に深刻な悪影響が生じる、といった難しい状況に直面」した場合にのみ、意思決定の源になると論じた。[6] こうした直観をナポレオンは天賦の才と説明したが、クラウゼヴィッツは経験と教育によって養うことができると考えていた。

哲学者のアイザイア・バーリンは晩年に発表した論文で、直観と天賦の才が果たす役割を肯定する主張をし、政治におけるすぐれた判断は科学的であり、「疑う余地のない知識」に基づいて行われうる、という考え方に異議を唱えた。[7]「政治的行動に法則はほとんど存在しない。技能（スキル）がすべてだ」。カギとなるスキルは、状況がどういった点で特殊なのかを把握する能力である。すぐれた政治家は、「ある特定の動き、特定の個人、特殊な事態、特殊な雰囲気、経済的、政治的、人的要素が組み合わさった特定の状況の特質を理解」することができる。このように、人間と人間を超えた客観的な力の相互作用を把握すること、どういう点が通常と違って独特なのかを察知すること、そして行動によって生じる「揺らぎ」を予測する能力は、ある特殊な種類の判断にかかわっている。その判断は「半直観的」だとバーリンは断言した。そして、メーティスによく似ており、システム1思考の最もすぐれた特性を取り入れた政治的知性のあり方を、以下のように論じた。

……あまりにも大量で動きも速く、入り乱れているために、捕まえて標本にしてラベルをはることのできない無数のチョウのように、常に変化して移ろいやすく、延々と重なり合う色とりどりの膨大なデータが混ざり合ったものを統合する能力である。この場合の「統合する」とは、（直接的知覚だけでなく科学的知識によっても識別される）データを、それぞれ独自の意味をもちながら単一のパターンを形成する諸要素としてみること、過去や未来の可能性のしるしとしてみること、実際的な目で、つまりそのデータに対して自分や他者は何ができ、これから何をするのか、そして自分や他者に対してデータは何ができ、これから何をするのか、という観点でみることを意味する。

これは、フォーマルな方法論に重点を置いたり、直観を否定して分析力を重視することに固執したりすると失われかねない能力である。ブルース・カクリックは、戦後のアメリカ安全保障政策に寄与した知識人について、こう記している。「わたしが研究対象とした戦略家の多くは元来、政治に無頓着であり、『きわめて基本的な政治感覚』としかいいようのないものを欠いていた。みな、まるでゼミ室で勉強するか、直観や経験や見識からしか生まれない思考について学ぶつもりでいたかのようだった」[8]。

政治的判断に往々にして必要となる特質は、特定の道を進むよう他者を説得する能力だ。現実には、ナポレオンのようにはなれない人間、つまり一切の疑義を呈されずに命令が受け入れられることが期待できない者にとって、命令に従うはずの者にその意味を伝える能力がなければ、鋭い判断が下せたとしても、ほとんど価値はない。そこで直観から熟考へ、つまりある特定の道筋を進むべきだと悟ることから、なぜそうなのかを説明するための論法を見つけることへ、戦略の質が変わる。複雑すぎてシステム1では対応できない状況になると、システム2思考が必要とされるのである。そのような状況では、信頼に足る行動指針を特定するために、複数の代替案を比較して評価することが求められる。したがって、戦略の大部分はシステム2の領域に属するはずだが、そのシステム2は、そもそもシステム1が下した判断を説得力のある主張に変えるためだけに用いられるといえるかもしれない。

本書で言葉とコミュニケーションの問題を繰り返し取り上げてきたのは、それらがなければ戦略は意味をなさないからである。他者が実践できるように言葉で示す必要があるから、というだけではない。他者の行動に影響を与えることによって機能する戦略には、常に説得という要素がつきまとう。他者に自分と協力するよう訴える、あるいは協力せずに敵対すればどうなるのかを説明する、といった具合にだ。ペリクレスは民主的な体制の社会で、自分の主張をもっともらしく伝える能力によって権威を獲得した。マキャベリは君主たちに、説得力のある論法を展開するよう促した。ウィンストン・チャーチルの演説は、イギリス国民に戦時の目的意識を植えつけた。武力や経済的誘因もそれぞれの役割を果たすだろうが、懲罰を回避するため、あるいは恩恵を得るために何をしなければならないか、という点が明らかになっていなければ、その効果は損なわれかねない。ハンナ・アーレントはこう述べている。「権力が実現するのは、言葉と行為が分離していないときだけだ。つまり、言葉が空虚ではなく、行為が野蛮ではないとき、言葉が意図を隠すためでなく、現実をさらすために用いられ、行為が関係をかき乱したり、壊したりするのではなく、関係を構築し、新たな現実を生み出すために用いられるときだけである」(9)。

最強の権力とは、気づかれないままにその効果を実現させるものである。これは、既存の構造が安定的で議論の余地がないようにみえるときに、不利な立場にあるとみなされうる者の目から見ても、自然で概して穏当な物事の流れのなかで生じる(10)。本質的に部分的な利益を全体に恩恵をもたらすものとして示し、それによる自らの満足を当然のものとして確保し、文句もつけられないようにするエリート層の能力に、ラディカルは苛立ちを募らせてきた。大衆の革命への熱狂に限界がある理由は、(公式や神話、イデオロギー、パラダイム、はてはナラティブといった名のつけられた)グランド・ストーリー(壮大な物語)によって説明されてきた。人々は現実を客観視できないため、説明的な構成概念に頼らざるをえず、そうした構成概念に最も強い影響力を発揮できる立場にいる者が強大な権力を獲得することができるのだ、と。ラディカルは、従来とは異なる、より健全な意識の持ち方を促す戦略を打ち出そうとした。それは、既存の物事の枠組みは人為的でその場かぎりのものではなく、自然で永続的なものなのであり、疑うことなく受け入れなければならない、という考え方と相容れなかった。この、どうすれば他者の態度に影響をおよぼすことができるかという問題は、既存の秩序を覆すための取り組みに限らず、戦略のあらゆる側面にかかわるとみなされるようになった。党派志向の強い政治家は、アジェンダの設定と争点のフレーミングに励み、自党の候補者を最大限よくみせるためのストーリーと、敵対者に打撃を与えるためのストーリーを作って披露してきた。このナラティブ・ターン（物語論的転回）の手法は、軍事やビジネスの分野でも用いられてきた。反乱鎮圧者が「ハートとマインド」に敏感になるよう呼びかける、企業のロビイストが規制による制約に抗議する、経営者が抜本的な組織変革は従業員のためになると説得しようとする、といった例が挙げられる。ストーリーは戦略の道具であるだけでなく、それ自体が戦略を形づくる役割を果たす。認知理論と、態度や行動を体系化する役割を果たす説明的な構成概念やスクリプトの裏づけによって、ナラティブは現代の軍事、政治、ビジネスの戦略書の前面に押し出された。戦略に関する思考の近年の傾向を受け入れるには、ストーリーを受け入れる必要があるのだ。

ストーリーにまつわる問題

チャールズ・ティリーは「ストーリーにまつわる問題」と題した小論で、人間が示すある根強い傾向について考察した。それは個人や、教会や国などの集合体、さらには階級や地域などの抽象的な概念にかかわるストーリーについて、説明を求めようとすることである。こうしたストーリーは、明確な目標を達成するための意図的、意識的で、多くの場合うまくいった行為を伝える。そして社会科学者を含む受け手（聞き手や読者）は、その内容にいとも簡単に満足する。ある程度のもっともらしさ、時間や環境の制約に関する認識、文化的な期待への適合さえ押さえていれば、十分であるかのようだ。だがティリーは、ストーリーの説明力には限界があると注意を促した。ストーリーにおける最も重要な因果関係は「間接的、漸進的、相互作用的、非意図的、集合的であるか、人為のともなわない環境によってもたらされる」傾向があり、「直接的で、個人の行為がもたらした意志ありきの結果」を示すわけではないからだ。ストーリーに対する需要は、行為者が明確化された選択肢のなかから意図的に選択を行う、という分析を後押しする。実際には、用意周到でも意図的でもなく場当たり的で、往々にして気持ちをぐらつかせながらの選択だったとしてもだ。社会科学者には、より良いものを追求する責任があった。楽観主義者ではないティリーはこう説いた。脳は「社会プロセスに関する情報を」標準的なストーリーに合わせる形で「記憶し、読み出し、操作する」ため、複雑な出来事は、「自発的な物事の相互作用」とみなすよう促す。そうなのだとすれば、少なくともティリーは、人為的な力だけでなく、非人為的で集合的な力が働いている点もきちんと示し、話の範囲外の時間、場所、行為者、行為とも結びつける、よりすぐれたストーリーを望んだのだ。ここではさらに、ストーリーに関するストーリー、ストーリーに背景をもたせ、どのようにしてそれが生まれたのかを考えるストーリーを語るべきだろう[11]。

経営史家は、アルフレッド・スローンの『GMとともに』のように、難しい決断が純粋に合理的な選択の産物だったと示唆するナラティブを、額面どおりに受け止めるべきではないと警告するようになった。経営幹部の役割を誇張しているか否かにかかわらず、こうしたナラティブは実際に下された決断が必然だったという印象を与え、違う決断が別の結果をもたらした可能性を軽視している[12]。ダニエル・ラフは、「すでに行われた取り組みではなく、一連の対処すべき課題」として過去の出来事に目を向け、過去の選択を再現することを提唱する。つまり、過去に存在しえた選択肢と、行為者がそれらをどうとらえたかを認識するのだ[13]。ダニエル・カーネマンもこう説く。良いストーリーは「人々の行動や意図に、単純明快で一貫性のある説明をほどこしてくれる」が、そのせいで人は「行動をその人の一般的な傾向や性格特性（結果に対応する原因とみなしやすい要素）の表れとして解釈」したがる、と。一例として、カーネマンは企業の成功に関する分析に言及している。この手のストーリーが満載の経営書の多くは、「リーダーシップのスタイルや経営手法がおよぼす影響を一貫して誇張している」。それらを上回るほどではないにせよ、運も同じように重要な要素だというのだ。こうしたバイアスの影響で、「過去を説明する際も未来を予測する際も、われわれは原因としてスキルばかりに目を向け、運が果たす役割を無視する。その結果、コントロール幻想におちいりがちになる」。さらにカーネマンは、「知識が乏しく、パズルにはめ込むピースが少ないときほど、一貫性のあるストーリーは構築しやすい」という逆説も指摘している。こうして、よく知らない要素を無視する傾向に拍車がかかり、過剰な自信が生まれるのだ。(14)

このような欠陥のあるストーリーが、われわれの未来の予測を形づくる。この点から、カーネマンはナシーム・ニコラス・タレブの著書『ブラック・スワン』に注目する。タレブは（「ブラック・スワン」と名づけた）予期せぬランダムな出来事の重要性を強調する。そうした出来事は過去の経験とあまりにもかけ離れていて、十分な心の準備をすることができないからだ。そのタレブも、自身の手法に矛盾がある点を認識している。ナラティブの虚偽性を指摘しながら、「われわれがストーリーにだまされやすいこと、そしてナラティブを危険なほど要約するのを好むことを説明するために」自らもストーリーを用いているのだ。それは、比喩（メタファー）やストーリーは「（悲しいかな）アイデアよりはるかに強力で、記憶にも残りやすいし、読み物としてもおもしろい」からである。つまり「ストーリーを排除するのにもストーリーが必要なのだ」[15]。

本書では、力強いメッセージを発するなじみ深いストーリーを詳細に調べてみると、捏造されていたり、別の教訓を示すほかの解釈の余地があったりするとわかる、と伝えてきた。ダビデとゴリアテのエピソードは、弱者が達成しうることについて語っていると今では理解されているが、もともとは神への信仰の重要性を示す話だった。オデュッセウスは抜け目なく巧妙な知性を称えるべき存在として語られたが、ローマ人がユリシーズの名で描いた人物は、裏切りと欺瞞を象徴する者に変わっていた。プラトンは、弁舌を巧みに操るソフィストをその相手の土俵で打ち負かした。自分の前に立ちはだかる者たちについて、真理よりも金銭を重視するというイメージを植えつけることで、純粋な学問分野としての哲学のあり方を訴えたのだ。ジョン・ミルトンは、多くの人にとって尊敬すべき神よりも魅力的にみえるマキャベリ的なサタン像を構築することで、天地創造に意味をもたせようとした。失敗に終わったナポレオンの対ロシア戦について、クラウゼヴィッツは戦略上の欠陥があったと考えたが、トルストイは戦略などというものが存在しえないことの証左ととらえた。バジル・リデルハートは戦闘のストーリーを集め、自身が唱える間接的アプローチを正当化するために、それらに独自の解釈を加えた。ジョン・ボイドとその信奉者たちは、電撃戦という概念が一九四〇年のドイツによる西ヨーロッパ侵攻の成功で具現化したとみなした。一方で、東部戦線での失敗を無視することで電撃戦を本来の文脈から逸脱させ、将来の戦争のモデルへと変えた。カール・マルクスは、フランス革命の根強い影響力に不満をいだきながら、自身もそれから完全には逃れられなかった。資本主義の発展に関するマルクスの予測が誤りだったことが明らかになると、信奉者たちは、科学的に立証されるはずの歴史がまだ進行中だと示すため、自らの思想をねじ曲げた。ビジネス戦略の伝統的な教育は、ケース・ヒストリーとして知られるストーリーに依存していた。フレデリック・テイラーからトム・ピーターズにいたるまで、マネジメントの導師（グル）は、その要点を表現してくれるすぐれた物語（テイル）によって自説を訴えることができると知っていた。ホンダにまつわるエピソードの使われ方からもわかるように、一般論を導き出すためにある特定の事例に飛びつくという、きわめて人間的な衝動は、語り手が認めるよりもはるかに偶発的な、誇張された結論を常にもたらしてきた。

「正しいストーリーを知ることよりも、いつどのようにストーリーを伝えるべきか、何を省略あるいは追加すべきか、いつ手を加えたり否定したりすべきか、そして伝える相手として誰を選び、誰を除くべきかについて知ることで権力は生まれる、と研究は示している」[16]。日常的な人間の交流において、とりわけ似たような背景や利害をもつ者を相手にした場合、ストーリーを用いた説得は重要なスキルとなりうる。異なる基準の枠組みをもっていて、懐疑的になったり不信感をいだいたりする可能性のある相手に対しては、あまり役に立たないかもしれない。また、ある望ましい効果をあげるために意図的に作ったナラティブは、不自然で強制的な印象を与える危険性がある。ひとたびプロパガンダと結びつけば、そのナラティブはありとあらゆる問題に直面する。それは、他者の思想や行動に影響をおよぼそうという露骨な試みのせいで、信用を失うからにほかならない。

実際、「戦略的ナラティブ」に対する現在の熱狂も、（全体主義的な意味合いとは無縁だった時代に）なんのやましさもなく肯定的にプロパガンダと呼ばれていたものにその起源があることへの理解が進めば、薄れていく可能性がある。こうしたナラティブは、これまでに述べてきたあらゆる制約のなかで機能しなければならない。ある程度の曖昧さを残しておけば、同じ戦略的ストーリーでグループを団結させたり、政治プロジェクトを推進したりすることができるかもしれないが、明確さが求められたり、経験的テストにかけられたり、矛盾するメッセージが浮かびあがったりすれば、すぐに破綻する。「ナラティブによる戦い」になった場合、ナラティブそのものの質だけでなく、背後にある資源、つまり独自の神話を広め、相容れない主張を標的として検閲を行ったり、反論を展開したりする組織の能力も重要になる。ナラティブは「その本質において転覆的でも覇権的でも」ない。権力者やその敵対勢力が発するナラティブは、効果的にも無駄にもなりうる。ナラティブは厳密には戦略の道具といえない。伝えるメッセージに幅があって、そのすべてが理解されるとは限らず、また比喩（メタファー）や皮肉といったナラティブのしかけは混乱を招きかねないからだ。ストーリーの意味は曖昧に受け止められる可能性があり、解釈しだいで語り手がおとしめられる恐れもある。受け手は内容の些細な部分に注意を向けたり、ナラティブに自分の経験を無理やり重ねたりするかもしれない。単一のメッセージを伝えているように思える親しみのあるストーリーが、相容れなさそうな大義を推進するグループにより、あらぬ方向にねじ曲げられることもありうる。(17)ここで思い起こされるのが、古典学者フランシス・コンフォードによるプロパガンダの定義だ。「敵を欺くのではなく、味方に対して欺くも同然の行為をとることによる一種の虚言術」である。(18)

スクリプト

曖昧さという要素は、ナラティブを戦略の道具とするうえで制約になる。それでは、ナラティブの価値をより高めるのに役立つ方法はあるだろうか。人数がきわめて少なく、もともと文化や目的の面で多くを共有している受け手を相手とする場合、意味や解釈の問題が生じないようにするのがはるかに容易である点は想像がつく。新たな状況に適応する際に拠り所となる、内在化されたスクリプトの概念については前章で述べた。この概念は、心理学や人工知能の分野で大きな影響力をもつが、戦略についての分野ではそれほどではない。厳密にいうとスクリプトは、適切な行動を想起させる型どおりの状況に関して用いられる概念である。スクリプトの効力は大きくも小さくもなりうる。たとえば、誰かを特定の性格タイプの人だと決めつけるような場合にはあまり効力を発揮しないが、物事の動き全体を予測する際には強い助けになる。本来の考え方では、スクリプトとは、蓄積した知識に基づいてほぼ自動的な反応（それがまったくの的外れだと判明することもあるのだが）を導き出す働きにかかわる概念である。とはいえ、スクリプトを意図的な行動の出発点とすることは可能だ。グループが変化する状況について共に考える際に、スクリプトを構築し、内輪で共有することもできる。このためスクリプトの研究は、評価などの組織的な決まり事や、公共の場での火事といった経験したことがなさそうな出来事に対して、個人がどう反応するかという点を考察の対象としてきた。そうした研究は、スクリプトが発揮しうる影響力と、特定のスクリプトにとらわれてきた人々にそれをやめるよう説得することの難しさを示している。新たな状況に対応するうえでスクリプトに頼るのは自然な成り行きともいえるが、一方でスクリプトは深刻な判断ミスを招きかねない。したがって、普段とは違う行動をとる必要がある場合には、普通ではない状況に置かれていることを自覚する必要がある[19]。

本書の目的という面からみると、スクリプトには二つの利点がある。第一にスクリプトという概念は、個人がどのようにして新たな状況に直面し、そこに意味を見いだし、振る舞い方を決めるのか、という問題に取り組む方法を提示する。第二に、スクリプトは行動とナラティブを自然に結びつける。実際にロバート・エイベルソンは、経験からだけでなく、（フィクションを含む）読書からも派生するようなビネット（挿話）がつながって構成されるシーン（場面）の連なり、という観点からスクリプトを論じている[20]。

より広い視野からスクリプトの概念を用いた例として、第一次世界大戦の発端に関するアブナー・オファーの説が挙げられる。オファーは動機としての「名誉」の重要性を説き、生き残ることよりも名誉が優先された理由を探った。ドイツの最高司令部は勝利を確信していたわけではなかった。攻撃計画が賭けのようなものであることを理解しながらも、戦争を行う以外の道を考えることができなかったのである。一九一四年にベルリンで開かれた軍事作戦会議では、もはや尻込みはできないという見解が示された。ドイツはその前の危機時に弱腰をみせており、同じことを繰り返せば国の威信は損なわれ、屈辱的な衰退への凋落が待っているだけだと考えられた。戦った結果どうなるのかは不透明だったが、はっきりとした意思表示はそれ自体を正当化する働きをもつ。ドイツによる開戦の決断（そして、それをきっかけとして下された他の好戦的な決断）は「道具的行動ではなく、表出的行動」だった、とオファーは主張した。この点から、戦争は一連の屈辱にさいなまれた結果、つまり誰もが無視してはならないと感じる「名誉ある反応の連鎖」であった。開戦とその後の社会全体を巻き込んだ軍事動員の決断に際して名誉が重視された理由を、オファーはスクリプトの概念を用いて説明している。名誉のスクリプトは「あからさま」ではないものの強い影響力をもち、「無謀な態度」を是認し、「慎重な熟慮は二の次とし、従うことを強いる大きな社会的圧力」を生み出す。このスクリプトは、さらに黙示的で独自の流れをもつ決闘のスクリプトから派生した、とオファーは説く。あるエピソードにおいて名誉が異議や疑問の対象となった場合、対処法となるのは暴力であり、「国民国家の場合、それに先立って礼儀にのっとった術策と言葉による外交が展開される」。もし相手が「償い」を拒否すれば、「評判、地位、名誉が失われ」、「屈辱と恥」が残される。このスクリプトは強力であることが証明された。「決断を伝達できるナラティブを示すことで、誰もが理解、許容できるように犠牲の根拠を明らかにし、それを正当化した」のである。だからこそ上層部の数人のあいだで生まれた感情が、スクリプトという文化を通じて広がりえたのだ。このスクリプトはきわめて強力だったため、それに支配された者たちは、「時期を見計らった譲歩や調停、協調、信頼」といった「別の形の勇気やリスク負担」を扱う代替的なスクリプトに目が向かなくなっていた、とオファーは論じている(21)。

こうした点から、システム1的な意味における戦略スクリプトは、状況に意味をもたせ、適切な対応を示唆する試みのための、おおむね内在化された土台とみなすことができる。そのようなスクリプトは黙示的であるか、すっかり当たり前のことになっている可能性がある。敵を降伏に導く殲滅(せんめつ)戦こそが戦争の論理である、海上権力（シーパワー）とは制海権を得ることでなければならない、反乱鎮圧における最善策は「ハートとマインド」の問題に取り組むことだ、融和策は弱腰という印象を常にもたらす、軍備拡張競争は必ず戦争に発展する、といった考え方のようにだ。これらは往々にして、本来の思想や、特定の状況に関する考え方に取って代わりうる固定観念である。それに基づいて行動することで正当化される可能性もあれば、まちがいだったと判明する可能性もある。さほど高次元ではないスクリプトとしては、軍事作戦における作戦行動の正しい順序や、国家による暴力が大衆運動におよぼす影響、コミュニティ組織の形成、大統領選挙における候補者指名の確保、組織変革の管理、新製品発売に適した時期と場所の特定、敵対的買収への着手などに関するものが考えられる。

これらのスクリプトについていえるのは、とくに不都合が生じなければ、予測の範囲内の行動を招くだけで、想定外の反応が生じた場合に続くはずの流れの多様性が得られない可能性があることだ。前述したように、戦略が本当に動き出すのは、状況に何かしらの異変が起きたときである。システム1のスクリプトを出発点とするのは自然かもしれない。だが、標準的なスクリプトがそこでうまく機能しなかった理由を考察するシステム2の評価は、システム1のスクリプトにプラスの効果をもたらしうる。この点から、確立されたスクリプトに従うことは戦略の失敗を招く危険性を秘めているといえる。

システム2のスクリプトは、「戦略的な」という形容詞をつけるのによりふさわしい。脚本家の場合、説得力のあるナラティブとは、ただ普通の人々のまとまりのないつぶやきを格調高く変えたものではなく、自ら作り、磨きをかけたものである。劇のスクリプト（脚本）は、内在化されたスクリプトが無意識のうちに組み合わさった産物ではなく、意識的なコミュニケーションによる行為の連なりととらえることができる。それぞれの演者が順番に話す形式をとる必要はないが、主要な演者たちのあいだの相互作用を感じさせる、構成物としての性質を備えていなければならない。過去の、あるいはよく知られた出来事に基づいているとしても、現在を出発点として動きはじめる形にする必要がある。こうした戦略は将来に関するストーリーであり、創造力を駆使したフィクションとしてスタートするが、ノンフィクションを志向している。

ジェローム・ブルーナーのナラティブに関する論考も、戦略的スクリプトの可能性と限界を示している。ブルーナーはナラティブの必要条件として以下の点を提示している。第一に、ナラティブは現実を正確に伝えていなくてもよいが、真実味、つまり本当らしさの基準を満たさなければならない。第二にナラティブは、出来事について特定の解釈をし、その後の展開を予測したい気持ちに受け手をさせる。経験的実証や論理的な道筋とは無関係に、独自の必然性を生み出すのだ。「ナラティブ的必然性」は「論理的必然性」の対極にある。ナラティブではサスペンス、伏線、回想といった道具を用いることができ、フォーマルな分析よりも曖昧さや不確かさの許される余地が大きい。第三に、ナラティブは一般的な理論を正式に証明するものとはなりえないが、原則を示したり、規範を支持したり、将来への指針を提示したりするために使うことが可能である。ただし、これらはナラティブから自然に読み取れるはずで、必ずしも結論として明白に示されてはいない。すぐれたストーリーの場合、結末にいたるまで話がどう進むのかわからないことも少なくない。受け手は「ナラティブ的必然性」によって、求められているところまで連れて行かれることを余儀なくされる。ブルーナーによれば、「創造力に富んだ語り手は明白な事実をしのぐ」。受け手の注意を引くストーリーにするには、なじみのない意外な要素を取り入れて、「暗黙の規範的なスクリプト」が生み出す期待を裏切る必要がある。[22]

こうした戦略的なストーリーの目的は、出来事を予測することだけでなく、他者を説得し、ストーリーがその示す道筋のとおりに進むように行動させることにもある。説得できなければ、ストーリーに込められた予測は絶対に当たらない。ほかのストーリーの場合と同じく、戦略的なストーリーも受け手の文化や経験、信条、願望に関係していなければならない。受け手を引き込むには、真実味をもち、内容が首尾一貫しているかどうかという検証に耐えなければならない（「ナラティブの蓋然性」）。また、想定する受け手の歴史や文化に関する理解と重なり合うものでなければならない（「ナラティブの忠実性」[23]）。戦略的ナラティブにとっての重要な課題は、現実と激しく衝突する可能性があり、そのために早い段階での修正が必要となりうる点、そして多様な受け手を相手にしなければならず、一貫性を損ないかねない点にある。[24] レトリックを駆使して、相容れないようにみえる要件を両立させたり、両方に通用する楽観的な前提を組み合わせたりすることもできるだろうが、そのような手口はすぐに見破られる恐れがある。求められるのは誠実さであり、偽りはまず必要とされない。

それでは、ストーリーに依存することに対するチャールズ・ティリーとダニエル・カーネマンの批判は的を射ているのだろうか。ストーリーに依存すると、人は人為の重要性を誇張し、ナラティブの当初の設定にはないはずの人知を超えた大きな力や、偶発的な出来事、時機や偶然のめぐり合わせではなく、ストーリーの中心人物（われわれ自身である場合も多い）の意図的な行為から結果が生じると考えるようになる、という批判である。そうした要因を無視すれば、悪しき歴史を生み出すことはまちがいないが、悪しき戦略をもたらすとは限らない、というのがこの疑問に対する答えだ。現状を理解しようとする際に、その状態が続くと見込むのは賢明ではない。というのも、力のある行為者は現状維持を望むが、将来を見据えれば、良い結果をもたしうる方法を人の力によって見いだす以外に選択肢はほとんどないからだ。コントロールできるという幻想を避けるに越したことはないが、結局のところ、自分たちが出来事に対する影響力をもつかのように振る舞うしか、われわれにとれる手立てはない。さもなければ運命論に屈することになる。

　また、予想外で偶発的な出来事にも、それに対応する準備が最初からできていれば、なんとかして立ち向かうことができる。正しい順序で慎重に実行すれば望ましい結果をもたらす一連の手順によって、利用可能な手段とその望ましい結果を関連づける戦略的計画（プラン）は、あらかじめわかっている因果関係をもとに予測可能な世界を示す。本書の一つの大きな結論は、そのようなプランは厄介な現実に直面しても、どうにか切り抜けようとする、ということだ。スクリプトはプランと同様に、予測可能な一連の出来事を示しうるが、システム1からシステム2へ、つまり無意識の仮定から意図的な構成へと変われば、偶発的な出来事の可能性を織り込み、多くの登場人物が長期にわたってもたらす相互作用を予測することも可能になる。

そのためには、スクリプトは未完成でなければならない。そして、即興の余地を大きく残しておかなければならない。確実性の程度のいかんにかかわらず、予測できる行為はたった一つであり、それがその戦略の考案に際して中心に据えられた人物の最初の動きとなる。そして、筋立て（プロット）が意図したとおりに展開するかどうかは、当初の見立ての鋭さだけでなく、他の登場人物がスクリプトに従うか、あるいは著しく逸脱するかにもかかってくる。

スクリプト：戦略と脚本

戦略をナラティブとしてとらえると、劇との密接な関係が浮かびあがる。デイビッド・バリーとマイケル・エルムスは、戦略を「組織で語られるなかでも、とりわけ突出し、影響力が大きく、コストのかかるストーリー」とみなしている。戦略には「演劇、歴史小説、未来ファンタジー、自叙伝」の要素があり、異なる人物にあてがわれる「役割」が設定されている。「戦略は通常、予測を重視しているため、未来に目を向けた空想小説と同調しやすい[25]」。だとすれば、劇作家が構想を練り、脚本を書く際の手法に、戦略家にとって手引きとなるものがあるのではないか。

手始めに、映画の脚本術について記したロバート・マッキーの著書『ストーリー』を参考にしよう。[26]脚本作りは戦略の場合とまったく同じところから始まる。ストーリーは、戦略と同様に対立の要素をはらんで進む。「ばかばかしいほどに暴力的で意味のない対立で満ちているか、意味のある対立が率直に描かれた箇所がまったくない」場合、脚本は失敗に終わる、とマッキーは警告する。円満そうな組織のなかにおいてさえ、なんらかの対立が常に存在することを認識すべき、というのである。性格の不一致やエゴの衝突から起きる対立がどのような形で表れるかはさておき（組織政治で成功するには、この点も理解する必要があるが）、どんな場合でも回り道できるほどの場所や時間やリソースはない。対立は暴力や破壊行為につながるとは限らない。また、対立は主人公の心のなかでも起きうるのであり、そうした葛藤は選択を迫られる戦略家に投影される。マッキーが説くように、困難で、人の興味を引く選択とは、善の選択肢と悪の選択肢のあいだではなく、両立しない二つの善の選択肢のあいだ、あるいは二つの悪の選択肢のあいだで行われるものだ。だが選択の難しさは、より望ましい結果を実現させるためにできることが、もう一つの結果の実現にはつながらないと思い知らされる点にある。ここに、「いくつもの岐路が存在しうる状況」で進むべき道を選ぶ、というプロットの役割がある。プロットは、その世界独自の蓋然性の法則を内包する。主人公が直面する選択肢は、そこで描かれている世界の自然な流れのなかで生まれるものでなければならない。プロットは脚本家による「出来事の選択と時間の設定」を表している。戦略家も、マッキーのいう「アークプロット」に忠実になる必要がある。アークプロットは、「動機をともなった行動が結果を生み、それがまた原因となって別の結果をもたらす、というエピソードの連鎖反応のなかで生じる、さまざまな次元の対立を結びつけてストーリーのクライマックスへと導き、あらゆるものがかかわり合っている現実を表現する」。

劇の場合、プロットがストーリーを一つにまとめ、特定の出来事に意味を与える構成を提示する。アリストテレスは著書『詩学』で、プロット（ギリシャ語ではミュートス）のことを、一貫性をもった「出来事の組み立て」と述べている。ストーリーは無関係な要素を含むべきではなく、初めから終わりまで信憑性を保たなければならない。そのために、主要な演者は役になりきる必要がある。因果関係は、なんらかの人為的な外部からの干渉の産物ではなく、ストーリーの流れのなかで説明のつくものであるべきだ、とアリストテレスは説いた。そして、実際に起こったことではなく起こる可能性があること、つまり「蓋然性あるいは必然性の法則に従って」起こりうることを伝えるのが「詩人の仕事」であると訴えた[27]。

したがって、すぐれたプロットの特徴は劇と戦略で共通している。対立、説得力をもった人物設定と信憑性のある相互作用、運の影響力への配慮、そしてどんなプランでも前もって予測したり対応したりすることができない要素すべて、である。どちらにおいても、フィクションとノンフィクションの境界線は曖昧になりうる。脚本家は何が起こりえたかを示すことで、実際に起きた出来事をやり直そうと試みるかもしれない。一方、戦略家は目の前の現実を出発点とするが、そこからそれがどう変わりうるかを想像しなければならない。どんな説得力あるすばらしいナラティブでも、うまく伝わらず、想定した受け手を引き込むことができなければ価値がない点は、どちらの場合も同じである。ストーリーがあまりにも巧妙、複雑、実験的、衝撃的だと、受け手とのつながりを築けなかったり、恐るべき反動を引き起こしたり、誤ったメッセージを伝えてしまったりしかねない。劇と同じく戦略でも、信憑性を欠く人物設定、著しくかけ離れた動き、はなはだしい見解の不一致、遅すぎる、あるいは速すぎる出来事の進行、入り組んだ関係、明らかな隔たりが、出来の悪いプロットの原因となりうる。

ただし、脚本家と戦略家のあいだには重要な違いがある。以下に示す事件は、それを示す一例だ。一九二一年、アメリカのアルバート・フォール内務長官が、ワイオミング州のティーポット・ドーム油田での石油採掘権をリースする見返りに、石油会社の幹部から賄賂を受け取った。入札を拒まれたという不満の声が石油業界からあがったため、メディアがこの話を取り上げたが、ある新聞社は証拠を暴露するのではなく、脅迫に用いた。フォールは取材への回答を拒否し、政府も真相解明の進展を阻もうとした。最終的には、リースが「不正と汚職を示唆する状況下で実施された」という結論を議会の委員会が下した。[28] 制度上のプロセスをしっかりと把握し、単調な調査を積み重ねたうえで下された結論だった。このころ、上院議員のなかで腐敗防止に力を入れていたのがモンタナ州選出のバートン・ウィーラーだ。法律家でもあるウィーラーは労働者の権利のために戦って名を上げた人物で、司法省にかかわる別の汚職疑惑の議会調査でも陣頭に立っていた。政府がもつ石油採掘権について便宜を図る目的で顧客から報酬を得ていた、という疑惑工作によりウィーラーをおとしめようとする試みもなされたが、失敗に終わった。[29]

ウィーラーは、フランク・キャプラ監督の映画『スミス都へ行く』の主人公ジェファーソン・スミスのモデルだといわれていた。劇中のスミスは州の少年団のリーダーであり、うぶで理想主義の若者だ。地元の集票組織のボス、ジェイムズ・テイラーは、簡単に傀儡になるだろうという思い込みから、スミスを急死した上院議員の後継者としてワシントンに送り込む。（スミスの父のかつての親友で、やはり理想主義者だった）州の別の上院議員ジョセフ・ペインは、権力を得て堕落していた。スミスは地元に少年キャンプ場を作るための法案を提出するが、その候補地はテイラーがダム建設用に不正な手段で買い占めようとしていた土地だった。そこでテイラーは尻込みするペインに、スミスが法案をえさに少年団の子どもたちから小遣いを巻き上げようとしていると非難するよう迫った。計画は、ほぼ順調に進んだ。絶望したスミスは何もかもあきらめかけたが、以前はスミスを懐疑的な目で見ていた秘書のクラリッサ・サンダースに説得され、対抗姿勢をとる。ペインの主導でスミスの議会からの追放が決議されようというときに、スミスは不正に関するメッセージが地元州民に届くことを願ってフィリバスター〔訳注：議員が立ったまま際限なく演説を続け、審議を長引かせる手法〕を開始する。スミスは立ちっぱなしで話しつづけるが、テイラーはなおも力ずくでメッセージが届くのを阻止する。そしてペインはとどめとして、スミスの追放を要求する何百通もの手紙や電報〔訳注：実は仕組まれたもの」を持ちこむ。疲れ切って倒れる寸前、スミスは「たとえ、この議場がこんなにも嘘にまみれているとしても、そしてテイラーとその手下がここに攻めこんでこようと」自分は戦いつづける、「誰かしらが耳を傾けてくれるだろう」と訴えた。衝撃を受けたペインは銃で自殺しようとし、追放されるべきは自分だと叫ぶ。ペインがすべて白状したことで、スミスは英雄となり、上院議員の地位も失わずに済んだのだった。

この映画は、集票組織と怠惰なメディアを巧みに操作することで民主主義のチェック機能のおよばない地位を築いた企業トラストと、一般庶民の慎ましい願いを対比させて描いている。マキャベリ的な政治手法、権謀術数、偽りと欺瞞に対する嫌悪感を伝える一方で、率直で高潔で勇敢な人々を称賛し、国家に潜む悪に善人が打ち勝てることを示している。監督のキャプラは共和党支持者だったが、脚本を書いたのは共産主義者のシドニー・バックマンであった。脚本家がバックマンである点に注目が集まらなかったのはキャプラにとって好都合であり、監督自身は映画が勧善懲悪の純粋な道徳物語に仕上がったことに満足していたようだ。一方、バックマンは自分の脚本を専制政治に対する抗議と考えており、「民主主義を信じるのであれば必要となる警戒の精神、どんな小さなものにも屈しないこと」の重要性を訴えていた。[30]

映画製作倫理規定管理局[31]の責任者だったジョセフ・ブリーンは、企画段階の同作品の脚本に反対の意を示した。上院が「故意に歪曲したわけではないとしても、特別な利害関係をもつロビイストたちにすっかり牛耳られている」かのように描写されている、との理由からだ。政治的な検閲という印象を避ける必要があると認識していたブリーンは、その後修正された脚本で、ほとんどの上院議員が「国家の最善の利益のため、疲れもみせずに長時間働く立派で正直な市民」として描かれていたため、「壮大な作り話」として受け入れることにした。[32]それでも映画が公開されると、（ウィーラーを含む）上院議員やジャーナリストは激怒した。国務省の職員は、アメリカの制度が非常識にみえることを恐れた。一方、国内外の大衆はキャプラのストーリー展開の鮮やかさに魅了され、同作品でアメリカの民主主義の理想を描いたというキャプラの主張を受け入れた。[33]ロナルド・レーガンはジェファーソン・スミスを手本にしていたようなふしがあり、大統領になってからも、「たとえ勝ち目がなくても戦う」というスミスのせりふを引用していた。[34]

キャプラの意図により、スミスは理想主義で戦略に無頓着な人物として描かれた。スミスに戦略的な助言を（最初はやや意地悪そうに、やがて愛情をこめて）行ったのは秘書のサンダースだ。ある重要な場面で、サンダースはリンカーン記念堂に一人たたずむスミスを見つける。「壁に刻まれた名言」と自分に突きつけられた嘘との隔たりを嘆くスミスに、あきらめてはならないとサンダースは説く。「世の中を良くするのは」いつだって「信念をもった愚か者」なのだから、と。脚本の草稿には、「小さなダビデが戦いに出るとき、手には石投げ器一つしかなかったけれど、真理を味方につけていた」というサンダースのせりふがあった。[35]決定稿のサンダースは戦略を語る。「高さ一二メートルのところから水に飛び込むようなものだけど、あなたならできる」と。弱者が、素早く勝利を決めようとする強者と戦わなければならない場合、この戦略は機能する。戦い方を熟知しているはずのペインは、フィリバスターに意表をつかれた。スミスは議場を明け渡してはならないことを十分にわかっており、そう要求するペインにも屈しなかった。ただし、「真理を味方につける」という計画は失敗する。スミスが地元州民に「テイラーの集票組織を叩きのめす」よう呼びかけても、テイラーは「指一本触れさせない！　世論など五時間で作ってみせる。ずっと、そうしてきたのだ！」と動じない。自作の新聞を配ろうとする少年団の果敢な試みも、テイラーに阻まれてしまう。勝敗を決めたのは、連合の脆（もろ）さの違いだった。テイラーとペインの連合は、ペインが忘れてしまっていた理想主義を思い出したことで破綻した。一方、スミスは議長を務める副大統領に温情をかけられる。副大統領はスミスがフィリバスターを始めることを認め、スミスが疲れをみせはじめると微笑みかけた。[36]このように、必ずしも明示的ではないとしても、この作品の脚本には戦略の特性がすべて盛り込まれている。プロットにそれなりの信憑性をもたせ、スミスがある程度、自分の力で成功をつかんだことを伝えるために必要な要素だ。この作品のすぐれたところは、出来事が凝縮して描かれている、（ティーポット・ドーム事件の忍耐を強いられる調査のような）退屈な過程がない、話がどう転がってもおかしくない最後の段階で登場人物の急な心変わりによってハッピーエンドが訪れる、といった点にある。

脚本家はプロットをコントロールし、あらゆる登場人物の行動を操作し、運や偶然の要素を取り入れて、ストーリーをあらかじめ決められた結論へと導く。脱線や未解決事項を少なくするために制限を設ける。すべての主要登場人物を自らのコントロール下に置く。脚本家は登場人物がどのようにして出会い、かかわり合っていくかを決め、そうした人間関係を大事な場面での誤解によって複雑化させたり、不慮の事故や偶然の出会いによって変化させたりすることもできる。どんでん返しや、登場人物のまったく新しい一面があらわになる衝撃的な場面、完璧にみえた計画に狂いを生じさせる偶発的な出来事、主人公が悲惨な運命から間一髪で逃れることを可能にする大チャンス、などをどこに盛り込むか決めるのも脚本家だ。明らかに二度と出てくる必要のない脇役をわざわざ登場させることもできれば、注意深い受け手がそれに気づいたり、関連性について考えたりするのを見込んで、先行きをにおわせるヒントをちりばめることもできる。終盤までハラハラさせる展開を続ければ、スリル満点の結末へ確実に導くことも可能だ。受け手は、いくつかに分かれたストーリーの筋が一つにまとまり、謎が解き明かされ、ハラハラドキドキの展開にも終止符が打たれる、という納得のいく結末を期待する。脚本家は、悪役に天罰が下り、善人が報われるという教訓を示してもよいし、あえて道徳上の曖昧さを残し、失望感や不公平感を印象づけてもよい。

戦略家は、脚本家とはまったく異なる課題に直面する。何よりも重要なのは、現実に降りかかってくるという点だ。脚本家は、人間の有り様を表現するために「悪役」に勝たせる場合もあるだろう。戦略家は、戦略が現実に結果をもたらすこと、そしてそれが悲惨なものとなる可能性をわかっている。脚本家は、プロットを確実に意図どおりに展開させることができる。戦略家は、それがどのようなものでありうるのか、よく知らないままに他者が行う選択に対処しなければならない。脚本家は、そうした選択を主要登場人物の本性を明かすために用いることができる。戦略家は、切迫した状況下でどのような選択がなされるのか予想する際に、基本となる前提を設ける必要がある。予測に際しては、文献が示す標準的なプロットの流れは避けなければならない。スリル満点のクライマックスが突然訪れ、何もかもがつながる展開になる可能性は低い。映画や劇では、悪意をいだき、自己中心的で、まさしく怪物のような存在がもっともらしい敵として登場する。実際の敵をそのような存在に見立てたい気にさせられるかもしれないが、型にはめすぎるのも危険である。ほかのやり方で解消しえた対立が、光の力と闇の力の対立という構図に変わってしまう恐れがある。相手を戯画的にとらえ、一方で味方を美化すれば、実際の行動に不意打ちを食らわされる危険性が高まる。他者がその人らしくない、あるいは自分の力量を超えた、もしくは明らかにされている利害や好みに反した行動をとる、との見方に基づいた戦略は、博打（ばくち）に等しいと理解しなければならない。割り当てられた役割を演じて焦燥感を募らせたり、封じ込められたり、待ち伏せされたり、抑圧されたりするのではなく、戦略家は独自のスクリプトを書くのだ。戦略家にとっての課題（それはまさに戦略の本質なのだが）とは、敵対する、あるいは賛同の得られない他者が、その現在の意図とは異なる行動をとるように強いる、もしくは説得することである。常につきまとうのは、予想していたよりも厄介で、あまり満足の得られない結果に終わるリスクだ。納得のいく結末にすらならない場合もある。プロットが先細りしてしまったり、元のストーリーがどこにもたどり着かず、別のストーリーに取って代わられたりする可能性もある。

脚本家も戦略家も受け手のことを考えなければならないが、多様な受け手を相手にする際の問題は、戦略家の場合のほうがより難しい。プロットに従わなければならない者が混乱におちいれば、自分の役割を演じられなくなってしまう。一方で、誤った道と故意に不明瞭にされたシグナルに従っていて、存在を隠しておいたほうがよい他者がいる場合もあるだろう。脚本家は、受け手に求めるものを減らすことができる。長期にわたり細心の注意を傾け、苦労してなんとかたどり着いた結末を示す必要はない。スリル満点のクライマックスという選択肢をとり、元に戻せない絶対的な変化を起こして物語を完全に終わらせることもできる。戦略家も、早く決着させたいという願望や、時間をかけて敵を消耗させる、あるいは味方になる可能性のある相手を拡大交渉に引き込むという考え方への苛立ちから、同じような誘惑にかられることがあるだろう。迅速で決定的な結果を求めるという決断は、ありがちな失敗の原因である。戦略家は脚本家と違い、運や鋭い目、突然の新事実発覚、個性的な切れ者によって状況が一変し、絶体絶命の危機をぎりぎりのところで切り抜ける、という手法に頼ることはできない。進行する状況の論理に基づき、他の関係者にスクリプトに従うことを求める動きを見きわめなければならない。交渉における最初の手札、戦場での陽動作戦、危機時の好戦的な声明は、どれも相手が示しそうな反応を見込んだうえで実行されるだろう。見込みどおりの反応がなければ、早い段階から即興で対処することになる。

戦略家は、（戦闘や選挙といった）明白なクライマックスがある場合でも、ストーリーの流れに終わりは訪れず、数多くの問題が未解決のまま残されることを受け入れなければならない（ロバート・マッキーはこうしたプロットを「ミニプロット」と呼んでいる）。望んでいた終着点にたどり着いたとしても、それは本当の終わりではない。敵が降伏した、選挙に勝った、ターゲットとしていた企業の買収に成功した、革命の機会をものにした、といった出来事は、占領した国を運営する、新政権を発足させる、それぞれ特色の異なる企業の活動を統合する、まったく新しい革命の秩序を築く、という次の流れをもたらすことを意味するにすぎない。脚本家の場合、次の展開を受け手の想像に任せたり、ある程度の時間をおいてから（おそらく、新たな人物をたくさん登場させるなどして）ストーリーを再開したりすることができる。だが、戦略家にそのような恵まれた選択肢はない。次の展開への移行は急を要するし、どのようにしてもともとの終着点にたどり着いたかによって違ってくるだろう。このことから、戦略の多くは最終目的地ではなく次の段階へたどり着くためのものである、という考え方にあらためて行き着く。戦略は、三幕構成の演劇ではなく、同じ人物が登場しつづけ、一連のエピソードを通じて筋書きが展開していくテレビの連続ドラマにたとえるのがふさわしい。各エピソードは独立した形をとりながらも、次のエピソードへつながる。明確な結末がある劇と違い、連続ドラマはたとえ中心的な人物やその周りの状況が変わっても、結論を示す必要はない。

脚本家はプロットを先に進めるため、主人公がしかるべきタイミングで難しい選択を迫られる展開にするために、偶然という道具を用いることができる。戦略家は、プロットには決して含まれていない出来事が存在し、プロットの論理を破綻させるとわかっているが、それがいつ、どこで、どのように生じるかは、はっきり把握できない。プロットの境界を保つのは難しく、関係なさそうにみえる問題が割り込んできて事態を複雑にする。したがってプロットには、ある程度の行動の自由を取り入れる必要がある。決定的な選択を迫られるタイミングが早くなればなるほど、特定の道により深く分け入ることになり、他者の行動や偶発的な出来事によって主人公がその道から逸脱した際の修正はいっそう難しくなる。戦略家は「機械じかけから登場する神（デウス・エクス・マキナ）」に頼ることができない。神の介入によって土壇場で絶望的な状況を切り抜ける、という古典劇の手法だ。ロバート・マッキーはこう述べている。作家は偶然によって結末を変えることもできるが、これはプロットの価値を否定し、中心的な登場人物に自らの行動に対する責任を放棄させることになるため、「作家が犯す最大の罪」だと。アリストテレスも、この手法に頼るのが当たり前のようになっていることを嘆いた。

古代ギリシャでは、喜劇か悲劇かという分類がプロットにおいて最も重要であった。これは、楽しい話か悲しい話か、愉快な話か悲惨な話か、という分類ではなく、対立を解消する方法の違いに基づく分類であった[37]。対立とは、敵対する人物同士によるものではなく、個人と社会とのあいだでの対立を意味することもある。喜劇は、納得のいく解決がなされ、主要な登場人物が未来に対して前向きな姿勢をとる形で終わる。一方、悲劇は、たとえ社会全体がある種の均衡を取り戻している場合でも、（とりわけ、不幸の種を自らまいてしまったのであろう主人公の）後ろ向きな見通しとともに終わる。社会と主人公のあいだで新しい前向きな関係が築かれているのであれば、それは喜劇である。現状を変えようとした主人公の試みが失敗に終わったのであれば、それは悲劇である。自分が書くのが喜劇なのか悲劇なのか、最初からわかっているのが脚本家だ。そして喜劇をめざすものの、悲劇に終わる危険性をかかえているのが戦略家なのである。

謝辞

本書の契約を結んだのは一九九四年だった。最初にこの話を持ち込んだティム・バートンは、ほかのプロジェクトに忙殺され、書きはじめようとしては何度も挫折していたわたしを、ひたすら忍耐強く見守ってくれた。ようやく執筆が始まると、バートンの紹介で、非常に頼もしく有能なデイビッド・マックブライドが編集を担当してくれた。本書が世に出たのは、マックブライドとキャミー・リッチェリをはじめとするオックスフォード大学出版のチームのみなさんのおかげにほかならない。

とはいえ、ジェイムズ・ガウの励ましと、構想を発展させる機会を与えてくれたセミナーの存在がなければ、一時中断していた本書の執筆は再開されなかっただろう。ガウとブラッド・ロビンソンは、二人がかかわる英国研究会議の世界不確実性プログラム（Global Uncertainties

Programme）への応募を強くわたしに勧め、提出書類の準備を手伝ってくれた。そのおかげで採用され、経済社会学研究会議（ＥＳＲＣ）と芸術人文科学研究会議（ＡＨＲＣ）の共同助成による特別研究員（フェローシップ）の資格を与えられたことで、さもなければ得られなかった研究と執筆の場をわたしは手にした。とりわけ研究仲間には恵まれた。ジェフ・マイケルズの戦略思想に関する独自の研究と、わたしの研究に対する鋭い批評からは得られるものが多かった。また、わたしはベン・ウィルキンソンの論文執筆を指導する立場にあったのだが、実際には、わたしのほうが（とくに古典に関して）ウィルキンソンの指導を受ける格好となった。

ロンドン大学キングス・カレッジの戦争研究学部は、三〇年以上も前から、わたしにとって刺激に満ちた本拠地（ホーム）である。本書の多くのページに、教員陣や学生との会話から得た情報が生かされている。とりわけ、歴代の学部長であるブライアン・ホールデン・リード、クリストファー・ダンデカー、マービン・フロストの支援には感謝している。このほか、セオ・ファレル、ジャン・ウィレム・ホニッグ、そしていつも興味深い参考情報を伝えてくれるジョン・ストーンからは、本書の原稿について助言を得た。また、リモール・シムホニーは参考文献の確認を手伝ってくれ、サラ・チャックウデベは原稿に多くの修正を施してくれた。

学部外の仲間からも、ありがたい助言をもらった。特筆する必要があるのは、すぐれた戦略研究家であるベアトリス・ホイザーとロバート・ジャービスである。二人は、わたしが求めていた水準をはるかに超えて、微に入り細をうがった解説を披露してくれた。ほかにもロブ・エイソン、ディック・ベッツ、スチュアート・クロフト、ピート・フィーバー、アザー・ガット、カール・リービー、アルバート・ウィール、ニック・ウィーラーが数多くの有益な意見を寄せてくれた。最後になるが、息子のサムは本書の構成や題名について、ためになる助言をしてくれ、また義理の娘のリンダとは反体制文化（カウンターカルチャー）について語り合うことができた。本書で取り上げた諸問題に関して議論を交わした諸氏の名（その多くは該当ページに記されている）は枚挙にいとまがないが、二人の名前をここに特記したい。一人めは勉学と心の両面でわたしの師であるマイケル・ハワード卿だ。この道に導いてくれた師は、今なお励みつづけよ、とわたしを鼓舞してくれている。二人めは同じような経歴をたどり、多くの研究テーマを共有してきたコリン・グレイである。われわれ二人のあいだで見解の異なることは多々あったが、そうした衝突は常に多くの実りをもたらしてくれた。

これまでに上梓したすべての本のなかで、わたしは忍耐強く寛容な妻ジュディスに感謝の意を表してきた。今回もジュディスは、原稿以外にはまったく無関心になった「執筆放心状態」のわたしとのつきあいを余儀なくされてきた。結婚四〇周年のルビー婚が近づくなか、このあたりで自著を妻に捧げようと考えたしだいである。

いった政治的な検閲も行っていた。

32 Richard Maltby, *Hollywood Cinema* (Oxford: Blackwell, 2003), 278-279.

33 Eric Smoodin, "'Compulsory' Viewing for Every Citizen: Mr. Smith and the Rhetoric of Reception," *Cinema Journal* 35 , no.2 (Winter 1996): 3-23.

34 Frances Fitzgerald, *Way Out There in the Blue: Reagan, Star Wars and the End of the Cold War* (New York: Simon & Schuster, 2000), 27-37.

35 『スミス都へ行く』の脚本の草稿は http://www.dailyscript.com/scripts/MrSmithGoesToWashington.txtで閲覧できる。

36 Michael P. Rogin and Kathleen Moran, "Mr. Capra Goes to Washington," *Representations*, no.84 (Autumn 2003): 213-248.

37 Christopher Booker, *The Seven Basic Plots: Why We Tell Stories* (New York: Continuum, 2004).

章原注32参照）

24 Valerie-Ines de la Ville and Eleonore Mounand, "A Narrative Approach to Strategy as Practice: Strategy-making from Texts and Narratives," in Golskorkhi, et al. eds., *Cambridge Handbook of Strategy as Practice* ,13.（第35章原注29参照）

25 David Barry and Michael Elmes, "Strategy Retold: Toward a Narrative View of Strategic Discourse," *The Academy of Management Review* 22, no.2（April 1997）: 437, 430, 432-433.

26 Robert McKee, *Story: Substance, Structure, Style, and the Principles of Screenwriting*（London: Methuen, 1997）〔邦訳：ロバート・マッキー著、越前敏弥訳『ストーリー――ロバート・マッキーが教える物語の基本と原則』フィルムアート社、2018年〕

27 Aristotle, Poetics, http://classics.mit.edu/Aristotle/poetics.html.〔邦訳『詩学』は複数刊行されている〕

28 Laton McCartney, *The Teapot Dome Scandal : How Big Oil Bought the Harding White House and Tried to Steal the Country*（New York: Random House, 2008）.

29 ウィーラーはフランクリン・ローズベルトの大統領選出馬とニューディール政策を真っ先に支持した上院議員だったが、映画『スミス都へ行く』が公開されたころ（1939年）には、強硬な孤立主義者で、ハリウッドのユダヤ人が映画の影響力を使って主戦論をあおっていると非難する人物として知られていた。戦争への関与に反対し、真珠湾攻撃の数週間前まで、日本にはアメリカに敵対する意志はないとの見方を示していた。こうした背景から、チャールズ・リンドバーグがアメリカ大統領となった世界を描いたフィリップ・ロスの歴史改変小説に、ウィーラーは副大統領として登場している。Philip Roth's *The Plot Against America*（New York: Random House, 2004）〔邦訳：フィリップ・ロス著、柴田元幸訳『プロット・アゲンスト・アメリカ―もしもアメリカが…』集英社、2014年〕

30 Kazin, *American Dreamers,* 187（第25章原注51参照）; Charles Lindblom and John A. Hall, "Frank Capra Meets John Doe: Anti-politics in American National Identity," in Mette Hjort and Scott Mackenzie, eds., *Cinema and Nation*（New York: Routledge, 2000）. Joseph McBride, *Frank Capra*（Jackson: University Press of Mississippi, 2011）も参照。

31 映画製作倫理規定管理局は映画業界で適切な道徳基準を維持することを目的とした自主規制機関で、主に性的描写を規制の対象としていたが、ブリーンは少なくとも1938年まで、反ナチス映画の製作を防ぐと

15 Nassim Taleb, *The Black Swan : The Impact of the Highly Improbable* (New York: Random House, 2007), 8.〔邦訳：ナシーム・ニコラス・タレブ著、望月衛訳『ブラック・スワン―不確実性とリスクの本質〈上〉〈下〉』ダイヤモンド社、2009年〕

16 Joseph Davis, ed., *Stories of Change: Narrative and Social Movements* (New York: State University of New York Press, 2002)

17 Polletta, *It Was Like a Fever*, 166.（第26章原注37参照）

18 Joseph Davis, ed., *Stories of Change : Narrative and Social Movements* (New York: State University of New York Press, 2002).

19 Dennis Gioia and Peter P. Poole, "Scripts in Organizational Behavior," *Academy of Management Review* 9, no.3 (1984): 449-459; Ian Donald and David Canter, "Intentionality and Fatality During the King's Cross Underground Fire," *European Journal of Social Psychology* 22 (1992): 203-218.

20 R. P. Abelson, "Psychological Status of the Script Concept," *American Psychologist* 36 (1981): 715-729.

21 Avner Offer, "Going to War in 1914: A Matter of Honor?" *Politics and Society* 23, no.2 (1995): 213-241. リチャード・ハーマンとフィッシャーケラーも以下の論文で「戦略的スクリプト」という概念を打ち出した。Richard Herrmann and Michael Fischerkeller, "Beyond the Enemy Image and Spiral Model: Cognitive-Strategic Research After the Cold War," *International Organization* 49, no.3 (Summer 1995): 415-450. ただし同論文では、スクリプトを「外交政策の全体的な姿勢を形づくる手段を提供する仮説的構造」と、違う視点から説明している。ジェームズ・スコットも「トランスクリプト」という用語を使った別のアプローチをとっている。James C. Scott, *Domination and the Arts of Resistance : Hidden Transcripts* (New Haven, CT: Yale University Press, 1992) スコットは、従属する立場のグループは「秘められたトランスクリプト (hidden transcript)」をひそかに構築することで、支配的なグループが唱える「公のトランスクリプト (public transcript)」を批判する、と説いた。そして、従属する立場のグループは簡単には騙されないとの見方から、パラダイム、定式、神話、虚偽意識、抵抗などに関する、おなじみの議論を取り上げている。

22 Jerome Bruner, "The Narrative Construction of Reality," *Critical Inquiry*, 1991, 4-5, 34.

23 Christopher Fenton and Ann Langley, "Strategy as Practice and the Narrative Turn," *Organization Studies* 32, no.9 (2011): 1171-1196; Shaw, Brown, and Bromiley, "Strategic Stories: How 3M Is Rewriting Business Planning,"（第35

第38章　ストーリーとスクリプト

1　Charles Lindblom, "The Science of 'Muddling Through,'" *Public Administration Review* 19, no.2 (Spring 1959): 79-88.

2　Gordon Wood, "History Lessons," *New York Review of Books*, March 29, 1984, p.8 (Review of Barbara Tuchman's March of Folly)

3　1957年11月14日にワシントンDCで開催された国防上級準備会議における演説。*Public Papers of the Presidents of the United States, Dwight D. Eisenhower, 1957* (National Archives and Records Service, Government Printing Office), p.818. アイゼンハワーはこのあと、「『非常事態』とは予期せざる事態をまさに意味するのであり、したがって非常事態においては、計画しているとおりに物事は進まない」と続けている。

4　Hew Strachan, "The Lost Meaning of Strategy," *Survival* 47, no.3 (2005): 34. (第6章原注7参照)

5　Timothy Crawford, "Preventing Enemy Coalitions: How Wedge Strategies Shape Power Politics," *International Security* 35, no.4 (Spring 2011): 189.

6　Jon T. Sumida, "The Clausewitz Problem," *Army History* (Fall 2009), 17-21 .

7　Isaiah Berlin, "On Political Judgment," *New York Review of Books* (October 3, 1996)

8　Bruce Kuklick, *Blind Oracles: Intellectuals and War from Kennan to Kissinger* (Princeton, NJ: Princeton University Press, 2006), 16.

9　Hannah Arendt, *The Human Condition*, 2nd revised edition (Chicago : University of Chicago Press, 1999), 200.〔邦訳：ハンナ・アーレント著、志水速雄訳『人間の条件』筑摩書房、1994年〕最初に刊行されたのは1958年。

10　Steven Lukes, *Power: A Radical View* (London: Macmillan, 1974).〔邦訳：スティーヴン・ルークス著、中島吉弘訳『現代権力論批判』未来社、1995年〕

11　Charles Tilly, "The Trouble with Stories," in *Stories, Identities, and Political Change* (New York: Rowman & Littlefield, 2002), 25-42.

12　Naomi Lamoreaux, "Reframing the Past: Thoughts About Business Leadership and Decision Making Under Certainty," *Enterprise and Society* 2 (December 2001): 632-659.

13　Daniel M. G. Raff, "How to Do Things with Time," *Enterprise and Society* 14, no.3 (September 2013), 435-466.

14　Daniel Kahneman, *Thinking, Fast and Slow*, 199, 200-201, 206, 259. (第37章原注42参照)

Penguin Books, 2011).〔邦訳：ダニエル・カーネマン著、村井章子訳『ファスト&スロー――あなたの意思はどのように決まるか？〈上〉〈下〉』早川書房、2014年〕以下も参照。J. St. B. T. Evans, "In Two Minds: Dual-Process Accounts of Reasoning," *Trends in Cognition Science* 7, no.10 (October 2003): 454-459; "Dual-Processing Accounts of Reasoning, Judgment and Social Cognition," *The Annual Review of Psychology* 59 (January 2008): 255-278.

43 Andreas Glöckner and Cilia Witteman, "Beyond Dual-Process Models: A Categorisation of Processes Underlying Intuitive Judgement and Decision Making," *Thinking & Reasoning* 16, no.1 (2009): 1-25.

44 Daniel Kahneman, *Thinking, Fast and Slow*, 42.

45 Alan G. Sanfey et al., "Social Decision-Making," 598-602.

46 Colin F. Camerer and Robin M. Hogarth, "The Effect of Financial Incentives in Experiments : A Review and Capital-Labor-Production Framework," *Journal of Risk and Uncertainty* 19, no.1-3 (December 1999): 7-42.

47 Jennifer S. Lerner and Philip E. Tetlock,"Accounting for the Effects of Accountability," *Psychological Bulletin* 125, no.2 (March 1999): 255-275.

48 Daniel Kahneman, Peter P. Wakker, and Rakesh Sarin, "Back to Bentham? Explorations of Experienced Utility," *The Quarterly Journal of Economics* 112, no.2 (May 1997): 375-405; Daniel Kahneman, "A Psychological Perspective on Economics," *American Economic Review : Papers and Proceedings* 93, no.2 (May 2003): 162-168.

49 J. K. Rilling, A. L. Glenn, M. R. Jairam, G. Pagnoni, D. R. Goldsmith, H. A. Elfenbein, and S. O. Lilienfeld, "Neural Correlates of Social Cooperation and Non-cooperation as a Function of Psychopathy," *Biological Psychiatry* 61 (2007): 1260-1271.

50 Philip Tetlock, *Expert Political Judgment* (Princeton, NJ : Princeton University Press, 2006), 23.

51 Alan N. Hampton, Peter Bossaerts, and John P. O'Doherty, "Neural Correlates of Mentalizing-Related Computations During Strategic Interactions in Humans," *The National Academy of Sciences of the USA* 105, no.18 (May 6, 2008): 6741-6746; Sanfey et al., Social Decision-Making, 598.

52 David Sally, "Dressing the Mind Properly for the Game," *Philosophical Transactions of the Royal Society London* B 358, no.1431 (March 2003): 583-592.

but Not Sensory Components of Pain," *Science* 303, no. 5661 (February 2004): 1157-1162 ; Vittorio Gallese, "The Manifold Nature of Interpersonal Relations: The Quest for a Common Mechanism," *Philosophical Transactions of the Royal Society*, London 358, no.1431 (March 2003): 517; Stephany D. Preston and Frank B. M. de-Waal, "Empathy: the Ultimate and Proximate Bases," *Behavioral and Brain Scences* 25 (2002): 1.

33 R. P. Abelson, "Are Attitudes Necessary?" in B. T. King and E. McGinnies, eds., *Attitudes, Conflict, and Social Change* (New York: Academic Press, 1972), 19-32. 以下に引用されている。Ira J. Roseman and Stephen J. Read, "Psychologist at Play: Robert P. Abelson's Life and Contributions to Psychological Science," *Perspectives on Psychological Science* 2, no.1 (2007): 86-97.

34 R. C. Schank and R. P. Abelson, *Scripts, Plans, Goals and Understanding: An Inquiry into Human Knowledge Structures* (Hillsdale, NJ: Erlbaum, 1977).

35 R. P. Abelson, "Script Processing in Attitude Formation and Decision-making," in J. S. Carroll and J. W. Payne, eds., *Cognition and Social Behavior* (Hillsdale, NJ: Erlbaum, 1976).

36 M. Lyons, T. Caldwell, and S. Shultz, "Mind-Reading and Manipulation. Is Machiavellianism Related to Theory of Mind?" *Journal of Evolutionary Psychology* 8, no.3 (September 2010): 261-274.

37 Philip Mirowski, *Machine Dreams: Economics Becomes Cyborg Science* (Cambridge: Cambridge University Press, 2002), 424.（第12章原注11参照）

38 Alan Sanfey, "Social Decision-Making: Insights from Game Theory and Neuroscience," *Science* 318, no.5850 (October 2007): 598-602.

39 Walt, "Rigor or Rigor Mortis?".（第36章原注14参照）

40 Jonah Lehrer, *How We Decide* (New York: Houghton Mifflin Harcourt, 2009), 237.〔邦訳（再構成された原著に基づく日本語版）：ジョナ・レーラー著、門脇陽子訳『一流のプロは「感情脳」で決断する』アスペクト、2009年〕

41 George E. Marcus, "The Psychology of Emotion and Passion," in David O. Sears, Leonie Huddy, and Robert Jervis, eds., *Oxford Handbook of Political Psychology* (Oxford: Oxford University Press, 2003), 182-221.

42 システム1とシステム2という呼び名はキース・スタノビッチとリチャード・ウェストがつけ、ダニエル・カーネマンの著書によって広まった。Keith Stanovich and Richard West, "Individual Differences in Reasoning: Implications for the Rationality Debate," *Behavioral and Brain Sciences* 23 (2000): 645-665; Daniel Kahneman, *Thinking, Fast and Slow* (London:

Provision of Public Goods," *Journal of Public Economics* 15 (1981): 295-310.

26 Dale T. Miller, "The Norm of Self-Interest," *American Psychologist* 54, no.12 (December 1999): 1055. 以下に引用されている。Ferraro et al., "Economics, Language and Assumptions," 14.

27 "Economics Focus : To Have and to Hold," *The Economist*, August 28, 2003, available at http://www.economist.com/node/2021010.

28 Alan G. Sanfey, "Social Decision-Making: Insights from Game Theory and Neuroscience," *Science* 318 (2007): 598.

29 Guido Möllering, "Inviting or Avoiding Deception Through Trust: Conceptual Exploration of an Ambivalent Relationship," MPIfG Working Paper 08/1, 2008, 6を参照。

30 Rachel Croson, "Deception in Economics Experiments," in Caroline Gerschlager, ed., *Deception in Markets: An Economic Analysis* (London: Macmillan, 2005), 113.

31 Maureen O'Sullivan, "Why Most People Parse Palters, Fibs, Lies, Whoppers, and Other Deceptions Poorly,"in Brooke Harrington, ed., *Deception : From Ancient Empires to Internet Dating* (Stanford: Stanford University Press, 2009), 83-84. 欺瞞の研究者は、「いいかげんなことを言う」という意味の古い言葉"paltering"をよみがえらせようとしている。"palter"という動詞は辞書で「不誠実に、あるいは誤解を招くように振る舞う」と定義されており、「でっちあげ、歪曲、潤色、ねじ曲げ、大言壮語、偏向、誇張、改ざん、粉飾、選別的伝達」によって誤った印象を生み出すことを示す。Frederick Schauer and Richard Zeckhauser, "Paltering,"in Harrington, ed., *Deception*, 39.

32 Uta Frith and Christopher D. Frith, "Development and Neurophysiology of Mentalizing," *Philosophical Transactions of the Royal Society*, London 358, no.1431 (March 2003): 459-473.〔邦訳「メンタライジング（心の理論）の発達とその神経基盤」は苧阪直行編『成長し衰退する脳』新曜社、2015年に収録されている〕他者の痛みに対する反応は、個人が自分自身の痛みに反応する場合と同じ脳の領域で起きることがわかっている。ただし、自分自身の痛みを感知し、なんらかの形で対処しようとした場合、脳の別の領域が活性化する。おそらく進化の過程において、他者を見ることで何を感じているのかを推測する重要な手がかりを察知する機能が獲得されたと考えられる。他者の顔から、危機が迫っているという警告を読み取ることが可能になったのである。T. Singer, B. Seymour, J. O'Doherty, H. Kaube, R. J. Dolan, and C. D. Frith, "Empathy for Pain Involves the Affective

Accounting and Consumer Choice," *Marketing Science* 4, no.3 (Summer 1985): 199-214.

16 Joseph Henrich, Steven J. Heine, and Ara Norenzayan, "The Weirdest People in the World?" *Behavioral and Brain Sciences*, 2010, 1-75.

17 Chris D. Frith and Tania Singer, "The Role of Social Cognition in Decision Making," *Philosophical Transactions of the Royal Society* 363, no.1511 (December 2008): 3875-3886; Colin Camerer and Richard H. Thaler, "Ultimatums, Dictators and Manners," *Journal of Economic Perspectives* 9, no.2: 209-219; A. G. Sanfey, J. K. Rilling, J. A. Aronson, L. E. Nystrom, and J. D. Cohen, "The Neural Basis of Economic Decisionmaking in the Ultimatum Game," *Science* 300, no.5626 (2003): 1755-1758. サーベイについては以下を参照。Angela A. Stanton, "Evolving Economics: Synthesis", April 26, 2006, Munich Personal RePEc Archive, Paper No.767, posted November 7, 2007, available at http://mpra.ub.uni-muenchen.de/767/.

18 Robert Forsythe, Joel L. Horowitz, N. E. Savin, and Martin Sefton, "Fairness in Simple Bargaining Experiments," *Game Economics Behavior* 6 (1994): 347-369.

19 Elizabeth Hoffman, Kevin McCabe, and Vernon L. Smith, "Social Distance and Other-Regarding Behavior in Dictator Games," *American Economic Review* 86, no.3 (June 1996): 653-660.

20 Joseph Patrick Henrich et al., "'Economic Man' in Cross-Cultural Perspective: Behavioral Experiments in 15 Small-Scale Societies," *Behavioral Brain Science* 28 (2005): 813.

21 Stanton, "Evolving Economics,"10.

22 Martin A. Nowak and Karl Sigmund, "The Dynamics of Indirect Reciprocity," *Journal of Theoretical Biology* 194 (1998): 561-574.

23 利他的懲罰は、集団内での協調を維持するうえで重要な役割を果たすことが明らかになっている。Herbert Gintis, "Strong Reciprocity and Human Sociality," *Journal of Theoretical Biology* 206, no.2 (September 2000): 169-179 を参照。

24 Mauricio R. Delgado, "Reward-Related Responses in the Human Striatum," *Annals of the New York Academy of Sciences* 1104 (May 2007): 70-88.

25 Fabrizio Ferraro, Jeffrey Pfeffer, and Robert I. Sutton, "Economics, Language and Assumptions: How Theories Can Become Self-Fulfilling," *The Academy of Management Review* 30, no.1 (January 2005): 14-16; Gerald Marwell and Ruth E. Ames , "Economists Free Ride, Does Anyone Else? Experiments on the

広いビジネス書読者層に説明するために書かれた本には斬新さがあった。Nalebuff and Brandenburger, *Co-Opetition*, 56-58.（第32章原注25参照）

7 Introduction in Jon Elster, ed., *Rational Choice* (New York: New York University Press, 1986), 16. ドナルド・グリーンとイアン・シャピロは共著で、厳しい基準が研究者にとって重荷となっていることを示すために、エルスターの文章を引用した。Green and Shapiro, *Pathologies of Rational Choice Theory*, 20.（第36章原注13参照）当初は合理的選択理論を支持したエルスターだが、のちに同理論に幻滅するようになった。

8 個人はフォーマルな論理思考を展開し、統計的手法を理解する能力を欠いている、との主張については、John Conlisk, "Why Bounded Rationality?" *Journal of Economic Literature* 34, no.2 (June 1996): 670を参照。

9 Faruk Gul and Wolfgang Pesendorfer, "The Case for Mindless Economics," in A. Caplin and A. Shotter, eds., *Foundations of Positive and Normative Economics* (Oxford: Oxford University Press, 2008).

10 Khurana, *From Higher Aims to Hired Hands*, 284-285.（第32章原注10参照）

11 Herbert A. Simon, "A Behavioral Model of Rational Choice," *Quarterly Journal of Economics* 69, no.1 (February 1955): 99-118. 以下も参照。"Information Processing Models of Cognition," *Annual Review of Psychology* 30, no.3 (February 1979): 363-396. Herbert A. Simon and William G. Chase, "Skill in Chess," *American Scientist* 61, no.4 (July 1973): 394-403.

12 Amos Tversky and Daniel Kahneman, "Judgment under Uncertainty: Heuristics and Biases," *Science* 185, no. 4157 (September 1974): 1124.〔邦訳「不確実性下における判断―ヒューリスティクスとバイアス」はダニエル・カーネマン著、村井章子訳『ファスト&スロー―あなたの意思はどのように決まるか？〈下〉』早川書房、2014年に収録されている〕Daniel Kahneman, "A Perspective on Judgment and Choice: Mapping Bounded Rationality," *American Psychologist* 56, no.9 (September 2003): 697-720も参照。

13 "IRRATIONALITY : Rethinking thinking," *The Economist*, December 16, 1999, available at http://www.economist.com/node/268946.

14 Amos Tversky and Daniel Kahneman, "The Framing of Decisions and the Psychology of Choice," *Science* 211, no.4481 (1981): 453-458; "Rational Choice and the Framing of Decisions," *Journal of Business* 59, no.4 , Part 2 (October 1986): S251-S278.

15 Richard H. Thaler, "Toward a Positive Theory of Consumer Choice," *Journal of Economic Behavior and Organization* 1, no.1 (March 1980): 36-90; "Mental

26 Robert Jervis, "Realism, Game Theory and Cooperation," *World Politics* 40, no.3 (April 1988): 319. Robert Jervis, "Rational Deterrence: Theory and Evidence," *World Politics* 41, no.2 (January 1989): 183-207も参照。

27 Herbert Simon, "Human Nature in Politics, The Dialogue of Psychology with Political Science," *American Political Science Review* 79, no.2 (June 1985): 302.

28 Weale, "Social Choice versus Populism? ", 379.

29 William H. Riker, "The Heresthetics of Constitution-Making: The Presidency in 1787, with Comments on Determinism and Rational Choice," *The American Political Science Review* 78, no.1 (March 1984): 1-16.

30 Simon, "Human Nature in Politics," 302.

31 Amadae and Bueno de Mesquita, "The Rochester School."

32 William Riker, *The Art of Political Manipulation* (New Haven, CT: Yale University Press, 1986), ix.

33 William Riker, *The Strategy of Rhetoric* (New Haven, CT : Yale University Press, 1996), 4.

第37章　合理的選択を超えて

1 Martin Hollis and Robert Sugden, "Rationality in Action," *Mind* 102, no.405 (January 1993): 3に引用されている。

2 Anthony Downs, *An Economic Theory of Democracy* (New York: Harper & Row, 1957), 5.〔邦訳：アンソニー・ダウンズ著、古田精司監訳『民主主義の経済理論』成文堂、1980年〕

3 Riker, *The Theory of Political Coalitions*, 20.（第36章原注17参照）

4 上巻の第12章「囚人のジレンマ」の項参照。

5 Brian Forst and Judith Lucianovic, "The Prisoner's Dilemma: Theory and Reality," *Journal of Criminal Justice* 5 (1977): 55-64.

6 たとえば、バリー・ネイルバフとアダム・ブランデンバーガーは「基礎的な教科書には、複雑に入り組んだビジネスの現実にあまりそぐわない『合理的な人間』像が記されているが、これは純粋に教科書の問題だ」と述べている。二人によると、合理的な人間は自らの認識に基づいて「最善の行動をとる」。そして、その認識は入手できる情報の量と、起こりうるさまざまな結果に対する自身の評価に左右される。二人は多様な視点からゲームをみる必要があると訴え、「人々が合理的か非合理的かという問題は、われわれにとってさほど重要ではない」と結論づけた。理論の手法を形づくり、その応用範囲を狭めた可能性のある基本概念上の問題には厚かましくもまったく触れないまま、ゲーム理論をより

Studies," *International Security* 23, no.4 (Spring 1999): 8.

15 Cohn, "Irrational Exuberance"に引用されているDennis Chongの言葉。

16 William A. Gamson, "A Theory of Coalition Formation," *American Sociological Review* 26, no.3 (June 1961): 373-382.

17 William Riker, *The Theory of Political Coalitions* (New Haven, CT : Yale University Press, 1962).

18 William Riker, "Coalitions. I. The Study of Coalitions," in David L. Sills, ed., *International Encyclopedia of the Social Sciences*, vol.2 (New York : The Macmillan Company, 1968), 527. Swedberg, "Sociology and Game Theory,"307に引用されている。

19 Riker, *Theory of Political Coalitions*, 22.

20 Mancur Olson, *The Logic of Collective Action : Public Goods and the Theory of Groups* (Cambridge, MA : Harvard University Press, 1965).〔邦訳：マンサー・オルソン著、依田博／森脇俊雅訳『集合行為論―公共財と集団理論』ミネルヴァ書房、1996年〕; Iain McLean, "Review Article: The Divided Legacy of Mancur Olson," *British Journal of Political Science* 30, no.4 (October 2000), 651-668.

21 Mancur Olson and Richard Zeckhauser, "An Economic Theory of Alliances," *The Review of Economics and Statistics* 48, no.3 (August 1966): 266-279.

22 Avinash K. Dixit and Barry J. Nalebuff, *The Art of Strategy : A Game Theorist's Guide to Success in Business and Life* (New York: W. W. Norton, 2008), x.〔邦訳：アビナッシュ・ディキシット／バリー・ネイルバフ著、嶋津祐一／池村千秋訳『戦略的思考をどう実践するか―エール大学式「ゲーム理論」の活用法』阪急コミュニケーションズ、2010年〕

23 Anatol Rapoport, *Strategy and Conscience* (New York: Harper & Row, 1964).〔邦訳：アナトール・ラパポート著、坂本義和／関寛治／湯浅義正訳『戦略と良心〈上〉〈下〉』岩波書店、1972年〕シェリングの反応については、*The American Economic Review*, LV (December 1964), 1082-1088 に掲載された本人による同書の書評を参照。

24 Robert Axelrod, *The Evolution of Cooperation* (New York: Basic Books, 1984), 177.〔邦訳：R・アクセルロッド著、松田裕之訳『つきあい方の科学―バクテリアから国際関係まで』ミネルヴァ書房、1998年〕このエピソードは、Mirowski, *Machine Dreams*, 484-487（第12章原注11参照）にも書かれている。

25 Dennis Chong, *Collective Action and the Civil Rights Movement* (Chicago : University of Chicago Press, 1991), 231-237.

Theory and Society 16 (1987): 325に引用されている。

2　Emily Hauptmann, "The Ford Foundation and the Rise of Behavioralism in Political Science," *Journal of the History of the Behavioral Sciences* 48, no.2 (2012): 154-173.

3　S. M. Amadae, *Rationalizing Capitalist Democracy : The Cold War Origins of Rational Choice Liberalism* (Chicago: University of Chicago Press, 2003), 3.

4　Martin Hollis and Robert Sugden, "Rationality in Action," *Mind* 102, no.405 (January 1993): 2.

5　Richard Swedberg, "Sociology and Game Theory: *Contemporary and Historical Perspectives*," *Theory and Society* 30 (2001): 320.

6　William Riker, "The Entry of Game Theory into Political Science," in E, Roy Weintraub, ed., *Toward a History of Game Theory* (London: Duke University Press, 1992), 208-210.（第12章原注19参照）

7　S. M. Amadae and Bruce Bueno de Mesquita, "The Rochester School: The Origins of Positive Political Theory," *Annual Review of Political Science* 2 (1999): 276.

8　Ibid., 282, 291.

9　Ronald Terchek, "Positive Political Theory and Heresthetics: The Axioms and Assumptions of William Riker," *The Political Science Reviewer*, 1984, 62を参照。ライカーについては以下を参照。Albert Weale, "Social Choice versus Populism? An Interpretation of Riker's Political Theory," *British Journal of Political Science* 14, no. 3 (July 1984): 369-385; Iain McLean, "William H. Riker and the Invention of Heresthetic (s)," *British Journal of Political Science* 32, no.3 (July 2002): 535-558.

10　Jonathan Cohn, "Irrational Exuberance : When Did Political Science Forget About Politics," *New Republic*, October 25, 1999.

11　William Riker and Peter Ordeshook, *An Introduction to Positive Political Theory* (Englewood Cliffs: Prentice-Hall, 1973), 24.

12　Richard Langlois, "Strategy as Economics versus Economics as Strategy," *Managerial and Decision Economics* 24, no.4 (June-July 2003): 287.

13　Donald P. Green and Ian Shapiro, *Pathologies of Rational Choice Theory : A Critique of Applications in Political Science* (New Haven, CT: Yale University Press, 1996), X. これに対する反撃が以下の文献で展開された。Jeffery Friedman, ed., "Rational Choice Theory and Politics," *Critical Review* 9 , no.1-2 (1995).

14　Stephen Walt, "Rigor or Rigor Mortis? Rational Choice and Security

44 Jeffrey Alexander, *Japan's Motorcycle Wars: An Industry History* (Vancouver: UBC Press, 2008).

45 Mair, "Learning from Japan," 29-30. こうしたホンダのストーリーをめぐる議論は、以下の文献で再考察されている。Christopher D. McKenna, "Mementos: Looking Backwards at the Honda Motorcycle Case, 2003-1973," in Sally Clarke, Naomi R. Lamoreaux, and Steven Usselman, eds., *The Challenge of Remaining Innovative: Lessons from Twentieth Century American Business* (Palo Alto: Stanford University Press, 2008).

46 Phil Rosenzweig, *The Halo Effect* (New York: The Free Press, 2007)〔邦訳：フィル・ローゼンツワイグ著、桃井緑美子訳『なぜビジネス書は間違うのか―ハロー効果という妄想』日経BP社、2008年〕

47 John Kay, *The Hare & The Tortoise*, 33, 70, 158, 160.

48 Bungay, *The Art of Action.*

49 A. G. Laffley and Roger Martin, *Playing to Win: How Strategy Really Works* (Cambridge, MA: Harvard Business Review Press, 272), 214-215.〔邦訳：A・G・ラフリー／ロジャー・マーティン著、酒井泰介訳『P&G式「勝つために戦う」戦略』朝日新聞出版、2013年〕

50 Richard Rumelt, *Good Strategy, Bad Strategy: The Difference and Why It Matters* (London: Profile Books, 2011), 77, 106, 111.〔邦訳：リチャード・P・ルメルト著、村井章子訳『良い戦略、悪い戦略』日本経済新聞出版社、2012年〕

51 Ibid., 32.「空疎」な戦略には、目新しい用語を使い、わかりきったことをより高尚そうな形で表面的に言い換えただけのものや、奥深そうな印象を与えることのできる難解な概念がある。それぞれ肯定的な意味合いをもつ抽象的な名詞をつなぎあわせて表現する傾向は、空疎さの象徴である。ルメルトは、学者の世界で抽象的な言葉を操ることが書き手を実態よりも賢くみせる手法としてよく使われている点や、抽象的な概念に意味をもたせるには、常に実例を用いて解釈する作業が必要となりうる点を問題視した。

52 Ibid., 58.

第V部　戦略の理論

第36章　合理的選択の限界

1 Paul Hirsch, Stuart Michaels, and Ray Friedman, " 'Dirty Hands' versus 'Clean Models': Is Sociology in Danger of Being Seduced by Economics,"

38 Karl E. Weick, *Making Sense of the Organization* (Oxford: Blackwell, 2001), 344-345. このエピソードは1982年以降のワイクの数多くの著作で紹介されている。

39 Mintzberg et al., *Strategy Safari*, 160.（第30章原注29参照）

40 こうした経緯から、盗用だという非難の声も上がった。Thomas Basboll and Henrik Graham, "Substitutes for Strategy Research : Notes on the Source of Karl Weick's Anecdote of the Young Lieutenant and the Map of the Pyrenees," *Ephemera: Theory & Politics in Organization* 6, no.2 (2006): 194-204.

41 Richard T. Pascale, "Perspectives on Strategy : The Real Story Behind Honda's Success," *California Management Review* 26 (1984): 47-72. *The California Management Review* 38, no.4 (1996) では、このストーリーがもたらす意味について論じる特集が組まれ、以下の論文が掲載された。Michael Goold (author of the original BCG report), "Learning, Planning, and Strategy : Extra Time"; Richard T. Pascale, "Reflections on Honda"; Richard P. Rumelt, "The Many Faces of Honda"; and Henry Mintzberg, "Introduction" and "Reply to Michael Goold." パスカルは、ボストン・コンサルティング・グループ（BCG）がイギリス政府の依頼を受けて行った研究の報告書に異議を唱えた。BCGは、市場で支配的な地位にあったイギリスのオートバイ産業が急激に衰退したのは、同国のメーカーに「短期的な収益性へのこだわり」があったせいだと指摘した。一方で、日本のメーカーは国内で小型バイクの一大市場をうまく築いてきたと述べ、以下のように論じた。こうして低コストを実現した日本メーカーが輸出に乗り出すと、主に大型バイクを製造するイギリスのメーカーは太刀打ちできなくなった。イギリス企業の労働者1人当たりの年間生産台数が14台であったのに対し、ホンダは同200台と、規模の経済をみごとに獲得していた。Boston Consulting Group, *Strategy Alternatives for the British Motorcycle Industry*, 2 vols. (London: Her Majesty's Stationery Office, 1975).

42 Henry Mintzberg, "Crafting Strategy," *Harvard Business Review* (July-August 1987), 70.〔邦訳「戦略クラフティング」はヘンリー・ミンツバーグ著、DIAMONDハーバード・ビジネス・レビュー編集部編訳『H・ミンツバーグ経営論』ダイヤモンド社、2007年に収録されている〕

43 Andrew Mair, "Learning from Japan: Interpretations of Honda Motors by Strategic Management Theorists," *Nissan Occasional Paper Series* No. 29, 1999, available at http://www.nissan.ox.ac.uk/_data/assets/pdf_file/0013/11812/NOPS29.pdf. この論文の短縮版はAndrew Mair, "Learning from Honda," *Journal of Management Studies* 36, no.1 (January 1999): 25-44.

統一見解的な戦略の定義を以下のように表現している。「企業をその環境と関連づける原動力であり、それがあることで、企業は資源を合理的に用いるという方法によって自社の目標を達成する、そして（あるいは）業績を向上させるのに必要な行動をとる」。この定義はまだ流行するにいたっていない。

29 Damon Golskorkhi, Linda Rouleau, David Seidl, and Erro Vaara, eds., "Introduction : What Is Strategy as Practice?" *Cambridge Handbook of Strategy as Practice* (Cambridge, UK: Cambridge University Press, 2010), 13.

30 Paula Jarzabkowski, Julia Balogun, and David See, "Strategizing : The Challenge of a Practice Perspective," *Human Relations* 60, no.5 (2007): 5-27. 公平を期すためにいうと、strategizingという言葉は少なくとも1970年代から存在していた。

31 Richard Whittington, "Completing the Practice Turn in Strategy Research," *Organization Studies* 27, no.5 (May 2006): 613-634. (practitioners、practices、praxisと頭韻をうまく使っている点に注目)

32 Ian I. Mitroff and Ralph H. Kilmann, "Stories Managers Tell: A New Tool for Organizational Problem Solving," *Management Review* 64, no.7 (July 1975): 18-28; Gordon Shaw, Robert Brown, and Philip Bromiley, "Strategic Stories: How 3M Is Rewriting Business Planning," *Harvard Business Review* (May-June 1998), 41-48.〔邦訳「3M：組織を巻き込む〝戦略ストーリー〟の技法」はDIAMONDハーバード・ビジネス誌1998年9月号に収録されている〕

33 Jay A. Conger, "The Necessary Art of Persuasion," *Harvard Business Review* (May-June 1998), 85-95.〔邦訳「説得力の思考技術」はDIAMONDハーバード・ビジネス・レビュー誌2001年9月号に収録されている〕

34 Lucy Kellaway, *Sense and Nonsense in the Office* (London: Financial Times: Prentice Hall, 2000), 19.

35 Karl E. Weick, *Sensemaking in Organizations* (Thousand Oaks, CA: Sage, 1995), 129.〔邦訳：カール・E・ワイク著、遠田雄志／西本直人訳『センスメーキング イン オーガニゼーションズ』文眞堂、2001年〕

36 Valerie-Ines de la Ville and Eleonore Mounand, "A Narrative Approach to Strategy as Practice : Strategy Making from Texts and Narratives," in Golskorkhi, Rouleau, Seidl, and Vaara, eds., *Cambridge Handbook of Strategy as Practice*, 13.

37 David M. Boje, "Stories of the Storytelling Organization : A Postmodern Analysis of Disney as 'Tamara-Land,'" *Academy of Management Journal* 38, no.4 (August 1995): 997-1035.

19 John Kay, *The Hare & The Tortoise : An Informal Guide to Business Strategy* (London: The Erasmus Press, 2006), 31.

20 "Instant Coffee as Management Theory," *Economist* 25 (January 1997): 57.

21 Eric Abrahamson, "Management Fashion," *Academy of Management Review* 21, no.1 (1996): 254-285.

22 Jane Whitney Gibson and Dana V. Tesone, "Management Fads : Emergence, Evolution, and Implications for Managers," *The Academy of Management Executive* 15, no.4 (2001): 122-133.

23 漫画『ディルバート』は、そうした一例を示している。事業がうまくいっているかどうかはリピート顧客の数で評価できる、とコンサルタントに言われた経営幹部が、誇らしげにこう伝える。「ほぼすべての顧客が、当社の商品を最初に買ってから三ヵ月以内にもう一つ入手している」。だが「不良品無料交換を数に入れ」なかったらどうなるのかと聞かれ、「おお、それだと決して良いとはいえない」と答えるのだった。Adams, *The Dilbert Principle*, 158.（第34章原注32参照）

24 R. S. Kaplan and D. P. Norton, "The Balanced Scorecard : Measures that Drive Performance," *Harvard Business Review* 70 (Jan-Feb 1992): 71-79.〔邦訳「新しい経営指標〝バランスド・スコアカード〟」はDIAMONDハーバード・ビジネス誌1992年5月号に収録されている〕and "Putting the Balanced Scorecard to Work," *Harvard Business Review* 71 (Sep-Oct 1993): 134-147.〔邦訳「実践 バランスト・スコアカードによる企業変革」はDIAMONDハーバード・ビジネス誌1994年1月号に収録されている〕Stephen Bungay, *The Art of Action: How Leaders Close the Gaps Between Plans, Actions and Results* (London : Nicholas Brealey, 2011), 207-214.

25 Paula Phillips Carson, Patricia A. Lanier, Kerry David Carson, and Brandi N. Guidry, "Clearing a Path Through the Management Fashion Jungle: Some Preliminary Trailblazing," *The Academy of Management Journal* 43, no.6 (December 2000): 1143-1158.

26 Barry M. Staw and Lisa D. Epstein, "What Bandwagons Bring : Effects of Popular Management Techniques on Corporate Performance, Reputation, and CEO Pay," *Administrative Science Quarterly* 45, no.3 (September 2000): 523-556.

27 Grint, "Reengineering History," 193.（第33章原注20参照）

28 Guillermo Armando Ronda-Pupo and Luis Angel Guerras-Martin, "Dynamics of the Evolution of the Strategy Concept 1992-2008: A Co-Word Analysis," *Strategic Management Journal* 33 (2011): 162-188.この論文では、

とも、軍隊のなかの個人が自分たちの直面する苦境（指示がなければ、おそらく降伏するか、脱走するにいたるであろう状況）に立ち向かう様子に目を向けており、目的のない行動によって軍事的な成功を収められると示唆したことはなかった。戦争における間接的戦略には、想像力に富んだ指導者と、高いリスクをともないうる作戦行動に乗り出す前に、敵の目に世界がどのように映っているかを考える能力が必要だった。

9 Chia and Holt, *Strategy Without Design*, xi.

10 Jeffrey Pfeffer, *Managing with Power : Politics and Influence in Organizations* (Boston: Harvard Business School Press, 1992), 30.〔邦訳：ジェフリー・フェファー著、奥村哲史訳『影響力のマネジメント―リーダーのための「実行の科学」』東洋経済新報社、2008年〕同書でフェファーは、権力を「行動を左右し、出来事の流れを変え、抵抗に打ち勝ち、それがなければ動かない人々に物事を実行させる潜在的能力」と定義した。

11 Jeffrey Pfeffer, *Power : Why Some People Have It and Others Don't* (New York: Harper Collins, 2010), 11.〔邦訳：ジェフリー・フェファー著、村井章子訳『「権力」を握る人の法則』日本経済新聞出版社、2014年〕組織の政治に関する手引きとして最良で、まちがいなく最もおもしろい本は、F. M. Cornford, *Microcosmographia Academica: Being a Guide for the Young Academic Politician* (London: Bowes & Bowes, 1908）である。

12 Helen Armstrong, "The Learning Organization : Changed Means to an Unchanged End," *Organization* 7, no.2 (2000): 355-361.

13 John Coopey, "The Learning Organization, Power, Politics and Ideology," *Management Learning* 26, no.2 (1995): 193-214.

14 David Knights and Glenn Morgan, "Corporate Strategy, Organizations, and Subjectivity: A Critique," *Organization Studies* 12, no.2 (1991): 251-273.

15 Stewart Clegg, Chris Carter, and Martin Kornberger, "Get Up, I Feel Like Being a Strategy Machine," *European Management Review* 1, no.1 (2004): 21-28.

16 Stephen Cummings and David Wilson, eds., *Images of Strategy* (Oxford: Blackwell, 2003), 3. 同書によると「良い戦略とは、明示的であるか黙示的であるかを問わず、企業を方向づけ、動かすものである」2.

17 Peter Franklin, "Thinking of Strategy in a Postmodern Way : Towards an Agreed Paradigm," Parts 1 and 2, *Strategic Change* 7 (September-October 1998), 313-332 and (December 1998), 437-448.

18 Donald Hambrick and James Frederickson, "Are You Sure You Have a Strategy?" *Academy of Management Executive* 15, no.4 (November 2001): 49.

2012).〔邦訳：ゲイリー・ハメル著、有賀裕子訳『経営は何をすべきか―生き残るための5つの課題』ダイヤモンド社、2013年〕

32 Scott Adams, *The Dilbert Principle* (New York: Harper Collins, 1996), 153, 296.〔邦訳：スコット・アダムス著、山崎理仁訳『ディルバートの法則』アスキー、1997年〕戦略について描いたエピソードは http://www.dilbert.com/strips/で閲覧できる。

第35章　計画的戦略か、創発的戦略か

1 Henry Mintzberg and James A. Waters, "Of Strategies, Deliberate and Emergent," *Strategic Management Journal* 6, no.3 (July-September 1985): 257-272.〔邦訳「用意周到な戦略と不意に生じる戦略」は札幌大学経営学部附属産業経営研究所編『産研論集』31・32号（2006年3月）に収録されている〕

2 Ed Catmull, "How Pixar Fosters Collective Creativity," *Harvard Business Review,* September 2008.〔邦訳「ヒット・メーカーの知られざる組織文化 ピクサー」はDIAMONDハーバード・ビジネス・レビュー誌2008年12月号に収録されている〕

3 Henry Mintzberg, "Rebuilding Companies as Communities," *Harvard Business Review*, July-August 2009, 140-143.〔邦訳「『コミュニティシップ』経営論」はDIAMONDハーバード・ビジネス・レビュー誌2009年11月号に収録されている〕

4 Peter Senge, *The Fifth Discipline : The Art and Practice of the Learning Organization* (New York: Doubleday, 1990).〔邦訳：ピーター・M・センゲ著、枝廣淳子／小田理一郎／中小路佳代子訳『学習する組織―システム思考で未来を創造する』英治出版、2011年〕

5 Daniel Quinn Mills and Bruce Friesen, "The Learning Organization," *European Management Journal* 10, no.2 (June 1992): 146-156.

6 Charles Handy, "Managing the Dream," in S. Chawla and J. Renesch, eds., *Learning Organizations* (Portland, OR: Productivity Press, 1995), 46. Michaela Driver, "The Learning Organization: Foucauldian Gloom or Utopian Sunshine?" *Human Relations* 55 (2002): 33-53に引用されている。

7 Robert C. H. Chia and Robin Holt, *Strategy Without Design: The Silent Efficacy of Indirect Action* (Cambridge: Cambridge University Press, 2009), 23, 203.

8 リデルハート（間接的アプローチの主唱者）とエドワード・ルトワック（パラドックスとしての戦略を歓迎した人物）は支持を集め、どちらも正面からの直接的アプローチにはっきりと異議を唱えた。ただし二人

22　C. K. Prahalad and G. Hamel, "The Core Competence of the Corporation," *Harvard Business Review* (May-June 1990), 79-91.〔邦訳「コア・コンピタンス経営」はDIAMONDハーバード・ビジネス・レビュー編集部編訳『戦略論 1957－1993』ダイヤモンド社、2010年に収録されている〕

23　C. K. Prahalad and G. Hamel, "Strategy as a Field of Study: Why Search for a New Paradigm?" *Strategic Management Journal* 15, issue supplement S2 (Summer 1994): 5-16.

24　Gary Hamel, "Strategy as Revolution," *Harvard Business Review* (July-August 1996), 69.〔邦訳「革新の戦略」はDIAMONDハーバード・ビジネス誌1997年3月号に収録されている〕

25　Ibid., 78に引用されている。

26　Gary Hamel, *Leading the Revolution : How to Thrive in Turbulent Times by Making Innovation a Way of Life* (Cambridge, MA: Harvard Business School Press, 2000).〔邦訳：ゲイリー・ハメル著、鈴木主税／福嶋俊造訳『リーディング・ザ・レボリューション』日本経済新聞社、2001年〕

27　ヘンリー・ミンツバーグは自著*Strategy Bites Back*で、ハメルがエンロンの会長ケネス・レイに対して行った（あとからみれば気まずい）インタビューを、なにやら愉快そうに取り上げている。

28　エンロンを将来のモデルと特定した著作家はハメルだけではなかった。2001年12月4日付のフィナンシャル・タイムズ紙は、各書の題名を用いて以下のように論じた。「同社はさまざまなグルの著書で、『革命を主導』し（Gary Hamel, *Leading the Revolution*, 2000）、『創造的破壊』を実践し（Richard Foster and Sarah Kaplan, *Creative Destruction*, 2001）〔邦訳：『創造的破壊』〕、『単純な規則による戦略』を講じ（Kathy Eisenhardt and Donald Sull, *Strategy Through Simple Rules*, 2001）、『人材をめぐる戦争』に勝ち（Ed Michaels, *War for Talent*, 1998）〔邦訳：『ウォー・フォー・タレント』〕、『ネクスト・エコノミーへの道を進んで』いる（James Critin, *Navigating the Road to the Next Economy*：2002年2月に刊行予定で、おそらく現在修正中）として、すぐれた経営の手本として名指しされてきた」

29　Gary Hamel, *The Future of Management* (Cambridge, MA : Harvard Business School Press, 2007), 14.〔邦訳：ゲイリー・ハメル／ビル・ブリーン著、藤井清美訳『経営の未来―マネジメントをイノベーションせよ』日本経済新聞出版社、2008年〕

30　Ibid., 62.

31　Gary Hamel, *What Matters Now : How to Win in a World of Relentless Change, Ferocious Competition, and Unstoppable Innovation* (San Francisco: Josscy-Bass,

ーズ／ロバート・ウォーターマン著、大前研一訳『エクセレント・カンパニー』英治出版、2003年〕

11 Tom Peters, "Tom Peters's True Confessions," Fast Company.com, November 30, 2001, http://www.fastcompany.com/magazine/53/peters.html. トム・ピーターズについてはStuart Crainer, *The Tom Peters Phenomenon : Corporate Man to Corporate Skink* (Oxford: Capstone, 1997) を参照。

12 Peters and Waterman, *In Search of Excellence*, 29.

13 D. Colville, Robert H. Waterman, and Karl E. Weick, "Organizing and the Search for Excellence : Making Sense of the Times in Theory and Practice," *Organization* 6, no.1 (February 1999): 129-148.

14 Daniel Carroll, "A Disappointing Search for Excellence," *Harvard Business Review*, November-December 1983, 78-88.

15 "Oops. Who's Excellent Now? " *Business Week*, November 5, 1984. 同書にも、そこで挙げている「超優良企業も永遠に好調を維持することは十中八九ないだろう」(pp.109-110) と書かれている。実際には、それなりの数の企業がかなりの耐久力を示したといえる。

16 Tom Peters, *Liberation Management : Necessary Disorganization for the Nanosecond Nineties* (New York: A. A. Knopf, 1992).〔邦訳：トム・ピーターズ著、大前研一監訳、小木曽昭元訳『自由奔放のマネジメント〈上〉ファッションの時代／〈下〉組織解体のすすめ』ダイヤモンド社、1994年〕

17 Tom Peters, *Re-Imagine! Business Excellence in a Disruptive Age* (New York: DK Publishing, 2003), 203.

18 "Guru: Tom Peters," *The Economist*, March 5, 2009. Tom Peters with N. Austin, *A Passion for Excellence : The Leadership Difference* (London: Collins, 1985).〔邦訳：T・J・ピーターズ／N・K・オースティン著、大前研一訳『エクセレント・リーダー――超優良企業への情熱』講談社、1990年〕; *Thriving on Chaos: Handbook for a Management Revolution* (New York: Alfred A. Knopf, 1987).〔邦訳：トム・ピーターズ著、平野勇夫訳『経営革命〈上〉〈下〉』TBSブリタニカ、1989年〕

19 Stewart, *The Management Myth*, 234.（第28章原注2参照）

20 "Peter Drucker, the Man Who Changed the World," *Business Review Weekly*, September 15, 1997, 49.

21 C. K. Prahalad and G. Hamel, "Strategic Intent," *Harvard Business Review* (May.June 1989), 63-76.〔邦訳「ストラテジック・インテント」はDIAMONDハーバード・ビジネス・レビュー編集部編訳『戦略論 1957－1993』ダイヤモンド社、2010年に収録されている〕

第34章　社会学的な取り組み

1　James A. C. Brown, *The Social Psychology of Industry* (London: Penguin Books, 1954).〔邦訳：J・A・C・ブラウン著、伊吹山太郎／野田一夫訳『産業の社会心理―工場における人間関係』ダイヤモンド社、1955年〕

2　Douglas McGregor, *The Human Side of Enterprise* (New York: McGraw-Hill, 1960).〔邦訳：ダグラス・マグレガー著、高橋達男訳『企業の人間的側面―統合と自己統制による経営』産業能率短期大学出版部、1970年〕Gary Heil, Warren Bennis, and Deborah C. Stephens, *Douglas McGregor Revisited: Managing the Human Side of the Enterprise* (New York: Wiley, 2000)も参照。

3　David Jacobs, "Book Review Essay : Douglas McGregor? The Human Side of Enterprise in Peril," *Academy of Management Review* 29, no.2 (2004): 293-311に引用されている。

4　限定合理性については、第37章で論じている。

5　Karl Weick, *The Social Psychology of Organizing*, First Edition (New York: Addison-Wesley, 1969), 91.〔邦訳：K・E・ウェイク著、金児暁嗣訳『組織化の心理学』誠信書房、1980年〕; Second Edtion〔邦訳：カール・E・ワイク著、遠田雄志訳『組織化の社会心理学』文眞堂、1997年〕

6　Tom Peters, Bob Waterman, and Julian Phillips, "Structure Is Not Organization," *Business Horizons*, June 1980. ピーターズによる説明は、以下より引用。Peters's account comes from Tom Peters, "A Brief History of the 7-S ('McKinsey 7-S') Model," January 2011, available at http://www.tompeters.com/dispatches/012016.php.

7　Richard T. Pascale and Anthony Athos, *The Art of Japanese Management : Applications for American Executives* (New York: Simon & Schuster, 1981).〔邦訳：リチャード・T・パスカル／アンソニー・G・エイソス著、深田祐介訳『ジャパニーズ・マネジメント―日本的経営に学ぶ』講談社、1983年〕

8　Kenichi Ohmae, *The Mind of the Strategist : The Art of Japanese Business* (New York : McGraw-Hill, 1982).〔邦訳：大前研一著、田口統吾／湯沢章伍訳『ストラテジック・マインド―変革期の企業戦略』新潮社、1987年〕

9　同書はもともと*The Secrets of Excellence*（超優良になる秘訣）という題名になる予定だったが、顧客の秘密をもらしているような響きがするとマッキンゼーが懸念したことから変更された。

10　Tom Peters and Robert Waterman, *In Search of Excellence : Lessons from America's Best Run Companies* (New York: Harper Collins, 1982).〔邦訳：トム・ピータ

Wooldridge, *The Witch Doctors*も参照（第30章原注24参照）。

23 Iain L. Mangham, "Managing as a Performing Art," *British Journal of Management* 1 (1990): 105-115.

24 Michael Hammer and Steven Stanton, *The Reengineering Revolution : The Handbook* (London : Harper Collins, 1995), 30, 52.

25 Ibid., 321

26 Champy, *Reengineering Management*, 204.

27 Ibid., 122.

28 Willy Stern, "Did Dirty Tricks Create a Best-Seller?" *Business Week*, August 7, 1995; Micklethwait and Wooldridge, *The Witch Doctors*, 23-25; Kiechel, *The Lords of Strategy*, 248（第30章原注27参照）; Timothy Clark and David Greatbatch, "Management Fashion as Image-Spectacle: The Production of Best-Selling Management Books," *Management Communication Quarterly* 17, no.3 (February 2004): 396-424.

29 Michael Porter, "What Is Strategy? " *Harvard Business Review*, November-December 1996, 60-78.〔邦訳「戦略の本質」はDIAMONDハーバード・ビジネス・レビュー編集部編訳『戦略論 1994－1999』ダイヤモンド社、2010年に収録されている〕

30 Leigh Van Valen, "A New Evolutionary Law," *Evolutionary Theory* I (1973): 20.

31 Ghemawat, "Competition and Business Strategy in Historical Perspective," 64.（第32章原注14参照）

32 Chan W. Kim and Renee Mauborgne, *Blue Ocean Strategy : How to Create Uncontested Market Space* (Boston: Harvard Business School Press, 2005), 6-7.〔邦訳：W・チャン・キム／レネ・モボルニュ著、有賀裕子訳『ブルー・オーシャン戦略―競争のない世界を創造する』ダイヤモンド社、2015年〕

33 Ibid., 209-221.

34 Chan W. Kim and Renee Mauborgne, "How Strategy Shapes Structure," *Harvard Business Review* (September 2009), 73-80.〔邦訳「ブルー・オーシャン戦略が産業構造を変える」はDIAMONDハーバード・ビジネス・レビュー誌2010年1月号に収録されている〕

35 Eric D. Beinhocker, "Strategy at the Edge of Chaos," *McKinsey Quarterly* (Winter 1997), 25-39.〔邦訳「カオスの縁の戦略」は名和高司／近藤正晃ジェームス編著・監訳、村井章子訳『マッキンゼー戦略の進化―不確実性時代を勝ち残る』ダイヤモンド社、2003年に収録されている〕

Science 1, no.1 (1990): 1-9; Richard A. Bettis, "Strategic Management and the Straightjacket: An Editorial Essay," *Organization Science* 2, no.3 (August 1991): 315-319.

14 Sumantra Ghoshal, "Bad Management Theories Are Destroying Good Management Practices," *Academy of Management Learning and Education* 4, no.1 (2005): 85.

15 Timothy Clark and Graeme Salaman, "Telling Tales: Management Gurus' Narratives and the Construction of Managerial Identity," *Journal of Management Studies* 3, no.2 (1998): 157. T. Clark and G. Salaman, "The Management Guru as Organizational Witchdoctor," *Organization* 3, no.1 (1996): 85-107も参照。

16 James Champy, *Reengineering Management : The Mandate for New Leadership* (London: HarperBusiness, 1995), 7.〔邦訳：J・チャンピー著、中谷巌監訳、田辺希久子／森尚子訳『限界なき企業革新—経営リエンジニアリングの衝撃』ダイヤモンド社、1995年〕

17 Michael Hammer and James Champy, *Reengineering the Corporation : A Manifesto for Business Revolution* (London: HarperBusiness, 1993), 49.〔邦訳：M・ハマー／J・チャンピー著、野中郁次郎監訳『リエンジニアリング革命—企業を根本から変える業務革新』日本経済新聞社、2002年〕

18 Peter Case, "Remember Re-Engineering? The Rhetorical Appeal of a Managerial Salvation Device," *Journal of Management Studies* 35, no.4 (July 1991): 419-441.

19 Michael Hammer, "Reengineering Work: Don't Automate, Obliterate," *Harvard Business Review*, July/August 1990, 104.〔邦訳「情報技術を活用したリエンジニアリングの7原則」はDIAMONDハーバード・ビジネス誌1994年1月号に収録されている〕

20 Thomas Davenport and James Short, "The New Industrial Engineering: Information Technology and Business Process Redesign," *Sloan Management Review*, Summer 1990; Keith Grint, "Reengineering History : Social Resonances and Business Process Reengineering," *Organization* 1, no.1 (1994): 179-201; Keith Grint and P. Case, "The Violent Rhetoric of Re-Engineering: Management Consultancy on the Offensive," *Journal of Management Studies* 6, no.5 (1998): 557-577.

21 Bradley G. Jackson, "Re-Engineering the Sense of Self: The Manager and the Management Guru," *Journal of Management Studies* 33, no.5 (September 1996): 571-590.

22 Hammer and Champy, *Reengineering the Corporation*. Micklethwait and

第33章　赤の女王と青い海

1　Kathleen Eisenhardt, "Agency Theory : An Assessment and Review," *Academy of Management Review* 14, no.1 (1989): 57-74.

2　Justin Fox, *The Myth of the Rational Market : A History of Risk, Reward, and Delusion on Wall Street* (New York: Harper, 2009), 159-162.〔邦訳：ジャスティン・フォックス著、遠藤真美訳『合理的市場という神話―リスク、報酬、幻想をめぐるウォール街の歴史』東洋経済新報社、2010年〕

3　Michael C. Jensen and William H. Meckling, "Theory of the Firm : Managerial Behavior, Agency Costs and Ownership Structure," *Journal of Financial Economics* 3 (1976): 302-360.

4　Michael C. Jensen, "Organization Theory and Methodology," *The Accounting Review* 58, no.2 (April 1983): 319-339.

5　Jensen, "Takeovers: Folklore and Science," *Harvard Business Review* (November-December 1984), 109-121.

6　Fox, *The Myth of the Rational Market,* 274に引用されている。

7　Paul M. Hirsch, Ray Friedman, and Mitchell P. Koza, "Collaboration or Paradigm Shift?: Caveat Emptor and the Risk of Romance with Economic Models for Strategy and Policy Research," *Organization Science* 1, no.1 (1990): 87-97.

8　Robert Hayes and William J. Abernathy, "Managing Our Way to Economic Decline," *Harvard Business Review* (July 1980), 67-77.〔邦訳「経済停滞への道をいかに制御し発展に導くか」はDIAMONDハーバード・ビジネス誌1980年11－12月号に収録されている〕

9　Franklin Fisher, "Games Economists Play : A Noncooperative View," *RAND Journal of Economics* 20, no.1 (Spring 1989): 113-124.

10　Carl Shapiro, "The Theory of Business Strategy," *RAND Journal of Economics* 20, no.1 (Spring 1989): 125-137.

11　Richard P. Rumelt, Dan Schendel, and David J. Teece, "Strategic Management and Economics," *Strategic Management Journal* 12 (Winter 1991): 5-29.

12　Garth Saloner, "Modeling, Game Theory, and Strategic Management," *Strategic Management Journal* 12 (Winter 1991): 119-136. Colin F. Camerer, "Does Strategy Research Need Game Theory? " *Strategic Management Journal* 12 (Winter 1991): 137-152も参照。

13　Richard L. Daft and Arie Y. Lewin, "Can Organization Studies Begin to Break Out of the Normal Science Straitjacket? An Editorial Essay," *Organization*

11 Ibid., 292, 307.

12 Ibid., 272に引用されている。

13 Ibid., 253-254. 275, 268-269, 331.

14 Pankaj Ghemawat, "Competition and Business Strategy in Historical Perspective," *The Business History Review* 76, no.1 (Spring 2002): 37-74, 44-45.

15 Interview with Seymour Tilles, October 24, 1996.

16 John A. Seeger, "Reversing the Images of BCG's Growth/Share Matrix," *Strategic Management Journal* 5 (1984): 93-97.

17 Herbert A. Simon, "From Substantive to Procedural Rationality," in Spiro J. Latsis, ed., *Method and Appraisal in Economics* (Cambridge, UK: Cambridge University Press, 1976), 140.

18 Michael Porter, *Competitive Strategy : Techniques for Analyzing Industries and Competitors* (New York: The Free Press, 1980).〔邦訳：M・E・ポーター著、土岐坤／中辻萬治／服部照夫訳『競争の戦略』ダイヤモンド社、1995年〕

19 Porter, *Competitive Strategy*, 3.

20 Mitzberg et al., *Strategy Safari*, 113.（第30章原注29参照）

21 Porter, *Competitive Strategy*, 53, 86.

22 Michael Porter, *Competitive Advantage : Creating and Sustaining Superior Performance* (New York: The Free Press, 1985).〔邦訳：M・E・ポーター著、土岐坤／中辻萬治／小野寺武夫訳『競争優位の戦略―いかに高業績を持続させるか』ダイヤモンド社、1985年〕

23 Michael Porter, Nicholas Argyres, and Anita M. McGahan, "An Interview with Michael Porter," *The Academy of Management Executive* (1993-2005) 16, no.2 (May 2002): 43-52.

24 Vance H. Fried and Benjamin M. Oviatt, "Michael Porter's Missing Chapter : The Risk of Antitrust Violations," *Academy of Management Executive* 3, no.1 (1989): 49-56.

25 Adam J. Brandenburger and Barry J. Nalebuff, *Co-Opetition* (New York : Doubleday, 1996)〔邦訳：アダム・ブランデンバーガー／バリー・ネイルバフ著、嶋津祐一／東田啓作訳『ゲーム理論で勝つ経営―競争と協調のコーペティション戦略』日本経済新聞社、2003年〕

26 英語版のウィキペディアには、さまざまな人物に使われてきたこの造語の歴史が記されている。http://en.wikipedia.org/wiki/Coopetition.

27 Stewart, *The Management Myth*, 214-215.（第28章原注2参照）

とれなくなるところまで、優位性を生かす」ことだと述べている。George Stalk and Rob Lachenauer, *Hardball : Are You Playing to Play or Playing to Win?* (Cambridge, MA : Harvard Business School Press, 2004)〔邦訳：ジョージ・ストーク／ロブ・ラシュナウアー／ジョン・ブットマン著、ボストンコンサルティンググループ監訳、福嶋俊造訳『「徹底力」を呼び覚ませ！―圧勝するためのハードボール宣言』ランダムハウス講談社、2005年〕; Jennifer Reingold, "The 10 Lives of George Stalk," Fast Company.com, December 19, 2007, http://www.fastcompany.com/magazine/91/open_stalk.html.

第 32 章　経済学の隆盛

1　Mirowski, *Machine Dreams*, 12-17.（第12章原注11参照）人工的、技術的に強化された人間を示すのに「サイボーグ」という言葉が使われるようになったのは1960年代に入ってからである。

2　Duncan Luce and Howard Raiffa, *Games and Decisions : Introduction and Critical Survey* (New York: John Wiley & Sons, 1957), 10.（第12章原注19参照）

3　Ibid., 18.

4　Sylvia Nasar, *A Beautiful Mind* (New York: Simon & Schuster, 1988).〔邦訳：シルヴィア・ナサー著、塩川優訳『ビューティフル・マインド―天才数学者の絶望と奇跡』新潮社、2013年〕

5　John F. Nash, Jr., *Essays on Game Theory,* with an introduction by K. Binmore (Cheltenham, UK: Edward Elgar, 1996)

6　Roger B. Myerson, "Nash Equilibrium and the History of Economic Theory," *Journal of Economic Literature* 37 (1999): 1067.

7　Mirowski, *Machine Dreams*, 369.

8　Richard Zeckhauser, "Distinguished Fellow : Reflections on Thomas Schelling," *The Journal of Economic Perspectives* 3, no.2 (Spring 1989): 159.

9　Milton Friedman, *Price Theory : A Provisional Text*, revised edn. (Chicago: Aldine, 1966), 37. (Mirowski, *Machine Dreams*に引用されている)〔邦訳：フリードマン著、内田忠夫／西部邁／深谷昌弘訳『価格理論』好学社、1972年〕

10　Rakesh Khurana, *From Higher Aims to Hired Hands : The Social Transformation of American Business Schools and the Unfulfilled Promise of Management as a Profession* (Princeton, NJ: Princeton University Press, 2007), 239-240に引用されている。

する」といった勝利の秘訣が流れているときに、旧知の造園業者からその地域の仕事を奪った別の業者の兄弟が木の剪定をしているのを見つける。そこで、ガルティエリはその業者側がやったのと同じように、暴力による脅しという戦術をとる。元の業者に仕事を返せという要求を拒絶されると、木の下にいる男の頭をシャベルで殴り、その男に命綱を預けていた樹上のもう一人を落下させたのだ。孫子から学んだとはいいがたい振る舞いである。

13 Mark R. McNeilly, *Sun Tzu and the Art of Business : Six Strategic Principles for Managers* (New York: Oxford University Press, 2000).〔邦訳：マーク・マクニーリィ著、市原樟夫訳『ビジネスに活かす「孫子の兵法」—経営者が身に付けるべき6つの戦略』PHP研究所、2002年〕

14 Khoo Kheng-Ho, *Applying Sun Tzu's Art of War in Managing Your Marriage* (Malaysia: Pelanduk, 2002).

15 William Scott Wilson, *The Lone Samurai : The Life of Miyamoto Musashi* (New York: Kodansha International, 2004), 220; Miyamoto Musashi, *The Book of Five Rings: A Classic Text on the Japanese Way of the Sword,* translated by Thomas Cleary (Boston: Shambhala Publications, 2005).〔宮本武蔵著『五輪書』は現代語訳も含め、多数、刊行されている。〕

16 Thomas A. Green, ed., *Martial Arts of the World : An Encyclopedia* (Santa Barbara, CA: ABC-CLIO, 2001).

17 George Stalk, Jr., "Time-The Next Source of Competitive Advantage," *Harvard Business Review* 1 (August 1988): 41-51.〔邦訳「タイムベース競争」はDIAMONDハーバード・ビジネス・レビュー編集部編訳『戦略論1957－1993』ダイヤモンド社、2010年に収録されている〕; George Stalk and Tom Hout, *Competing Against Time: How Time-Based Competition Is Reshaping Global Markets* (New York: The Free Press, 1990)〔邦訳：ジョージ・ストークJr.／マス・M・ハウト著、中辻萬治／川口恵一訳『タイムベース競争戦略—競争優位の新たな源泉…時間』ダイヤモンド社、1993年〕

18 ストークの考え方とOODAループの類似性は、Chet Richards, *Certain to Win : The Strategy of John Boyd as Applied to Business* (Philadelphia: Xlibris, 2004) でも論じられている。

19 ストークはその後の著書で、「強大で圧倒的な力」を解き放つ、相手の「利益の聖域」を脅かす、相手を撤退へと誘導する、といった手法で、競合会社を出し抜くのではなく、打ち負かす戦略を説いた。これは情にもろい者向けの戦略ではなかった。のちにストークは、自分の考えに「共通するテーマ」は「競争相手が事の成り行きに仰天して身動きが者は最終的に孫子を是認している)。

6　ボストン・コンサルティング・グループについては、本書の第32章「競争」の項参照。

7　Bruce Henderson, *Henderson on Corporate Strategy* (New York: Harper Collins, 1979), 9-10, 27.〔邦訳:B・D・ヘンダーソン著、土岐坤訳『経営戦略の核心』ダイヤモンド社、1981年〕

8　Philip Kotler and Ravi Singh, "Marketing Warfare in the 1980s," *Journal of Business Strategy* (Winter 1981): 30-41. この種の研究の原点となったのは、Alfred R. Oxenfeldt and William L. Moore, "Customer or Competitor: Which Guideline for Marketing? " *Management Review* (August 1978): 43-38。

9　Al Ries and Jack Trout , *Marketing Warfare* (New York: Plume, 1986)〔邦訳:アル・ライズ/ジャック・トラウト著、酒井泰介訳『マーケティング戦争―全米No.1マーケターが教える、勝つための4つの戦術』翔泳社、2007年〕; Robert Duro and Bjorn Sandstrom, *The Basic Principles of Marketing Warfare* (Chichester, UK: John Wiley & Sons, Inc., 1987); Gerald A. Michaelson, *Winning the Marketing War* (Lanham, MD: Abt Books, 1987)

10　『兵法』やその他の中国人戦略家の著作のほかに、たとえばマダンスキーがまとめたリストにある以下の文献を参照。Foo Check Teck and Peter Hugh Grinyer, *Organizing Strategy : Sun Tzu Business Warcraft* (Butterworth: Heinemann Asia, 1994); Donald Krause, *The Art of War for Executives* (New York: Berkley Publishing Group, 1995); Gary Gagliardi, *The Art of War Plus The Art of Sales* (Shoreline, WA: Clearbridge Publishing, 1999); Gerald A Michaelson, *Sun Tzu : The Art of War for Managers: 50 Strategic Rules* (Avon, MA: Adams Media Corporation, 2001)

11　シーズン2第5話"Big Girls Don't Cry"(邦題「困惑」)、シーズン3第8話"He Is Risen"(邦題「蠱惑」)より。http://www.hbo.com/the-sopranos/episodes/index.htmlを参照。

12　Richard Greene and Peter Vernezze, eds., *The Sopranos and Philosophy : I Kill Therefore I Am* (Chicago: Open Court, 2004) シーズン5の第2話"Rat Pack"(邦題「帰還」)では、ソプラノの側近の一人ポーリー・〝ウォルナッツ〟・ガルティエリが、「サン・タ・ズーいわく『良い指揮官は情け深く、名声を求めない』」と語る。「サン・タ・ズー」とは「中国のマキャベリ」だと説明したところで、別の側近シルビオ・ダンテに「孫子(サン・ズー)だ、このバカ者が!」と訂正される。次の第3話"Where's Johnny? "(邦題「禁圧」)では、おばの家へ向かう車のなかで、ガルティエリが『兵法』のテープを聞いている。ちょうど「戦うべき時を知る者が勝利

人主義と経済秩序』春秋社、2008年に収録されている〕

38 Aaron Wildavsky, "Does Planning Work?" *The National Interest,* Summer 1971, No.24, 101. 同じ著者の"If Planning Is Everything Maybe It's Nothing," *Policy Sciences* 4 (1973): 127-153も参照。

39 Mitzberg et al., *Strategy Safari,* 65に引用されている。

40 Jack Welch, with John Byrne, *Jack : Straight from the Gut* (New York: Grand Central Publishing, 2003), 448.〔邦訳：ジャック・ウェルチ／ジョン・A・バーン著、宮本喜一訳『ジャック・ウェルチわが経営〈上〉〈下〉』日本経済新聞社、2001年〕この投書は、*Fortune Magazine,* November 30, 1981, p.17に掲載されたケビン・ペパード（Kevin Peppard）によるもの。Thomas O'Boyle, *At Any Cost : Jack Welch, General Electric, and the Pursuit of Profit* (New York: Vintage, 1999）の第三章も参照。〔邦訳：トマス・F・オーボイル著、栗原百代訳『ジャック・ウェルチ 悪の経営力』徳間書店、1999年〕

41 Henry Mintzberg, *The Rise and Fall of Strategic Planning* (London: Prentice-Hall, 1994).〔邦訳：ヘンリー・ミンツバーグ著、中村元一監訳、黒田哲彦／崔大龍／小高照男訳『「戦略計画」創造的破壊の時代』産能大学出版部、1997年〕

42 Igor Ansoff, "Critique of Henry Mintzberg's 'The Design School: Reconsidering the Basic Premises of Strategic Management,'" *Strategic Management Journal* 12, no.6 (September 1991): 449-461.

第31章 戦争としてのビジネス

1 Albert Madansky, "Is War a Business Paradigm? A Literature Review," *The Journal of Private Equity* 8 (Summer 2005): 7-12.

2 Wess Roberts, *Leadership Secrets of Attila the Hun* (New York: Grand Central Publishing, 1989).〔邦訳：ウェス・ロバーツ著、山本七平訳『アッティラ王が教える究極のリーダーシップ』ダイヤモンド社、1990年〕

3 Dennis Laurie, *From Battlefield to Boardroom: Winning Management Strategies in Today's Global Business* (New York: Palgrave, 2001), 235.

4 Douglas Ramsey, *Corporate Warriors* (New York: Houghton Mifflin, 1987).〔邦訳：D・K・ラムジー著、小木曽昭元訳『企業戦士』東洋経済新報社、1988年〕

5 Aric Rindfleisch, "Marketing as Warfare: Reassessing a Dominant Metaphor-Questioning Military Metaphors' Centrality in Marketing Parlance," *Business Horizons,* September-October, 1996. 懐疑的な見方については、John Kay, "Managers from Mars," *Financial Times,* August 4, 1999を参照（ただし、著

American History?" *Business and Economic History* 21 (1992): 1-11.

24 John Micklethwait and Adrian Wooldridge, *The Witch Doctors : Making Sense of the Management Gurus* (New York: Random House, 1968), 106.

25 1986年版のPeter Drucker, *Managing for Results*のまえがきを参照。〔邦訳：P・F・ドラッカー著、上田惇生訳『創造する経営者』ダイヤモンド社、2007年〕

26 Stewart, *The Management Myth*, 153.（第28章原注2参照）

27 Walter Kiechel III, *The Lords of Strategy : The Secret Intellectual History of the New Corporate World* (Boston: The Harvard Business Press, 2010), xi-xii, 4.〔邦訳：ウォルター・キーチェル三世著、藤井清美訳『経営戦略の巨人たち―企業経営を革新した知の攻防』日本経済新聞出版社、2010年〕

28 Kenneth Andrews, *The Concept of Corporate Strategy* (Homewood, IL: R. D. Irwin, 1971), 29.〔邦訳：ケネス・R・アンドルーズ著、山田一郎訳『経営戦略論』産業能率短期大学出版部、1976年〕

29 Henry Mitzberg, Bruce Ahlstrand, and Joseph Lampel, *Strategy Safari : The Complete Guide Through the Wilds of Strategic Management* (New York: The Free Press, 1998)〔邦訳：ヘンリー・ミンツバーグ／ブルース・アルストランド／ジョセフ・ランペル著、齋藤嘉則監訳『戦略サファリ―戦略マネジメント・コンプリートガイドブック』東洋経済新報社、2012年〕同じ著者陣による姉妹書*Strategy Bites Back : It Is Far More, and Less, Than You Ever Imagined* (New York: Prentice Hall, 2005) も参照。

30 "The Guru: Igor Ansoff," *The Economist*, July 18, 2008; Igor Ansoff, *Corporate Strategy : An Analytic Approach to Business Policy for Growth and Expansion* (New York: McGraw-Hill, 1965)〔邦訳：H・I・アンゾフ著、広田寿亮訳『企業戦略論』産業能率短期大学出版部、1969年〕

31 Ansoff, *Corporate Strategy*, 120.

32 Stewart, *The Management Myth*, 157-158.

33 Kiechel, *The Lords of Strategy*, 26-27.

34 John A. Byrne, *The Whiz Kids : Ten Founding Fathers of American Business. And the Legacy They Left Us* (New York: Doubleday, 1993).

35 Samuel Huntington, *The Common Defense : Strategic Programs in National Politics* (New York: Columbia University Press, 1961).

36 Mintzberg et al., *Strategy Safari*, 65.

37 Friedrich Hayek, "The Use of Knowledge in Society," *American Economic Review* 35, no.4 (1945): 519-530.〔邦訳「社会における知識の利用」はF・A・ハイエク著、嘉治元郎／嘉治佐代訳『ハイエク全集第1期第3巻―個

のと合致している」と述べている。ジョン・ケイはチャンドラーが基盤となる役割を演じたことを自著で強調している。John Kay, *Foundations of Corporate Success: How Business Strategies Add Value* (Oxford: Oxford University Press, 1993), 335.

15 Alfed Chandler, "Introduction," in 1990 edition of *Strategy and Structure* (Cambridge, MA: MIT Press, 1990), v.〔邦訳：アルフレッド・D・チャンドラー Jr. 著、有賀裕子訳『組織は戦略に従う』ダイヤモンド社、2004年〕1956年の著書で初めてこの概念について論じた際、チャンドラーは今では戦略と呼ぶものを長期方針と表現した。

16 Chandler, "Introduction," *Strategy and Structure*, 13.

17 チャンドラーは同じテーマで、デュポンをはじめとする他の企業の例も研究した。Alfred D. Chandler and Stephen Salsbury, *Pierre S. du Pont and the Making of the Modern Corporation* (New York: Harper & Row, 1971)

18 Chandler, *Strategy and Structure*, 309. Robert F. Freeland, "The Myth of the M-Form? Governance, Consent, and Organizational Change," *The American Journal of Sociology* 102 (1996): 483-526; Robert F. Freeland, "When Organizational Messiness Works," *Harvard Business Review* 80 (May 2002): 24-25.〔邦訳「ゼネラルモーターズ─事業部制の光と影」はDIAMONDハーバード・ビジネス・レビュー誌2002年9月号に収録されている〕

19 Freeland, "The Myth of the M-Form?" 516.

20 Neil Fligstein, "The Spread of the Multidivisional Form Among Large Firms, 1919-1979," *American Sociological Review* 50 (1985): 380.

21 McKenna, "Writing the Ghost-Writer Back In." IBMやAT&Tなど、チャンドラーが研究対象とした他の大手企業も、反トラスト法が企業の組織形態におよぼす影響について深く追究するのを妨げたと考えられる。

22 Edward D. Berkowitz and Kim McQuaid, *Creating the Welfare State : The Political Economy of Twentieth Century Reform* (Lawrence, KS: Praeger, 1992), 233-234. ; Richard R. John, "Elaborations, Revisions, Dissents: Alfred D. Chandler, Jr.'s, 'The Visible Hand' after Twenty Years," *The Business History Review* 71, no.2 (Summer 1997): 190に引用されている。Sanford M. Jacoby, *Employing Bureaucracy: Managers, Unions, and the Transformation of Work in American Industry*, 1900-1945 (New York: Columbia University Press, 1985), 8.〔邦訳：S・M・ジャコービィ著、荒又重雄ほか訳『雇用官僚制─アメリカの内部労働市場と〝良い仕事〟の生成史』北海道大学図書刊行会、1989年〕John, "Elaborations, Revisions, Dissents," 190.

23 Louis Galambos, "What Makes Us Think We Can Put Business Back into

2　Amitabh Pal, interview with John Kenneth Galbraith, *The Progressive*, October 2000, available at http://www.progressive.org/mag_amitpalgalbraith.

3　Alfred Chandler, *The Visible Hand* (Harvard, MA: Belknap Press, 1977), 1.〔邦訳：アルフレッド・D・チャンドラー Jr.著、鳥羽欽一郎／小林袈裟治訳『経営者の時代―アメリカ産業における近代企業の成立〈上〉〈下〉』東洋経済新報社、1979年〕

4　John Kenneth Galbraith, *The New Industrial State*, 2nd edn. (Princeton, NJ: Princeton University Press, 2007), 59, 42.〔邦訳：ジョン・K・ガルブレイス著、斎藤精一郎訳『新しい産業国家〈上〉〈下〉』講談社、1984年〕

5　Peter Drucker, *The Concept of the Corporation.*〔邦訳：P・F・ドラッカー著、上田惇生訳『企業とは何か』ダイヤモンド社、2008年〕

6　Ibid., Introduction.

7　Peter Drucker, *The Practice of Management* (Amsterdam: Elsevier, 1954), 3, 245-247.〔邦訳：P・F・ドラッカー著、上田惇生訳『現代の経営〈上〉〈下〉』ダイヤモンド社、2006年〕

8　Ibid., 11.

9　Ibid., 177. ドラッカーの見解については自伝を参照。Peter Drucker, *Adventures of a Bystander* (New York: Transaction Publishers, 1994).〔邦訳：P・F・ドラッカー著、上田惇生訳『傍観者の時代』ダイヤモンド社、2008年〕

10　この件については、*The Concept of the Corporation*の1983年版の補遺に記されており、スローンの*My Years with General Motors*の1990年版に寄せられた序文にも書かれてる。ドラッカーの自伝でも言及されている。

11　Christopher D. McKenna, "Writing the Ghost-Writer Back In: Alfred Sloan, Alfred Chandler, John McDonald and the Intellectual Origins of Corporate Strategy," *Management & Organizational History* 1, no.2 (May 2006): 107-126.

12　John McDonald and Dan Seligman, *A Ghost's Memoir : The Making of Alfred P. Sloan's My Years with General Motors* (Boston: MIT Press, 2003), 16.

13　GMの顧問弁護士団は、フォードへの対抗策としてスローンが掲げた初期の計画に関する記述を不安視した。GMは独占をもくろんではいない、という当初案の文言が、独占を一つの選択肢と認めている証拠とみられる恐れがあった。

14　Edith Penrose, *The Theory of the Growth of the Firm* (New York: Oxford University Press, 1959).〔邦訳：エディス・ペンローズ著、日高千景訳『企業成長の理論』ダイヤモンド社、2010年〕ペンローズは1995年刊行の第三版の序文で、チャンドラーが用いた「分析構造がわたし自身のも

10 Steven Watts , *The People's Tycoon : Henry Ford and the American Century* (New York: Vintage Books, 2006), 16; Henry Ford, *My Life and Work* (New York: Classic Books, 2009; first published 1922).〔邦訳「私の人生と事業」はヘンリー・フォード著、豊土栄訳『ヘンリー・フォード著作集─20世紀の巨人事業家〈上〉』創英社、2000年に収録されている〕

11 Watts, *The People's Tycoon,* 190に引用されている。

12 Richard Tedlow, "The Struggle for Dominance in the Automobile Market : The Early Years of Ford and General Motors," *Business and Economic History* Second Series, 17 (1988): 49-62.

13 Watts, *The People's Tycoon,* 456, 480.

14 David Farber, *Sloan Rules : Alfred P. Sloan and the Triumph of General Motors* (Chicago: University of Chicago Press, 2002), 41.

15 Alfred Sloan, *My Years with General Motors* (New York: Crown Publishing, 1990), 47, 52, 53-54.〔邦訳：アルフレッド・P・スローンJr. 著、有賀裕子訳『GMとともに』ダイヤモンド社、2003年〕

16 Farber, *Sloan Rules,* 50.

17 Sloan, *My Years with General Motors,* 71.

18 Ibid., 76. John McDonald, *The Game of Business* (New York: Doubleday: 1975) 第3章も参照。

19 Sloan, *My Years with General Motors,* 186-187.

20 Ibid., 195-196.

21 Sidney Fine, "The General Motors Sit-Down Strike : A Re-examination," *The American Historical Review* 70, no.3, April 1965, 691-713.

22 Adolf Berle and Gardiner Means, *The Modern Corporation and Private Property* (New York: Harcourt, Brace and World, 1967), 46, 313.〔邦訳：A・A・バーリ／G・C・ミーンズ著、森杲訳『現代株式会社と私有財産』北海道大学出版会、2014年〕

第30章 経営戦略

1 ソローは二つの小説が生まれるきっかけをもたらした。一つは元妻テス・スレシンガー（Tess Slesinger）の*The Unpossessed*、もう一つは著者の死後に刊行されたジェイムズ・T・ファレル（James T. Farrell）の*Sam Holman*である。後者は、1930年代の政治的変化のなかで凡人へ変容していった才気あふれる知識人をテーマとしている。マクドナルドは主人公サム・ホルマン（ソローがモデル）の親友で、懐疑心と良心をもつ人物として登場する。

Management 10 (1984): 193.

23 Chester Irving Barnard, *The Functions of the Executive* (Cambridge, MA: Harvard University Press, 1938), 294-295.〔邦訳：C・I・バーナード著、山本安次郎ほか訳『経営者の役割』ダイヤモンド社、1968年〕

24 Peter Miller and Ted O'Leary, "Hierarchies and American Ideals, 1900-1940," *Academy of Management Review* 14, no.2 (April 1989): 250.265; William G. Scott, "Barnard on the Nature of Elitist Responsibility," *Public Administration Review* 42, no.3 (May-June 1982): 197-201.

25 Barnard, *The Functions of the Executive*, 279.

26 Ibid., 71.

27 James Hoopes, "Managing a Riot: Chester Barnard and Social Unrest," *Management Decision* 40 (2002): 10.

第29章　ビジネスのビジネス

1 ロックフェラーとスタンダード・オイルについては、主として以下の著作を参照した。Ron Chernow, *Titan: The Life of John D. Rockefeller, Sr.* (New York: Little, Brown & Co., 1998).〔邦訳：ロン・チャーナウ著、井上廣美訳『タイタン—ロックフェラー帝国を創った男〈上〉〈下〉』日経BP社、2000年 〕; Daniel Yergin, *The Prize: The Epic Quest for Oil, Money & Power* (New York: The Free Press, 1992).〔邦訳：ダニエル・ヤーギン著、日高義樹／持田直武訳『石油の世紀—支配者たちの興亡〈上〉〈下〉』日本放送出版協会、1991年〕

2 Chernow, *Titan,* 148-150.

3 Allan Nevins, *John D. Rockefeller: The Heroic Age of American Enterprise,* 2 vols. (New York: Charles Scribner's Sons, 1940).

4 Chernow, *Titan,* 433.

5 Richard Hofstadter, *The Age of Reform* (New York: Vintage, 1955), 216-217.〔邦訳：R・ホーフスタッター著、清水知久ほか訳『改革の時代—農民神話からニューディールへ』みすず書房、1988年〕

6 イーダ・ターベルの記事をまとめた本は今も入手可能である。Ida Tarbell, *The History of the Standard Oil Company* (New York: Buccaneer Books, 1987) Steve Weinberg, *Taking on the Trust: The Epic Battle of Ida Tarbell and John D. Rockefeller* (New York: W. W. Norton, 2008) も参照。

7 Yergin, *The Prize,* 93.

8 Ibid., 26.

9 Chernow, *Titan,* 230.

ォレット著、三戸公監訳、榎本世彦ほか訳『新しい国家―民主的政治の解決としての集団組織論』文真堂、1993年〕Ellen S. O'Connor, "Integrating Follett: History, Philosophy and Management," *Journal of Management History* 6, no.4 (2000): 181に引用されている。

14 Peter Miller and Ted O'Leary, "Hierarchies and American Ideals, 1900-1940," *Academy of Management Review* 14, no.2 (April 1989): 250-265.

15 Pauline Graham, ed., *Mary Parker Follett : Prophet of Management* (Washington, DC: Beard Books, 2003)〔邦訳：メアリー・パーカー・フォレット著、ポウリン・グラハム編、三戸公／坂井正廣監訳『メアリー・パーカー・フォレット―管理の予言者』文真堂、1999年〕

16 Follett, *The New State*, 3.

17 Irving L. Janis, *Groupthink : Psychological Studies of Policy Decisions and Fiascos* (Andover, UK: Cengage Learning, 1982).

18 こうしたメイヨーの思想に関する記述は、Ellen S. O'Connor, "The Politics of Management Thought : A Case Study of the Harvard Business School and the Human Relations School," *Academy of Management Review* 24, no.1 (1999): 125-128にある。

19 O'Connor, "The Politics of Management Thought," 124-125.

20 Elton Mayo, *The Human Problems of an Industrial Civilization* (New York: MacMillan, 1933).〔邦訳：エルトン・メイヨー著、村本栄一訳『産業文明における人間問題』日本能率協会、1967年〕; Roethlisberger and Dickson, *Management and the Worker* (Cambridge, MA : Harvard University Press, 1939); Richard Gillespie, *Manufacturing Knowledge: A History of the Hawthorne Eexperiments* (Cambridge, UK: Cambridge University Press, 1991); R. H. Franke and J. D. Kaul, "The Hawthorne Experiments: First Statistical Interpretation," *American Sociological Review* 43 (1978): 623-643; Stephen R. G. Jones, "Was There a Hawthorne Effect?" *The American Journal of Sociology* 98, no.3 (November 1992): 451-468.

21 メイヨーの生涯については、Richard C. S. Trahair, *Elton Mayo : The Humanist Temper* (New York: Transaction Publishers, 1984) を参照。メイヨーと入れ替わりにハーバード・ビジネス・スクールの人間関係学派チームに加わったアブラハム・ザレズニックによる痛烈な内容の序文がとりわけ興味深い。

22 Barbara Heyl, "The Harvard 'Pareto Circle,'" *Journal of the History of the Behavioral Sciences* 4 (1968): 316-334; Robert T. Keller, "The Harvard 'Pareto Circle' and the Historical Development of Organization Theory," *Journal of*

著、有賀裕子訳『科学的管理法―マネジメントの原点』ダイヤモンド社、2009年〕

4 Charles D. Wrege and Amadeo G. Perroni, "Taylor's Pig-Tale: A Historical Analysis of Frederick W. Taylor's Pig-Iron Experiments," *Academy of Management Journal* 17, no.1 (1974): 26.

5 Jill R. Hough and Margaret A. White, "Using Stories to Create Change: The Object Lesson of Frederick Taylor's 'Pig-Tale,'" *Journal of Management* 27 (2001): 585-601.

6 Robert Kanigel, *The One Best Way: Frederick Winslow Taylor and the Enigma of Efficiency* (New York: Viking Penguin, 1999); Daniel Nelson, "Scientific Management, Systematic Management, and Labor, 1880-1915," *The Business History Review* 48, no.4 (Winter 1974): 479-500. A. Tillett, T. Kempner, and G. Wills, eds., *Management Thinkers* (London: Penguin, 1970)のテイラーに関する章も参照。〔邦訳：A・ティレット／T・ケンプナー／G・ウィルズ編、岡田和秀ほか訳『現代経営学への道程―経営・学説・背景』文眞堂、1974年〕

7 Judith A. Merkle, *Management and Ideology: The Legacy of the International Scientific Movement* (Berkeley: University of California Press, 1980), 44-45.

8 Peter Drucker, *The Practice of Management*, Classic Drucker Collection edn. (New York: Routledge, 2007) 242.〔邦訳：P・F・ドラッカー著、上田惇生訳『現代の経営〈上〉〈下〉』ダイヤモンド社、2006年〕

9 Oscar Kraines, "Brandeis' Philosophy of Scientific Management," *The Western Political Quarterly* 13, no.1 (March 1960): 201.

10 Kanigel, *The One Best Way*, 505.

11 V. I. Lenin, "The Immediate Tasks of the Soviet Government," *Pravda*, April 28, 1918. Available at http://www.marxists.org/archive/lenin/works/1918/mar/x03.htm ; V. I. Lenin, "'Left-Wing' Childishness" *Pravda*, May 9-11, 1918. Available at https://www.marxists.org/archive/lenin/works/1918/may/09.htm〔邦訳「ソヴェト権力の当面の任務」、「『左翼的』な児戯と小ブルジョア性とについて」はマルクス=レーニン主義研究所訳『レーニン全集 第27巻』大月書店、1958年に収録されている〕

12 Merkle, *Management and Ideology*, 132. Daniel A. Wren and Arthur G. Bedeian, "The Taylorization of Lenin: Rhetoric or Reality? " *International Journal of Social Economics* 31, no.3 (2004): 287-299も参照。

13 Mary Parker Follett, *The New State : Group Organization-The Solution of Popular Government* (New York: Longmans, 1918)〔邦訳：メアリー・パーカー・フ

51 James McLeod, "The Sociodrama of Presidential Politics: Rhetoric, Ritual, and Power in the Era of Teledemocracy," *American Anthropologist*, New Series 10 , no.2 (June 1999): 359-373. 1992年6月に小学校を訪問した際、ある小学生が "potato" と正しく書いたジャガイモのつづりを "potatoe" とまちがって訂正した事件も、クエールのイメージ向上には役立たなかった。

52 David Paul Kuhn, "Obama Models Campaign on Reagan Revolt," *Politico*, July 24, 2007 .

53 David Plouffe, *The Audacity to Win : The Inside Story and Lessons of Barack Obama's Historic Victory* (New York : Viking , 2009), 236-238, 378-379. キャンペーンの詳細については以下を参照。John Heilemann and Mark Halperin, Game Change (New York: Harper Collins, 2010).〔邦訳：ジョン・ハイルマン／マーク・ハルペリン著、日暮雅通訳『大統領オバマは、こうしてつくられた』朝日新聞出版、2010年〕

54 John B. Judis and Ruy Teixeira, *The Emerging Democratic Majority* (New York: Lisa Drew, 2002).

55 Peter Slevin, "For Clinton and Obama, a Common Ideological Touchstone," *Washington Post*, March 25, 2007.

56 クリントンはこの表現をエコノミスト誌の記事から引用した。"Plato on the Barricades," *The Economist*, May 13-19, 1967, 14.「ただ闘争あるのみ—アリンスキー・モデルの分析」("THERE IS ONLY THE FIGHT...An Analysis of the Alinsky Model") と題するクリントンの卒業論文は、2008年の大統領選挙中に主に右翼のブロガーたちによって広められた。http://www.gopublius.com/HCT/HillaryClintonThesis.pdfを参照。

第IV部　上からの戦略

第28章　マネジメント階級の台頭

1 Paul Uselding, "Management Thought and Education in America: A Centenary Appraisal," in Jeremy Atack, ed., *Business and Economic History*, Second Series 10 (Urbana: University of Illinois, 1981), 16.

2 Matthew Stewart, *The Management Myth : Why the Experts Keep Getting It Wrong* (New York: W. W. Norton, 2009), 41. 以下も参照。Jill Lepore, "Not So Fast: Scientific Management Started as a Way to Work. How Did It Become a Way of Life? " *The New Yorker*, October 12, 2009.

3 Frederick W Taylor, *Principles of Scientific Management* (Digireads.com: 2008), 14. 最初に刊行されたのは1911年。〔邦訳：フレデリック・W・テイラー

34 Brady, *Bad Boy*, 56.
35 Matalin, Carville, and Knobler, *All's Fair*, 48.
36 Brady, *Bad Boy*, 117-118.
37 Ibid., 136.
38 Sidney Blumenthal, *Pledging Allegiance: The Last Campaign of the Cold War* (New York: Harper Collins, 1990), 307-308.
39 Eric Benson, "Dukakis's Regret," *New York Times*, June 17, 2012.
40 Domke and Coe, *The God Strategy*, 29.
41 Sidney Blumenthal, *The Permanent Campaign : Inside the World of Elite Political Operatives* (New York : Beacon Press, 1980).
42 Matalin, Carville, and Knobler, *All's Fair*, 186, 263, 242, 208, 225.
43 このコメントは、紀元前64年に執政官選挙に出馬したマルクス・トゥッリウス・キケロへ弟のクィントゥス・トゥッリウス・キケロが送った助言の書について、カービルが寄せたもの。"Campaign Tips from Cicero : The Art of Politics from the Tiber to the Potomac," commentary by James Carville, *Foreign Affairs*, May/June 2012.〔邦訳「キケロ兄弟の選挙戦術―現代に生きる古代ローマの知恵と戦術」およびカービルのコメント「そして今も同じ、政治風景」は『フォーリン・アフェアーズ・リポート』2012年6月10日号に収録されている〕
44 James Carville and Paul Begala, *Buck Up, Suck Up... And Come Back When You Foul Up* (New York: Simon & Schuster, 2002), 50.
45 Ibid., 108, 65.
46 ネガティブ・キャンペーンの擁護論としては以下を参照。Frank Rich, "Nuke 'Em," *New York Times*, June 17, 2012.
47 Kim Leslie Fridkin and Patrick J. Kenney, "Do Negative Messages Work? : The Impact of Negativity on Citizens' Evaluations of Candidates," *American Politics Research* 32 (2004): 570.
48 1992年の大統領選を複雑にした要因の一つに、独立候補ロス・ペローの出馬があった。そのキャンペーンには支離滅裂な部分もあったが、ペローは最終的に一般投票で20パーセント近い支持を獲得した。ペローはブッシュとクリントンの双方から同じように票を奪ったとみられるが、結果的にはブッシュに与えた打撃のほうが大きかった。
49 Domke and Coe, *The God Strategy*, 117.
50 メディアはこの言葉を「パット・ロバートソンはフェミニストが子どもを殺し、魔女になることを望んでいると語った」という見出しで報じた。Ibid., 133.

フィリップスに関しては以下を参照。Kevin Phillips, *American Theocracy: The Peril and Politics of Radical Religion, Oil, and Borrowed Money in the 21st Century* (New York: Viking, 2006).

22 Nelson Polsby, "An Emerging Republican Majority?" *National Affairs*, Fall 1969.

23 Richard M. Scammon and Ben J. Wattenberg, *The Real Majority* (New York: Coward McCann, 1970).

24 Lou Cannon, *President Reagan: The Role of a Lifetime* (New York: PublicAffairs, 2000), 21; Ewen, *PR!* 396.（第22章原注28参照）

25 Perry, *The New Politics*, 16, 21-31. レーガンは、1964年の共和党大統領候補指名争いでバリー・ゴールドウォーターと争ったネルソン・ロックフェラーについていた政治コンサルティング会社スペンサー・ロバーツを雇った。以後、将来にわたってずっと「選挙対策のプロ」を使うと語っていた。

26 William Rusher, *Making of the New Majority Party* (Lanham, MD: Sheed and Ward, 1975). ラッシャーは新たな保守政党の創設について論じたが、その主張は共和党内での反乱を後押しした。

27 Kiron K. Skinner, Serhiy Kudelia, Bruce Bueno de Mesquita, and Condoleezza Rice, *The Strategy of Campaigning: Lessons from Ronald Reagan and Boris Yeltsin* (Ann Arbor: University of Michigan Press, 2007), 132-133.

28 David Domke and Kevin Coe, *The God Strategy : How Religion Became a Political Weapon in America* (Oxford: Oxford University Press, 2008), 16-17, 101 .

29 John Brady, *Bad Boy : The Life and Politics of Lee Atwater* (New York: Addison-Wesley, 1996), 34-35, 70.

30 Richard Fly, "The Guerrilla Fighter in Bush's War Room," *Business Week*, June 6, 1988.

31 アトウォーターの存命中には、ロバート・キャロによるジョンソンの伝記は第1巻しか刊行されていなかった。Robert Caro, *The Years of Lyndon Johnson: The Path to Power* (New York: Alfred Knopf, 1982). 現在では第4巻まで刊行されている。キャロを称賛しているという点においては、アトウォーターは政治戦略家として決して特異な存在だったとはいえない。

32 John Pitney, Jr., *The Art of Political Warfare* (Norman: University of Oklahoma Press, 2000), 12-15.

33 Mary Matalin, James Carville, and Peter Knobler, *All's Fair : Love, War and Running for President* (New York: Random House, 1995), 54.

9 Donald R. Kinder, "Communication and Politics in the Age of Information," in David O. Sears, Leonie Huddy, and Robert Jervis, eds., *Oxford Handbook of Political Psychology* (Oxford: Oxford University Press, 2003), 372, 374-375.

10 Norman Mailer, *Miami and the Siege of Chicago : An Informal History of the Republican and Democratic Conventions of 1968* (New York: World Publishing Company, 1968), 51.〔邦訳：ノーマン・メイラー著、山西英一訳『マイアミとシカゴの包囲』早川書房、1977年〕

11 Jill Lepore, "The Lie Factory : How Politics Became a Business," *The New Yorker*, September 24, 2012.

12 Joseph Napolitan, *The Election Game and How to Win It* (New York: Doubleday, 1972); Larry Sabato, *The Rise of Political Consultants: New Ways of Winning Elections* (New York: Basic Books, 1981).

13 Dennis Johnson, *No Place for Amateurs: How Political Consultants Are Reshaping American Democracy* (New York: Routledge, 2011), xiii.

14 James Thurber, "Introduction to the Study of Campaign Consultants," in James Thurber, ed., *Campaign Warriors : The Role of Political Consultants in Elections* (Washington, DC: Brookings Institution, 2000), 2.

15 Dan Nimmo, *The Political Persuaders : The Techniques of Modern Election Campaigns* (New York: Prentice Hall, 1970), 41.〔邦訳：ダン・ニンモー著、大前正臣訳『影の選挙参謀―近代選挙を演出する』政治広報センター、1971年〕

16 James Perry, *The New Politics : The Expanding Technology of Political Manipulation* (London: Weidenfeld and Nicolson, 1968).

17 このCMの成り立ちや与えた衝撃については、Robert Mann, *Daisy Petals and Mushroom Clouds: LBJ, Barry Goldwater, and the Ad That Changed American Politics* (Baton Rouge: Louisiana State University Press, 2011) に記されている。

18 Joe McGinniss, *Selling of the President* (London: Penguin, 1970), 76; Kerwin Swint, *Dark Genius: The Influential Career of Legendary Political Operative and Fox News Founder Roger Ailes* (New York : Union Square Press, 2008).

19 Richard Whalen, *Catch the Falling Flag* (New York: Houghton Mifflin, 1972), 135.

20 James Boyd, "Nixon's Southern Strategy: It's All in the Charts," *New York Times*, May 17, 1970.

21 フィリップスは最終的に、自分が後押ししてきた保守政治に異を唱え、「道を踏み外した多数党の共和党」について書いた。左翼に転じた

37 Jane O'Reilly, "The Housewife's Moment of Truth," *Ms.*, Spring 1972, 54. Francesca Polletta, *It Was Like a Fever: Storytelling in Protest and Politics* (Chicago: University of Chicago Press, 2006), 48-50に引用されている。

38 John Arquilla and David Ronfeldt, eds., *Networks and Netwars: The Future of Terror, Crime and Militancy* (Santa Monica, CA: RAND, 2001). （第16章原注40参照）

39 一例として以下を参照。Jay Rosen, "Press Think Basics: The Master Narrative in Journalism," September 8, 2003, available at http://journalism.nyu.edu/pubzone/weblogs/pressthink/2003/09/08/basics_master.html.

第27章 人種、宗教、選挙

1 William Safire, "On Language: Narrative," New York Times, December 5, 2004. 同様に、アル・ゴアは2000年の大統領候補討論会を通じて「大ぼら」吹きと批判されていた。フランチェスカ・ポレッタが説くように、問題はゴアに「説得力のある話術」の才能がなかった点、知性派の政策通が感情に訴える能力の面で劣っていた点にあった。Polletta, *It Was Like a Fever.* （第26章原注37参照）

2 Frank Luntz, *Words that Work: It's Not What You Say, It's What People Hear* (New York: Hyperion, 1997), 149-157.

3 http://www.informationclearinghouse.info/article4443.htm.

4 George Lakoff, *Don't Think of an Elephant! : Know Your Values and Frame the Debate* (White River Junction, VT: Chelsea Green Publishing Company, 2004).

5 George Lakoff, *Whose Freedom? The Battle Over America's Most Important Idea* (New York: Farrar, Straus & Giroux, 2006).

6 Drew Westen, *The Political Brain* (New York: Public Affairs, 2007), 99-100, 138, 147, 346.

7 Steven Pinker, "Block That Metaphor!," *The New Republic*, October 9, 2006.

8 Luntz, *Words that Work*, 3. 他の多くの有能な政治コミュニケーション専門家と同じく、ランツはオーウェルの有名な1946年の評論「英語と政治」を引き合いに出している。オーウェルはこの評論で、簡潔で、大げさな言葉づかいや無意味な語、外来語、専門用語を用いない平易な英語の重要性を強調している。George Orwell, "Politics and the English Language," http://www.orwell.ru/library/essays/politics/english/e_polit/を 参照。〔邦訳「政治と英語」はG・オーウェル著、川端康雄編『オーウェル評論集2―水晶の精神』平凡社、2009年に収録されている〕

石田英敬／小野正嗣訳『社会は防衛しなければならない』筑摩書房、2007年〕

27　Michel Foucault, *Language, Counter-Memory, Practice : Selected Essays and Interviews* (Oxford: Blackwell, 1977), 27.〔引用元の対話記事の邦訳「知識人と権力」は小林康夫ほか編『ミシェル・フーコー思考集成IV』筑摩書房、1999年に収録されている〕

28　Foucault, Power/Knowledge, 145.〔引用元の対話記事の邦訳「権力と戦略」は小林康夫ほか編『ミシェル・フーコー思考集成VI』筑摩書房、2000年に収録されている〕

29　J・G・メルキオールはフーコーを批判した著書で、きらめく文学的才能を「分析的修練にはまったく無頓着な理論構築」に結びつけたフランスの哲学的美意識の伝統にフーコーが属していたと記している。J. G. Merquior, *Foucault* (London: Fontana Press, 1985)〔邦訳：J・G・メルキオール著、財津理訳『フーコー――全体像と批判』河出書房新社、1995年〕

30　Robert Scholes and Robert Kellogg, *The Nature of Narrative* (London: Oxford University Press, 1968).

31　Roland Barthes and Lionel Duisit, "An Introduction to the Structural Analysis of Narrative," *New Literary History* 6, no.2 (Winter 1975): 237-272. フランス語原著は、*Communications* 8, 1966に掲載された"Introduction a l'analyse structurale des recits". 同誌は1966年に特集号を発行し、構造主義者によるナラティブ研究の流れを作った。〔邦訳「物語の構造分析序説」はロラン・バルト著、花輪光訳『物語の構造分析』みすず書房、1979年に収録されている〕

32　Editor's Note, *Critical Inquiry*, Autumn 1980. この号はW. T. J. Mitchell, eds., *On Narrative* (Chicago: University of Chicago Press, 1981) として単行本化された。〔邦訳：W・J・T・ミッチェル編、海老根宏ほか訳『物語について』平凡社、1987年〕

33　Francesca Polletta, Pang Ching, Bobby Chen, Beth Gharrity Gardner, and Alice Motes, "The Sociology of Storytelling," *Annual Review of Sociology* 37 (2011): 109-130.

34　Mark Turner, *The Literary Mind* (New York; Oxford: Oxford University Press, 1998), 14-20.

35　William Calvin, "The Emergence of Intelligence," *Scientific American* 9, no.4 (November 1998): 44-51.

36　Molly Patterson and Kristen Renwick Monroe, "Narrative in Political Science," *Annual Review of Political Science* 1 (June 1998): 320.

Fuller）はその代表格である。Jerry Fodor with Massimo Piattelli-Palmarini, *What Darwin Got Wrong* (New York: Farrar, Straus, and Giroux, 2010）も参照。

19 高校の生物学教師を対象とした調査によると、アメリカの高校の生物学教師の8人に1人が授業で創造論かIDについて、肯定的に語ったことがあり、同じくらいの比率の教師がこれらを論題として提起したことがあると回答した。http://www.foxnews.com/story/0,2933,357181,00.htmlを参照。非常に多くの生物学教師が現在の支配的な科学パラダイムに同調していない点は意外ともいえるが、重要なのは、それでもこの主流のパラダイムに同調している教師の比率が、一般大衆のなかで創造論もしくはIDを支持する者の比率をなおも大幅に上回っている点である。2008年のギャラップ世論調査によると、アメリカ人の44パーセントが「神が現在のような形に人間を作った」と信じていたほか、36パーセントが神の導きによって人間は進化したと信じていた。人間の進化に神は関与していないと考える者はわずか14パーセントだった。Gallup, Evolution, Creationism, Intelligent Design, http://www.gallup.com/poll/21814/evolutioncreationism-intelligent-design.aspx polling for id (2008)

20 こうした多種多様な見解や、進化論をめぐる論議について知る際に便利な窓口としてTalkOrigins Archive (www.talkorigins.org）がある。

21 Michel Foucault, *Power/Knowledge : Selected Interviews and Other Writings,* 1972-1977, edited by C. Gordon (Brighton: Harvester Press, 1980), 197.〔引用元の座談会記事の邦訳「フーコーのゲーム」は小林康夫ほか編『ミシェル・フーコー思考集成VI』筑摩書房、2000年に収録されている〕

22 Michel Foucault, *The Order of Things : An Archeology of the Human Science* (London: Tavistock Publications, 1970).〔邦訳：ミシェル・フーコー著、渡辺一民／佐々木明訳『言葉と物―人文科学の考古学』新潮社、1974年〕

23 Michel Foucault, *Discipline and Punish: The Birth of the Prison* (London: Penguin, 1991).〔邦訳：ミシェル・フーコー著、田村俶訳『監獄の誕生―監視と処罰』新潮社、1977年〕

24 Michel Foucault, "The Subject and Power," *Critical Inquiry* 8, no.4 (Summer 1982): 777-795.〔邦訳「主体と権力」は小林康夫ほか編『ミシェル・フーコー思考集成IX』筑摩書房、2001年に収録されている〕

25 Julian Reid, "Life Struggles: War, Discipline, and Biopolitics in the Thought of Michel Foucault," *Social Text* 86, 24: 1, Spring 2006.

26 Michel Foucault, *Society Must Be Defended* , translated by David Macey (London: Allen Lane, 2003), 49-53, 179.〔邦訳：ミシェル・フーコー著、

J・K・ガルブレイス著、鈴木哲太郎訳『ゆたかな社会 決定版』岩波書店、2006年〕

11 Sal Restivo, "The Myth of the Kuhnian Revolution," in Randall Collins, ed., *Sociological Theory* (San Francisco: Jossey-Bass, 1983), 293-305.

12 Aristides Baltas, Kostas Gavroglu, and Vassiliki Kindi, "A Discussion with Thomas S. Kuhn," in James Conant and John Haugeland, eds., *The Road Since Structure* (Chicago: University of Chicago Press, 2000), 308.〔邦訳:トーマス・S・クーン著、ジョン・ホウゲランド/ジェイムズ・コナント編、佐々木力訳『構造以来の道ー哲学論集1970-1993』みすず書房、2008年〕

13 Thomas Kuhn, *The Structure of Scientific Revolutions*, 2nd edn. (Chicago: University of Chicago Press, 1970), 5, 16-17.〔邦訳:トーマス・クーン著、中山茂訳『科学革命の構造』みすず書房、1971年〕クーンの知的業績を簡潔にまとめた伝記として、Alexander Bird, "Thomas S. Kuhn (18 July 1922.17 June 1996)," *Social Studies of Science* 27, no.3 (1997): 483-502を参照。Alexander Bird, *Thomas Kuhn* (Chesham, UK: Acumen and Princeton, NJ: Princeton University Press, 2000) も参照。

14 Kuhn, *The Structure of Scientific Revolutions*, 77.

15 E. Garfield, "A Different Sort of Great Books List: The 50 Twentieth-century Works Most Cited in the *Arts & Humanities Citation Index*, 1976-1983," *Current Contents* 16 (April 20, 1987): 3-7.

16 Sheldon Wolin, "Paradigms and Political Theory," in Preston King and B. C. Parekh, eds., *Politics and Experience* (Cambridge, UK: Cambridge University Press, 1968), 134-135.〔邦訳「パラダイムと政治理論」はシェルドン・S・ウォリン著、千葉眞/中村孝文/斎藤眞編訳『政治学批判』みすず書房、1988年に収録されている〕

17 The Wedge Project, The Center for the Renewal of Science and Culture, http://www.antievolution.org/features/wedge.pdf.

18 Intelligent Design and Evolution Awareness Center, http://www.ideacenter.org/contentmgr/showdetails.php/id/1160. ID論者のほかに、一部のクーン評論家も進化論に批判的な姿勢を示した。*Thomas Kuhn: A Philosophical History for Our Times* (Chicago: University of Chicago Press, 2000).〔邦訳:スティーヴ・フラー著、中島秀人監訳、梶雅範/三宅苞訳『我らの時代のための哲学史ートーマス・クーン/冷戦保守思想としてのパラダイム論』海鳴社、2009年〕と *Dissent Over Descent: Intelligent Design's Challenge to Darwinism* (London: Icon Books, 2008) の著者スティーブ・フラー(Steve

説いた。ただしゴフマンによると、ジェイムズはその後、下位世界の概念に関する責任を回避した。

4 Peter Simonson, "The Serendipity of Merton's Communications Research," *International Journal of Public Opinion Research* 17, no.1 (January 2005): 277-297.マートンとラザースフェルドの共同研究の副次的な影響の一つとして、マートンがC・ライト・ミルズ（マートンいわく「同年代のなかで卓越した社会学者」）を研究に引き込んだことが挙げられる。ただし、ミルズは自身に課されたプロジェクトでの統計分析に苦戦し、やがてラザースフェルドに任を解かれてしまった。ミルズが自著*The Sociological Imagination*の「抽象化された経験主義」の章で、微細な情報を「いくら数多く積み上げたところで、確信に値する何かを得たと確信することはできない」と記した背景には、このような事情があった（第24章原注18参照）。こうした悪意ある批判の結果、ミルズは主流の社会学者たちから事実上、破門の扱いを受けるにいたった。John H. Summers, "Perpetual Revelations: C. Wright Mills and Paul Lazarsfeld," *The Annals of the American Academy of Political and Social Science* 608, no.25 (November 2006): 25-40を参照。

5 Paul F. Lazarsfeld and Robert K. Merton, "Mass Communication, Popular Taste, and Organized Social Action," in L. Bryson, ed., *The Communication of Ideas* (New York: Harper, 1948), 95-188.〔邦訳「マス・コミュニケーション、大衆の趣味、組織的な社会的行動」はW・シュラム編、学習院大学社会学研究室訳『マス・コミュニケーション―マス・メディアの総合的研究』東京創元社、1968年に収録されている〕

6 M. E. McCombs and D. L. Shaw, "The Agenda-setting Function of Mass Media," *Public Opinion Quarterly* 36 (1972): 176-187; Dietram A. Scheufele and David Tewksbury, "Framing, Agenda Setting, and Priming : The Evolution of the Media Effects Models," *Journal of Communication* 57 (2007): 9-20.

7 M. E. McCombs, "Agenda-setting Research : A Bibliographic Essay," *Political Communication Review* 1 (1976): 3; E. M. Rogers and J. W. Dearing, "Agenda-setting Research: Where Has It Been? Where Is It Going? " in J. A. Anderson, ed., *Communication Yearbook* 11 (Newbury Park, CA: Sage, 1988), 555-594.

8 Todd Gitlin, *The Whole World Is Watching : Mass Media in the Making and Unmaking of the New Left* (Berkeley and Los Angeles, CA: University of California Press, 2003), xvi.

9 Ibid., 6.

10 J. K. Galbraith, *The Affluent Society* (London: Pelican, 1962), 16-27.〔邦訳：

(Jackson: University Press of Mississippi, 2009), 135-137を参照。

54 Jo Freeman, "The Origins of the Women's Liberation Movement," *American Journal of Sociology* 78, no.4 (1973): 792-811; Ruth Rosen, *The World Split Open: How the Modern Women's Movement Changed America* (New York: Penguin, 2000).

55 Carol Hanisch,"The Personal Is Political, in Shulamith Firestone and Anne Koedt, eds., *Notes from the Second Year: Women's Liberation, 1970,* available at http://web.archive.org/web/20080515014413/http://scholar.alexanderstreet.com/pages/viewpage.action?pageId=2259.

56 Ruth Rosen, *The World Split Open.*

57 Robert O. Self, *All in the Family : The Realignment of American Democracy since the 1960s* (New York: Hill and Wang, 2012), Chapter 3.

58 Gene Sharp, *The Politics of Nonviolent Action,* 3 vols. (Manchester, NH: Extending Horizons Books, Porter Sargent Publishers, 1973).

59 198の戦術のリストはvol.2 of Sharp, *The Politics of Nonviolent Action*に掲載されている。リストはhttp://www.aeinstein.org/organizations103a.htmlでも閲覧できる。

60 Sheryl Gay Stolberg , "Shy U.S. Intellectual Created Playbook Used in a Revolution," *New York Times,* February 16, 2011.

61 Todd Gitlin, *Letters to a Young Activist* (New York: Basic Books, 2003), 84, 53.

第26章　フレーム、パラダイム、ディスクール、ナラティブ

1 Karl Popper, *The Open Society and Its Enemies,* Vol. 2: *The High Tide of Prophecy : Hegel, Marx, and the Aftermath* (London: Routledge, 1947).〔邦訳：カール・ライムント・ポパー著、内田詔夫／小河原誠訳『開かれた社会とその敵 第2部 予言の大潮：ヘーゲル, マルクスとその余波』未来社、1980年〕

2 Peter L. Berger and Thomas Luckmann, *The Social Construction of Reality : A Treatise in the Sociology of Knowledge* (Garden City, NY : Anchor Books, 1966).〔邦訳：ピーター・バーガー／トーマス・ルックマン著、山口節郎訳『現実の社会的構成―知識社会学論考』新曜社、2003年〕

3 Erving Goffman, *Frame Analysis* (New York: Harper & Row, 1974), 10-11, 2-3 ; William James, *Principles of Psychology,* vol. 2 (New York: Cosimo, 2007). 現実の認知について論じた章は、もともと小論としてマインド誌に掲載された。ジェイムズは、選択的な注意や親密なかかわり、他のわかっている事柄とのあいだで矛盾をきたさないこと、そして多様な「下位世界」が「それぞれ固有のあり方で現実的に」存在しうることの重要性を

illinois.edu/maps/poets/g_l/ginsberg/interviews.htm.

43 Amy Hungerford, "Postmodern Supernaturalism: Ginsberg and the Search for a Supernatural Language," *The Yale Journal of Criticism* 18, no.2 (2005): 269-298.

44 イッピーの成り立ちについては、David Farber, *Chicago* '68 (Chicago: University of Chicago Press, 1988) を参照。この名称には、ヒッピー（「格好いい」を意味する「ヒップ」という言葉から派生した）になじむ、歓声に似た響きがする、という利点があった。もっともらしく聞こえるように、あとになって語呂合わせ的に「青年国際党」(youth international party) の頭文字から生まれたことにされた。

45 Gitlin, *The Sixties*, 289.

46 Farber, *Chicago* '68, 20-21.

47 Harry Oldmeadow, "To a Buddhist Beat: Allen Ginsberg on Politics, Poetics and Spirituality," *Beyond the Divide* 2, no.1 (Winter 1999): 6.

48 Farber, *Chicago* '68, 27. ギンズバーグは1970年代半ばには、どちらかという型にはまった見方で過去を振り返るようになっていた。「1960年代末のわれわれの活動すべてが、ベトナム戦争を長期化させてしまったのかもしれない」。左翼がヒューバート・ハンフリーへの投票を拒絶したために、ニクソン政権が誕生してしまった、と。ギンズバーグ自身はハンフリーに票を投じていた。Peter Barry Chowka, "Interview with Allen Ginsberg," *New Age Journal*, April 1976, available at http://www.english.illinois.edu/maps/poets/g_l/ginsberg/interviews.htmを参照。

49 すべてが終わったあとで、トム・ヘイドンはブラック・パンサーのボビー・シールを含むニューレフトのより悪名高い指導者七人とともに、騒乱をあおった容疑で逮捕された。これら指導者の裁判は、またたく間に茶番と化した。

50 Scalmer, *Gandhi in the West*, 218.（第23章原注7参照）

51 Michael Kazin, *American Dreamers : How the Left Changed a Nation* (New York: Vintage Books, 2011), 213.

52 Betty Friedan, *The Feminist Mystique* (New York: Dell, 1963)〔邦訳：ベティ・フリーダン著、三浦冨美子訳『新しい女性の創造』大和書房、2004年〕

53 Casey Hayden and Mary King, "Feminism and the Civil Rights Movement," 1965, available at http://www.wwnorton.com/college/history/archive/resources/documents/ch34_02.htm.ケイシー・ヘイドンについてはDavis W. Houck and David E. Dixon, eds., *Women and the Civil Rights Movement, 1954-1965*

28 Childs, "An Historical Critique," 617.

29 Paul Dosal, *Commandante Che : Guerrilla Soldier, Commander, and Strategist, 1956-1967* (University Park: Pennsylvania University Press, 2003), 313.

30 Regis Debray, *Revolution in the Revolution* (London: Pelican, 1967).〔邦訳：レジス・ドブレ著、谷口侑訳『革命の中の革命』晶文社、1967年〕

31 Ibid., 51. Jon Lee Anderson, *Che Guevara : A Revolutionary Life* (New York: Bantam Books, 1997) は、ゲバラが同書についてより肯定的な見方をしていたが、ドブレに関してはそうではなかったことを示唆している。ドブレはやがて、カストロとゲバラはそれほど称賛すべき人物ではないと考えるようになった。

32 もともとは*Tricontinental Bimonthly* (January-February 1970) に掲載された論文。https://www.marxists.org/archive/marighella-carlos/1969/06/minimanual-urban-guerrilla/index.htmで閲覧できる〔邦訳：カルロス・マリゲーラ著、日本・キューバ文化交流研究所編訳『都市ゲリラ教程』三一書房、1970年〕。マリゲーラとその影響については、John W. Williams, "Carlos Marighella: The Father of Urban Guerrilla Warfare," *Terrorism* 12, no.1 (1989): 1-20を参照。

33 この討論会の様子は、Branch, At Canaan's Edge, 662-664. Henry Raymont, "Violence as a Weapon of Dissent Is Debated at Forum in 'Village,'" *New York Times*, December 17, 1967に描かれている。討論会の議事録は、Alexander Klein, ed., *Dissent, Power, and Confrontation* (New York: McGraw Hill, 1971) に収録されている。

34 Arendt, "Reflections on Violence."

35 Eldridge Cleaver, *Soul on Fire* (New York: Dell, 1968), 108. Childs, "An Historical Critique," 198に引用されている。

36 リベラルの協調主義を非難していたヘイドンだが、ロバート・ケネディとの対話は続けていた。ケネディの棺の傍らで涙を流す姿が写真に撮られている。

37 Tom Hayden, "Two, Three, Many Columbias," *Ramparts*, June 15, 1968, 346.

38 Rudd, *Underground*, 132.

39 Ibid., 144.

40 Daniel Bell, "Columbia and the New Left," *National Affairs* 13 (1968): 100.

41 Letter of December 3, 1966. Bill Morgan, ed., *The Letters of Allen Ginsberg* (Philadelphia: Da Capo Press, 2008), 324.

42 Interview with Ginsberg, August 11, 1996, available at http://www.english.

16 Staughton Lynd, "Coalition Politics or Nonviolent Revolution?" *Liberation*, June/July 1965, 197-198.

17 Carmichael and Hamilton, *Black Power*, 72.

18 Ibid., 92.93.

19 Paul Potter, in a speech on April 17, 1965, available at http://www.sdsrebels.com/potter.htm.

20 Jeffrey Drury, "Paul Potter, 'The Incredible War,'" *Voices of Democracy* 4 (2009): 23-40. Sean McCann and Michael Szalay, "Introduction: Paul Potter and the Cultural Turn," *The Yale Journal of Criticism* 18, no.2 (Fall 2005): 209-220. も参照。

21 Gitlin, *The Sixties*, 265-267.（第24原注2参照）

22 Mark Rudd, *Underground: My Life with SDS and the Weathermen* (New York: Harper Collins, 2009), 65-66.

23 Herbert Marcuse, *One-Dimensional Man* (London: Sphere Books, 1964).〔邦訳：ヘルベルト・マルクーゼ著、生松敬三／三沢謙一訳『一次元的人間―先進産業社会におけるイデオロギーの研究』河出書房新社、1980年〕; "Repressive Tolerance" in Robert Paul Wolff, Barrington Moore, Jr., and Herbert Marcuse, eds., *A Critique of Pure Tolerance* (Boston: Beacon Press, 1969), 95-137〔邦訳：ロバート・ポール・ウォルフほか著、大沢真一郎訳『純粋寛容批判』せりか書房、1968年〕; *An Essay on Liberation* (London: Penguin, 1969).〔邦訳：H・マルクーゼ著、小野二郎訳『解放論の試み』筑摩書房、1974年〕

24 Che Guevara, "Message to the Tricontinental," first published: Havana, April 16, 1967, available at http://www.marxists.org/archive/guevara/1967/04/16.htm.〔邦訳「三大陸人民連帯機構へのメッセージ」はゲバラ選集刊行会編『ゲバラ選集第4巻』青木書店、1969年に収録されている〕

25 Boot, *Invisible Armies*, 438.（第14章原注22参照）エドガー・スノーに関しては341を参照。

26 Matt D. Childs, "An Historical Critique of the Emergence and Evolution of Ernesto Che Guevara's Foco Theory," *Journal of Latin American Studies* 27, no. 3 (October 1995): 593-624.

27 Che Guevara, *Guerrilla Warfare* (London : Penguin, 1967) .〔邦訳：エルネスト・チェ・ゲバラ著、五十間忠行訳『ゲリラ戦争―キューバ革命軍の戦略・戦術』中央公論新社、2002年ほか〕Che Guevara, *The Bolivian Diaries* (London: Penguin, 1968)〔邦訳：チェ・ゲバラ著、平岡緑訳『ゲバラ日記』中央公論新社、2007年ほか〕。

アレックス・ヘイリーとの共著による自叙伝で表明されている。Malcolm X and Alex Haley, *The Autobiography of Malcolm X* (New York: Ballantine Books, 1992)〔邦訳：マルコムX／アレックス・ヘイリィ著、浜本武雄訳『マルコムX自伝』アップリンク、1993年〕

2　David Macey, *Frantz Fanon: A Biography* (New York: Picador Press, 2000)

3　Frantz Fanon, *The Wretched of the Earth* (London: Macgibbon and Kee, 1965), 28〔邦訳：フランツ・ファノン著、鈴木道彦／浦野衣子訳『地に呪われたる者』みすず書房、2015年〕; Jean-Paul Sartre, *Anti-Semite and Jew* (New York: Schocken Books, 1995), 152, 最初に刊行されたのは1948年〔邦訳：J-P・サルトル著、安堂信也訳『ユダヤ人』岩波書店、1956年〕。Sebastian Kaempf, "Violence and Victory: Guerrilla Warfare, 'Authentic Self-Affirmation' and the Overthrow of the Colonial State," *Third World Quarterly* 30, no.1 (2009): 129-146を参照。

4　Preface to Fanon, *Wretched of the Earth*, 18.

5　Hannah Arendt, "Reflections on Violence," *The New York Review of Books*, February 27, 1969 . 増補版が以下に収録されている。*Crises of the Republic* (New York: Harcourt, 1972)〔邦訳：ハンナ・アーレント著、山田正行訳『暴力について―共和国の危機』みすず書房、2000年〕

6　Paul Jacobs and Saul Landau, *The New Radicals: A Report with Documents* (New York: Random House, 1966), 25.

7　Taylor Branch, *At Canaan's Edge: America in the King Years 1965*-68 (New York: Simon & Schuster, 2006), 486.

8　SNCC, "The Basis of Black Power," *New York Times* , August 5, 1966.

9　Stokely Carmichael and Charles V. Hamilton, *Black Power: The Politics of Liberation in America* (New York: Vintage Books, 1967), 12-13, 58, 66-67.

10　Garrow, *Bearing the Cross*, 488. (第23章原注21参照)

11　Martin Luther King, Jr., *Chaos or Community* (London: Hodder & Stoughton, 1968), 56 .〔邦訳：マーチン・ルーサー・キング著、猿谷要訳『黒人の進む道―世界は一つの屋根のもとに』サイマル出版会、1981年〕

12　Bobby Seale, *Seize the Time: The Story of the Black Panther Party and Huey P. Newton* (New York: Random House, 1970), 79-81.

13　Stokely Carmichael, "A Declaration of War, February 1968," in Teodori, ed., *The New Left*, 258. (第24章原注25参照)

14　John D'Emilio, *Lost Prophet: The Life and Times of Bayard Rustin* (New York: The Free Press, 2003), 450-451.

15　Bayard Rustin, "From Protest to Politics," *Commentary* (February 1965).

35 Saul D. Alinsky, "Community Analysis and Organization," *The American Journal of Sociology* 46, no.6 (May 1941): 797-808.
36 Sanford D. Horwitt, *"Let Them Call Me Rebel": Saul Alinsky, His Life and Legacy* (New York: Alfred A. Knopf, 1989), 39.
37 Saul D. Alinsky, *John Lewis: An Unauthorized Biography* (New York: Vintage Books, 1970) ; Horwitt, "Let Them Call Me Rebel," 104, 219.
38 Saul D. Alinsky, *Reveille for Radicals* (Chicago: University of Chicago Press, 1946), 22.〔邦訳：アリンスキー著、長沼秀世訳『市民運動の組織論』未来社、1972年〕
39 Horwitt, *"Let Them Call Me Rebel,"* 174.
40 Charles Silberman, *Crisis in Black and White* (New York: Random House, 1964), 335.
41 アリンスキーは「このルールはうまくいかなかった」とノートに記録している。Horwitt, *"Let Them Call Me Rebel,"* 530を参照。
42 Nicholas von Hoffman, *Radical : A Portrait of Saul Alinsky* (New York: Nation Books, 2010), 75, 36.
43 対立関係にあったAFLとCIOは1955年に再統合された。
44 El Malcriado, no.14, July 9, 1965, Marshall Ganz, *Why David Sometimes Wins : Leadership, Organization and Strategy in the California Farm Worker Movement* (New York: Oxford University Press, 2009), 93 に引用されている。
45 Randy Shaw, *Beyond the Fields : Cesar Chavez, the UFW, and the Struggle for Justice in the 21st Century* (Berkeley and Los Angeles: University of California Press, 2009), 87-91.
46 von Hoffman, *Radical,* 163.
47 Ganz, *Why David Sometimes Wins.*
48 Miriam Pawel, *The Union of Their Dreams : Power, Hope, and Struggle in Cesar Chavez's Farm Worker Movement* (New York: Bloomsbury Press, 2009).
49 von Hoffman, *Radical,* 51-52.
50 Horwitt, *"Let Them Call Me Rebel,"* 524-526.
51 "The Professional Radical, Conversations with Saul Alinsky," *Harper's Magazine,* June, July, 1965.
52 von Hoffman, *Radical,* 69.
53 Garrow, *Bearing the Cross,* 455.（第23章原注21参照）

第25章　ブラック・パワーと白人の怒り

1 マルコムXは戦略的な声明を一度も発表していない。その主義主張は

24 Richard Flacks, "Some Problems, Issues, Proposals," July 1965, Paul Jacobs and Saul Landau, *The New Radicals* (New York: Vintage Books, 1966), 167-169に収録されている。

25 Tom Hayden and Carl Wittman, "Summer Report, Newark Community Union, 1964," in Massimio Teodori ed., *The New Left: A Documentary History* (London: Jonathan Cape, 1970), 133.

26 Tom Hayden, "The Politics of the Movement," *Dissent*, Jan/Feb 1966, 208.

27 Tom Hayden, "Up from Irrelevance," *Studies on the Left*, Spring 1965.

28 Francesca Polletta, *"Freedom Is an Endless Meeting" : Democracy in American Social Movements* (Chicago: University of Chicago Press, 2002).

29 Lawrence J. Engel, "Saul D. Alinsky and the Chicago School," *The Journal of Speculative Philosophy* 16, no.1 (2002).

30 Robert Park, "The City: Suggestions for the Investigation of Human Behavior in the City Environment," *The American Journal of Sociology* 20, no.5 (March 1915): 577-612.〔邦訳「都市―都市環境における人間行動研究のための若干の提案」はR・E・パークほか著、大道安次郎／倉田和四生訳『都市―人間生態学とコミュニティ論』鹿島出版会、1972年に収録されている〕

31 Engel, "Saul D. Alinsky and the Chicago School," 54-57.アリンスキーが受けたバージェスの講義の一つは、「現代社会における病的状態と過程」の研究をテーマとしていた。「アルコール依存症、売春、貧困、路上生活、若者や大人の非行」を含む内容で、「実地調査やアンケート調査、診療所での立ち合い」といった手段が用いられた。

32 アリンスキーはアル・カポネの右腕フランク・ニッティと近づきになり、ニッティを通じて「酒場や売春宿、賭場から、手がけはじめていた合法ビジネスまで」同ギャング団の事業について知った。一味は地元の政治家や警察の多くを買収していたため、自分が得た情報をもらしたところで何も起こりえはしなかったとアリンスキーは主張した。のちにアリンスキーが述べたように、「カポネ一味に本当に対抗できるのは、ジョージ・モランやロジャー・トゥーイーなどのほかのギャング団だけだった」、「権力を利用したり悪用したりすることについて、カポネ一味から嫌というほど学んだ。その教訓が、のちに組織化活動を行う際に大いに役立った」ともアリンスキーは語っている。"Empowering People, Not Elites," interview with Saul Alinsky, *Playboy Magazine*, March 1972.

33 Engel, "Saul D. Alinsky and the Chicago School," 60.

34 "Empowering People, Not Elites," interview with Saul Alinsky.

ルズ著、鶴見俊輔訳『キューバの声』みすず書房、1961年〕

12 Robert Dahl, *Who Governs : Democracy and Power in an American City* (New Haven, CT: Yale University Press, 1962).〔邦訳：ロバート・A・ダール著、河村望／高橋和宏監訳『統治するのはだれか―アメリカの一都市における民主主義と権力』行人社、1988年〕

13 David Baldwin, "Power Analysis and World Politics: New Trends versus Old Tendencies," *World Politics* 31, no. 2 (January 1979): 161-194. ボールドウィンはこの論文でKlaus Knorr, *The Power of Nations: The Political Economy of International Relations* (New York: Basic Books, 1975) を引き合いに出している。〔邦訳：クラウス・クノール著、浦野起央／中村好寿訳『国際関係におけるパワーと経済』時潮社、1979年〕

14 Robert Dahl, "The Concept of Power," *Behavioral Science* 2 (1957): 201-215.

15 Peter Bachrach and Morton S. Baratz, "Two Faces of Power," *The American Political Science Review* 56, no.4 (December 1962): 947-952.〔邦訳「権力の二面性」は加藤秀治郎／岩渕美克編『政治社会学 第5版』一藝社、2013年に収録されている〕Peter Bachrach and Morton S. Baratz, "Decisions and Non-Decisions : An Analytical Framework," *The American Political Science Review* 57, no.3 (September 1963): 632-642も参照。

16 C. Wright Mills, *The Power Elite* (Oxford: Oxford University Press, 1956).〔邦訳：C・W・ミルズ著、鵜飼信成／綿貫譲治訳『パワー・エリート〈上〉〈下〉』東京大学出版会、2000年〕

17 Theodore Roszak, *The Making of Counter-Culture,* 25.

18 C. Wright Mills, *The Sociological Imagination* (New York: Oxford University Press, 1959).〔邦訳：ミルズ著、鈴木広訳『社会学的想像力』紀伊國屋書店、1995年〕

19 Tom Hayden and Dick Flacks, "The Port Huron Statement at 40," *The Nation,* July 18, 2002. ポートヒューロン宣言のガリ版刷りのパンフレットは2万部作成され、1部35セントで販売された。反抗（rebel）という言葉の使い方に注目。

20 Hayden, *Reunion: A Memoir,* 80. ミルズがおよぼした影響については、John Summers, "The Epigone's Embrace: Part II, C. Wright Mills and the New Left," *Left History* 13.2 (Fall/Winter 2008) を参照。

21 The Port Huron Manifesto. http://coursesa.matrix.msu.edu/~hst306/documents/huron.htmlで閲覧できる。

22 Hayden, *Reunion: A Memoir,* 75.

23 Port Huron Manifesto.

代アメリカ—希望と怒りの日々』彩流社、1993年〕

3　William H. Whyte, *The Organization Man* (Pennsylvania: University of Pennsylvania Press, 2002).〔邦訳：W・H・ホワイト著、岡部慶三／藤永保訳『組織のなかの人間—オーガニゼーション・マン〈上〉〈下〉』創元社、1959年〕最初に刊行されたのは1956年。

4　David Riesman, *The Lonely Crowd* (New York: Anchor Books, 1950).〔邦訳：デイヴィッド・リースマン著、加藤秀俊訳『孤独な群衆〈上〉〈下〉』みすず書房、2013年〕

5　Erich Fromm, *The Fear of Freedom* (London: Routledge, 1942).〔邦訳：エーリッヒ・フロム著、日高六郎訳『自由からの逃走』東京創元社、1965年〕

6　Theodore Roszak, *The Making of a Counter-Culture* (London: Faber & Faber, 1970), 10-11.〔邦訳：シオドア・ローザック著、稲見芳勝／風間禎三郎訳『対抗文化（カウンター・カルチャー）の思想—若者は何を創りだすか』ダイヤモンド社、1972年〕

7　以下を参照。Jean-Paul Sartre, *Being and Nothingness : An Essay in Phenomenological Ontology* (New York: Citadel Press, 2001). 最初に刊行されたのは1943年。〔邦訳：ジャン＝ポール・サルトル著、松浪信三郎訳『存在と無』（全三巻）筑摩書房、2007－2008年〕; *Existentialism and Humanism* (London : Methuen, 2007)最初に刊行されたのは1946年。〔邦訳：J-P・サルトル著、伊吹武彦／海老坂武／石崎晴己訳『実存主義とは何か』人文書院、1996年〕

8　Albert Camus, *The Plague* (New York: Vintage Books, 1961)最初に刊行されたのは1949年。〔邦訳：カミュ著、宮崎嶺雄訳『ペスト』新潮社、1969年〕

9　ミルズに対する評価の曖昧さは、Irving Horowitz, *C. Wright Mills : An American Utopian* (New York: The Free Press, 1983) にみることができる。この点に関する研究としては、John H. Summers, “The Epigone’s Embrace: Irving Louis Horowitz on C. Wright Mills,” *Minnesota Review* 68 (Spring 2007): 107-124を参照。

10　C. Wright Mills, *Sociology and Pragmatism* (New York: Oxford University Press, 1969), 423. 同書はミルズの死後に刊行された。〔邦訳：C・ライト・ミルズ著、本間康平訳『社会学とプラグマティズム』紀伊國屋書店、1969年〕

11　*Listen Yankee* (New York: Ballantine, 1960) で、ミルズは架空のキューバ人革命家の言葉を通じてキューバ革命を擁護した。〔邦訳：ライト・ミ

Internal Organization," *American Sociological Review* 46, no.6 (December 1981): 744-767.

32 ベーカーとキングの関係性の公正な評価については、Barbara Ransby, *Ella Baker and the Black Freedom Movement : A Radical Democratic Vision* (Chapel Hill : University of North Carolina Press, 2003), 189-192を参照。

33 Fairclough, "The Preachers and the People," 424.

34 Morris, "Black Southern Student Sit-In Movement," 755.

35 Doug McAdam, "Tactical Innovation and the Pace of Insurgency," *American Sociological Review* 48, no. 6 (December 1983): 748.

36 Bayard Rustin, *Strategies for Freedom : The Changing Patterns of Black Protest* (New York: Columbia University Press, 1976), 24 .

37 Aldon D. Morris, "Birmingham Confrontation Reconsidered : An Analysis of the Dynamics and Tactics of Mobilization," *American Sociological Review* 58, no. 5 (October 1993): 621-636.

38 *Letter from Birmingham Jail*, April 16, 1963, available at http://mlk-kpp01.stanford.edu/index.php/resources/article/annotated_letter_from_birmingham/〔邦訳は『黒人はなぜ待てないか』(原注41参照) などに収録されている〕

39 Rustin, *Strategies for Freedom*, 45.

40 Branch, *Parting the Waters*, 775に引用されている。

41 Martin Luther King, Jr., *Why We Can't Wait* (New York: New American Library, 1963), 104-105.〔邦訳：マーチン・ルーサー・キング著、中島和子／古川博巳訳『黒人はなぜ待てないか』みすず書房、2000年〕; Douglas McAdam, *Political Process and the Development of Black Insurgency 1930-1970* (Chicago: University of Chicago Press, 1983); David J. Garrow, *Protest at Selma: Martin Luther King, Jr. and the Voting Rights Act of 1965* (New Haven, CT: Yale University Press, 1978); Branch, *Parting the Waters* ; Thomas Brooks, *Walls Come Tumbling Down: A History of the Civil Rights Movement* (Englewood Cliffs: Prentice-Hall, 1974).

第24章 実存主義的戦略

1 Tom Hayden, *Reunion: A Memoir* (New York: Collier, 1989), 87. SDSの歴史については、Kirkpatrick Sale, *The Rise and Development of the Students for a Democratic Society* (New York: Vintage Books, 1973) を参照。

2 Todd Gitlin, *The Sixties: Years of Hope, Days of Rage* (New York: Bantam Books, 1993), 286.〔邦訳：トッド・ギトリン著、疋田三良／向井俊二訳『60年

Gandhi, *An Autobiography ; or, The Story of My Experiments with Truth*, translated by Mahadev Desai (Ahmedabad: Navajivan Publishing House, 1927)〔邦訳：モハンダス・カラムチャンド・ガンジー著、池田運訳『ガンジー自叙伝―真理の実験』講談社出版サービスセンター、1998年〕; Louis Fischer, *The Life of Mahatma Gandhi* (London: Jonathan Cape, 1951)〔邦訳：ルイス・フィッシャー著、古賀勝郎訳『ガンジー』紀伊國屋書店、1968年〕; Thoreau, *Civil Disobedience,* 1849; Walter Rauschenbusch, *Christianity and the Social Crisis* (New York: Macmillan Press, 1908)〔邦訳：ウォルター・ラウシェンブッシュ著、山下慶親訳『キリスト教と社会の危機―教会を覚醒させた社会的福音』新教出版社、2013年〕; Gregg, *The Power of Non-Violence*; Ira Chernus, *American Nonviolence : The History of an Idea* (Maryknoll, NY: Orbis Books, 2004), 169-171. James P. Hanigan, *Martin Luther King, Jr. and the Foundations of Nonviolence* (Lanham, MD: University Press of America, 1984), 1-18も参照。

25 Taylor Branch, *Parting the Waters. America in the King Years, 1954*-63 (New York: Touchstone, 1988), 55.

26 Martin Luther King, "Our Struggle," Liberation, April 1956, available at http://mlk-kpp01.stanford.edu/primarydocuments/Vol3/Apr-1956_OurStruggle.pdf.

27 Branch, *Parting the Waters,* 195.

28 Garrow, *Bearing the Cross:* 111. 一例を挙げると、リチャード・グレッグは非暴力的抵抗者について、こう書いている。「敵対者に対して物理的な攻撃態勢にはないが、その精神と感情は能動的で、敵対者がまちがっているのだとその当人を説得するという問題に絶えず取り組んでいる」。一方でキングはこう記している。「非暴力的抵抗者は、敵対者に対して物理的な攻撃態勢にないという点では受動的だが、その精神と感情はいつも能動的で、敵対者がまちがっているのだとその当人を絶えず説得しようとしている」。Martin Luther King, Jr., "Pilgrimage to Nonviolence," in *Stride Toward Freedom: The Montgomery Story* (New York: Harper & Bros., 1958), 102〔邦訳：M・L・キング著、雪山慶正訳『自由への大いなる歩み―非暴力で闘った黒人たち』岩波書店、1959年〕; Gregg, *The Power of Non-Violence*, 93.

29 Daniel Levine, *Bayard Rustin and the Civil Rights Movement* (New Brunswick: Rutgers University Press, 2000), 95.

30 Anderson, *Bayard Rustin*, 192に引用されている。

31 Aldon Morris, "Black Southern Student Sit-in Movement: An Analysis of

12 Reinhold Neibuhr, *Moral Man and Immoral Society* (New York : Scribner, 1934).〔邦訳：ラインホールド・ニーバー著、大木英夫訳『道徳的人間と非道徳的社会』白水社、2014年〕

13 この座り込みの様子は、James Farmer, *Lay Bare the Heart: An Autobiography of the Civil Rights Movement* (New York: Arbor House, 1985), 106-107 に描かれている。

14 マスティのマルクス主義からキリスト教平和主義への転向については、Ira Chernus, *American Nonviolence : The History of an Idea* (New York: Orbis, 2004) の第9章を参照。グレッグとニーバーもFORのメンバーだったが、ニーバーは知的探求のすえ、やがてFORを脱退した。

15 August Meierand and Elliott Rudwick, *CORE : A Study in the Civil Rights Movement, 1942-1968* (New York: Oxford University Press, 1973), 102-103.

16 Ibid., 111.

17 Krishnalal Shridharani, *War Without Violence : A Study of Gandhi's Method and Its Accomplishments* (New York: Harcourt Brace & Co., 1939) James Farmer, *Lay Bare the Heart: An Autobiography of the Civil Rights Movement* (New York: Arbor Books, 1985), 93-95, 112-113 も参照。

18 Paula F. Pfeffer, A. Philip Randolph. *Pioneer of the Civil Rights Movement* (Baton Rouge: Louisiana State University Press, 1990)

19 Jervis Anderson, *Bayard Rustin : Troubles I've Seen* (NewYork: Harper Collins, 1997), 17.

20 Adam Fairclough, "The Preachers and the People: The Origins and Early Years of the Southern Christian Leadership Conference, 1955-1959," *The Journal of Southern History* 52, no.3 (August 1986), 403-440.

21 David Garrow, *Bearing the Cross: Martin Luther King Jr. and the Southern Christian Leadership Conference, 1955-1968* (New York: W. Morrow, 1986), 28. デイビッド・ガロウはバス・ボイコット運動について記した章で、共感をいだいた白人女性が、同運動をガンジーの行動になぞらえた手紙を地元新聞に送ったことに触れている。

22 Ibid., 43. Bo Wirmark, "Nonviolent Methods and the American Civil Rights Movement 1955-1965," *Journal of Peace Research* 11, no.2 (1974): 115-132; Akinyele Umoja, "1964: The Beginning of the End of Nonviolence in the Mississippi Freedom Movement," *Radical History Review* 85 (Winter 2003): 201-226.

23 Scalmer, *Gandhi in the West*, 180.

24 キングが影響を受けた本として挙げたものは以下のとおり。M. K.

79, 107, 115.

2 Donna M. Kowal, "One Cause, Two Paths: Militant vs. Adjustive Strategies in the British and American Women's Suffrage Movements," *Communication Quarterly* 48, no.3 (2000): 240-255.

3 Henry David Thoreau, *Civil Disobedience.* もともとは1849年に*Resistance to Civil Government*の題名で発表された（1849）。http://thoreau.eserver.org/civil.htmlで閲覧できる。〔邦訳：H・D・ソロー著、佐藤雅彦訳『ソローの市民的不服従―悪しき「市民政府」に抵抗せよ』論創社、2011年など〕

4 1942年、「アメリカの友人たちへ」向けた手紙にガンジーはこう書いた。「あなたがたのおかげで、わたしはソローという師にめぐりあいました。その『市民的不服従の義務』に関する小論は、わたしが南アフリカで行っていたことを科学的に裏づけてくれました」。ソローがガンジーに与えた影響については、"The Influence of Thoreau's 'Civil Disobedience' on Gandhi's Satyagraha," *The New England Quarterly* 29, no. 4 (December 1956): 462-471を参照。

5 Leo Tolstoy, *A Letter to a Hindu,* introduction by M. K. Gandhi (1909), available at http://www.online-literature.com/tolstoy/2733.

6 これらのガンジーに関する記述は、Judith M. Brown, "Gandhi and Civil Resistance in India, 1917-47: Key Issues," in Adam Roberts and Timothy Garton Ash, eds., *Civil Resistance & Power Politics: The Experience of Non-Violent Action from Gandhi to the Present* (Oxford: Oxford University Press, 2009), 43-57に基づいている。

7 Sean Scalmer, *Gandhi in the West : The Mahatma and the Rise of Radical Protest* (Cambridge, UK : Cambridge University Press, 2011), 54, 57.

8 "To the American Negro: A Message from Mahatma Gandhi," *The Crisis,* July 1929, 225.

9 Vijay Prashad, "Black Gandhi," *Social Scientist* 37, no. 1/2 (January/February 2009): 4-7, 45.

10 Leonard A. Gordon, "Mahatma Gandhi's Dialogues with Americans," *Economic and Political Weekly* 37, no. 4 (January-February 2002): 337-352.

11 Joseph Kip Kosek, "Richard Gregg, Mohandas Gandhi, and the Strategy of Nonviolence," *The Journal of American History* 91, no. 4 (March 2005): 1318-1348. グレッグは非暴力に関する数多くの著作を発表した。最も大きな影響力を発揮した*The Power of Non-Violence* (London : James Clarke & Co., 1960）が最初に刊行されたのは1934年。

Press, 1976), 174.Robert Merton, "The Thomas Theorem and the Matthew Effect," *Social Forces* 74, no.2 (December 1995): 379-424も参照。

34 Walter Lippmann, *Public Opinion* (New York: Harcourt Brace & Co, 1922), 59, available at http://xroads.virginia.edu/~Hyper2/CDFinal/Lippman/cover.html.〔邦訳：W・リップマン著、掛川トミ子訳『世論〈上〉〈下〉』岩波書店、1987年〕

35 Michael Schudson, "The 'Lippmann-Dewey Debate' and the Invention of Walter Lippmann as an Anti-Democrat 1986.1996," *International Journal of Communication* 2 (2008): 1040.

36 Harold D. Lasswell, "The Theory of Political Propaganda," *The American Political Science Review* 21, no. 3 (August 1927): 627-631.

37 Sigmund Freud, *Group Psychology and the Analysis of the Ego* (London: The Hogarth Press, 1949) First published 1922, available at http://archive.org/stream/grouppsychologya00freu/grouppsychologya00freu_djvu.txt.〔邦訳「集団心理学と自我分析」は須藤訓任／藤野寛訳『フロイト全集17』岩波書店、2006年に収録されている〕

38 Wilfred Trotter, *Instincts of the Herd in Peace and War* (New York: Macmillan, 1916); Harvey C. Greisman, "Herd Instinct and the Foundations of Biosociology," *Journal of the History of the Behavioral Sciences* 15 (1979): 357-369.

39 Edward Bernays, *Crystallizing Public Opinion* (New York: Liveright, 1923), 35.

40 Edward Bernays, *Propaganda* (New York: H. Liveright, 1936), 71.〔邦訳：エドワード・バーネイズ著、中田安彦訳『プロパガンダ』成甲書房、2010年〕

41 Edward L. Bernays, "The Engineering of Consent," *The Annals of the American Academy of Political and Social Science* 250 (1947): 113.

42 このキャンペーンが実際に女性の喫煙習慣の変化をもたらしたのかどうかは、今なお議論されている。Larry Tye, *The Father of Spin : Edward L. Bernays and the Birth of Public Relations* (New York: Holt, 1998), 27-35を参照。

43 "Are We Victims of Propaganda? A Debate. Everett Dean Martin and Edward L. Bernays," *Forum Magazine*, March 1929.

第23章　非暴力の力

1 Laura E. Nym Mayhall, *The Militant Suffrage Movement : Citizenship and Resistance in Britain, 1860-1930* (Oxford: Oxford University Press, 2003), 45,

(New York: The Free Press, 1985).

25 Ibid., 223-225, 269.〔訳注：James Burnham, *The Machiavellians: Defenders of Freedom* (New York: John Day Co., 1943) が正しいと考えられる〕

26 一例として、C.Wright Mills, "A Marx for the Managers," in Irving Horowitz, ed., *Power, Politics and People : The Collected Essays of C. Wright Mills* (New York: Oxford University Press, 1963), 53-71を参照。〔邦訳：ライト・ミルズ著、I・L・ホロビッツ編、青井和夫／本間康平監訳『権力・政治・民衆』みすず書房、1971年〕ジョージ・オーウェルは、バーナムがかつて第二次世界大戦でのドイツの勝利を想定していた点を挙げて、さまざまな懸念を表明した。一方で、世界は世界支配をめざす三つの戦略な核に分断され、そのどこでも同じように絶えまない闘争が繰り広げられる、というバーナムの地政学分析を取り入れ、暗黒の未来社会を描いた小説『1984年』の土台とした。例にもれず、オーウェルの分析は同書を魅力的な読み物にする役割を果たしている。George Orwell, "James Burnham and the Managerial Revolution," *New English Weekly,* May 1946 を参照 (http://www.k-1.com/Orwell/site/work/essays/burnham.htmlで閲覧できる)。〔邦訳「ジェイムズ・バーナムと管理革命」はG・オーウェル著、川端康雄編『オーウェル評論集2―水晶の精神』平凡社、2009年に収録されている〕

27 この論文の英語版は1972年になって初めて刊行されたが、その内容はパークの他の著作に反映されていた。

28 Stuart Ewen, *PR! A Social History of Spin* (New York: Basic Books, 1996), 69.〔邦訳：スチュアート・ユーウェン著、平野秀秋／左古輝人／挾本佳代訳『PR! ―世論操作の社会史』法政大学出版局、2003年〕

29 Ibid., 68.

30 Robert Park, *The Mass and the Public, and Other Essays* (Chicago: University of Chicago Press, 1972), 80. 最初に刊行されたのは1904年。

31 Ewen, *PR!,* 48 に引用されている。

32 Ronald Steel, *Walter Lippmann and the American Century* (New Brunswick, NJ: Transaction Publishers, 1999)〔邦訳：ロナルド・スティール著、浅野輔訳『現代史の目撃者―リップマンとアメリカの世紀〈上〉〈下〉』ティビーエス・ブリタニカ、1982年〕

33 W. I. Thomas and Dorothy Swaine Thomas, *The Child in America : Behavior Problems and Programs* (New York: Knopf, 1928). トーマスの金言を公理に変えたロバート・マートンは、この言葉を「おそらくアメリカ人社会学者によって活字にされたなかで最も重大な一文」と表現した。"Social Knowledge and Public Policy," in *Sociological Ambivalence* (New York: Free

public/BonCrow.html.〔邦訳：ギュスターヴ・ル・ボン著、櫻井成夫訳『群衆心理』講談社、1993年〕

11 Hughes, *Consciousness and Society*, 161.

12 Irving Louis Horowitz, *Radicalism and the Revolt Against Reason : The Social Theories of George Sorel* (Abingdon: Routledge & Kegan Paul, 2009). ただしホロウィッツは、ソレルの「秩序だった思想系統の欠如、事実から仮説や勝手気ままな憶測へと見境なく変化する論拠、……偏向した論調」にも言及している（p. 9）。

13 Jeremy Jennings, ed., *Sorel : Reflections on Violence* (Cambridge, UK: Cambridge University Press, 1999), viii. 最初に発表されたのは1906年で、*Le Mouvement Sociale* 誌に掲載された。〔邦訳：ジョルジュ・ソレル著、今村仁司／塚原史訳『暴力論〈上〉〈下〉』岩波書店、2007年〕

14 Antonio Gramsci, *The Modern Prince & Other Writings* (New York: International Publishers, 1957), 143.〔邦訳「新君主論」等は山崎功監修、代久二編『グラムシ選集1』合同出版、1961年に収録されている〕

15 Thomas R. Bates, "Gramsci and the Theory of Hegemony," *Journal of the History of Ideas* 36, no.2 (April-June 1975): 352.

16 Joseph Femia, "Hegemony and Consciousness in the Thought of Antonio Gramsci," *Political Studies* 23, no.1 (1975): 37.

17 Ibid., 33.

18 Gramsci, *The Modern Prince*, 137.

19 Walter L. Adamson, *Hegemony and Revolution : A Study of Antonio Gramsci's Political and Cultural Thought* (Berkeley: University of California Press, 1980), 223, 209.

20 Ibid., 223.

21 T. K. Jackson Lears, "The Concept of Cultural Hegemony : Problems and Possibilities," *The American Historical Review* 90, no. 1 (June 1985): 578.

22 Adolf Hitler, *Mein Kampf*, vol. I, ch. X. 最初に刊行されたのは1925年。〔邦訳：アドルフ・ヒトラー著、平野一郎／将積茂訳『わが闘争〈上〉—民族主義的世界観』角川書店、1973年〕

23 James Burnham, *The Managerial Revolution* (London: Putnam, 1941).〔 邦訳：ジェームズ・バーナム著、武山泰雄訳『経営者革命』東洋経済新報社、1965年〕Kevin J. Smant, *How Great the Triumph : James Burnham, Anti-Communism, and the Conservative Movement* (New York: University Press of America, 1991) も参照。

24 Bruno Rizzi, *The Bureaucratization of the World* , translated by Adam Westoby

原　注

（＊原注で参照元として記されているURLについては原則として原著記載通りとした）

第Ⅲ部　下からの戦略（続）

第22章　定式、神話、プロパガンダ

1　H. Stuart Hughes, *Consciousness and Society : The Reorientation of European Social Thought* (Cambridge, MA: Harvard University Press, 1958).〔邦訳：スチュアート・ヒューズ著、生松敬三／荒川幾男訳『意識と社会―ヨーロッパ社会思想1890－1930』みすず書房、1999年〕

2　Robert Michels, *Political Parties : A Sociological Study of the Oligarchical Tendencies of Modern Democracy* (New York: The Free Press, 1962), 46. First published in 1900.〔邦訳：ロベルト・ミヘルス著、森博／樋口晟子訳『現代民主主義における政党の社会学―集団活動の寡頭制的傾向についての研究』木鐸社、1990年〕

3　Wolfgang Mommsen, "Robert Michels and Max Weber: Moral Conviction versus the Politics of Responsibility," in Mommsen and Osterhammel, eds., *Max Weber and His Contemporaries*, 126.（第21章原注2参照）

4　Michels, *Political Parties*, 338.

5　Gaetano Mosca, *The Ruling Class* (New York: McGraw Hill, 1939), 50. 最初に刊行されたのは1900年。〔邦訳：ガエターノ・モスカ著、志水速雄訳『支配する階級』ダイヤモンド社、1973年〕

6　Ibid., 451.

7　David Beetham, "Mosca, Pareto, and Weber : A Historical Comparison," in Mommsen and Osterhammel, eds., *Max Weber and His Contemporaries*, 139-158.

8　Vilfredo Pareto, *The Mind and Society*, edited by Arthur Livingston, 4 volumes (New York: Harcourt Brace, 1935).〔要約版の邦訳：V・パレート著、姫岡勤訳、板倉達文校訂『一般社会学提要』名古屋大学出版会、1996年〕

9　Geraint Parry, *Political Elites* (London: George Allen & Unwin, 1969).〔邦訳：G・パリィ著、パワー・エリート研究会訳『政治エリート』世界思想社、1982年〕

10　Gustave Le Bon, *The Crowd : A Study of the Popular Mind* (New York: The Macmillan Co., 1896), 13, available at http://etext.virginia.edu/toc/modeng/

本書は、２０１８年９月に発行した同書名の単行本を
一部改訂し、文庫化したものです。

■著訳者紹介

【著者】

ローレンス・フリードマン（Lawrence Freedman）

ロンドン大学キングス・カレッジ戦争研究学部名誉教授。

国際政治研究者。核戦略、冷戦、安全保障問題について幅広く著作・執筆を行う。

マンチェスター大学、ヨーク大学、オックスフォード大学で学ぶ。オックスフォード大学ナッツフィールド・カレッジ、英国際戦略研究所、王立国際関係研究所を経て、1982年、キングス・カレッジ戦争研究学部教授に就任。

主な著書：*The Future of War : A History*、*Strategy : A History*、*A Choice of Enemies : America confronts the Middle East*、*The Evolution of Nuclear Strategy*など。

【訳者】

貫井佳子（ぬきい・よしこ）

翻訳家。青山学院大学国際政治経済学部卒業。証券系シンクタンク、外資系証券会社に勤務後、フリーランスで翻訳業に従事。訳書に『ホンネの経済学』、『投資で一番大切な20の教え』、『市場サイクルを極める』、『なぜ「あれ」は流行るのか？』、『金融危機の行動経済学』などがある。

日経ビジネス人文庫

戦略の世界史 下

戦争・政治・ビジネス

2021年8月2日 第1刷発行

著者
ローレンス・フリードマン
訳者
貫井佳子
ぬきい・よしこ

発行者
白石 賢
発行
日経BP
日本経済新聞出版本部
発売
日経BPマーケティング
〒105-8308 東京都港区虎ノ門4-3-12
ブックデザイン
鈴木成一デザイン室
本文DTP
マーリンクレイン
印刷・製本
中央精版印刷

Printed in Japan ISBN978-4-532-24008-0